Moderne Biowissenschaften Band 11/2

SIEGFRIED HOFFMANN

Molekulare Matrizen

II. Proteine

mit 323 Abbildungen

AKADEMIE-VERLAG · BERLIN
1978

Erschienen im Akademie-Verlag, 108 Berlin, Leipziger Straße 3—4

Lizenznummer: 202 · 100/510/78
Einband und Schutzumschlag: Rolf Kunze
Gesamtherstellung: VEB Druckhaus „Maxim Gorki“, 74 Altenburg
Bestellnummer: 762 237 6 (2148/11/2) · LSV 1315
Printed in GDR
DDR 42,— M

INHALTSVERZEICHNIS

1. PROTEINE – SYSTEME ZWISCHEN STRUKTURIERUNG UND KATALYSE

In der evolutionären Konkurrenz um die eher dynamische Komponente des biogenen Polymerenpools siegten die Aminosäurekondensate über die weniger beweglichen, eher fixierten Nucleinsäuresysteme und die nur ungenügend determinierbaren Lipidschwärme.
Der gestalterische und funktionelle Varietätenreichtum von etwa zwanzig selektierten Aminosäuren erwies sich hinreichend zur Lösung der Mehrzahl statischer Struktur- und dynamischer Funktions- und Katalyseprobleme einer hierarchischen Organismenlandschaft ständig verfeinerter und komplexerer dissipativer Strukturierungen [1–602].
Die schillernde, zunehmende Vielfalt ihrer Möglichkeiten machte sie andererseits immer unbrauchbarer zur Kombination von Akkumulation, sicherer Fixierung und schneller Abrufbarkeit von Information.
Aus den ehemals multivarianten und -potenten Ausgangsstrukturierungen unterschiedlichster Versuche zwischen Protein-, Nucleinsäure- und Membrankomponenten modellierte die Evolution arbeitsteilige Systemkomponenten heraus, die die vergangene Omnipotenz ihrer Ausgänge zwar selbst in heutigen Ausprägungen nicht verleugnen, sie z. T. sogar für bestimmte Aspekte weiter konservieren, die aber grobe Assoziationen in den Begriffspaarungen „Proteine–Funktion (bzw. Katalyse)“, „Nucleinsäuren–Information“ und Membranen–Kompartimentierung nicht ganz unberechtigt erscheinen lassen.
In diesem Sinne besitzt ENGELS [1] profilierte Definition des „Lebens als der Daseinsweise der Eiweißkörper“ nach einem Jahrhundert zwar nicht mehr die unmittelbare Kraft der bahnbrechenden, richtungsweisenden Tendenz, jedoch eine immer noch erstaunlich hohe, bewunderungswürdige Wahrheitskomponente.

1.1. Proteinarchitekturen

1.1.1. Der Basissatz

Information, die einem schnellen Zugriff zu unterliegen hatte, mußte im wesentlichen eindimensional gespeichert sein. Das Ableseverfahren über energetische kurzsichtige Moleküle – Voraussetzungen für höchstmögliche Bewahrung der Information bei höchstmöglicher Schnelligkeit des Transfer – erzwang von Anfang an eine Reduzierung der Dimensionalität. Funktion andererseits mußte – sollte sie wirkungsvoll sein – dreidimensional ausgeführt werden.
Die Evolution löste die unmöglich erscheinende Aufgabe mit einem einfachen Trick. Man hat den Eindruck, daß sie das Verfahren hinterher selbst so bestechend fand,

daß sie es später auf hoher und für die Gegenwart unseres Seins höchster Organisationsstufe wiederholte.
Die Information des eindimensionalen Speichers, übersetzt in die dreidimensionale Funktionalität der Proteine — erreicht durch die Projektion einer tatsächlichen in eine Pseudolinearität mit der Potenz, aus der Reihung spontan und unabhängig vom Herstellungsmechanismus dreidimensionale Funktionalität zu entwickeln. Die Lösung bestand in der Übersetzung der Sequenz der Basen in die Sequenz seitenkettenmodifizierter Aminosäuren. Glieder eines variationsreichen Instrumentariums, das lineare Information über eine Linearität der Polypeptidkette — abhängig allein von der Zusammensetzung eben jener Kette, vom Milieu und den Kooperationspartnern — spontan in eine ebenso stabile wie flexible Dreidimensionalität umzudenken vermag. Wieder ein Optimum — eingestellt im wesentlichen über variantenreiche schwache Wechselwirkungen unter sparsamster Verwendung von Kovalenzen. Für die letzteren blieb einzig und allein die über den Einbau einer einzigen Aminosäure steuerbare Disulfidbrücke übrig. Andere Mechanismen, die Verzweigungen der Polypeptidkette und damit starre Vernetzungsbezirke innerhalb der Struktur hätten schaffen können, scheinen von Anfang an eliminiert worden zu sein. Trotz vieler sich anbietender Möglichkeiten verzichten fast alle heutigen Systeme auf Verknüpfungsverzweigungen der Polypeptidkette.
Nur 4 Aminosäuren — Thr, Pro, Val und Ile — besitzen überhaupt Verzweigungen am β-Kohlenstoff. Wahrscheinlich wurde ihre Zahl evolutionär so drastisch reduziert, weil die Sperrigkeit ihrer Seitenketten zu einer Destabilisierung der favorisierten α-Helix führt [2, 8, 12—14, 479—493].
Einmal synthetisiert, ist die Peptidkette in ihrer Struktur und in ihrer spontanen Faltung zu vorgegebener Funktionalität fertig. Sie ist so etwas wie ein erster — in diesem Falle molekularer — Nestflüchter, der, einmal erzeugt, seinen eigenen Weg findet — von der Potenz der in ihn hineincodierten Funktionalität determiniert.
Sehr viel später wird die Natur in der Entwicklung bestimmter phänotypischer Mechanismen noch einmal sehr ähnliche Wege gehen. Um maximale Funktionalität zu erreichen, wird sie die erprobten molekularen Erfindungen erfolgreich ins Makroskopische übersetzen.
Ein Tier mit ausgeprägtem Sozialverhalten — durch veränderte Umweltparameter in eine feindliche Welt verschlagen — langsamer als die meisten anderen, kraftloser als viele andere, wenig spezialisiert mit zwei allerdings entscheidenden Ausnahmen: einem überdurchschnittlich simulations- und assoziationsfähigen Nervensystem und einer durch erzwungenen aufrechten Gang ermöglichten weitergehenden Funktionalität seiner vorderen Gliedmaßen, operiert nach analogen Prinzipien. 10 Einzelgliedmaßen, Seitenketten, „Finger", wenn man so will, abgestuft und nuanciert verwendungsfähig, kooperativ lokalisiert an der Kette zweier Subunitstrukturen; „Händen", in ihrer dimeren Kooperativität verwendbar für eine „Unendlichkeit" von Möglichkeiten, wie sich herausstellen wird — ähnlich jenen ersten „molekularen Händen", die dieses Prinzip zum erstenmal erfolgreich erprobten. Gleich diesen eine relativ kleine und räumlich limitierte aktive „site", funktionsfähig durch räumlich sehr viel größere umfassendere Instrumentarien kooperativer Funktionalität.
Und als das Tier versucht, seine Sprache, den zweiten evolutionär geschenkten und entwickelten Trumpf im Überlebungskampf, festzuhalten, in die räumlich und zeitlich entfernten Bezirke hineinzutragen, da erfindet es, ähnlich wie Milliarden Jahre

vorher schon einmal seine molekularen Bestandteile, einen codierten und funktionalisierten linearen Informationsspeicher, buchstabiert es seine Informationsweitergabe in lange Ketten von Zeichen, täuschend ähnlich der Linguistik der Basen.
Betrachtet man den Basalsatz der 20 Aminosäuren gegenwärtiger biologischer Systeme so bieten sich mehrere Klassifikationsschemata an [8, 12, 106, 160, 164, 190, 479, 485—490].

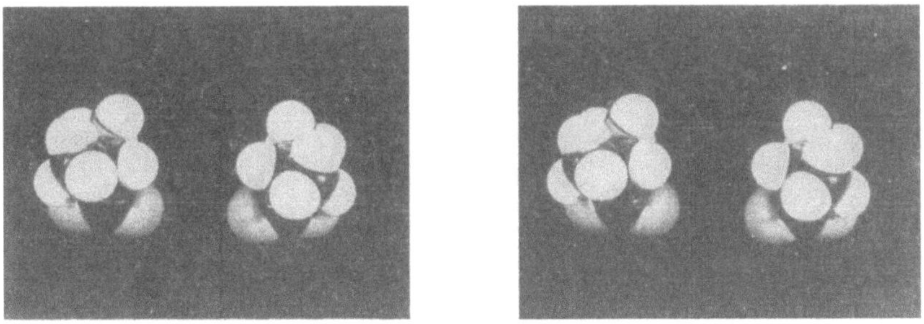

L- und D-Alanin[1]) — zur evolutionären Selektion der L-Form vgl. Teil I

[1]) Normalsichtigen Betrachtern gelingt die Wahrnehmung eines räumlichen Eindrucks nach einigem Training. Es ist dazu erforderlich, sich bei entspannter Betrachtung der beiden Stereoteilbilder auf das zwischen ihnen in der Mitte entstehende dritte (räumliche) Bild zu konzentrieren. Anderenfalls wird die Benutzung kommerzieller Stereoskope empfohlen. Stehen sie nicht zur Verfügung, ist im Prinzip jede in ihren Sehgängen getrennte Brilleneinrichtung als Ersatz verwendbar.

Eines der gebräuchlichsten unterteilt sie nach ihren grundsätzlichen Wechselwirkungen in wäßrigem Milieu in polare und unpolare. Dabei lassen sich in der Gruppe der polaren Seitenkette noch saure, basische und neutrale Muster unterscheiden. π-Elektronenwechselwirkungen, koordinative Potenzen und andere Spielarten schwacher Wechselwirkungen pendeln zwischen polar und unpolar.
In Wechselwirkung mit Wasser werden polare Aminosäuren vorwiegend an der Oberfläche lokalisiert, unpolare, hydrophobe Bestandteile durch hydrophobe Wechselwirkungen in das Innere eines globulären Proteins verbannt (Öltropfenmodell). Die beiden „kleinsten" Aminosäuren, Glycin und Alanin, beanspruchen eine gewisse Sonderstellung innerhalb dieses Ritus. Sie lassen sich sowohl „außen" wie „innen" finden.
Treten unpolare Gruppen entgegen der Gewohnheit an der Oberfläche aus, so ist dies meist ein Indiz für besondere Funktionalitäten, etwa die Bindung von Substraten oder die Assoziation weiterer Partnerstrukturen in Subunitverbänden. Entsprechend der Verfahrensweise enzymatischer Katalysen, von starken Wechselwirkungen nur sehr sparsam Gebrauch zu machen, werden die meisten „geladenen" polaren Gruppen an der Oberfläche als Löslichkeitsvermittler gegenüber der wäßrigen Phase und sonstige Strukturstabilisatoren verwendet, die sehr viel feiner nuancierbaren „neutralen" polaren Verbindungen aber für eben diese Katalysen verstärkt herangezogen. Sie können dann sowohl an der Oberfläche wie auch in internen Strukturbezirken globulärer Proteine angeordnet sein. Bis zu einem gewissen Grad sind allerdings auch die geladenen Gruppen durch Umgebungseinflüsse in der Stärke ihrer Ionenladungen manipulierbar.

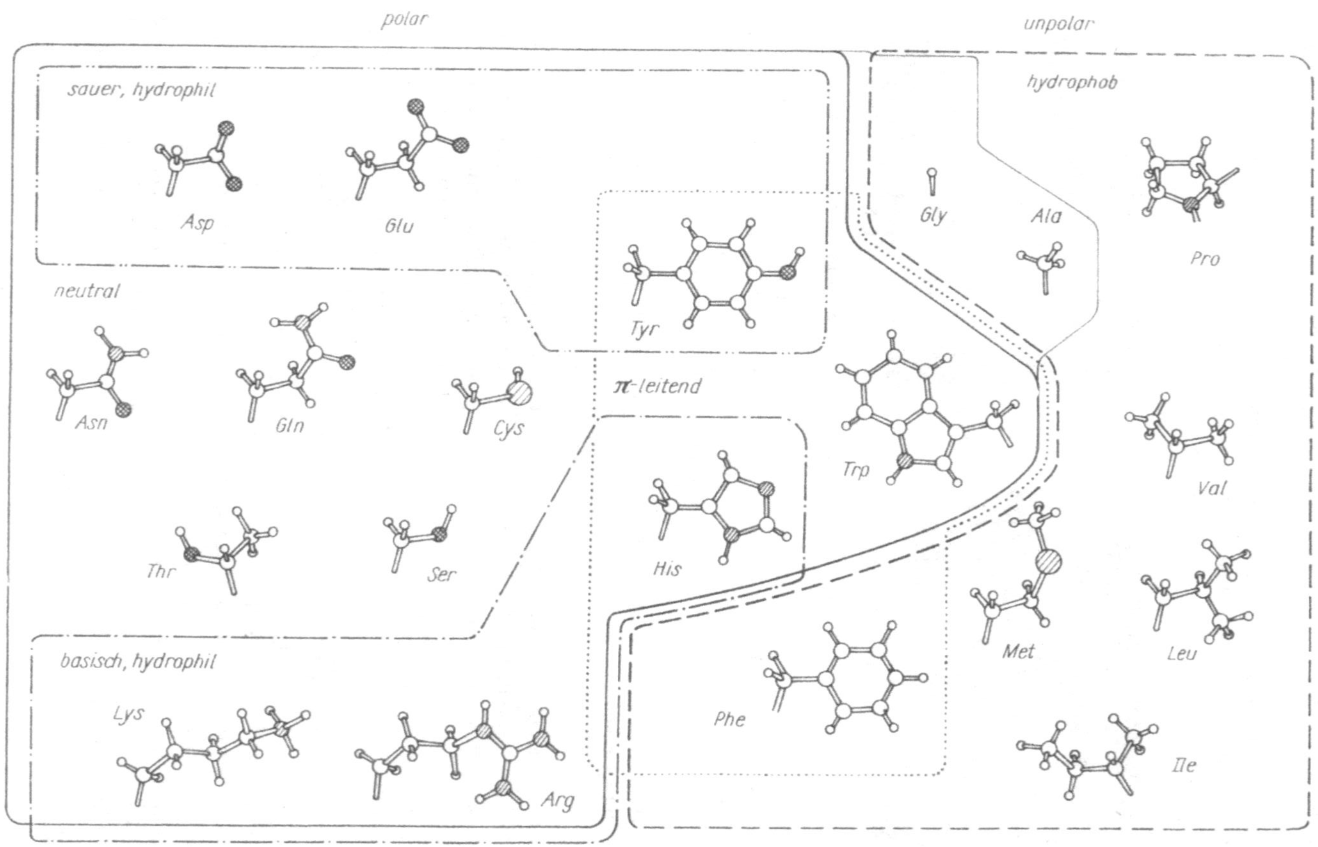

Der Seitenketten Basissatz der 20 Aminosäuren – in der vergeblichen Bemühung einer verbindlichen Eigenschaftsklassifizierung – oder die Schwierigkeiten, abgestimmte Kooperativmuster zu differenzieren.
polar: sauer/hydrophil z. T. π-leitend – neutral (ambivalent) z. T. π-leitend – basisch/hydrophil z. T. π-leitend
unpolar: hydrophob z. T. π-leitend. Modifiziertes Schema nach R. E. Dickerson u. I. Geis [12].

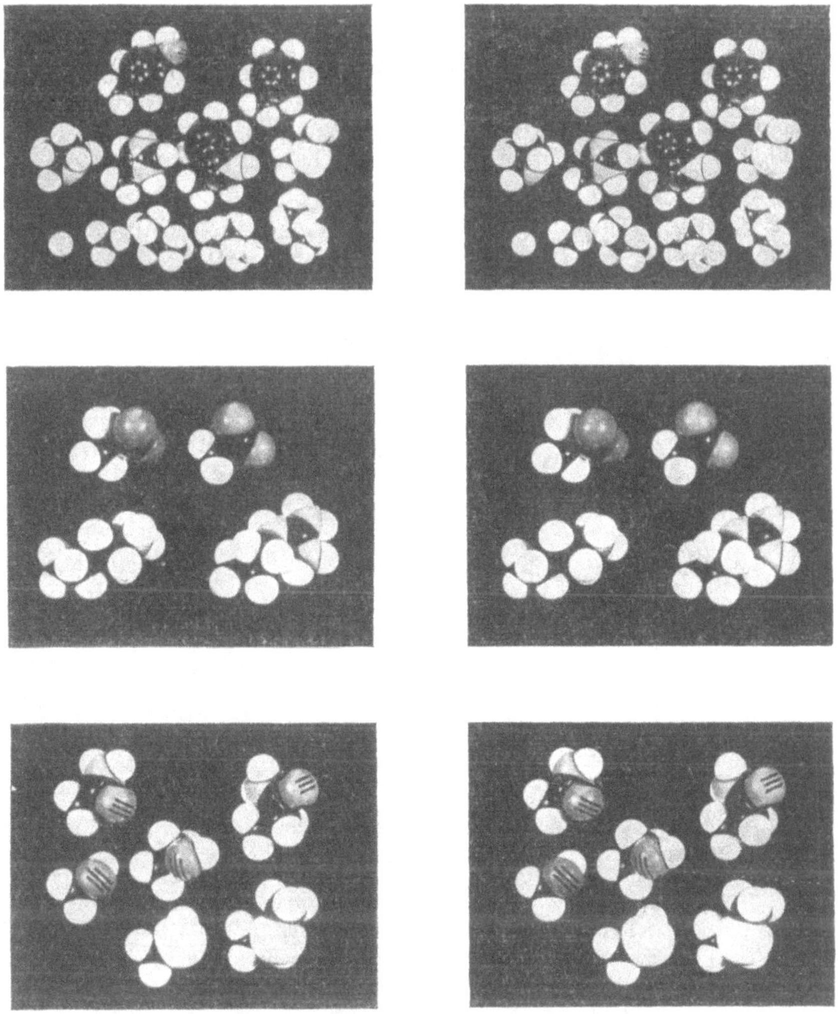

Die sich überlappenden Struktur/Funktionalitäten-Muster der Seitenketten in CPK-Darstellung.

Tyr Phe Pro His Trp Met Gly Ala Val Leu Ile	hydrophobe Strukturen mit Übergängen zu polaren Systemen und π-Leitungsmustern
Glu Asp Lys Arg	Polare Strukturen: sauer hydrophil basisch-hydrophil
Asn Gln Ser Thr Cys Met	neutrale ambivalente Seiten- ketten. Polare Molekülmuster zwischen Katalyse und Gerüst- funktionen

Sicherlich auch hier ein Beispiel für die Unmöglichkeit, ein dialektisches Kooperativmuster analytisch exakt zu zergliedern.

Eine Grobeinstellung liefert der pH-Wert der umgebenden wäßrigen Lösung. Unter sauren Bedingungen wird man Asp und Glu ungeladen vorfinden; Arg, His und Lys dagegen protoniert. Im basischen Milieu kehren sich die Verhältnisse um. Die basischen Aminosäurereste sind jetzt ungeladen, die sauren liegen geladen als Anionen vor. Im physiologischen pH-Bereich von 7 sind Asp und Glu sowie Lys und Arg geladen, His spielt mit ca. 10% Protonierung eine — oft katalytisch ausgenutzte — Doppelrolle,

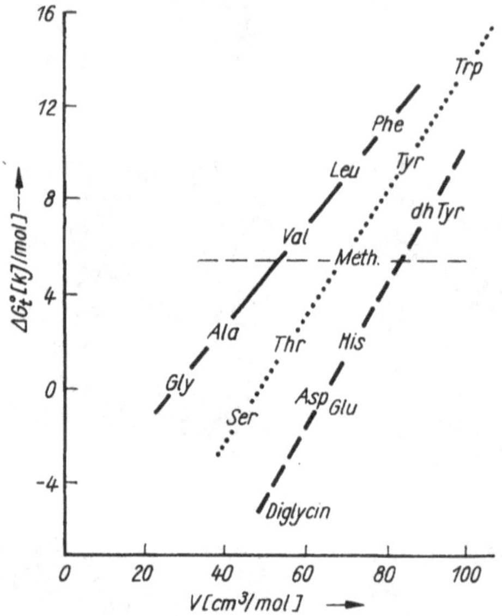

Änderung der Freien Energie für die Überführung von Aminosäuren aus Wasser in Alkohol nach F. M. Pohl [112].

— — Seitenketten ohne polare Atomgruppierungen
— — Seitenketten mit einem polaren Atom
— — Seitenketten mit zwei polaren Atomen
- - - Nullpunktlinie für den Transfer eines Peptids
Seitenketten oberhalb dieser Linie bevorzugen nichtwäßrige Umgebung, unterhalb der Linie Wasser.

Tyr ist nur zu einem verschwindenden Prozentsatz als Anion vorzufinden. Diesen vom vorgegebenen wäßrigen Milieu eingestellten Ladungsmustern sind durch Nachbargruppeneffekte von Proteinanrainerstrukturen beträchtliche Variabilitätenspektren überlagert.

Viele Aminosäuren haben entsprechend ihrer stereoelektronischen Ausprägung im Laufe der Evolution spezifische, innerhalb einer Gesamtskala zumeist nur wenig überlappende Funktionsbereiche übernommen, und zwar sowohl für den funktionellen Aufbau der Gesamtproteine wie auch für deren spezielle Katalysemechanismen.

Betrachtet man nun die Zuordnungen der einzelnen Aminosäuren zu ihren jeweiligen messenger-codes, so läßt sich eine Art „automatischer innerer Fehlerkorrektur" des Codes erkennen. Der Code ist konservativ, ein „fail-safe system".

Der stereoelektronischen Potenz der einzelnen Aminosäuren wird durch eine zweckentsprechende Degeneration des Codes Rechnung getragen. Hochfunktionelle Aminosäuren, bei denen Irrtümer in der Informationsübermittlung zu drastischen Struktur-Funktions-Änderungen im Protein führen würden, werden mit sehr wenigen und sorgfältig abgestimmten Signalfolgen indiziert. Bei weniger wichtigen, bis zu einem gewissen Grad austauschfähigen Strukturen kann dafür etwas „geschlampt" werden.

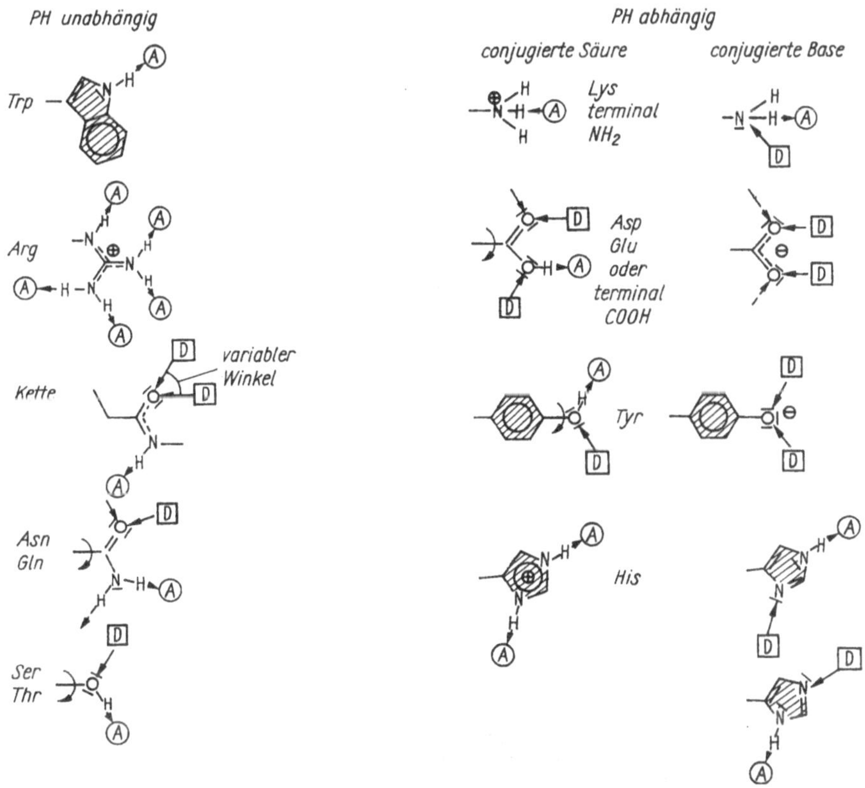

pH-abhängige und -unabhängige H-Donator/Acceptor-Beziehungen in Proteinstrukturen nach F. M. RICHARDS u. Mitarb. [53].

Geht man bei Korrelationsbetrachtungen von der Natur der einzelnen Aminosäuren aus, so findet man folgendes Bild: [12, 190]. Bestimmend für eine Grobeinstufung der Aminosäuren erscheint die mittlere Base des Codons. Während die beiden Pyrimidine U und C in zweiter Position Aminosäuren der hydrophoben Innenpartie codieren (U determiniert hydrophobe unpolare, C eine Reihe unpolarer bzw. neutral polarer Seitenketten), indizieren die beiden Purine A und G polare Gruppierungen der Oberflächenbereiche. Innerhalb der „Mittel-Base-Gruppen":

U: hydrophob, unpolar
C: hydrophob, neutral, neutral polar
A: neutral polar, sauer hydrophil, basisch hydrophil
G: neutral, neutral polar, basisch hydrophil

verändert eine Vertauschung der dritten Basen zumeist wenig, wenn man im gleichen Größentyp bleibt, also Pyrimidine und Purine innerhalb ihrer Gattung vertauscht. Für eine Anzahl weiterer Codewörter bleibt man annähernd in ähnlichen stereoelektro-

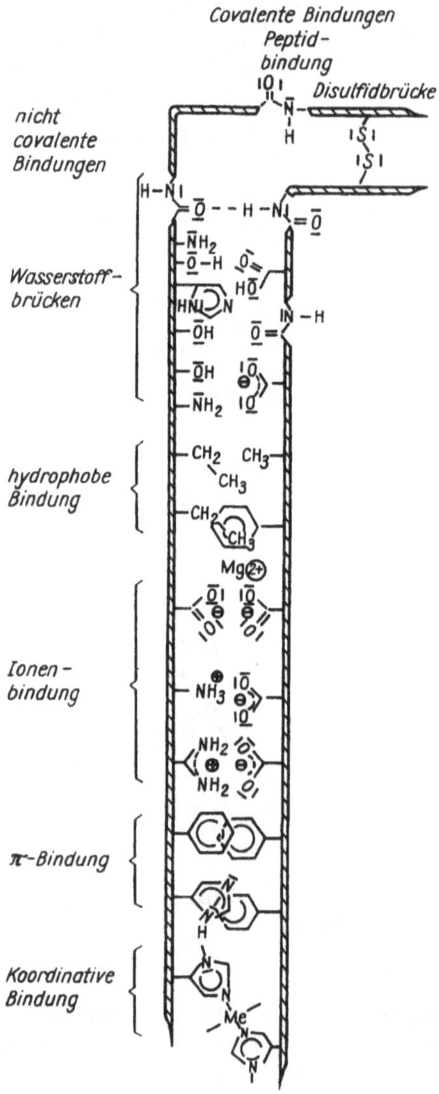

Bindungsmechanismen innerhalb von Proteinstrukturen — ein stark erweitertes und immer noch höchst unvollkommen modifiziertes Schema nach P. E. Hartmann u. S. R. Suskind [52]. Der unzureichende Versuch, ein Spektrum aufzudifferenzieren.

nischen Bereichen. Dabei ist die Degeneration beim kleineren Pyrimidin als dritter Base ausgeprägter als bei den sterisch aufwendigeren Purinen. Eine Reihe von Aminosäuren sind gegenüber einem Wechsel in der dritten Position schlechthin unempfindlich.

Sensitiver wird schon auf einen Wechsel in der ersten Position reagiert. Während die hydrophoben Aminosäuren mit U als zweiten Codebuchstaben hier noch relativ unempfindlich erscheinen, steigt die Differenzierung über den C- zum G- und schließlich zum A-Block an. Irrtümer in der ersten Base können für diesen letzteren Fall schon recht drastische Veränderungen im codierten Struktur-Funktionsmuster zeitigen.

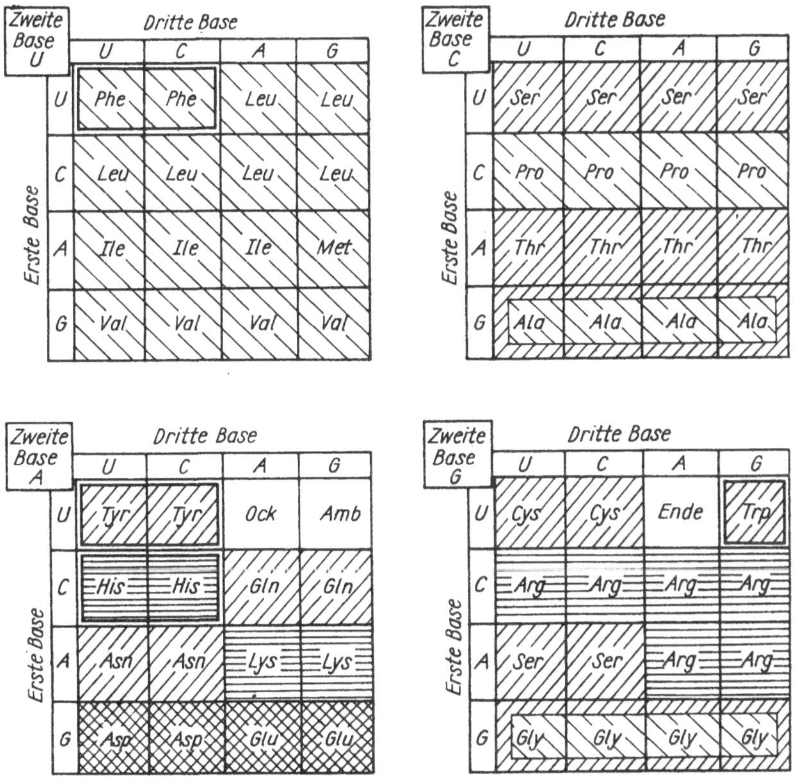

Das „fail-safe"-System des genetischen Codes, modifiziert nach R. E. Dickerson u. I. Geis [112]. Konservative bzw. selbstkorrigierende Codon/Aminosäure-Zuordnungen

hydrophob
hydrophob/π-leitend
ambivalent
ambivalent/π-leitend
basisch-hydrophil/π-leitend
sauer-hydrophil

Man wird bei eingehender Beschäftigung mit dieser Problematik unschwer noch einige weitere Regeln für die Codegestaltung ableiten können, die sich teilweise mit dem vorhergesagten überdecken. In 8 von 16 Fällen repräsentiert XYZ eine einzelne Aminosäure, hierbei ist Z beliebig. Wie schon dargelegt, starten die Codons für eine bestimmte Aminosäure zumeist mit den gleichen 1,2-Basen (Leucin, Serin und Arginin sind hier die Ausnahmen). Für C und G als erste Base besteht völlige Unabhängigkeit von der dritten Base. XYU und XYC codieren immer die gleiche Aminosäure, XYA und XYG sehr oft (hier sind Methionin und Tryptophan, zwei seltene Aminosäuren, mit nur einem Codewort Ausnahme). Phe, Tyr, Trp und Cys — π-leitende Systeme — werden alle mit U an erster Position codiert. Für basische Gruppen stehen C und A in der ersten Position, A und G in der zweiten, bei beliebiger Basenanordnung für die dritte Position. Aminosäuren mit sauren Seitengruppen werden dagegen durch GAX mit beliebigem X codiert. Das Stoppsignal wird mit UXY, bei beliebigem XY gebildet — mit einer Ausnahme allerdings: die sehr seltene Aminosäure Trp wird mit UGG codiert.

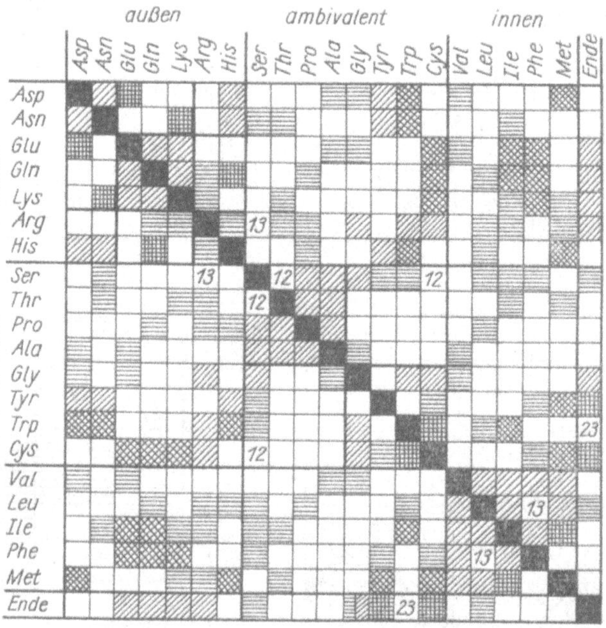

DICKERSONsche „transformation matrix" [106]. Minimalzahl der Basenveränderungen im Übergang eines Aminosäure-Code-triplets in ein anderes.

- Wechsel in der ersten Base
- Wechsel in der zweiten Base
- Wechsel in der dritten Base
- Wechsel in zwei Basen
- Wechsel in allen drei Basen

Sicher sind die Verzweigungen einer solchen „Codeastrologie" noch bei weitem nicht ausgeschöpft. Sie werden in dem Maße an wissenschaftlicher Aussagekraft und Bezüglichkeit gewinnen, wie unsere Einsichten in die Übersetzungsmaschinerie zunehmen [16, 18, 31, 571, 576].

Eine ähnliche, von der Lokalisation der Aminosäuren in globulären Proteinen und ihrer codebedingten Austauschbarkeit ausgehende Betrachtungsweise kommt im Endeffekt zu gleichen Einsichten, wie oben dargelegt [106].

Die auf Röntgenstrukturuntersuchungen basierende Aufteilung der Aminosäuren in innere, äußere und ambivalente ergibt — in Relation zu ihren Codewörtern — auch hier eine im höchsten Maße degenerierte dritte Basenposition.

Wechsel in den ersten zwei Basen erzeugen in der „Dickersonschen Matrixdarstellung" schmale Blockmatrizen entlang einer Diagonalen der Gesamtmatrix. Die Aminosäuren zerfallen hierdurch in Subfamilien, deren Mitglieder untereinander hauptsächlich in der ersten Base differieren.

Die Subfamilien erscheinen auf Grund stereoelektronischer Voraussetzungen der Seitenketten zustande zu kommen. Die Matrix beginnt am hydrophilen Ende zunächst mit dem geometrisch kleinen Asp und Asn, springt dann in eine neue Subfamilie der langkettigen Gruppen, mit Glu über Gln zum invers geladenen Lys, das zu den gleichfalls langen, aber jetzt auch breiten und sperrigen Arg und His überleitet. Damit ist die erste Ordnungsmatrize abgeschlossen. Mit Ser, Thr und Pro sowie Ala wird die erste Subfamilie der ambivalenten Aminosäurereste erreicht. Pro könnte zunächst als rein hydrophob hier fehl am Platz gedeutet werden. Seine strukturelle Eigenschaft, leicht Helixstrukturen zu unterbrechen, qualifiziert es jedoch zumindest mittelbar als zugehörigen Nachbar. Mit Gly, Tyr, Trp und Cys werden im Gly-Übergang einer universell einsetzbaren Aminosäure, die zu keinerlei sterischen Blockaden führen kann, π-leitende Seitenkettenstrukturen erreicht. Die inneren Aminosäuren demonstrieren Kompaktheit, aus der nur Phe und Met, π-leitende und im letzten Fall koordinativ wirksame Systeme, wieder etwas herausfallen. Val, Leu, Ile, Phe und Met sind mutationell durch einfache 1- oder 3-Basenveränderungen austauschbar. Nur der Übergang zwischen den funktionell und geometrisch differenzierten Met/Phe benötigt zwei Basenveränderungen.

Auch hier läßt sich folgern, daß ein Wechsel in der ersten Base gewöhnlich einen Aminosäuretransfer in eine Struktur ähnlicher stereoelektronischer Charakteristik erzeugt. Die zweite Base ist die Codondeterminierende. Wechsel zwischen zwei Familien kommen somit entweder durch Wechsel in der zweiten Position oder durch den gleichzeitigen Austausch zweier Basen zustande. Ein Dreibasensprung endlich ist nur für solche Fälle verbindlich, wo eindeutig hydrophobe innere Aminosäuren in typische Oberflächenstrukturen mit stark polaren Gruppen überführt werden sollen.

Die Mechanik des Codes ist damit darauf angelegt, den Einfluß zufälliger Mutationen auf die stereoelektronischen Eigenschaften der Polypeptidkette möglichst zu minimieren.

Er ist ein automatisches Regelsystem, welches bemüht ist, Basenirrtümer bei der Informationsübermittlung durch einen inneren Korrekturmechanismus auszugleichen. Die meisten der rein zufälligen und damit zunächst nach den Gesetzen der Wahrscheinlichkeit nur in den seltensten Fällen vorteilhaften Mutanten werden in ihrem meist gegenüber der erworbenen Funktionalität aggressiv zerstörerischen Einfluß kompensiert. Um es mit DICKERSON zu sagen: "the most damaging mutations are those that are most difficult to achieve".

1.1.2. Der Bausatz

Versucht man Molekülarchitekturen aufzuzeichnen, so sollte einer Methode hier vor allen anderen gedacht werden, die nicht ausschließlich — moderne Strukturaufklärung ist Kombination aller verfügbaren Untersuchungsmethoden — aber doch sehr wesentlich unsere Einsichten ermöglicht hat: der Röntgenstrukturanalyse [2—4, 15, 44, 59, 70, 71, 160, 479—487, 489, 490].

Sie begann ihren Triumphzug mit einer Abweichung vom klassischen Weg bislang geübter wissenschaftlicher Untersuchungsmethodik. PAULING und COREY wandten ein eher evolutionäres Prinzip des „trial and error“ auf die durch eben jenes Prinzip erzeugten Strukturen an.

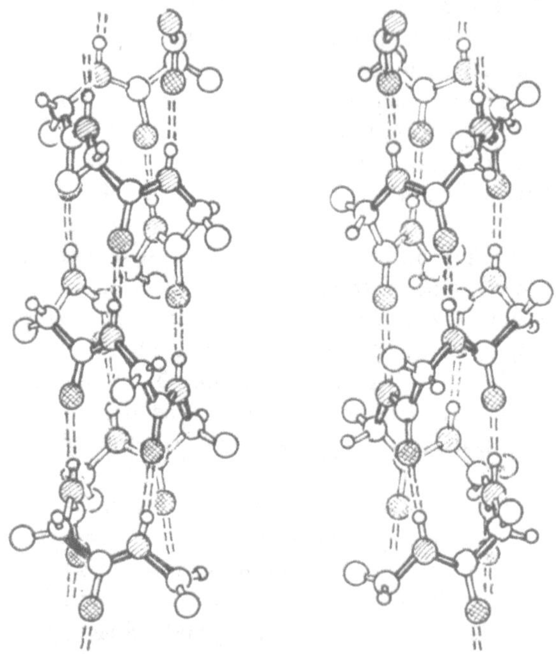

Die große Ouvertüre der Biopolymeren-Strukturaufklärung nach PAULINGS Röntgenstrukturanalyse des „trial and error“.
PAULINGS „lefthanded“ und „righthanded“ α-helix. (Dargestellt für L-Strukturen, die im allgemeinen die rechtsgängige Variante bevorzugen; PERUTZ fand sie in seinen nativen Proteinen bestätigt, als ihm die Arbeiten von PAULING u. Mitarb. zugänglich wurden [116, 117, 119].
Schema nach L. PAULING [2]

Ihre α-Helix und das „pleated sheet“ der Proteine stießen eine Tür auf: den Zugang zu den ersten drei ganz großen Strukturaufklärungen: Myoglobin durch KENDREW, Hämoglobin durch PERUTZ und im Wettlauf mit PAULING selbst: die DNA-Doppelhelix durch WATSON und CRICK – aufbauend auf die Ergebnisse von WILKINS und FRANKLIN [2, 15, 68, 69, 116, 117].
Sie waren die Ouvertüre eines neuen Zeitalters, das der profanen Chemie nicht nur so etwas wie einen lang entbehrten ästhetischen Reiz verlieh. Mit dem Idealbild einer Matrize – von vornherein faßbar und vordergründig provokativ in den Mittelpunkt der Aufmerksamkeit gestellt – war ein gut Teil der alten Menschheitsfrage nach dem woher und wohin einer Lösung nähergebracht, wurde eine Markierung gesetzt, von der aus überall erwachendes Interesse in eine Flut begeisterter Intensivforschung umgesetzt wurde.

Während für die Nucleinsäuren — in der technischen Durchführung der Methodik viel problematischer — die DNA-Struktur nur zögernd von Einblicken in die variableren RNA-Strukturen gefolgt wurde, erlebten die Proteine so etwas wie eine kleine Auf-

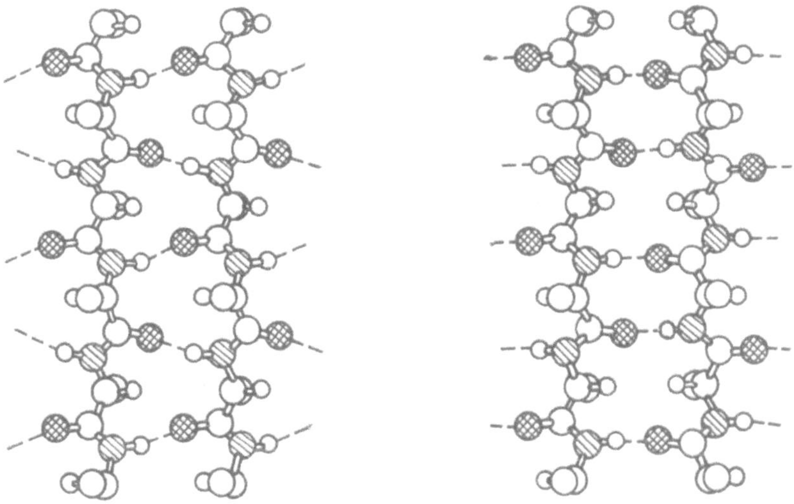

Die „Parallel"- und „Antiparallel-chain pleated sheets" (mit der α-Helix zusammen Basisbausätze nativer Proteinkonstruktionen) nach L. PAULING [2, 116, 117] — gemäß Original hier allerdings „fälschlich" für die „unnatürliche" D-Form wiedergegeben (vgl. S. 25)

klärungsexplosion. Gegen Ende der 60er Jahre lagen — z. T. im Wettlauf und in wechselseitiger Ergänzung mit automatisierten Sequenzuntersuchungen — hochaufgelöste Strukturuntersuchungen für Lysozym, Ribonuclease, Carboxypeptidase, Chymotrypsin, Papain und Subtilisin sowie eine schnell wachsende Zahl niedrigerer Auflösungen vor. [44, 59, 107, 160, 479, 485, 489, 526, 548—568].

Allerdings waren die so zugänglich gemachten Strukturen mit Ausnahme vielleicht des Hämoglobins alle ziemlich kleine Enzyme, deren Hauptarbeitsgebiet extrazellulär in der Umsetzung polymerer Substrate liegt. Während dies erkenntnismäßig einmal eine gewisse Einengung darstellt — extrazelluläre Enzyme sind allgemein stabiler als intrazelluläre, und stereoelektronische Funktionsmuster mögen zwischen ihnen nicht unbedingt korrelierbar sein —, brachte die Tatsache, daß mit den Nucleinsäuren, den Kohlehydraten und den Polypeptiden die drei dominanten Biopolymeren als Substrate agieren, detaillierte und recht willkommene erste Informationen über ihre Wechselwirkungen mit Proteinen.

Immerhin, es blieb die mangelnde Repräsentanz für intrazelluläre Enzyme. 20 Jahre nach PAULING sind nun allerdings auch die ersten einfacheren Strukturen dieser Gattung zugänglich geworden. Insulin, Kohlensäureanhydrase, Cytochrom c — reduziert und oxidiert, Cytochrom b_5 liegen im Detail vor, andere wie Lactatdehydrogenase, Malatdehydrogenase, Staphylokokkennuclease, Concanavalin A, Flavodoxin, Triosephosphatisomerase, Phosphoglyceratkinase, Aspartattranscarbamylase und einige

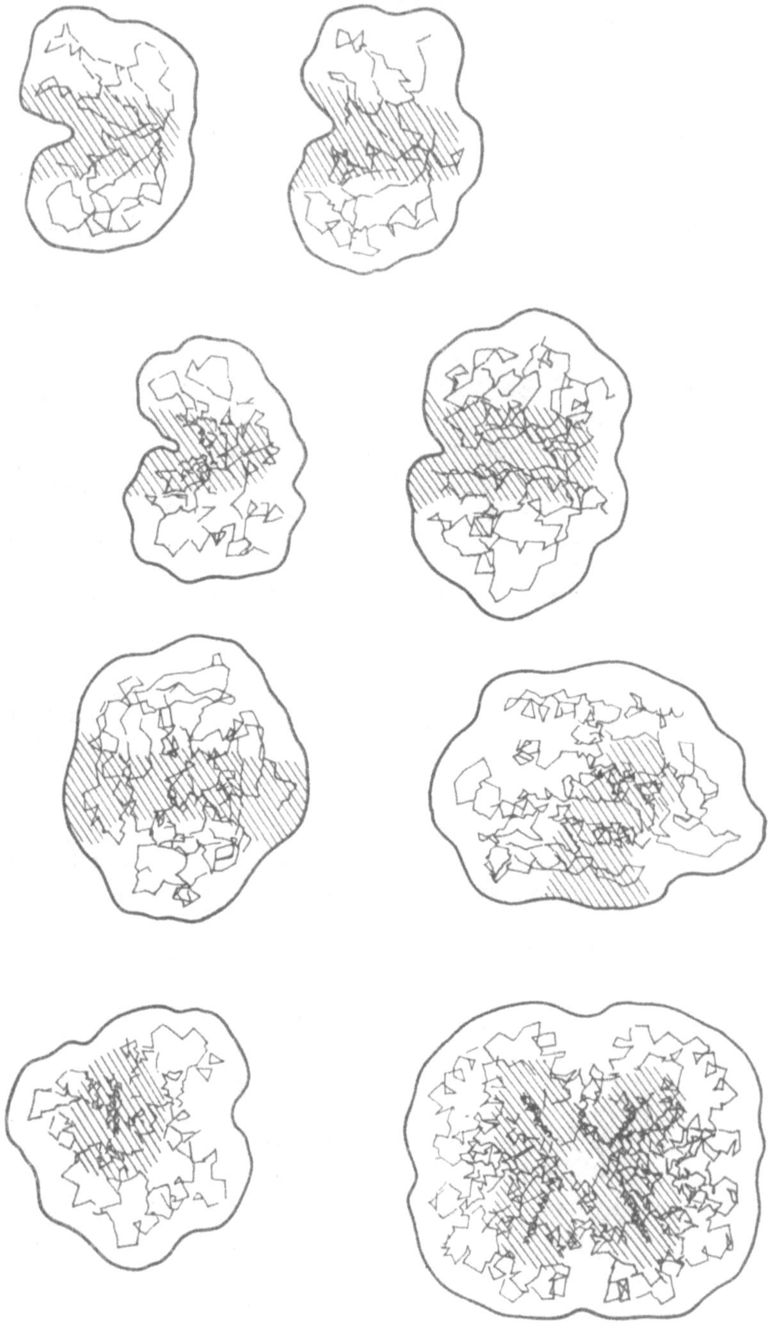

Die ersten — zumeist relativ kleinen — Enzymstrukturen, die Hochauflösung der Röntgenstrukturanalyse erreichten. Modifiziert nach R. E. DICKERSON und I. GEIS [12]. von links nach rechts und oben nach unten:

Ribonuclease A, Ribonuclease S, Lysozym, Papain, Chymotrypsin, Carboxypeptidase A, Myoglobin, Hämoglobin

Die aktiven Zentren sind schraffiert markiert.

weitere wurden in jüngster Zeit hochaufgelöst bekannt oder es sind hochaufgelöste Untersuchungen im Anschluß an erste Orientierungen durch Aufnahmen niederer Auflösung im Gange.

Für hochkomplexe Subunitverbände ist die Röntgenspektroskopie in Zusammenarbeit mit der Elektronenmikroskopie dabei, die Strukturen von Immunoglobulinen, Viren, Muskelproteinen wie dem Tropomyosin und anderen makromolekularen Organisationsformen zu enträtseln. Die Kooperation von Röntgenspektroskopie und Elektronenmikroskopie läßt die Hoffnung keimen, daß besonders bei großen Mustern — Zellorganellen sofern kristallisierbar eingeschlossen — die „niedere Auflösung“ der Elektronenmikroskopie als Führer für die Hochauflösung der Röntgenspektroskopie dienen kann. Im von beiden Seiten eingeengten Grenzgebiet beider Untersuchungsmethoden werden langsam die anstehenden ganz großen Rätsel einer Lösung zugänglicher: Struktur und Funktion der Ribosomen, komplizierte und bis heute dubiose Polymerasemechanismen, spezifische Repressorwirkungen und anderes mehr auf dem komplexen Sektor der Wechselwirkungen biopolymerer Systeme untereinander [44, 59, 107, 160, 302—305, 308, 314, 315, 325—330, 362—364, 400—402, 479—482, 538—547, 569—602].

Neue zusätzliche Hilfen haben sich für einige der Fragestellungen angeboten. Dynamische Probleme werden durch Röntgenkleinwinkelstreuung und spektroskopische Verfahren, von den vielfältigen Varianten der UV/V-, der IR- und Raman- bis hin zur NMR- und ESR-Spektroskopie, um nur wenige Schwerpunkte zu nennen, in Kombination mit chemischen Abtastmethoden eingeengt. Neutronenspektroskopie wird auch kleinere atomare Bereiche auflösen können, und die Kombination aller wird vielleicht auch ein weiteres ganz großes Problem der Lösung etwas näherbringen: Strukturfunktionsmuster der eingeschlossenen und umgebenden — bis zu einem hohen Grade wahrscheinlich kooperativen — Wasserverbände [2—4, 8, 10, 14, 68—105, 110, 208, 209, 218, 286—288, 479, 487, 490, 493, 494, 539—569].

Am Anfang der Aufklärung stereoelektronischer Biomuster steht damit die Bewältigung einer alten These Pasteurs, nach der das Geheimnis des Lebens durch ein Studium der Kristalle zu enträtseln sei, ein Satz, der in moderner Übersetzung nach Crick lauten könnte: “if you can’t study function you had better study structure”.

Die mesomerieerzwungene Planarität der Amidgruppe läßt rotationelle Labilität der Polypeptidkette auf Rotationen zweier Bindungen um zwei Winkel schrumpfen.

Abstrahiert man in erster Näherung einmal von der stereoelektronischen Spezifität der Seitenketten und betrachtet sie vorläufig nur als raumfüllende Molekülteile ohne spezielle Wechselwirkung, so ergeben die Geometrien des Polypeptidrückgrates in Kombination mit den Möglichkeiten von H-Brücken-Wechselwirkungen intra- und intermolekularer Ausprägung ein Spektrum untereinander bisweilen sehr ähnlicher Grundstrukturen, die als geometrische Basisgruppen des funktionellen Proteinaufbaus angesehen werden können [12, 112—133, 296—299, 479—517].

Die wichtigsten dieser Strukturen lassen sich erfassen, wenn man bei um 120 °C festgehaltenen Winkel φ(C—N-Bindung) ψ(C—C-Bindung) durchspielen läßt. Ausgehend von einem sterisch inattraktiven Aminosäure-5-Ring für ψ — 86 kommt man für zunehmendes ψ unter Ringöffnung in ein Gebiet unterschiedlicher rechtsgängiger Helixanordnungen. Während mit wachsendem Winkel ψ die Zahl der Aminosäurereste/Windung abnimmt, erzeugen die überlagerten Stereoelektronikmuster der Peptidkette und ihrer inter- bzw. intramolekularen H-Brückensysteme in zunehmender Wendelverengung eine Palette energetisch diskriminierter Helixanordnungen, die in der PAULINGschen α-Helix ein energetisches Minimum erreicht. Die Carbonylgruppen der Säureamidstrukturen liegen hier parallel zur Helixachse. Zwischen Protonendonator- und Acceptorgruppierung bestehen für die Wasserstoffbrücken nahezu direkte Verbindungen, die dem energetischen Ideal der Linearität recht nahekommen. Andere

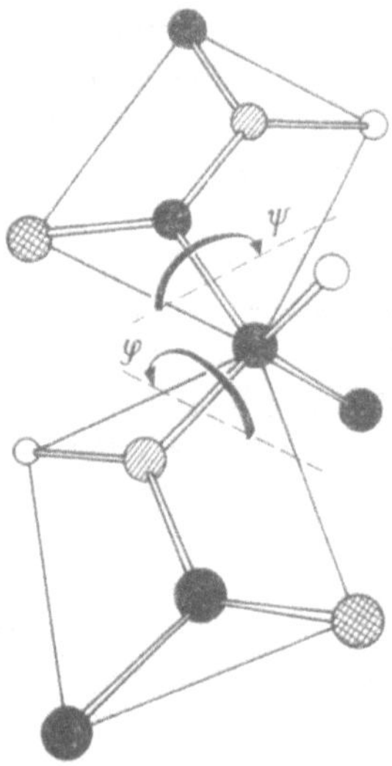

Die Planheit der Amidebenen läßt die Beweglichkeit der Peptidkette um die Winkel ψ und φ der C—C- und C—N-Bindungen an den α-Cs gefrieren. Obwohl auch dieses Planitätsdogma inzwischen durchlöchert wurde, genügt die Betrachtung den meisten Näherungsansätzen [vgl. 2, 12, 107, 133]. Modifiziert nach R. E. DICKERSON u. I. GEIS [12].

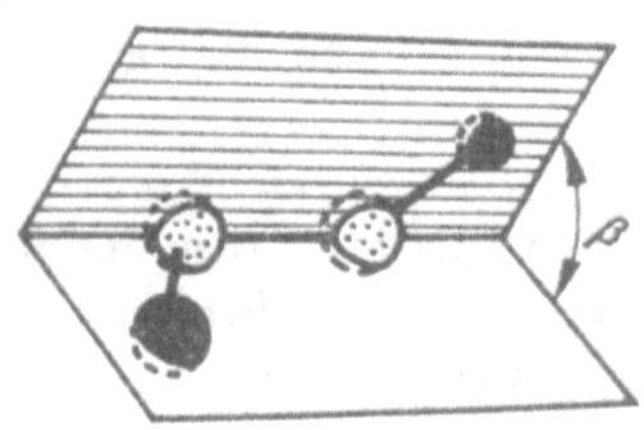

Vorzugsanordnung der Disulfidbrücke, der einzigen kovalenten Vernetzung, die sich die Evolution beim Aufbau ihrer Proteinmuster erlaubte. Neben dieser Gerüstfunktion stehen neuerdings auch π-Leitungsphänomene im Mittelpunkt des Interesses (λ_{max} und E der UV-Absorption sind sensitive Funktionen des Diederwinkels β).

Helixanordnungen können infolge unzulänglicherer H-Brückengeometrien von deren stabilisierenden Einflüssen weniger gut profitieren. In der „weiteren“ π- und der „engeren“ 3_{10}-Helix sind infolge abgewinkelter Carbonylgruppen nur unterschiedlich „krumme“ H-Brückenwechselwirkungen möglich. Mit wachsendem Winkel spielen die Muster schließlich in ein Gebiet zunehmender Instabilitäten, hervorgerufen durch teilweise beginnende Überdeckung der VAN DER WAALS-Radien. Die sich mit wachsendem Winkel ψ immer enger an die Helixachse anschmiegende Polypeptidkette erreicht für $\psi = 234$ bei unendlicher Ganghöhe eine Bandstruktur, in der die Säureamidgruppierungen alternierend nach unterschiedlichen Seiten orientiert sind. Ein Teil der Spannungen in diesem Band kann durch eine leichte Verdrillung zur sogenannten $2{,}2_7$-

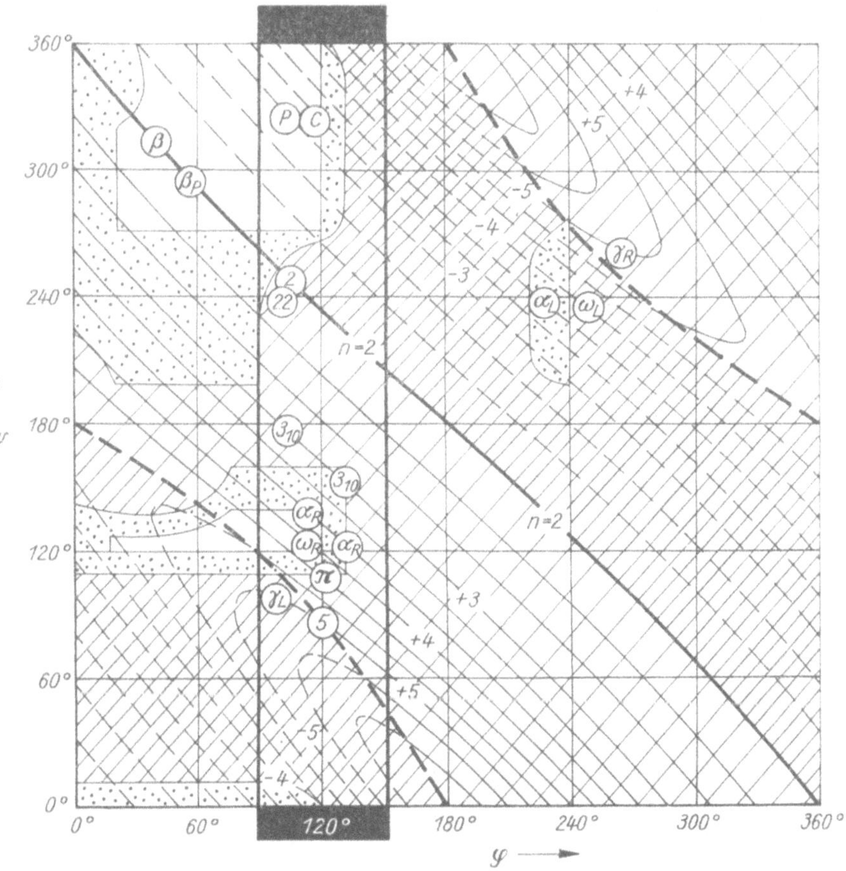

Ramachandran-Diagramm (nach [12, 116—119], vgl. auch 107—115, 120—142).

(leeres Feld)	erlaubte Bereiche des „hard-sphere"-Modells
(punktiertes Feld)	sterisch beeinträchtigte Bereiche
(schraffierte Felder)	sterisch unerlaubte Bezirke (links/rechts-gängig)
(waagerecht gestreiftes Feld)	Hauptspielbreite von φ für häufig auftretende Geometrien
n	= „residue"-Windung
5	= Fünfring
$\gamma_R \gamma_L$	= rechts- und linksgängige γ-Helix
π	= π-Helix
$\omega_R \omega_L$	= rechts- und linksgängige ω-Helix
$\alpha_R \alpha_L$	= rechts- und linksgängige α-Helix
3_{10}	= 3_{10}-Helix
2,2	= $2{,}2_7$-Helix
2	= 2_7-Band
$\beta_p \beta$	= Paralleles und antiparalleles β-Faltblatt
P	= Polyprolin-Helix
C	= Kollagen-Struktur

Helix mit allerdings sehr kurzen und deformierten Wasserstoffbrücken kompensiert werden.

Erhöht man den Winkel ψ weiter, so schlägt der Windungssinn um, die Helix durchwindet jetzt lingsgängig ein Gebiet zunächst ungünstigerer stereoelektronischer Vor-

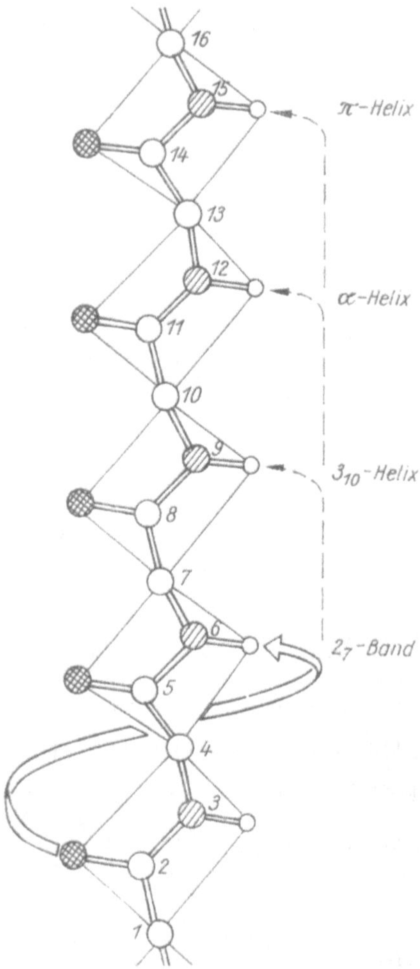

H-Brücken-Bindungen in den sich aufweitenden Windungsmustern der einzelnen Helixtypen:
2_7-Band, 3_{10}-Helix, α-Helix, π-Helix,
modifiziert nach R. E. Dickerson u. I. Geis [12].

aussetzungen. Verantwortlich hierfür ist die nahezu senkrechte Anordnung von Carbonyl- und Aminogruppe zur Helixachse, die eine Ausbildung energieminimierender intramolekularer H-Brücken unmöglich macht. Derartige Helices sind in ausgeprägtem Maße auf mögliche Stabilisierungseffekte durch Nachbarstrukturen angewiesen, da zu diesen immerhin noch intermolekulare H-Brückenmuster ausgebildet werden können. Die Polyprolin-Helix für $\psi = 326$ ist ein Musterbeispiel dieser Anordnungsvariante.

Weiter anwachsendes ψ läßt unter Zunahme der Aminoreste/Windung wieder den energetisch ungünstigen formalen Pentapeptidring entstehen.
Die durch intermolekulare Wasserstoffbrückenbindungen stabilisierten Polyprolin-Systeme leiten über zu einem ähnlichen Bauprinzip, welches mit φ um 60 °C jedoch quasi-

Helix	2_7-Band	3_{10}-Helix	α-Helix	Polyprolin-Helix	Antiparalleles β-Faltblatt
φ	105°	131° (106°)	132° (113°)	103°	40°
ψ	250°	154° (176°)	123° (136°)	326°	315°
n	2,00	3,00	3,61	−3,00	2,00
d [Å]	2,80	2,00	1,50	3,12	3,47
p [Å]	−5,60	6,00	5,41	9,36	6,95

Strukturparameter einiger markanter Proteinkonformations-Typen nach [2—4, 12, 116—119].
n = Elemente/Windung
$d = p/n$ = Höhe eines Einzelelements
p = Helixganghöhe

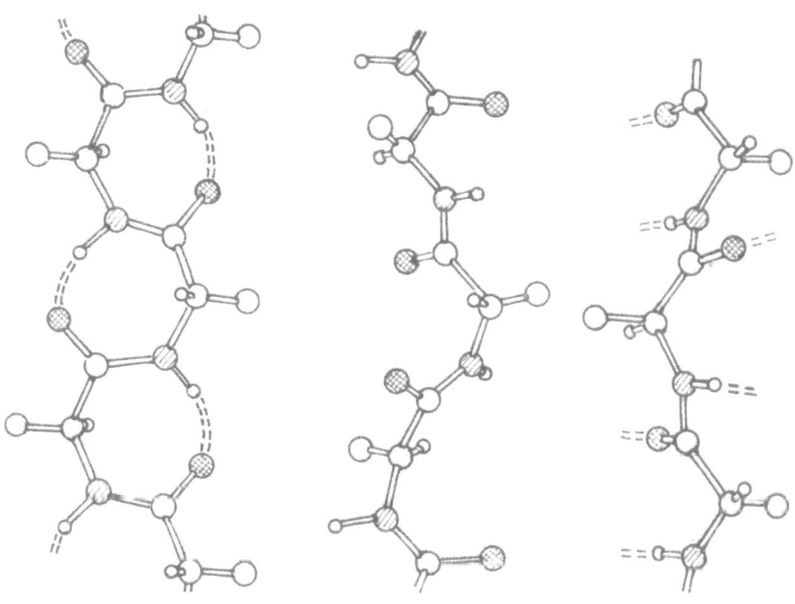

Protein-Geometriemuster:
2_7-Band (gekrümmte Intrastrang-H-Brücken), ein Teil der H-Brückenspannung verschwindet im Übergang zu einer flachen $2{,}2_7$-Helix.
Polyprolin-Helix (linksgängig, Interstrang-H-Brücken)
β-Struktur (Interstrang-H-Brücken) nach [2—4, 8, 11—14, 116—119].

lineare Systeme für derartige Musterbildungen verwendet. Zwei Peptidketten, gegenläufig oder parallel angeordnet, in β- und γ-loops umkehrbar, von ihren intermolekularen Wasserstoffbrückensystemen in eine jeweils charakteristische Faltung mit wechselseitig nach oben und unten orientierten Seitenketten gezwungen, liefern im „parallelen

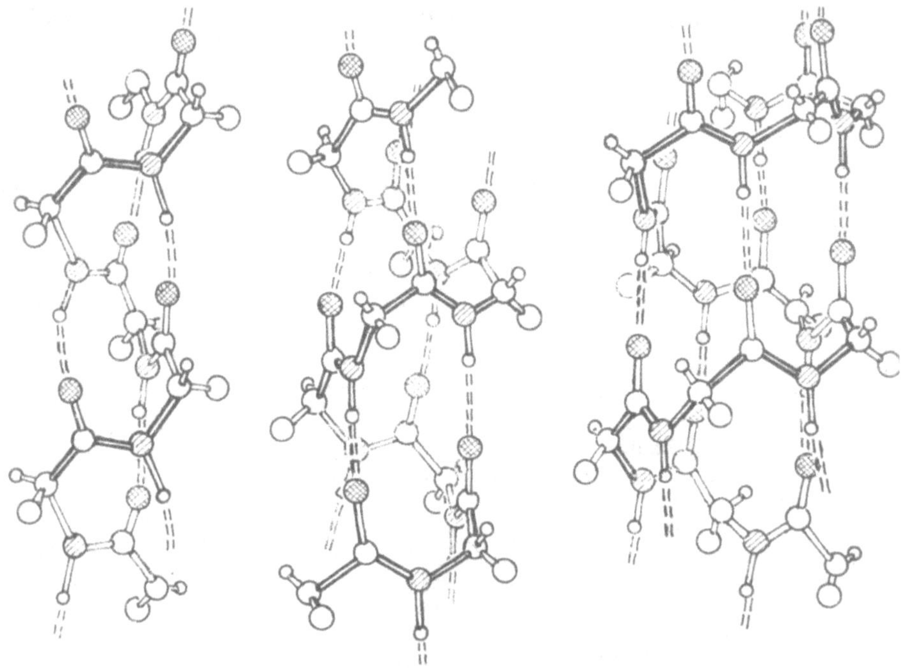

Die Helices unterschiedlicher Windungsweiten:
3_{10}-Helix α-Helix π-Helix
die bevorzugte α-Helix besitzt als einzige völlig spannungsfreie Intrastrang-H-Brücken nach [2–4, 8, 11–14, 116–119].

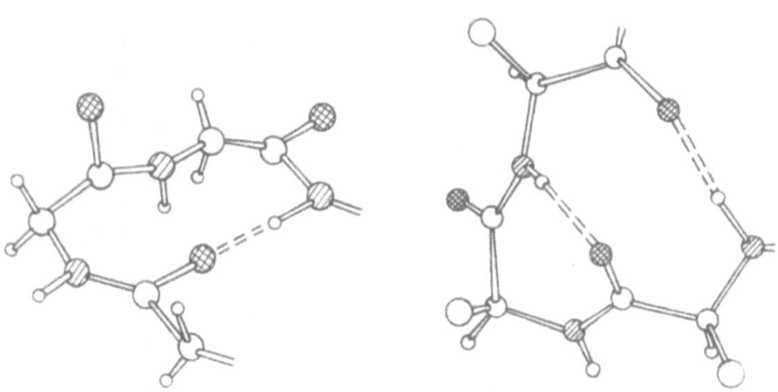

Die „hairpin-bends", in denen β-Strukturen in sich zurückgefaltet werden [107–133].
der „β-loop bzw. turn"
der „γ-turn"

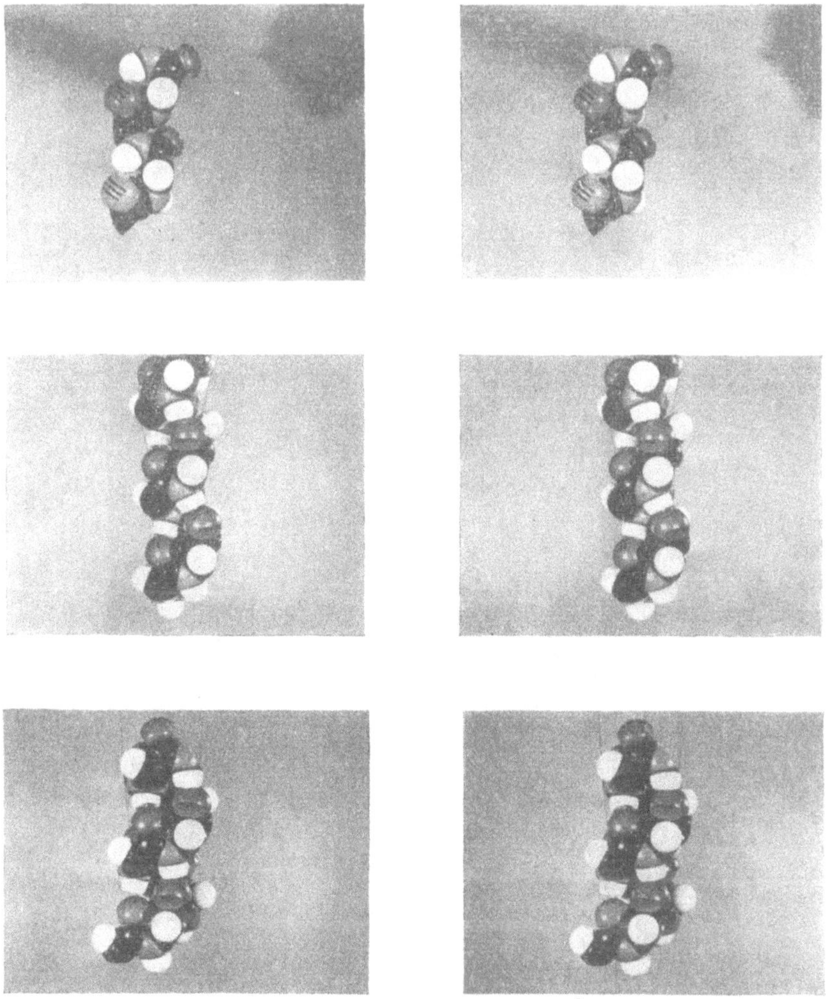

CPK-Modelle der „kanonischen“ Formen rechtsgängiger Helixtypen:
Von oben nach unten: $2{,}2_7$-Helix, 3_{10}-Helix, α-Helix, π-Helix zur linksgängigen Polyprolin-Helix

und antiparallelen Faltblatt", letzteres von Pauling kurz nach der Auffindung der α-Helix entdeckt und veröffentlicht, flächenhafte Anordnungen, die nicht nur als Strukturelemente vieler dynamischer Proteine aufgefunden wurden, sondern auch zusammen mit intermolekular kooperativ verwundenen Polyprolinhelixversteifungen Hauptbestandteil des Instrumentariums für den Aufbau von Gerüst- und Faserproteinen darstellen.

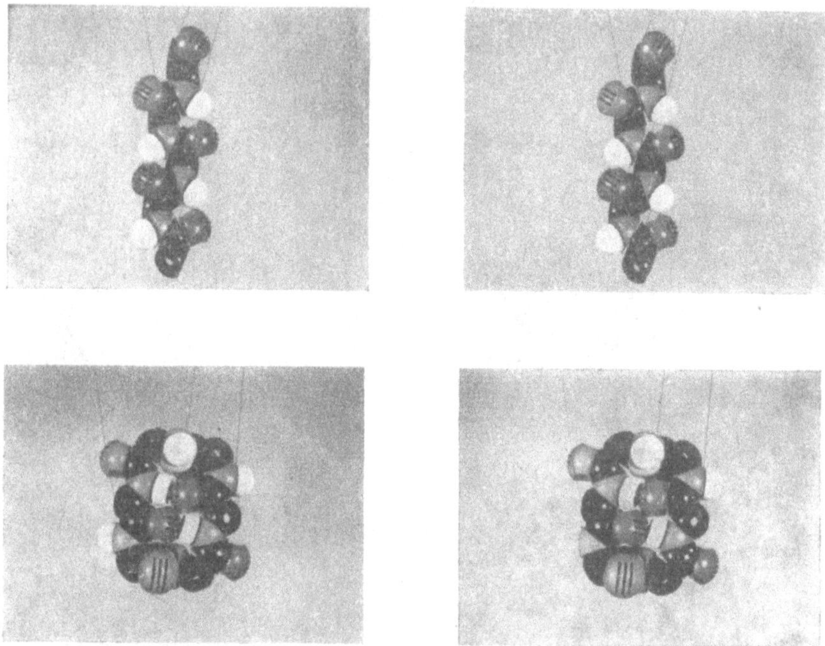

CPK-Modelle der „Bandmuster".
2_7-Band und antiparalleles β-Faltblatt (mit β-loops) in Aufsicht.

Für Glycin im Prinzip symmetrisch, erzwingt die endliche Größe der Seitenketten aller übrigen Strukturen eine unsymmetrische Gestaltung des Diagramms in bezug auf sein Zentrum.
Die gesamte Skala des Ramachandrandiagramms kehrt sich naturgemäß für die Antipodenstruktur der D-Aminosäuren um. Die Ausbildung repetitiver Anordnungen in Proteinmolekülen hat die Hoffnung geweckt, daß auch Seitenkettenstrukturen bestimmte wiederkehrende Stereoelektronikmuster bevorzugen, und deren aus Röntgenstrukturuntersuchungen gewonnene Kenntnis es ermöglichen sollte, die linearen Sequenzen der Peptidketten — der Natur nachempfunden — sofort rechnerisch in die dreidimensionale Anordnung der Proteine zu buchstabieren. Die erste frühe Konzeption eines „stereocode" der Proteine — für eine gewisse Zeit in den Mittelpunkt diesbezüglicher Betrachtungen gerückt — hat dann aber doch wieder differenzierteren Betrachtungsweisen Platz gemacht. Aus den bis heute aufgefundenen Strukturen lassen sich wohl einzelne verbindliche Gemeinsamkeiten, aber nur schwer übergeordnete identische Baumuster ableiten. Selbst die für einfache Homopolypeptidsysteme noch relativ fixierten Bauprinzipien der Sekundärstruktur verwaschen sich bei den meisten Proteinen.

Heutige Betrachtungsweisen und Ansätze stellen deshalb eher Kompromisse zwischen Strukturfolgerungen aus der Sequenz einzelner bzw. der Kooperativität aller Bausätze dar. Schritte in dieser Richtung sind beispielsweise Versuche, aus den gewonnenen hochaufgelösten Strukturen wahrscheinlichste Konformationen bezüglich gewisser Bindungen zu abstrahieren und daraus so etwas wie „empirische Protein/Energie-Muster" zu konstruieren.

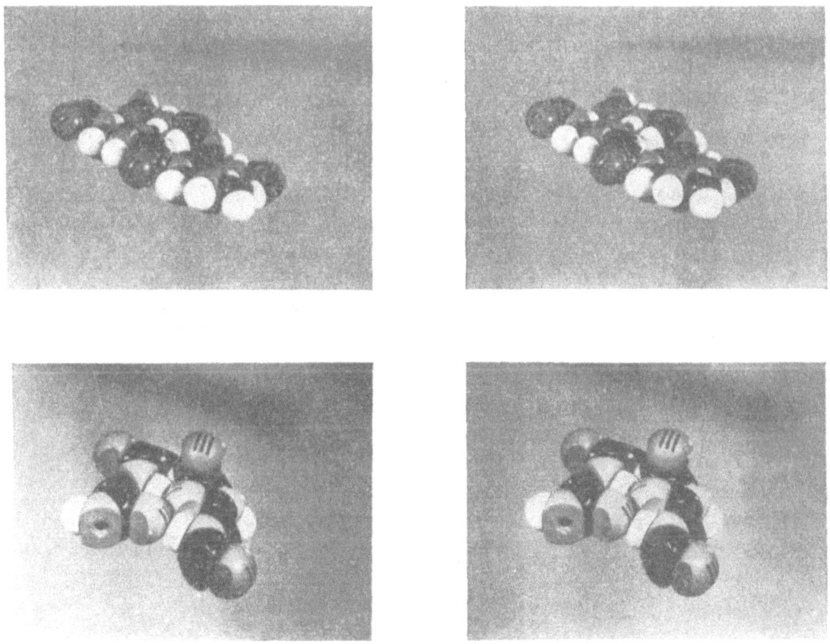

Das „antiparallel-chain pleated sheet" — häufig auch (rechtsgängig) getwistet — und sein in sich selbst zurückführender β-loop als CPK-Modelle in Seitenansicht.

Mehr und mehr ist damit aber auch der Elektronenrechner zum unentbehrlichen Helfer der Röntgenstrukturuntersuchung bei Datensammlung, Verarbeitung, Strukturermittlung, wie auch bei deren methodischer Auswertung bis hin zur graphischen Darstellung und möglichen theoretischen Gegenrechnung hypothetischer Strukturen geworden. Er ist das heute einfach nicht mehr zu missende Korrelat zu den analytischen Untersuchungsmethoden der Konformationsermittlung — undenkbar die Kette jüngster Erfolge ohne seine Mitwirkung [136—142].

Und mit ihm entwickelten sich neue Methoden der Strukturvorhersage — wurden alte verfeinert. Während Ramachandran und Mitarb. zur Berechnung ihrer Konformationen von einem „hard-sphere modell" der Atome ausgegangen waren, hat sich in jüngerer Zeit eine verfeinerte Betrachtungsweise entwickelt, die es zumindest im Prinzip gestattet, auch schwächeren Wechselwirkungen der untersuchten Systeme Rechnung zu tragen.

Sie bauen auf dem Predikt auf, daß die wahrscheinlichsten Konformationen solche minimaler freier Energie sind. Stabile Konformationen von Polypeptiden und Proteinen

Methoden zur Proteinstrukturaufklärung

Experimentelle Methode	Information nativ	Information denaturiert
I. Chemisch:		
a) Aminosäuresequenz, Lokalisierung von Disulfidbrücken, quantitative C/N-Terminal-Fixierung	Kovalenzstruktur	Kovalenzbindungsbrüche
b) Abwandlung mit chemischen Reagentien (mono- und multifunktionelle Agentien)	Vorzugsweise Reaktion unterscheidet zwischen „reaktiven" und „maskierten" Positionen. (Funktion der spezifischen Mikroumgebung und der spezifischen Polymerkonformation	Wechsel in den Reaktionsmustern auf Grund geänderter Konformationen.
c) Empfindlichkeit gegenüber proteolytischen Enzymen	Native Proteine sind entweder resistent oder werden nur langsam angegriffen	Gesteigerte Proteolysegeschwindigkeit
II. Physikalisch:		
a) Hydrodynamische Eigenschaften: Sedimentation, Diffusion, Viskosität, Elektrophorese	Größe, Gestalt und Ladungsmuster	Änderungen in hydrodynamischen Eigenschaften
b) Optische Eigenschaften:		
1. Lichtstreuung (Raighley)	Größe und Molekülgestalt.	Änderungen als Indiz für Abbauvorgänge
2. Absorption/Fluoreszenz	Mikroumgebung von π-leitenden Systemen (Tyr, Trp, Phe, His, -S-S-)	
3. ORD/CD	Geordnete Sekundärstruktur (α-Helix, β-Struktur usw.)	Änderungen als Indiz für Abbauvorgänge
4. Röntgen-Analyse		
α) konventionell	Komplette 3dimensionale Struktur kristalliner Proteine	
β) Kleinwinkelstreuung	Größe und Molekülgestalt	
5. Elektronenmikroskopie	Größe und Molekülgestalt	
c) magnetochemische Eigenschaften NMR/ESR	Statische und dynamische Probleme von Struktur-Funktionskorrelaten.	

Ein schon wieder historisches Schema modifiziert nach F. Wold [7].
Eine Übersicht, die bestenfalls Orientierungen setzt. Die fließenden Grenzen der immer mehr ausufernden Bemühungen schieben sich täglich in weitere unbekannte Bereiche methodischer Problemlösungen vor.

in Lösung sollten mit örtlichen Minima einer Funktion korrelieren, die man als Konformationsenergie, „conformational energy", bezeichnet.
Um derartige Minima zu erhalten, müssen die freien Energien aller möglichen Peptidkonformationen abgeschätzt werden. Man kann sie im wesentlichen als Summe dreier Terme betrachten: der potentiellen Energie intramolekularer Wechselwirkungen, der freien Energie intramolekularer Schwingungen und der freien Energie von Solut/Solvenswechselwirkungen. Unter Vernachlässigung der letzten beiden gehen vereinfachte Rechnungen heute vielfach allein vom ersten Term aus, für den im einzelnen „nicht kovalente" elektrostatische und H-Brückenwechselwirkungen neben den Rotationsenergien um Einfachbindungen herangezogen werden. Die numerischen Werte der einzelnen Parameter werden durch experimentelle Befunde an kleinen Molekülen oder Molekülverbänden adjustiert.
Schließlich sind auch eher rigorose Konformationsanalysen, aufbauend auf MO-Betrachtungen, heute schon relativ weit vorangetrieben worden.

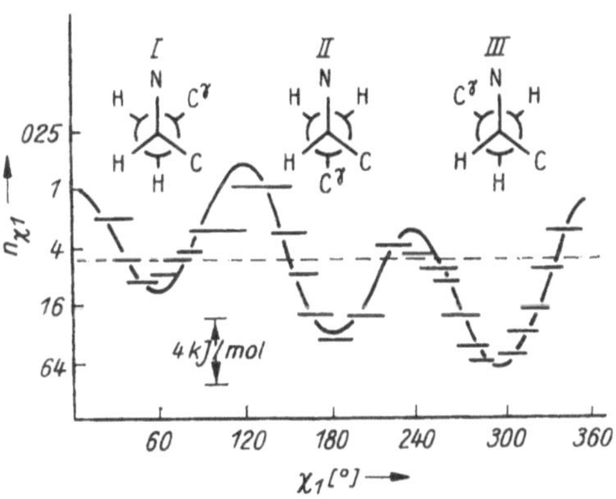

Empirische-Protein-Energie-Muster (EPEM) nach F. M. Pohl [112].
Verteilung der Konformationen von 230 aromatischen Seitenketten auf Grund der Analyse von elf Proteinen mit Röntgenstrukturauflösungen von $\leqq$ 2,8 A.

Zunehmend erscheint das Problem der Strukturvorhersage dabei mit dem einer bestmöglichen Strukturdarstellung verknüpft. Nur diese ist im Prinzip in der Lage, die gewonnenen Erkenntnisse in fruchtbare Einsichten und Folgerungen umzusetzen. Die Makrostrukturen heutiger Biopolymersysteme bleiben in zweidimensionaler Darstellung optisch wirkungslos. Die aus der Analyse potentiell zu entnehmende Information läßt sich nur zu einem Bruchteil gewinnen. Als dreidimensionale Simulationshilfe wurden deshalb schon früh Skelett- und raumerfüllende Modelle entwickelt, die sich in wechselseitigen Vor- und Nachteilen bisweilen sinnvoll ergänzen, alles in allem aber Schwerfälligkeit und Zeitaufwendigkeit der Handhabung mit mangelnder Flexibilität und zumindest teilweise ungenügender Genauigkeit ziemlich unglücklich kombinieren.
Es bedeutete hier schon einen großen Fortschritt, als es Richards gelang, mit dem Kunstgriff eines halbdurchlässigen Spiegelsystems dreidimensional transparent aufgebaute Elektronendichteverteilungsmappen und daraus zu folgernde Skelettstrukturen übereinanderprojiziert zu verbinden und „anschaulich" vergleichbar zu machen [135].

Schließlich aber scheint der Computer auch hier völlig neue Wege zu eröffnen. Mit einer etwas aufwendigen „software" sind schon relativ einfache „hardware"-Systeme heute in der Lage, aus der Eingabe der aus Röntgenstrukturuntersuchungen gewonnenen Parameter und Koordinaten zweidimensionale, zweidimensional-rotierende und rot/grün- oder Doppelbild-Stereowiedergaben auf dem Oszillatorschirm sichtbar zu machen. Bilder, die sehr weitgehend manipulierbar, unmittelbare und variantenreiche Einblicke in die Raumstrukturen der Systeme ermöglichen. Hier lassen sich, vom Betrachter variierbar, sowohl einzelne Strukturen und gewünschte Ausschnitte stereofunktionell hervorheben und abwandeln wie auch größere Subunitverbände und ihre Wechselwirkungsverhältnisse abschätzen [138, 140, 142, 479—492].

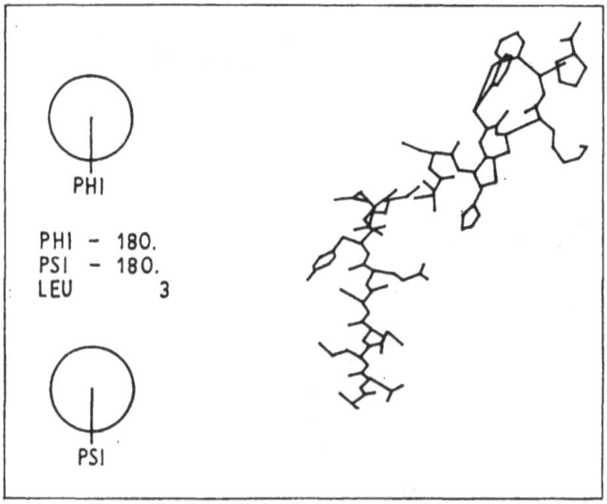

Computer-display einer Modell-Peptidkette nach P. J. Bond [142].
Die untere Vertikalregion besitzt die Polypeptidkettenwinkel PHI = PSI = 180° (trans). Leu-3 ist mit verdickter Bindung in der Kette markiert.
Die mittlere Sequenz besitzt β-Konfiguration.
Die Sequenz in der rechten oberen Ecke besitzt α-helicale Winkel.

Analytische Strukturaufklärung in breitester Anwendung, eine daraus abgeleitete komplexe Bausteinanalyse — vermittelt und wechselseitig in theoretischen Simulationsrechnungen durch die Variabilität moderner Rechner ergänzt — das ganze in variationsreichen Darstellungen veranschaulicht, könnte in den Hirnen der Betrachter vielleicht so etwas wie eine neue Qualität der Assoziationsfähigkeit für derart komplexe Strukturen heranreifen lassen.
Mit ersten graphischen Stereowiedergaben beginnend, ließe sich möglicherweise so etwas wie ein Gefühl für die molekularen Strukturierungen hochkomplexer Systeme erwecken, Basis für das Verständnis einer unter Entwicklung neuer Wiedergabemethodiken zu bewältigenden dreidimensionalen Abbildung der Funktionalität, ermittelt aus endlosen Folgen einer experimentell und theoretisch wechselseitig ergänzend vorangetriebenen Struktureinsicht — das schon einmal beschworene Prinzip der Dynamik des 3D-Films auf der Grundlage der Statik der Einzelbilder.

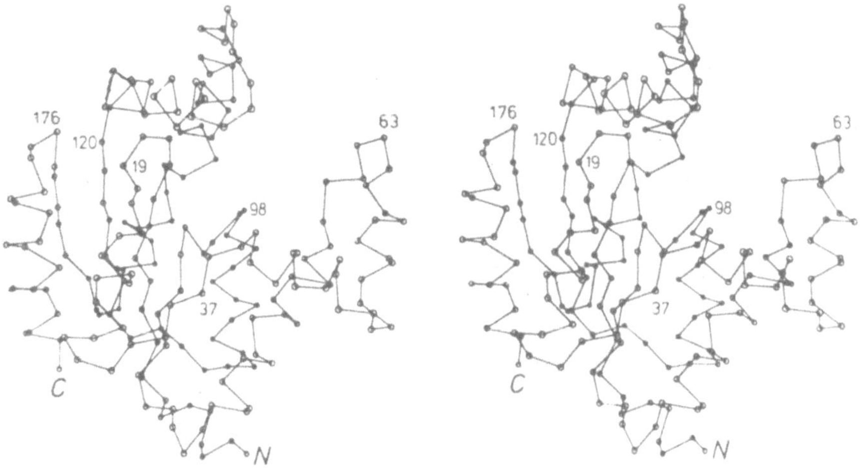

Aus Renaturierungsexperimenten könnte gefolgert werden, daß die dreidimensionale Anordnung eines Proteins eine eindeutige Funktion der Sequenz ist. Die Schwierigkeiten mit der Kristallisationsverweigerung bei Proteinen und die sich abzeichnende zumindest vorläufige Unmöglichkeit, Makroproteinverbände einer Röntgenstrukturaufklärung zuzuführen, ließen die Verlockung wieder in den Vordergrund treten, die Information der Sequenz zur (Computer)-Bestimmung der Struktur zu nutzen.

Ein erster Schritt auf diesem Wege ist die Vorhersage von Helix-, Faltblatt- und turn-Regionen in einem Protein.

Am Modellfall der Adenylkinase testeten G. E. SCHULZ u. andere [511] die Leistungsfähigkeit gegenwärtiger Rechenmethoden. 11 Gruppen beteiligten sich insgesamt am Wettbewerb, aus der bekannten Sequenz die ihnen noch unbekannte, inzwischen aber von G. E. SCHULZ u. Mitarb. in 3-Å-Auflösung erhaltene dreidimensionale Anordnung vorherzusagen.

Adenylkinase ist ein ubiquitäres Enzym, welches die AMP-Phosphorylierung durch ATP unter Mitwirkung von Mg^{++} katalysiert. Das Molekulargewicht beträgt 21600 [510–513].

Die 3-D-Anordnung in der 3-Å-Auflösung — im Bild ist eine α-C-Atom-Stereodarstellung wiedergegeben — zeigt einen durch eine tiefe Spalte getrennten 2-Domänenverband.

Die linke Domäne besitzt ein fünfsträngiges, leicht rechtsgängig getwistetes paralleles β-Faltblatt. Auf beiden Seiten des Faltblatts entsteht aus β-Struktur und umgebenden Helixverbänden ein hydrophobes core. Die rechte Domäne zeigt ein von drei Helixanordnungen umschlossenes kleines hydrophobes core-Zentrum.

Adenylkinase bindet sowohl AMP wie auch ATP spezifisch in bestimmten Bereichen. Obwohl bisher nur indirekt aus dynamischen Untersuchungsmethoden gefolgert — scheint der aktive Bereich in der großen Furche des Verbandes angeordnet zu sein und hinsichtlich seiner Topographie überraschende Ähnlichkeiten zu den Nucleotidbindungszentren einer Reihe von Dehydrogenasen und zum Flavodoxin aufzuweisen [559–568].

55% des Moleküls sind helical, 13% bestehen aus β-Faltblättern. Insgesamt sind 2/3 des Gesamtverbandes in Sekundärstrukturen verwickelt.

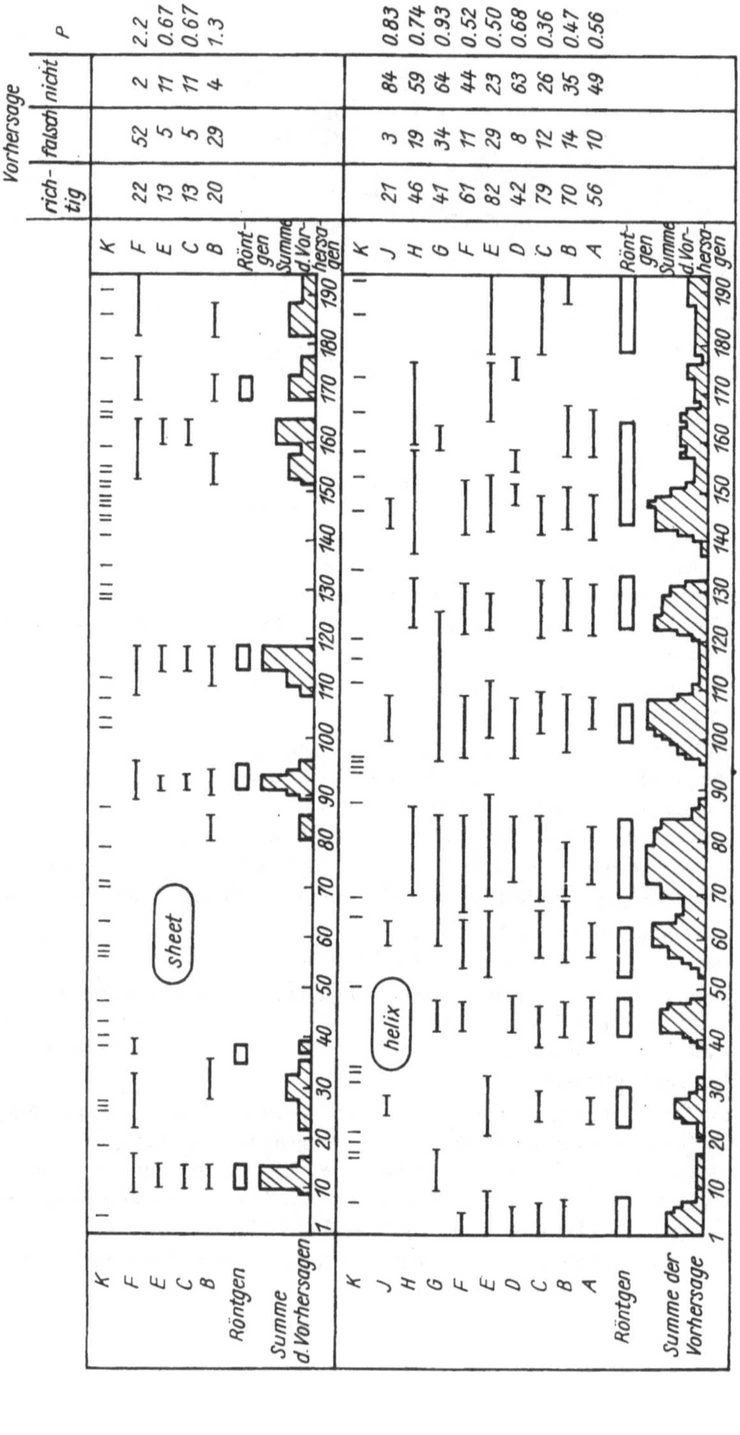
Vorhersage
richtig
falsch
nicht
P
sheet
K
F 22 52 2 2.2
E 13 5 11 0.67
C 13 5 11 0.67
B 20 29 4 1.3
Röntgen
Summe d. Vorhersagen
helix
K
J 21 3 84 0.83
H 46 19 59 0.74
G 41 34 64 0.93
F 61 11 44 0.52
E 82 29 23 0.50
D 42 8 63 0.68
C 79 12 26 0.36
B 70 14 35 0.47
A 56 10 49 0.56
Röntgen
Summe der Vorhersage
1 10 20 30 40 50 60 70 80 90 100 110 120 130 140 150 160 170 180 190

Proteintypen	Beispiele allgemein	speziell	Klassische Zuordnungen
Nicht assoziierte Proteine	Enzyme	Immunproteine Hormone	Globuläre Proteine: Albumine (H_2O-löslich) Globuline (verd. Salz-lösungen — löslich)
Protein/Protein-Assoziate	Enzyme Kontraktile Proteine	Hormone	
Protein/Nucleinsäure-Assoziate	Regulatorproteine Ribosomale Proteine Repressorproteine usw. Interferon		Protamine Histone (basische Proteine) hoher Lys- und Arg-Gehalt
Protein/Membran-Assoziate	Lipoproteine Enzyme Transportproteine		Lipoproteine Glycoproteine Mucoproteine
Protein/Kohlenhydrat-Assoziate		Enzyme des Glykogen-Metabolismus	
Unterschiedlich spezialisierte Proteine		Strukturproteine (Kollagene, Elastine, Keratine u. a.)	unlösliche fibrilläre Proteine

Klassische Einteilungen der Proteine sind überholt. Der obige Vorschlag von F. Wold [7] veranschaulicht die Schwierigkeiten, kooperative Proteinmuster auseinanderzudividieren.

←

Vergleich von experimentellen Befunden bezüglich α-Helices, β-Faltblättern und β-turns mit den theoretischen Vorhersagen der Bearbeitungsgruppen A—K, nach G. E. Schulz et al. [511].
Obwohl die Vorhersagen im einzelnen z. T. beträchtlich differieren, zeigt eine Mittelung eine insbesondere für die helicalen und turn-Bereiche schon recht befriedigende Übereinstimmung zwischen Vorhersage und Experiment. Die Schwierigkeiten bei der Vorhersage der β-Faltblätter sind damit zu erklären, daß hier im Gegensatz zu den „lokalen" Wechselwirkungen der Helix- und turn-Anordnungen „nicht lokale" Einflußnahmen verstärkt berücksichtigt werden müssen. Erschwerend für die Bearbeitergruppen kam hinzu, daß unter diesen „Wettbewerbsbedingungen" „Ja/Nein"-Entscheidungen die ansonsten gewohnten „Wahrscheinlichkeitsprofile" ersetzen mußten.

1.2.1. Strukturproteine

1.2.1.1. Passive Formen — Keratine und Kollagene

Im Detail sehr viel komplizierter, als sich hier in wenigen Sätzen umreißen läßt, werden Strukturproteine — ihren jeweiligen Funktionsschemata angemessen — aus drei Strukturelementen variiert: der α-Helix und den beiden β-Faltblättern [7, 8, 12, 13, 143—159, 479, 516, 517].
Schutzhüllen aller Landwirbeltiere sind aus sogenannten Keratinen aufgebaut, für die katalogisierend eine α/β-Unterteilung gebräuchlich ist. α-Keratine setzen sich hauptsächlich aus α-Helices zusammen, β-Keratine besitzen komplexere Strukturen, in denen wahrscheinlich parallele und antiparallele β-Faltblätter eine Rolle spielen.

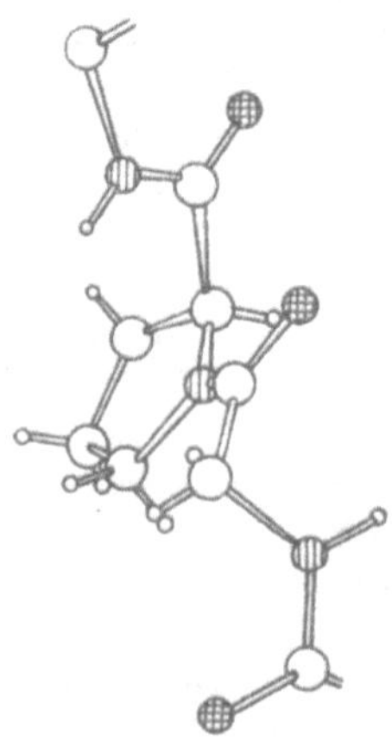

In eine Peptidkette eingebaut, zwingen Prolin und Hydroxyprolin durch Blockade der freien Drehbarkeiten der Peptidkette am α-C dem Peptidskelett einen bestimmten Winkel auf.
Modifiziert nach H. Fasold [13].

Das Vorkommen der Keratine legt die Konstruktion eines ersten phylogenetischen Stammbaums nahe. So bilden α-Keratine die Amphibienhaut, Schuppen und Krallen sind dagegen wie Vogelschnäbel und -federn aus β-Keratinen aufgebaut. Analoge Strukturelemente der Säuger bevorzugen wieder die α-Helices der α-Keratine. Danach könnte das β-Keratin ein Abkömmling des α-Keratins sein, der schließlich in dem Reptilzweig, aus dem die Vögel hervorgingen, dominant wurde, während die Linien, die in den Säugern gipfelten, das für ihre Funktionalität attraktivere α-Keratin beibehielten und weiter entwickelten.
Die α-Helices der Keratine besitzen zumeist monotone Sequenzen mit 3—5zähligen Aminosäurewiederholungsmustern. Die dergestalt wenig optimalen Möglichkeiten zur Ausbildung einer idealen Sekundärstruktur zwingen statt dessen den α-Helices eine Tertiär-Überstruktur auf, die sich in gegenseitiger Verdrillung in Kabelanordnungen — eingebettet in eine schwefelhaltige amorphe Proteinmatrix — stabilisiert. Wahrscheinlich dreisträngige α-Helix-Protofibrillen sind — wie auch bei ähnlichen Faserproteinanordnungen in Geißelschwänzen von Bakterien und Spermien höher entwickelter Organismen — in 9 + 2-Packungen zu übergeordneten Mikrofibrillen vereinigt. 9 Protofibrillen umgeben dabei wahrscheinlich eine paarweise angeordnete Zentral-Protofibrille.

Das geschmeidigere Muskelmyosin besitzt weniger kompakte Kabelanordnungen. Seine α-Helices vermögen bei Zugbeanspruchung intramolekular über ihre stabilisierenden H-Brückensysteme in Richtung auf eine gestreckte β-Struktur abzugleiten. Vernetzende Disulfidbrücken liefern die erforderlichen Rückstellkräfte des Gesamtmechanismus. So entstehen geschmeidige und durch zusätzliche Verzwirrung zu Superstrukturen besonders elastische Fasern, die allerdings nur mäßig reißfest sind.

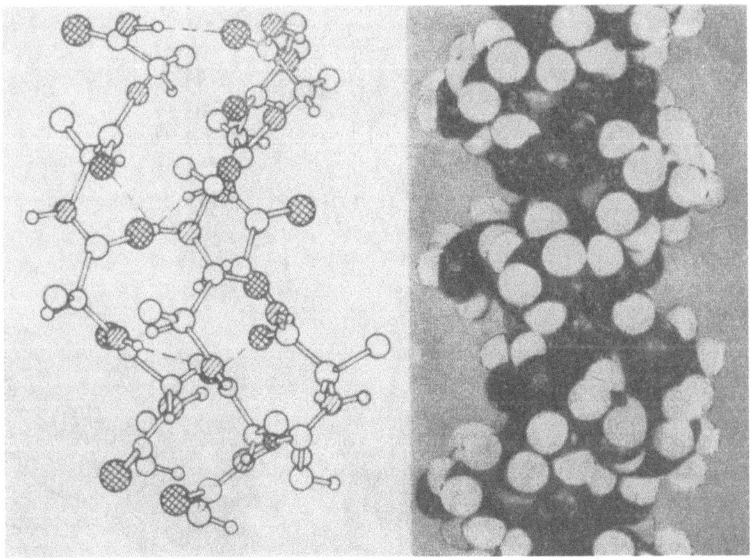

Die Grundstruktur des Kollagens.
Drei linksgängige, einsträngige Helices (sehr ähnlich der Polyprolin-Helix) winden sich rechtsgängig zu einer Tripel-Helix umeinander.
Schemazeichnung und STUART-BRIEGLEB-Modell nach [12, 13, 143–147].

Reißfestigkeit — verbunden mit großer Geschmeidigkeit, wenn auch mit nur geringer Dehnbarkeit — dominiert bei den Seiden und sonstigen Insektenfäden, die aus zumeist antiparallelen β-Faltblättern aufgebaut sind. In diesen Faltblättern wechseln makroskopisch kristalline, molekular geordnete monotone GlyAlaSer-Variationen — meist in der Anordnung GlySerGly—AlaGlyAla — mit amorphen Bezirken ab, die mit sperrigen Seitenkettenstrukturen molekular zu Verzerrungen der Dominanzstruktur führen und makroskopisch für die Restdehnbarkeit der Seiden verantwortlich sind. Die relativ feste Strukturierung innerhalb der angenähert idealen kristallinen β-Faltblattanteile verursacht andererseits eine ungewöhnliche Reißfestigkeit. Die Systeme können nur gegen die Aufhebung des gesamten stabilisierenden H-Brückenbindungssystems gestreckt werden. Die β-Faltblätter mit ihren flächenartigen H-Brükkenfixierungen zu den Nachbarstrukturen, die dann zwischenschichtig allerdings nur locker durch VAN DER WAALS-Kontakte zusammengehalten werden, vereinigen geschmeidig biegsame Stärke mit hohem Widerstand gegen Verstreckung.

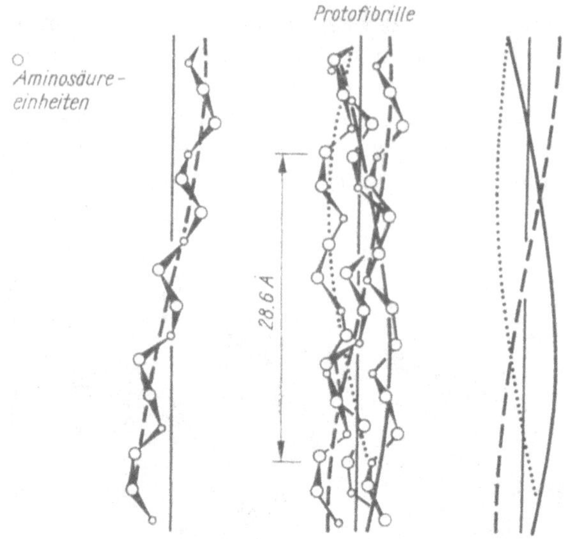

Residue-Schema der Tripelhelix des Kollagens [12, 13, 143–147].

CPK-Modell der linksgängigen Polyprolin-Helix.

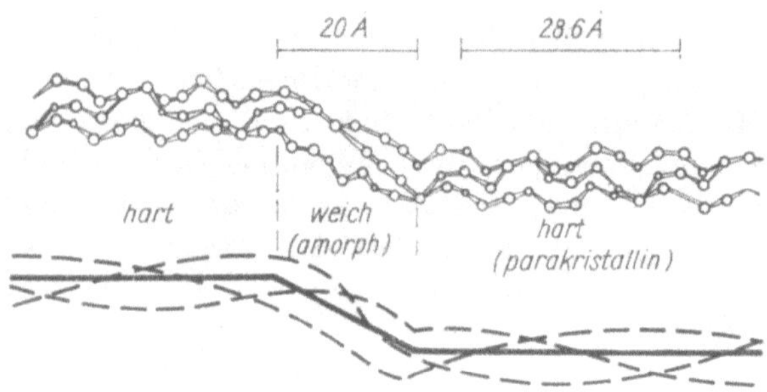

Ausschnitt eines Kollagenstrangs nach A. Rich u. F. H. C. Crick [146] sowie G. N. Ramachandran [145]. Der amorphe Bereich bildet die „weichen Segmente" der Kollagenstruktur nach R. Hosemann [147].

Die dritte große Gruppe umfaßt schließlich die Kollagene, die als Hauptbestandteil von Sehnen, stützenden Hautnetzwerken u. a. m. überall dort zu finden sind, wo ein steifes Füllmaterial geringer Dehnbarkeit und großer Stärke benötigt wird. Sie setzen sich hauptsächlich aus GlyAlaPro und dem nicht genetisch codierten, vielmehr erst nachträglich enzymatisch hydroxylierten Hypro zusammen. Zumeist werden GlyPro (X bzw. Hypro) variiert. Kriterien dieses Strukturaufbaus sind die fixierten Aminobindungswinkel der Pro-Partner und ihre fehlenden Möglichkeiten zur Ausbildung von Intrastrang-H-Brücken.
Polyprolin und -hydroxyprolin, eigenartigerweise aber auch Polyglycin kristallisieren auf Grund dieser Voraussetzungen in sogenannten P-Helices. Ihr dominantes Vorkommen charakterisiert die Muster der Kollagene.
Drei dieser linksgängigen P-Helices werden mit leichter Rechtswindung zu einer rechtsgängigen Superhelix zusammengedreht, die als sogenanntes Tropokollagen die Grundstruktur der Kollagene bildet. In diesen P-Helixverbänden verleihen die intermolekularen H-Brückenbindungssysteme — wahrscheinlich noch unterstützt durch günstige VAN DER WAALS-Kontakte der spezifischen Sequenzmuster — dem Gesamtverband Steifigkeit und Festigkeit.
Bei all diesen Strukturproteinen erscheint der Aufbau gewisser geometrischer Substrukturen durch die jeweils gewählte Aminosäurezusammensetzung in Grenzen vorprogrammiert. Pro und Hypro ergeben P-Helices, Gly tendiert sowohl zu diesem Typ wie auch zum β-Faltblatt, läßt sich andererseits aber auch in die hinsichtlich ihrer energetischen Parameter optimale α-Helix einbauen, für deren Aufbau hinsichtlich der Bevorzugung durch bestimmte Aminosäuren leichter ein Negativ- als ein Positiv-Attest ausgestellt werden kann. Nur Häufungen besonders sperriger Gruppen bzw. von Gruppen mit intensiven intra- und intermolekularen Wechselwirkungen, schließlich auch die geometrischen Voraussetzungen von Pro und Hypro erschweren den Einbau oder machen ihn wie in den letztgenannten beiden Fällen unmöglich.

1.2.1.2. Aktive Formen — kontraktile Muskelproteine

Zu den interessantesten dynamisch funktionellen Varianten von Strukturproteinen gehören zweifellos die auch heute noch nicht voll durchschauten Systeme der gleitenden Filamente der Muskeln, die in ihrem weiteren Systemzusammenhang zu den aktiven Funktionsproteinen überleiten [150—159].
Primitive Vorläufer dieses Konvertierungssystems chemischer Energie in mechanische Arbeit sind die Proteine der Flagellen und Cilien. Flagellen — in Gruppen oder auch als einzige große Geißel angeordnet — dienen mit schraubenden und peitschenden Bewegungen Mikroorganismen zur Fortpflanzung im wäßrigen Milieu.
Flagellen setzen sich aus aggregierten Subunits eines teilweise fibrillären Proteinmusters mit Molekulargewichten zwischen 20000 und 40000 zusammen. Sie zeigen ein dem α-Keratin vergleichbares Röntgenbeugungsbild, welches beim Streckvorgang in das der β-Keratine übergeht. Cilien —kürzere fadenförmige Organellen zur Fortbewegung und zum Nahrungstransport — weisen wieder die typische 9 + 2-Kabelstruktur auf. 9 helical aufgebaute Doppelfibrillen umgeben ein zentrales Fibrillenpaar. Bei Flagellen und Cilien ist bisher noch relativ wenig über die Umwandlung chemischer in mechanische Energie bekannt. Für Cilien konnte jedoch ATPase-Aktivität nachgewiesen wer-

den, so daß in ihnen zumindest die wichtigsten Komponenten kontraktiler Systeme schon vorhanden sind.

Die Muskelzelle selbst ist einerseits eine normale Körperzelle. So besitzt sie einen — meist etwas peripher verschobenen — Zellkern, der vom Cytoplasma, dem soge-

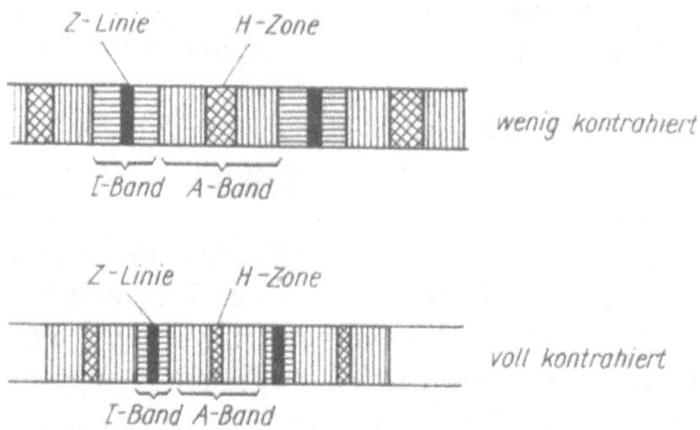

Muskelfibrille mit charakteristischer Bandstruktur.
Im kontrahierten Muskel sind I- und H-Band schmaler oder völlig verschwunden.

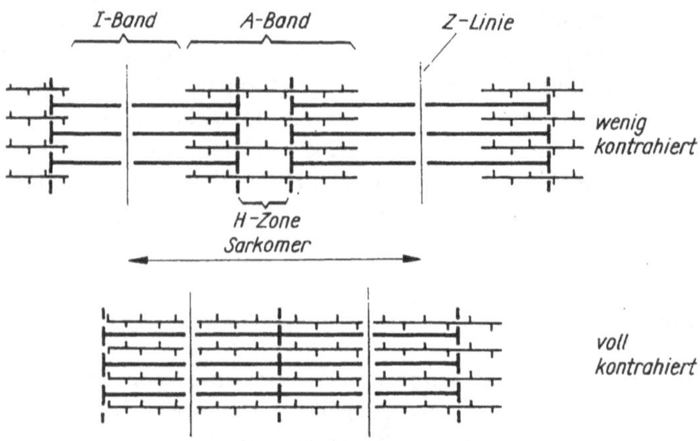

Huxley-Modell der Muskelfibrille [151—153].
Actin
Myosin

nannten Sarkoplasma umgeben ist. In ihm sind die für die Muskelfunktion spezialisierten Myofibrillen eingelagert. Die von den Membranen des Sarkolemma umhüllten, zu Muskelfasern gebündelten Zellen haben Kontakt zu Nervenenden, die den Myofibrillen entsprechende Kontraktions- und Dekontraktionsbefehle übermitteln. Quergestreifte Muskeln lassen makroskopisch einen Feinaufbau der Myofibrillen erkennen. Sogenannte Sarkomere — deutlich voneinander zu unterscheidende Einzelstrukturelemente — folgen nacheinandergestellt der großen Faserrichtung. Die jeweilig seitlichen Begrenzungen dieser Sarkomeren bilden bindegewebeartige Plättchen, an die beidseitig Hülsen des Actins, eines spezialisierten Muskelproteins angeheftet sind.

In diese wiederum sind überlappend kompakte, aufgerauhte Zylinder der zweiten Partnerstruktur, des sogenannten Myosins eingeschoben. Als makroskopisches Bild der molekularen Sarkomerenstrukturierung erscheint ein in seiner Ausdehnung mit der Muskelaktion variierendes Muster von Z-Linien, H-Zonen sowie I- und A-Bändern.

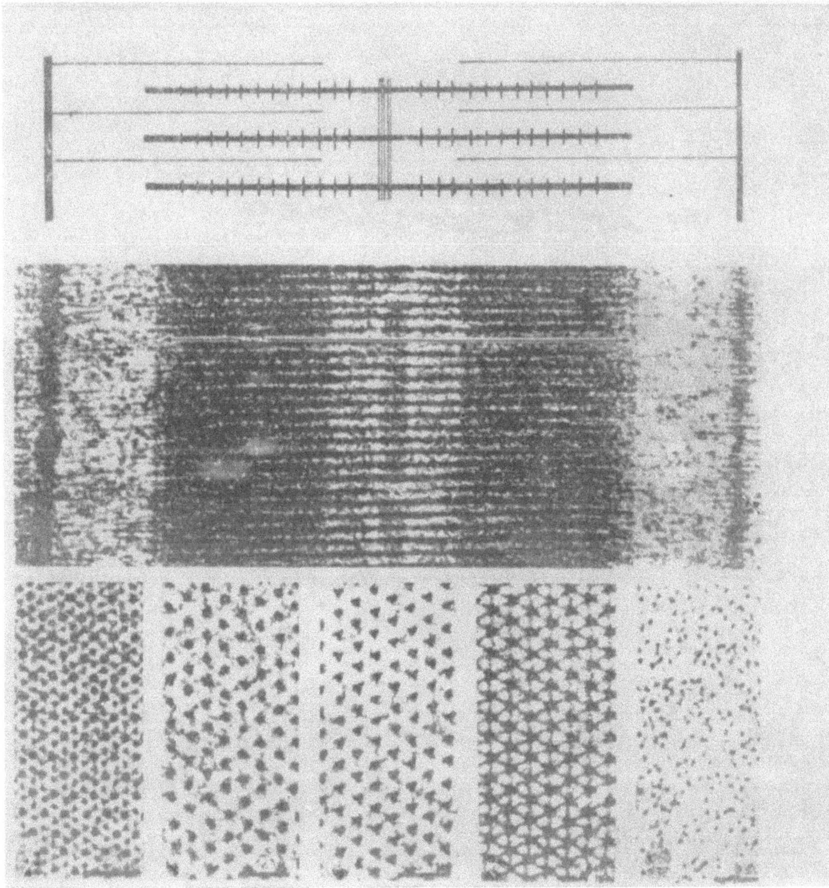

Schematische Darstellung der Sarkomeren-Wiederholungsmuster von Myofibrillen im Vergleich mit elektronenmikroskopischen Befunden nach S. Lowey [153].
Von oben nach unten:
Schemadarstellung
a) Längsschnitt durch das Sarkomer des Seitenmuskels vom Killifisch.
b) Überlappungszone im A-Band, c) H-Zone, d) pseudo-H(pH)-Zone, e) M-Linie, f) Schnitt durch das I-Band.

Myosin — der eher aktive Teil des Systems — ist ein Proteintrimer, welches in Monomereinheiten dissoziierbar ist. Proteolytischer Abbau spaltet nur eine begrenzte Anzahl von Peptidbindung und führt reversibel zur Bildung zweier charakteristischer Fraktionen: eines fibrillären LMM-Teils (leichtes Myosin) und des globulären HMM-Partners (schweres Myosin). Im Elektronenmikroskop stellt sich das gesamte System als ein ca. 1350 Å langes, 20 Å breites Faserprotein mit einem kompakten Kopf von 30 Å Durchmesser dar. Der Kopf zeigt eine charakteristische Substruktur und besteht im wesentlichen aus zwei Kopfsystemen. Unterschiedliche Proteolyseverfahren gestatten darüber hinaus noch die Isolierung der elastischen Verbindungszonen zwischen Kopfsystem und Faseranteil.

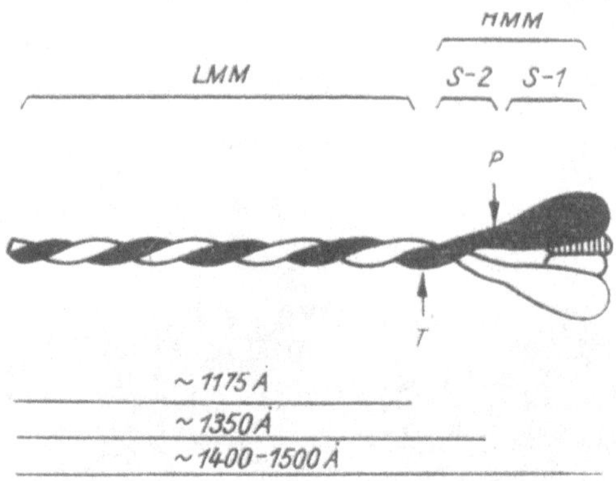

Myosin-Modell nach H. Fasold [13] modifiziert.
LMM = leichtes Meromyosin
HMM = schweres Meromyosin
S-1 = Subfragment 1 des HMM („Kopfregion")
S-2 = Subfragment 2 des HMM („Halsregion")
T/P = Spaltung durch Trypsin/Papain

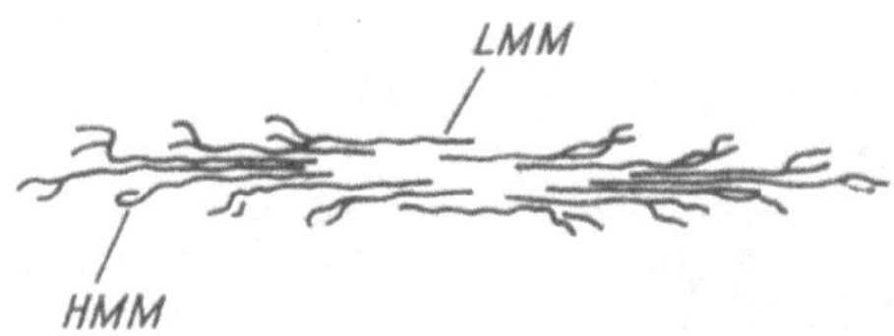

Myosin-Filament.

LMM ist ein Strukturprotein, das Haltefunktionen innerhalb der Myosinfibrille ausübt. Nach Röntgenstrukturanalysen ist es wahrscheinlich über weite Strecken helical aufgebaut. Wahrscheinlich sind im Myosinschwanz zwei mehr oder minder reine α-Helices mit einem Molekulargewicht von je 60—70000 zu einer Superhelix umeinandergeschlungen. Recht auffallend ist der hohe Anteil ionisierbarer Seitenketten in dieser Systempartie. Wahrscheinlich besteht der LMM-Faden aus mehreren repetitiven Sequenzen. Der elastische Hals des Doppelkopfes — mit diesem zusammen das HMM bildend — ist ebenfalls α-helical.

Das Doppelfragment des Kopfsystems des Myosins dient der Wechselwirkung mit dem Actin. Es kann sich selbst ohne Schwanzregion mit diesem zu einem „synthetischen Actomyosin" vereinen. Als Leitzentrale des kontraktilen Systems umfaßt es auch die ATPase-Aktivität für die Energiekonversion chemischer in mechanische Arbeit. Myosin aggregiert zu kabelähnlichen an den Enden aufgefaserten Myosinstrangverbänden.

In diesen Filamenten sind 200 bis 400 Einzelmoleküle — um ca. 72 Å gegeneinander in der Längsachse verschoben — zu Superkabeln von 1,5 µm Länge und ca. 100—170 Å Durchmesser zusammengepackt. Im wesentlichen durch die Schwanzteile der Einzelmyosinpartner zusammengehalten, entsteht eine Zylindereinheit, aus der nach allen Seiten entlang der Faserrichtung die Actinerkennungszonen der Kopfsysteme herausragen.

Nach der HUXLEYschen Theorie der „gleitenden Filamente" wandern diese Myosinsysteme in Kontraktion und Dekontraktion weiter in die Actinhülsen hinein bzw. wieder aus ihnen heraus. Das Actin kann in zwei Formen, einem globulären G-Actin und dem fibrillären F-Actin vorkommen. F-Actin ist ein doppelhelicales Aggregat hochassoziierter G-Monomerer vom Molekulargewicht 44000. Die Polymerisationsenergie wird einem Ca- bzw. Mg-abhängigen ATP-ADP-System entnommen. G-Actin enthält ca. 1—1,5 Mol ATP. Das neben anorganischem Phosphat entstehende ADP bleibt gleichfalls am F-Actin gebunden. Röntgenfaserdiagramme lieferten noch keinen detaillierten Aufschluß über die molekulare F-Actinstruktur.

Actin und Myosin representieren — im Actomyosin kombiniert — die kleinste kontraktile Einheit. Allerdings sind hier noch zwei Proteinsysteme zu erwähnen, die vergesellschaftet mit den beiden Partnerstrukturen bestimmte Regulations- und Arretierungsfunktionen ausüben:

Tropomyosin B ist mit Actin in den I-Banden der Sarkomeren vergesellschaftet. Es zeigt einen hohen Helixgehalt und erinnert an die LMM-Anteile des Myosinsystems. Fibrillär gebaut, in Fasern mit den Actinfäden verdrillt, wird dem reinen Protein eine Arretierungsaufgabe bei der Kontraktion zugeschrieben. Vorläufige Aminosäuresequenzierungen für das C-Terminal von Kaninchen-Skelett-Tropomyosin erbrachten interessante Einblicke in Strukturprinzipien der Anordnung. Sie bestätigten ursprüngliche Vermutungen, nach denen Tropomyosin aus verschiedenen, aber in sich sehr ähnlichen Polypeptidketten besteht. In jeweils 3er Abständen vom N-terminalen-Ende und 4er Abständen vom C-Terminus weisen die α-Helices charakteristische „Querstreifungen" hydrophober Regionen auf. Zwei jeweils um 14 Aminosäuren versetzte, in sich identische Kettenelemente bilden mit dem hydrophoben Alternativmuster wechselseitiger Raumerfüllungen und Molekülpassungen die „Flankenverklebung" zweier α-Helices zur „coiled coil"-Struktur einer Superhelix. Die hydrophoben Verklebungszonen sind durch jeweils breite Bereiche ausgesprochen polarer Aminosäureseitenketten getrennt, in denen keine Helix-Helix-Verklebungen möglich sind. Die versetzt verzahnte Anordnung liefert eine einleuchtende Erklärung für die Schwanz/Kopf-Assoziation von Tropomyosinmolekülen in Lösung, im kristallinen Zustand und im dünnen Muskelfilament. Ein ähnliches Muster repetitiver hydrophober Seitenketten wird auch in den Stabregionen des Myosins für möglich gehalten. Auf Grund der unterschiedlichen Assoziationsverhältnisse dürfte aber die besondere polar-apolar-Verteilung eine andere sein.

Zusammen mit dem Troponin scheint das Tropomyosin der eigentliche Regulator der Muskelbewegung zu sein. Troponin besteht aus zwei Komponenten, deren eine sehr stark Ca^{++} zu binden vermag. Anscheinend kann es die Empfindlichkeit der HMM-Myosin-ATPase gegen Ca-Ionen regulieren.

Möglicherweise wird der zentralnervöse Kontraktionsimpuls, der über die Nervenenden das Sarkolemma trifft, durch ein verzweigtes Kanalsystem in die Actomyosinsysteme der einzelnen Sarkomeren weitergeleitet. Diese Kanäle dürften — zwischen den einzelnen

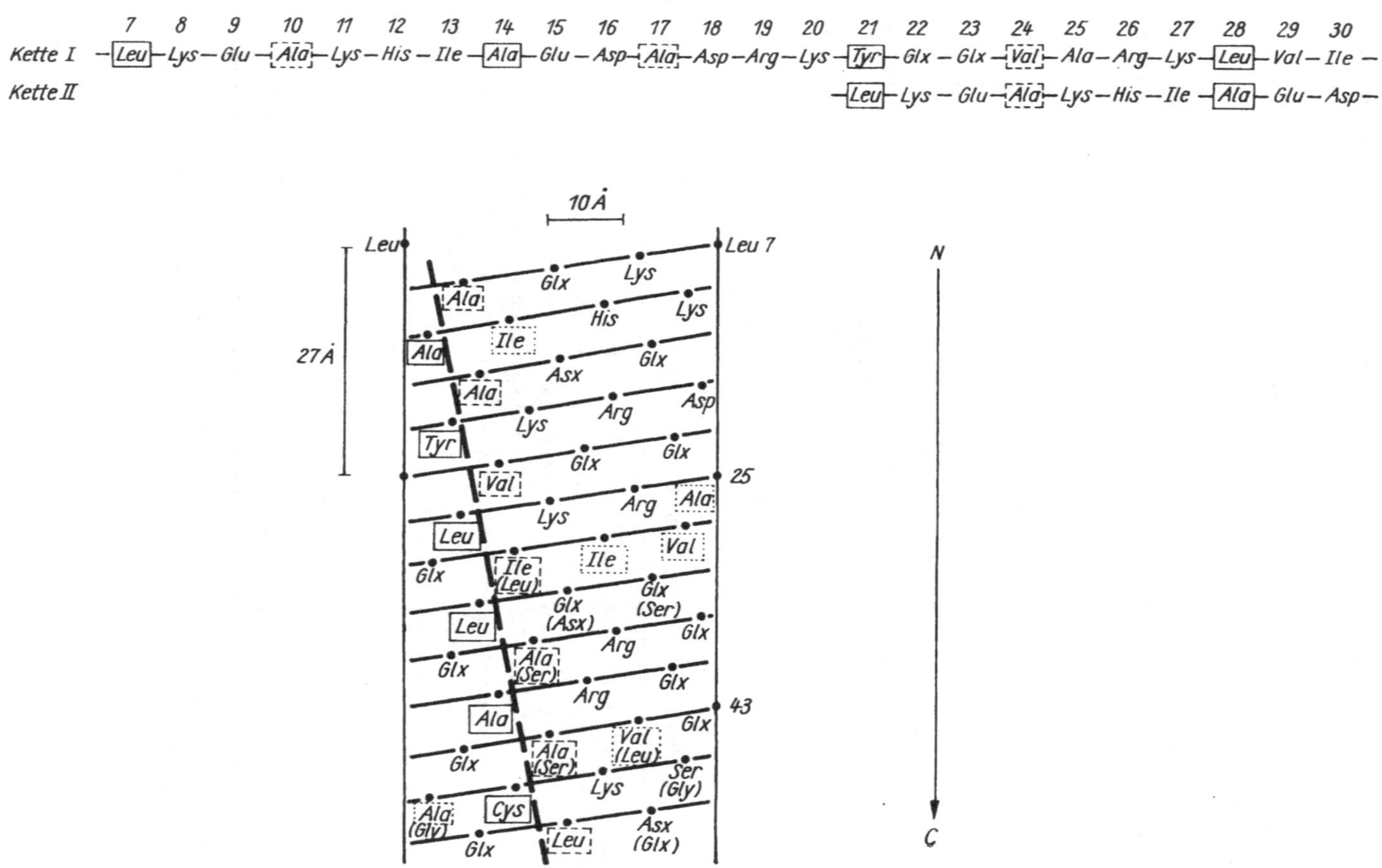

Periodisch organisierte Biopolymere.
Hypothetische Aminosäuresequenz des C-Terminals von Kaninchen-Skelettmuskel-Tropomyosin in ein α-helicales Netz gezeichnet. Ein reguläres Muster unpolarer Seitenketten ist in zwei Serien (☐ und ⬚) angeordnet.
Nach J. SODEK u. Mitarb. [157].

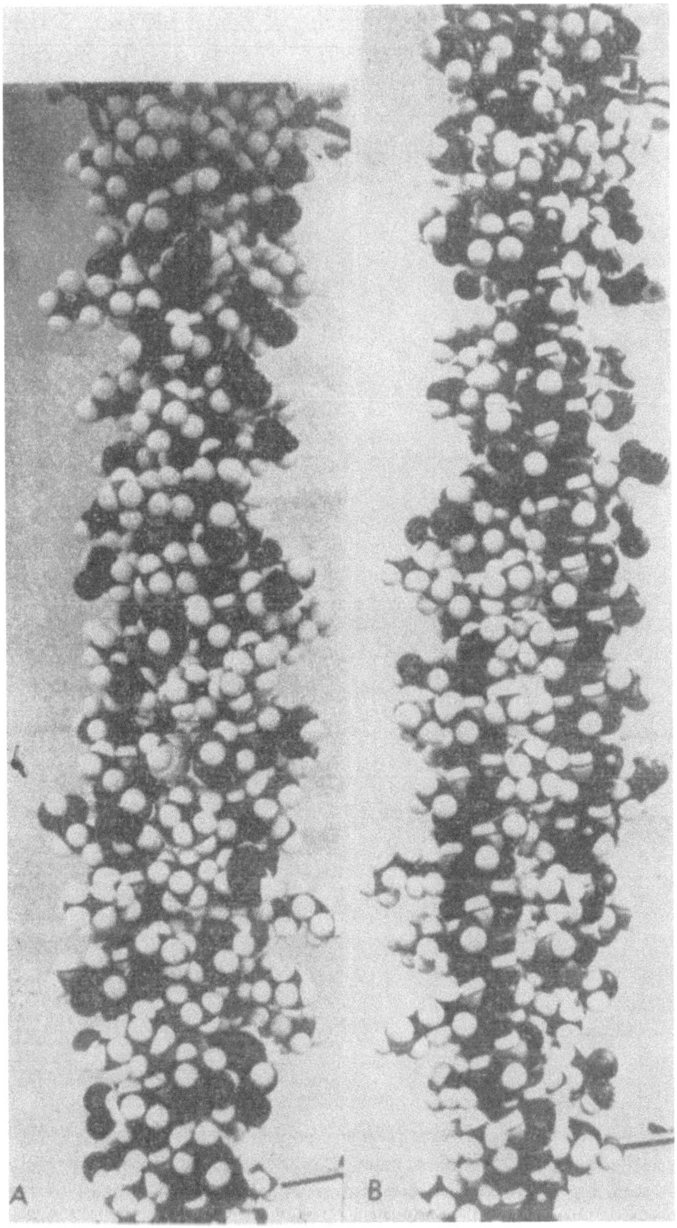

CPK-Modell des hydrophob verklebten „coiled coil“ des Tropomyosin. N—C — Terminals von oben nach unten.
Die dargestellte Region umfaßt die Aminosäuren 28—86 von Kette I und 14—72 von Kette II.
A und B von gegensätzlichen Seiten dargestellt. In B sind eine große Zahl Seitenketten entfernt, um die in den Mittelpartien aufsteigende hydrophobe Verklebungszone der beiden Ketten besser sichtbar zu machen.
Nach J. Sodek u. Mitarb. [157].

Fibrillen entlang angeordnet — Kontakt zu den Z-Zonen besitzen. Das zentralnervöse Signal scheint das Kanalsystem zu veranlassen, Ca^{++} in das Actomyosinsystem abzugeben. Die Kontraktion wird dann durch das Troponin-Tropomyosin-System reguliert. Bei absinkendem Ca^{++}-Spiegel könnte dieses System auch die Erschlaffung des Muskels durch Anlagerung von ATP unter gleichzeitiger Repression der ATPase-Aktivität

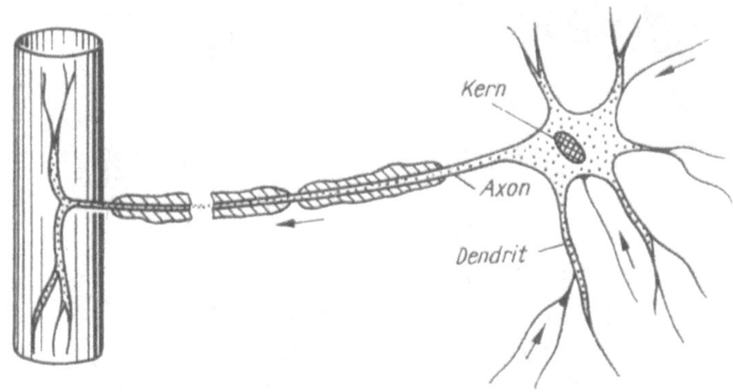

Informationstransfer vom Neuron zum quergestreiften Muskel.

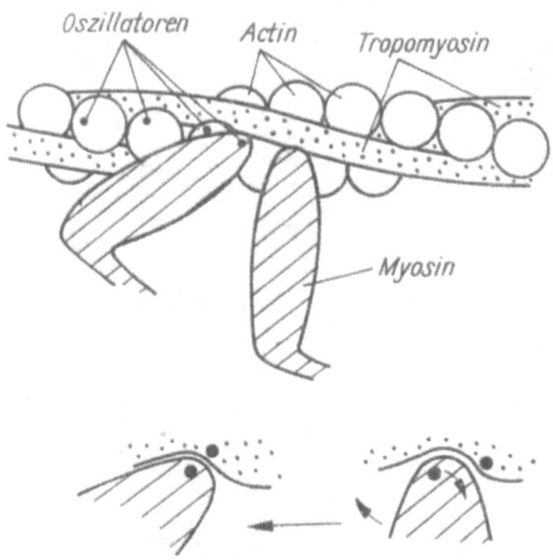

McClares Vorschlag zur Operationsweise des Huxley-Modells [156].
Das doppelköpfige Myosin kriecht (möglicherweise durch wechselseitige Oszillationsbeziehungen zwischen Actin und Myosinkopf vermittelt) — Tropomyosin-gesteuert — am Actinfilament entlang.

vermitteln. Die Bewegung des Apparates kommt wahrscheinlich dadurch zustande, daß die beiden Teile der Kopfstruktur des Myosins jeweils abwechselnd ATPase-aktiv werden. Nimmt man für die kurze Halsregion eine allosterisch beeinflußbare Zone des Myosinmoleküls an, die auf das zentralnervöse Kommando zur Kontraktion hin geeignete konformative Umfaltungen im Wechsel mit ATPase-Aktivierungen ermöglicht, so könnte das doppelköpfige Myosinmolekül durch kooperative Konformationsänderungen und damit kombinierte Anheftungen am Aktin unter ATP-Verbrauch gleich einem zweifüßigen Wesen — Tropomyosin gesteuert — am Aktinfilament „heraufkrabbeln.“

1.2.2. Funktionsproteine

Wie bereits erwähnt, sind bisher dreidimensionale Strukturaufklärungen für über 30 Proteine — eingeschlossen eine große Zahl von Enzymen — bekannt. Trotzdem die bisherigen Enzymuntersuchungen — wie ebenfalls bereits betont — im wesentlichen auf kleine extracelluläre Systeme beschränkt blieben, kann man vorläufig selbst aus

Aktive Proteine:
1. Katalytische Proteine [Enzyme]: Bindung und chemische Einwirkung auf Liganden (Substrate) 2. Immunproteine: Irreversible Bindung und Immobilisierung von Liganden 3. Carrier oder Transportproteine: Reversible Bindung und Transport von Liganden 4. Regulatorproteine: Reversible Bindung von Liganden, die zu Aktivitätsänderungen führt 5. Kontraktive Proteine: Bindung von Liganden, die zu mechanischer Arbeit führt.

Von den Schwierigkeiten, Funktionsproteine zu klassifizieren.
Ein Vorschlag von F. Wold [7].

dieser limitierten Klasse einige generelle Einblicke gewinnen, die sich nach methodischer Zugänglichkeit von Multisubunitsystemen wohl quantitativ erweitern — vielleicht auch qualitativ abwandeln lassen. Sicher werden hier auch weitere generelle Prinzipien zugänglich werden.

Besonders für Enzyme und enzymähnliche Systeme werfen die heutigen Strukturuntersuchungen mit ihrer Konzentrierung auf Röntgenstrukturanalysen natürlich einige methodische aber auch grundsätzliche Fragen nach der Richtigkeit der heutigen Konzeptionen auf. Sind beispielsweise die im Kristall untersuchten Proteinkonformationen die gleichen wie in Funktion in Lösung, ja sind sie überhaupt ähnlich? Bestehen weiterhin zwischen den kristallinen Enzym/Substratanalogen-Komplexen der Röntgenstrukturuntersuchungen — die methodische Voraussetzung — über Stunden und Tage stabil sein müssen — und den funktionellen Enzym/Substrat-Komplexen Übereinstimmungen, die die meist weitreichenden Folgerungen unserer heutigen Extrapolationen tolerabel erscheinen lassen? Sollte man für derartige Untersuchungen anstelle von Substratanalogen nicht besser „transition state“- Analoge verwenden? Wie ähnlich oder wie unterschiedlich sind beide in ihren Voraussetzungen? Erreichen die Substrat- oder transition state-Analogen unserer heutigen Untersuchungsmethoden überhaupt die tatsächlichen aktiven „sites“ der Enzyme oder bleiben sie an irgendwelchen anderen Bindungsregionen des Katalysatorkomplexes hangen? Werden jemals Möglichkeiten geschaffen werden können, schnell reagierende Substrat-Enzym-Komplexe mit einer derart langsamen Methodik dennoch in den Griff zu bekommen? Diesen vorwiegend

methodisch orientierten Fragen stehen eine ganze Reihe grundsätzlicher und nicht minder drängender nach den Enzymmechanismen selbst zur Seite.
Welche Rolle spielt beispielsweise der gesamte, im Vergleich zur aktiven „site" meist riesige Enzymkomplex in Struktur/Funktions-Korrelation für die Handlungsfähigkeit des Enzyms? Welche Energieleitungsmechanismen innerhalb des gesamten Enzymorganismus sichern die hohe Kooperationsfähigkeit des Systems usw.? Fragen, die die uralten Zweifel noch einmal aufwerfen: wie kommt es, daß Enzyme einerseits so spezifisch, andererseits so extrem schnell sein können?
Versucht man zunächst, die methodischen Ungewißheiten etwas auszuräumen, so läßt sich hier einmal anführen, daß Proteinkristalle, wie sie für Röntgenstrukturuntersuchungen herangezogen werden, das nativ umgebende Wasser noch zu einem hohen Maße eingeschlossen oder als Hydratumhüllungen enthalten. Ca. 25—65% der Raumerfüllung derartiger „Kristalle" bestehen aus Wasserstrukturen. Da intermolekulare Kontakte zwischen den einzelnen Teilen des Proteinsystems im allgemeinen nicht über 30% der gesamten zur Verfügung stehenden Enzymoberfläche ausmachen, ist auch die Diffusion von Substratanalogen in die aktiven Bereiche am Enzym nicht so behindert, wie man gemeinhin annehmen sollte.
Die Zuverlässigkeit der ermittelten Strukturparameter über die jeweiligen Augenblicksaufnahmebedingungen hinweg könnte aus der Tatsache gefolgert werden, daß Enzymaufnahmen oft Röntgenstrukturdaten bis zu hoher Auflösung herab ergeben, und zwar im Gegensatz zu vielen Nichtenzymproteinen, wie z. B. einfachen Polypeptiden, die in ihren Konformationsspielen sehr viel variantenreicher und damit schlechter fixierbar sind. Im übrigen sind die aus Röntgenstrukturdaten gefolgerten Substrat-Enzym-Relationen in nahezu allen bisher untersuchten Fällen durch dynamischer orientierte Methoden wie NMR- und ESR-Untersuchungen, aber auch rein chemische Sonden in einem hohen Maße bestätigt worden. Mittels Röntgenstrukturanalyse studierte Substrat/Enzym-Komplexe sind zumeist so spezifisch, daß auch die Ungewißheit mehrdeutiger Fixierungen nur eine untergeordnete Rolle spielt. Die Frage nach der Richtigkeit von Substrat- oder transition state-Analogen erscheint dagegen viel berechtigter und führt in den Bereich genereller Enzymmechanik und ihrer Interpretation.
Eine der zunächst besten, dabei gleichzeitig ältesten Definitionen dessen, was man unter Enzymen zu verstehen habe, stammt vielleicht von PAULING:
"I think that enzymes are molecules that are complementary in structure to the activated complex of the reaction that they catalyse, that is, to the molecular configuration that is intermediate between the reacting substances and the products of the reaction for these catalysed processes. The attraction of the enzyme molecule for the activated complex would thus lead to a decrease in its energy and hence to a decrease in the energy of activation of the reaction and to an increase in the rate of the reaction."
Über 20 Jahre danach ist diese Definition noch in wesentlichen Teilen als treffend anzusehen, und man könnte sie nach LIPSCOMB vielleicht einzig dadurch noch etwas „dynamisch" verbessern, daß man anstelle von "enzymes are molecules that *are* complementary" formulierte: "enzymes are molecules that *become* complementary".
Die schon alte Vermutung PAULINGS, daß „gute" Substratanaloge dem jeweiligen transition-state stärker ähneln als dem Grundzustand ihrer simulierten Vorbilder, ist durch zahlreiche neuere Untersuchungen bestätigt worden. Bindung und Zwang hin gegen den Berganzustand scheinen damit eine Hauptquelle der Katalysekräfte

von Enzymen zu sein. Leider sind aber sowohl der Variantenreichtum von Mikroheterogenitätsmustern dirigierender Enzymbezirke, dadurch bedingte und ermöglichte Geometriewechsel und schließlich die die ganzen Wechselspiele steuernden Energieflüsse für uns heute gleich schwer zu überschauen.

Voraussetzung aller Enzymoperationen dürften wieder extrem gute dynamische Matrizenpassungen entlang der einzuschlagenden Reaktionskoordinate sein. „Geometry" — so formulierte es LIPSCOMB — "includes orientation effects, which are perhaps related to minimization of nonbonded repulsions at least as much as to promotion of bonded interactions, but both effects are of interest; this is a gentle comment on orbital steering".

Enzyme sind demnach raffiniert optimierte kleine Hände, evolviert für eine selektive Erkennung und Erfassung bestimmter Substratmoleküle innerhalb eines zumeist wäßrigen Milieus, Einbettung derselben in ein für einen möglichst energiearmen Verlauf der Reaktionskoordinate ausgesucht abgestimmtes und dynamisch variierbares Reaktionsmilieu, das durch fortlaufend genaue räumliche Matrizenpassungen bleibend optimale Entropieverhältnisse sichert; deren Flexibilität als Gesamtstruktur Fixierung, Umsetzungsdirektion und Entlassung der Endprodukte aus und in unterschiedliche Umgebungsstrukturen erlaubt, deren Konformationsenergiespiel in relativ großen „shifts" von Atomgruppierungen in aktiven Zentren und in allosterischen Bereichen und abgestimmt kleineren „shifts" im gesamten Enzymbereich widergespiegelt wird. Kleine molekulare Hände, die im Unterschied zu ihren von „sehenden" Organismen gesteuerten phänotypischen Artgenossen Executive und Legislative in einem sind, selbst kleine Computer, programmiert auf einen einzigen Verwendungszweck, kleine funktionelle Individuen, die erst durch das animierende Wechselspiel ihres Partners sich zu folgerichtigen Operationen anregen lassen, kleine unentbehrliche Funktionselemente größerer Netzwerke von Funktions- und übergeordneten Organisationsmechanismen wechselnder Hierarchien, kurzsichtige kleine Hände dynamischer Taktstraßen molekularer Vollkommenheiten, programmiert auf eine einzige komplizierte Aktion, eine bestimmte verbindliche Partnermolekülart in Abhängigkeit von übergeordneten Regelnotwendigkeiten zu erkennen, festzuhalten, umzusetzen und in weitere Regelhierarchien zu entlassen, wie es der in Jahrmillionen evolvierte, inzwischen milliardenfachen funktionsrückgekoppelte Code befiehlt [2—4, 44, 51, 55, 59, 160].

1.2.2.1. Carrier oder Transportproteine

Molekül- und Elektronentransport — die Hämproteine: Eisenatome, eingefangen in den Zentren von Porphyrinmacrocyclen, diese wiederum eingebettet in zweckentsprechende Proteinmilieus, das ist die Grundkonzeption, mit der die Natur solch differenzierte Operationen wie Sauerstofftransport und -speicherung sowie Elektronenweitergabe innerhalb komplexer Redoxketten bewältigt [160—206, 521—526].

Myoglobin und Hämoglobin — Molekülspeicherung und -transport: Myoglobin und Hämoglobin waren die ersten dreidimensional zugängig gewordenen Proteinstrukturen. Aufbauend auf die von PERUTZ entwickelte Methode der „isomorphen Vertretung", wurde die Röntgenstrukturanalyse des Walmyoglobin von KENDREW über eine 6-, 4- bis hin zur 2-Å-Auflösung vorangetrieben. Die reine Computeranalyse der Elektronendichten im Abstand von 0,66 Å benötigte immerhin 12 Stunden! Zum ersten Mal war damit der Beweis erbracht, daß Sequenzanalytiker und Röntgenkristallographen in idealer Ergänzung auch komplizierte Proteinstrukturen aufklären können. Die Elektronendichtemuster erwiesen sich zumeist als so charakteristisch, daß eine 2-Å-Auflösung — für viele Proteinsysteme stellt das sicherlich ohnehin das maximal erreichbare dar — eine „Sicht"-Identifizierung der meisten Seitenketten ermöglichte. Dabei re-

HÄM-Proteine

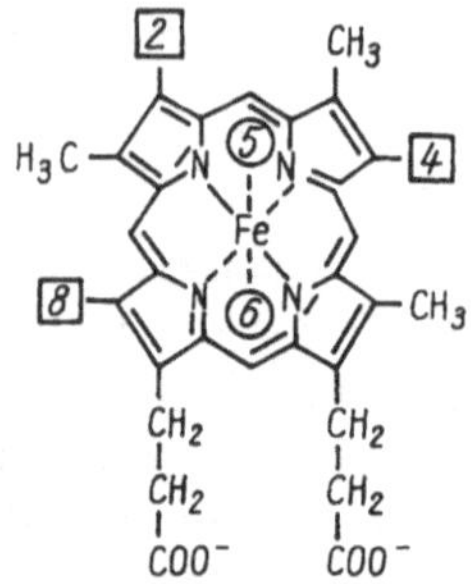

	Porphyrin Struktur 2	4	8	Porphyrin/ Protein-Bindung	MGW	Funktion
Fe^{++}- Hämoglobin	V	V	M	nicht covalent	65000	O_2 Transport
Myoglobin	V	V	M	—··—	17000	O_2 Transport
Fe^{+++}- Catalasen	V	V	M	—··—	220000–250000	$2H_2O_2 \rightarrow 2H_2O + \frac{1}{2}O_2$
Peroxidasen	V	V	M	nicht covalent und covalent	~50000	$H_2O_2 + AH_2 \rightarrow 2H_2O + A$
$Fe^{++} \rightleftharpoons Fe^{+++}$ Cytochrome a	V	V	M(F)	nicht covalent	~70000	Elektronen-Transport Redox
Cytochrome b	V	V	M	—··—	30000–170000	Elektronen-Transport Redox
Cytochrome c	E(V)	E(V)	M	covalent	13000–35000	Elektronen-Transport Redox

$V = -CH = CH_2$

$M = CH_3$

$E = -CH(-S-\text{Protein})-CH_3$

$F = -C(H)=O$

$X = -CHOH-CH_2(CH_2-CH_2-CH(CH_3)-CH_2)_3H$

Hämproteine — Einteilungsschema nach F. Wold [7].

sultieren durch den Aufbau des Makromoleküls insofern qualitative Unterschiede in der Unterscheidbarkeit derartiger Seitenketten, als die im Innern sehr fest fixierten Strukturen in der Röntgenanalyse meist deutlich und scharf herauskommen, während an der Oberfläche des Proteins befindliche Aminosäuren infolge ihrer ziemlich freien Beweglichkeit bis zur Unkenntlichkeit verschmiert werden. Wenig später konnte dann Perutz die komplette Hochauflösung des Hämoglobins vorlegen, des ersten Subunit-Komplexes einer Proteinstruktur, der damit aufgeklärt worden war. Überraschend zeigten sich zwischen den mechanistisch verbundenen Myoglobin und Hämoglobin auch geometrisch-konformativ und sequentiell außerordentlich enge Verwandtschaftsbeziehungen, die Hämoglobin als fast so etwas wie ein tetrameres Myoglobin erscheinen lassen. Ähnlich wie Insulin, das erste und voll durchsequenzierte Protein, so etwas wie ein

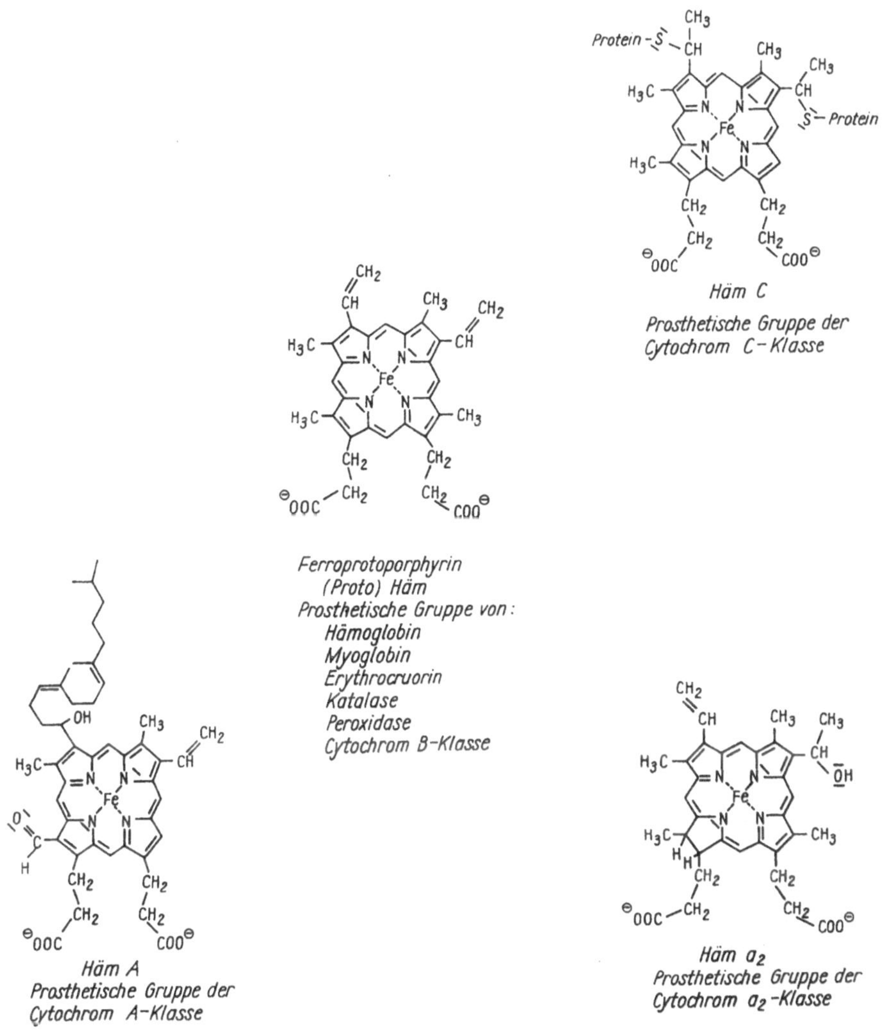

Prosthetische Gruppen der Hämproteine, modifiziert nach H. R. Mahler u. E. H. Cordes [8].

Leitsymbol blieb, an dem Vor- und Nachteile, Folgerungen und Grenzen der neuen Methodik und der durch sie vermittelten Einsichten ablesbar waren, so wurden die beiden Vettern-Systeme Kriterien für die Aussagefähigkeit und den Horizont einer dreidimensionalen Röntgenstrukturanalyse. Sie ließen allerdings auch erkennen, daß die offengelegte statische Struktur nicht notwendigerweise sofort die Mechanistik ihrer Wirksamkeit offenbaren muß. Beim Hämoglobin liegen inzwischen nach Jahren müh-

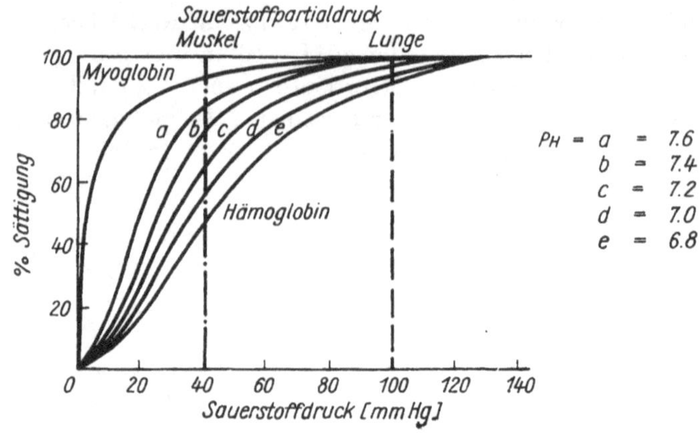

Die den Aufgabenbereichen eines Speicher- und eines Transportmoleküls zwischen Bereichen unterschiedlicher O_2-Partialdrucke angepaßten Sauerstoffsättigungskurven von Myoglobin und Hämoglobin.

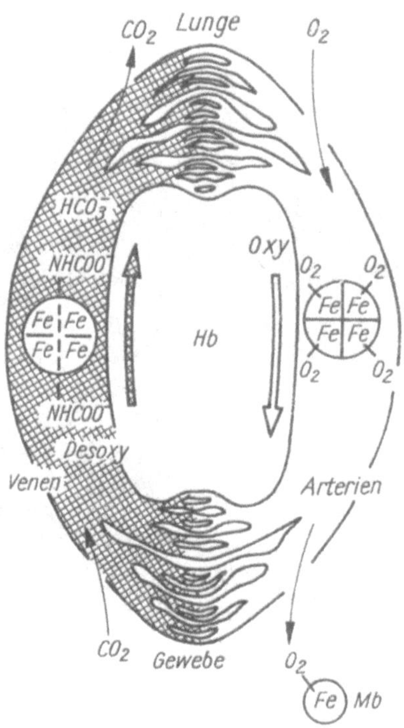

Hämoglobin-Funktionskreislauf zwischen Lunge und Gewebe nach R. E. Dickerson u. I. Geis [12].

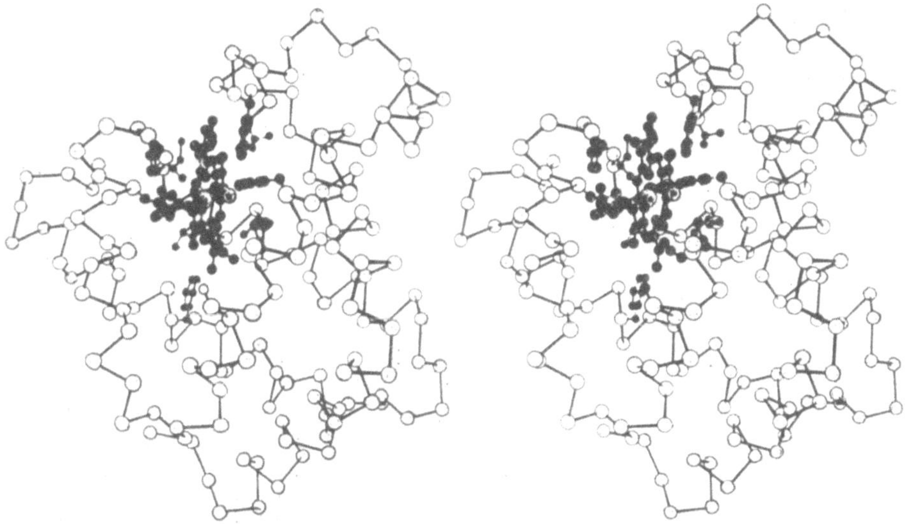

KENDREW und das Myoglobin [68] — unterschiedliche Strukturverdeutlichungen: α-C-Atom-Darstellung mit detaillierter Hervorhebung der Fixierungsgruppierungen des aktiven Bereichs um die Hämscheibe nach R. E. DICKERSON u. I. GEIS [12].

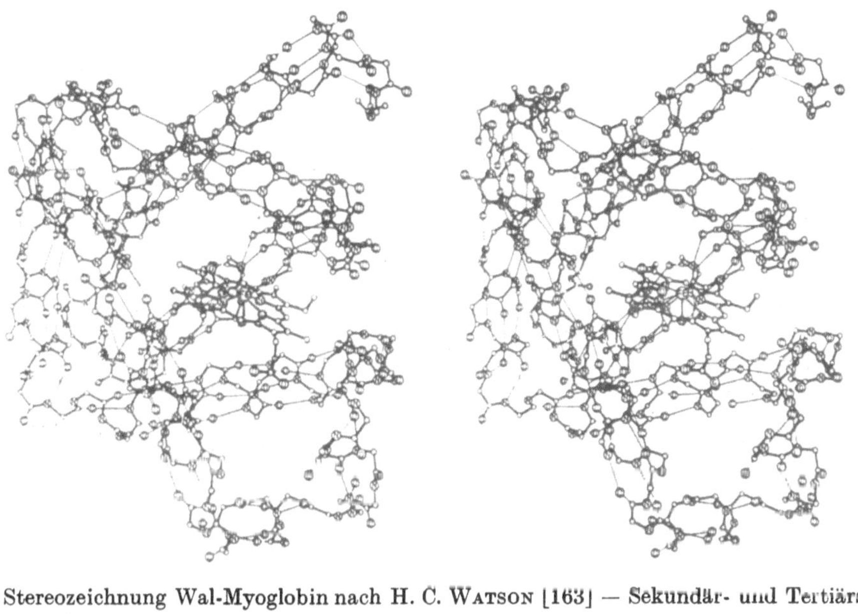

Stereozeichnung Wal-Myoglobin nach H. C. WATSON [163] — Sekundär- und Tertiärstruktur ohne Seitenketten.

samer Rätselraterei erste definitive Hinweise für das Operationsverfahren dieses Transportmoleküls vor. Das im Grunde sehr viel einfachere Speichermolekül Myoglobin hat dagegen bis heute sein Geheimnis bewahrt. Mit Hilfe von Sequenz- und Strukturanalysen gleichartiger Proteine verschiedener Tierarten oder verwandter Proteine der gleichen Art konnte weiterhin gezeigt werden, daß die Struktur jedes globulären Proteins einen ziemlich verläßlichen Katalog seiner Entwicklungsgeschichte darstellt. Dabei ließ die dreidimensionale Strukturaufklärung evolutionäre Zusammenhänge

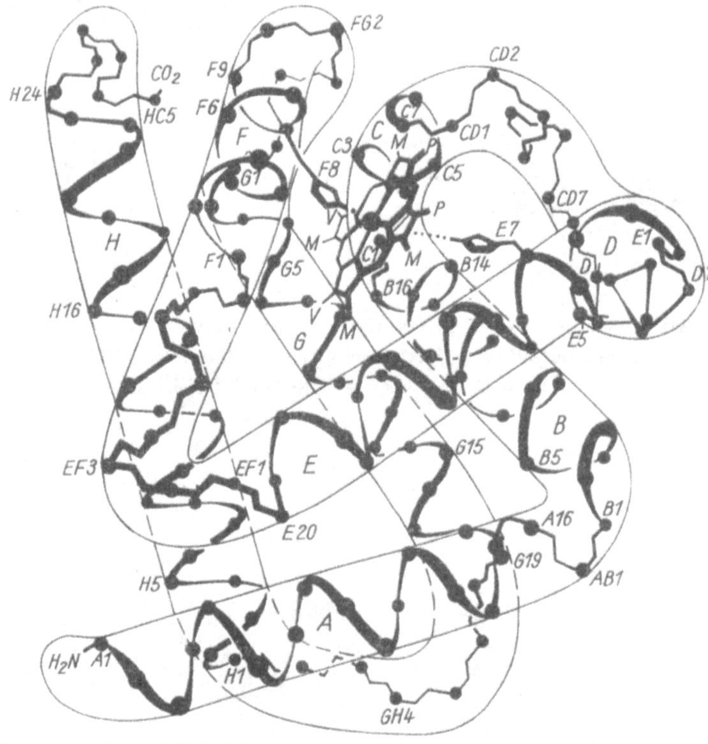

Schemazeichnung Wal-Myoglobin unter Betonung von helicalen Bereichen und turns nach R. E. DICKERSON [164].

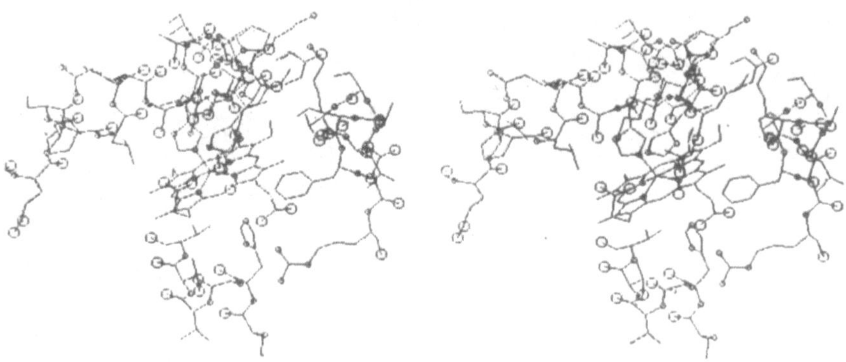

Computerausdruck des aktiven Zentrums von Wal-Myoglobin nach E. F. MEYER jr. [141]. Strukturen 15,0 bzw. —

deutlich werden, die eine reine Sequenzanalyse niemals hätte aufhellen können. Unterschiedlich sequenzierte Proteine offenbarten innerhalb ihrer räumlichen Anordnung erstaunliche Familienähnlichkeiten, die zum eigentlichen Kriterium evolutionärer Verwandtschaftsvernetzungen wurden. Schließlich entwickelte sich neben den Einsichten

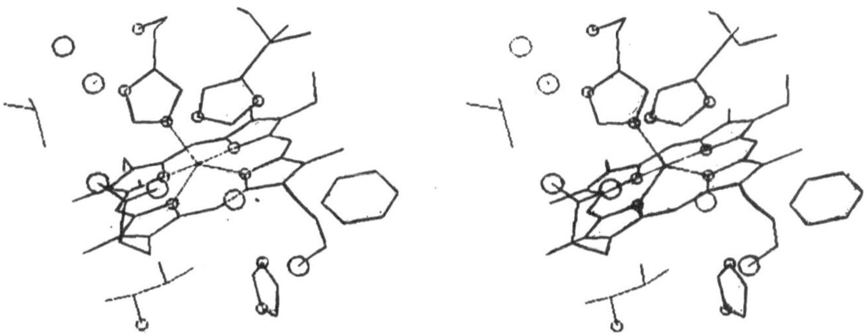

7,5 Å vom Fe-Atom entfernt.

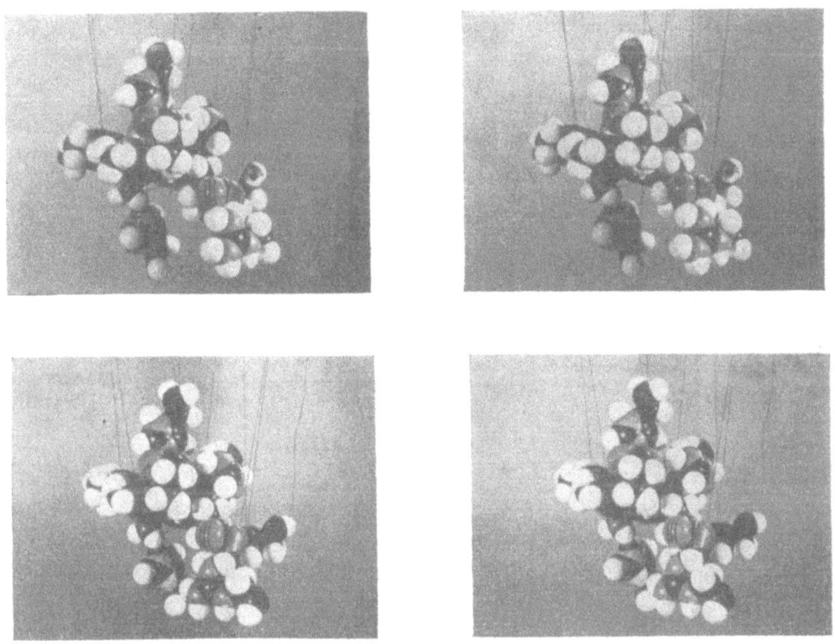

CPK-Modellansichten des aktiven Zentrums des Myoglobin mit einigen polaren und π-leitenden Fixierungsstrukturen.

in evolutionäre Strukturlinien auch so etwas wie ein erster Einblick in die analogen Funktionsbeziehungen, wurde so etwas wie die Evolution dynamischer Enzymmechanismen erkennbar [68, 69, 107, 160—183, 500, 503, 515, 521, 522].
Relativ weit in die Vergangenheit lebender Systeme zurück sind inzwischen Myoglobinähnliche Strukturen, Proteine mit der charakteristischen „Myoglobinfaltung" auf-

gefunden worden. Die Frage taucht auf, ob dieses anscheinend sehr attraktive Attribut innerhalb der Evolution mehrfach, von verschiedenen Ausgangspositionen aus „gefunden“ wurde. Hierfür könnten Diskontinuitäten seines Vorkommens sprechen. Oder aber, ob die Familie der Myoglobine aus einem gemeinsamen Urahn hervorging, der für einzelne Arten während des Evolutionsprozesses dann wieder irgendwie verloren gegangen ist. Es ist die Frage nach den Analogien einer konvergenten Entwicklung aus unterschiedlichen Vorläufern oder der Homologie eines divergenten Proteinstammes aus einem einzigen Vorläufer.

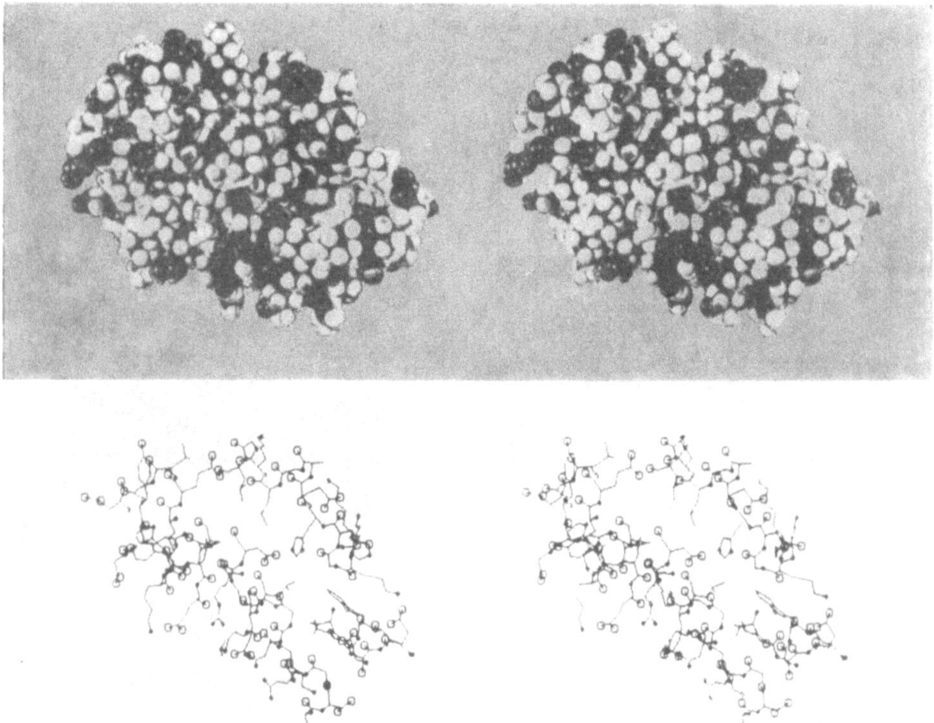

CPK-Modell von Myoglobin im Vergleich mit einem Computerausdruck der gleichen Ansicht (C-Terminal links/N-Terminal rechts).
Alle im CPK-Modell verdeckten Seitenketten sind bei der Computeransicht eliminiert.
Nach J. A. Yankeelov jr. u. J. R. Coggins [166].

Man neigt im Augenblick eher zur letzten Annahme. Irgendwo in den Tiefen der Vergangenheit ist danach eine Kette codiert worden, die die charakteristischen Merkmale heutiger Myoglobinstrukturen aufwies.
Hämoglobin und Myoglobin zählen heute zu den wichtigsten Proteinen der Land- und Meersäuger. Entsprechend ihrem homologen Aufbau kooperieren sie in ihrer Funktion. Aufgabe des Hämoglobins ist der Sauerstofftransport vom Ort der Aufnahme in den Lungen zum Bereich seiner Verwendung in den Muskeln. Hier wird er an das Myoglobin abgegeben.

Die Evolution hat diesen Weg erst sehr spät erreicht. Früher bei den Einzellern wurde das Problem durch einfache Diffusionsprozesse gelöst, und auch die Insekten verwenden ein nur leicht modernisiertes Verfahren dieser Art. Es gab dann Übergänge im Bereich der Wirbellosen: Hämgruppierungen in Ansätzen ihrer auch noch heute vorzufindenden Funktionalität an Riesenproteine gebunden, die schon teilweise frei in der Körperflüssigkeit beweglich waren. Erst bei den Wirbeltieren wurden Vorstufen des „geplanten" Mechanismus aktionsfähig. Kleine besser codierbare, kooperationsgünstigere Einheiten führten die Funktionsspiele der ersten überdimensionierten, funktionsverwaschenen Hämproteinaggregate unter sorgfältiger „durchkonstruierten" und optimierten Bedingungen weiter.

PERUTZ und das Hämoglobin [69].
5,5-Å-Auflösung — Modell des Pferdehämoglobins nach M. F. PERUTZ [173].
Das Tetramer hat zweizählige Symmetrie.
Die Bewegungen der Untereinheiten im Oxygenierungs-/Desoxygenierungsgleichgewicht sind durch die entsprechenden Drehachsen und die befolgten Winkelrichtungen und -beträge verdeutlicht.

Die Kooperation beider Globine erfordert vom Hämoglobin eine hohe Sauerstoffaffinität bei größeren O_2-Konzentrationen und eine geringere unter den Bedingungen eines Sauerstoffmangels. Das Speichermolekül Myoglobin wiederum muß bei Sauerstoffbedarf, wenn der Träger Sauerstoff abgibt, eine hohe Sauerstoffaffinität besitzen. Das Hämoglobin erfüllt sein Aufgabenmuster durch eine besondere Kooperativität seiner Hämgruppen, die nach einem, wie man glaubt, angenäherten „Alles oder Nichts-Mechanismus" im Sauerstoffüberschuß die Aufnahme erleichtert bzw. bei Sauerstoffmangel umgekehrt die Abgabe fördert. Obwohl eigentlich kein Enzym, wird Hämoglobin oft als ziemlich ideales Beispiel des MONODschen Symmetriemodells angeführt. Hämoglobin kommt mit einem spezifischen Protonierungsgleichgewicht seiner Oxy- und Desoxyform schließlich auch den besonderen pH-Bedingungen entlang des Sauerstoff-Transportweges entgegen. Die stärkere Säure „Oxyhämoglobin" gibt unter den Bedingungen eines niedrigen pH (Milch- und Kohlensäureanreicherung im Muskel bei O_2-Mangel) unter Verschiebung des Gleichgewichts zur Desoxyform leichter Sauerstoff ab (BOHR-Effekt). Das Desoxyhämoglobin transportiert unter Protonenaufnahme einen Teil des

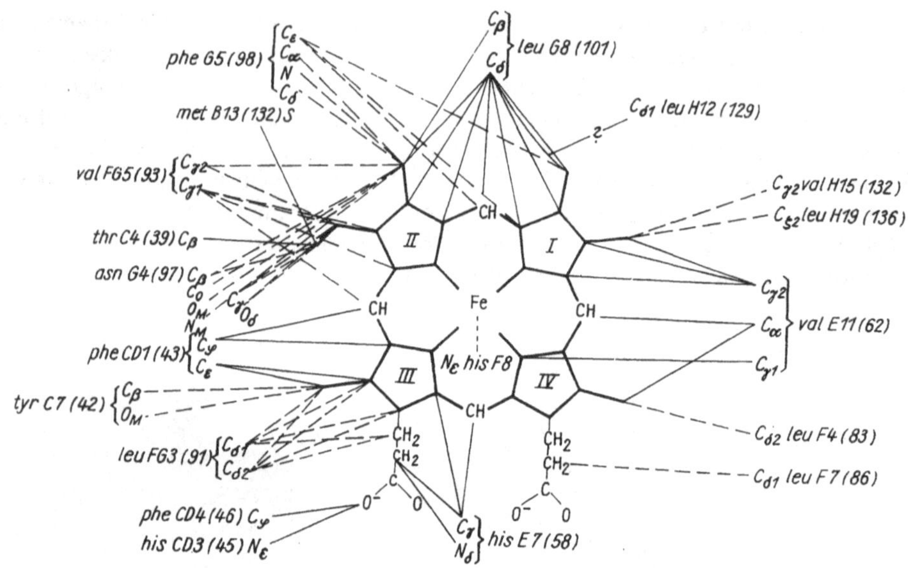

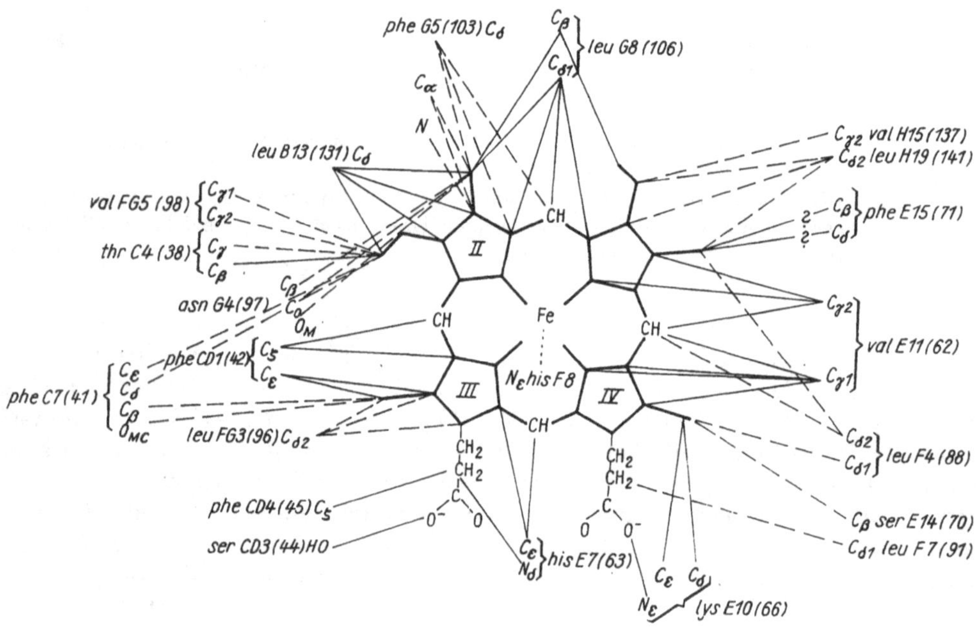

Kontakte zwischen der Hämgruppe und Seitenketten des Globins

a) α-Kette

b) β-Kette

Alle Kontakte $\leqq$ 4 Å sind aufgeführt. Ausgezogene Linien markieren Kontakte auf der E-Helix-Seite, durchbrochene auf der der F-Helix. Nach M. F. PERUTZ u. Mitarb. [167].

oxidativ erzeugten CO_2 in Form von Bicarbonationen in Lösung zurück und verhindert ein weiteres Absinken des Gewebe-pH.

Die ersten für uns sichtbar gewordenen Indizien des gesamten Struktur/Funktions-Entwicklungsprozesses sind nicht kooperative „Hämoglobin"formen von Würmern

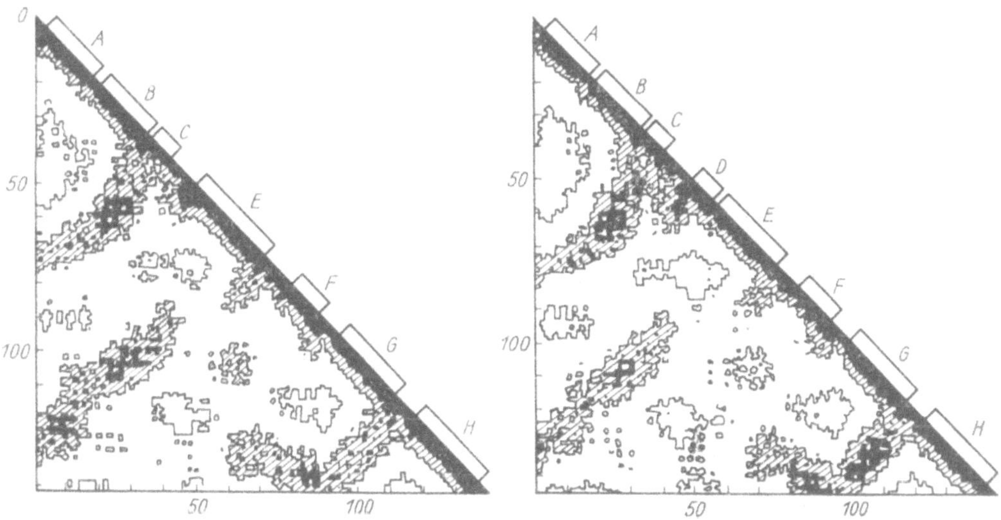

„Distance-maps" der α- und β-Kette des Hämoglobins nach K. NISHIKAWA u. T. OOI [508].
Nach Sequenzhomologien traten schon bald (Tertiär)-Strukturhomologien in den Mittelpunkt des Interesses. Nach Modellbauereien und Stereodarstellungen wurden — auf PHILLIPS zurückgehend — die sogenannten „distance maps" von NISHIKAWA u. Mitarb. sehr beliebt [508, 514]. In ihnen ist die Tertiärstruktur des Proteins in ein zweidimensionales Muster umgesetzt. Sie kommen dadurch zustande, daß die Differenzen zwischen den „i"ten und „j"ten α-C-Atomen als quadratische Matrix gegen die horizontal und vertikal dargestellten Sequenzen aufgetragen werden.

Eine α-Helix gibt sich in dieser Darstellung durch eng benachbarte Wechselwirkungsmuster entlang der Diagonalen zu erkennen. Parallele β-Faltblätter laufen auf Linien parallel, antiparallele β-Strukturen senkrecht zur Diagonalen.

Hb-α/β-Ketten: ■ $r_{ij} \leqq 10$ Å
▨ $10 \text{ Å} < r_{ij} < 15$ Å
□ > 35 Å

Die großen Buchstaben kennzeichnen die α-Helices. (Verfeinerungen sind bei Vergleichen durch die Übereinanderprojektion von distance maps in difference maps zu erreichen.)

und Insekten. Ihre dreidimensionale Struktur aber trägt die Züge heutiger Globinanordnungen.

Gemeinsames Bauprinzip der Globine ist die in acht Helices (A—H) — zumeist wenig deformierten α-Helixanordnungen, z. T. in 3_{10}-Helices und andeutungsweise in β-Muster übergehend — hydrophob eingebettete Hämscheibe. Im Myoglobin ragt das Häm nur mit einer einzigen Kante aus dieser hydrophoben Tasche heraus. Die hier teilweise exponierten Propionsäurereste sind in H-Brücken zum Protein zurückgefaltet.

Das Prinzip „polar außen — unpolar innen“ ist gekonnt durchgespielt. Die Helices sind so sequenziert, daß die zur Oberfläche orientierten Partien mit polaren Gruppen besetzt sind, während die Auskleidung der Hämtasche und die Interhelixkontakte hydro-

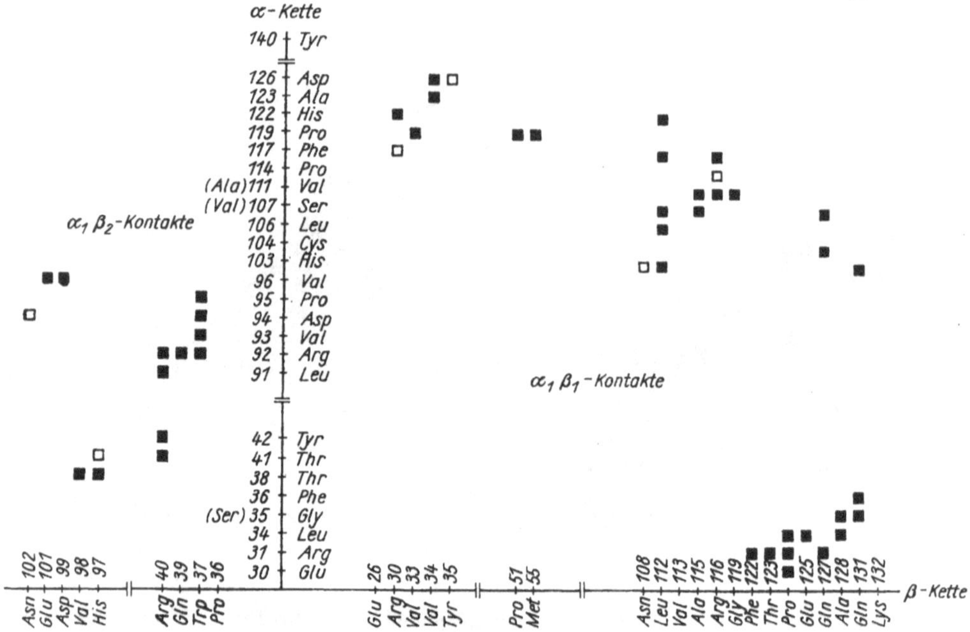

$\alpha_1\beta_1$- und $\alpha_1\beta_2$-Kontakte zwischen α- und β-Kette im Hämoglobin.

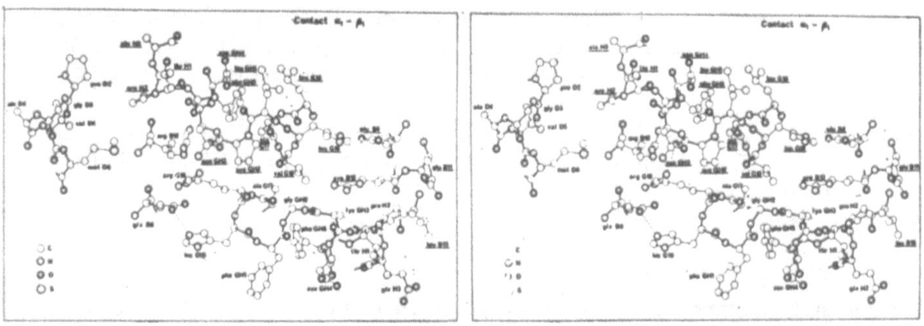

$\alpha_1\beta_1$- und $\alpha_1\beta_2$-Kontakte nach M. F. Perutz u. Mitarb. [167].
Der $\alpha_1\beta_1$-Kontakt ist sehr ausgedehnt und in der Sequenz relativ variabel.

phob „verklebt“ sind. Das Eisen besitzt neben Koordinierungen zu den vier Pyrrolringen des Porphyrinsystems und zu einem aus der hydrophoben Tasche herauszentrierten His-Imidazolring eine für den katalytischen Prozeß freie Koordinationsstelle, die im Oxymyoglobin durch die Sauerstoffmolekel besetzt ist, in der „Desoxyform“ aber leer bleibt. In der zunächst vorwiegend untersuchten Metmyoglobinstruktur nimmt eine Wassermolekel die Stelle des Sauerstoffs ein. Über diesen variablen sechsten Koordinationspartner hinweg knüpft ein weiteres His-Imidazol einen long-range-Koordinationskontakt zur entgegengesetzten Proteinregion. Neben der durch hydrophobe Kontakte, o-Leitungszonen und H-Brückenbindungen der Propionsäurereste ehe-

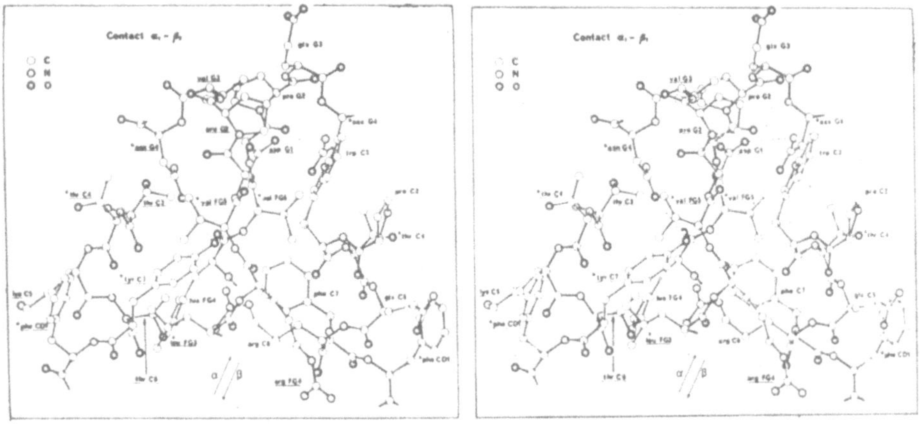

Der $\alpha_1\beta_2$-Kontakt ist dem Häm benachbart und in hohem Maße invariant.

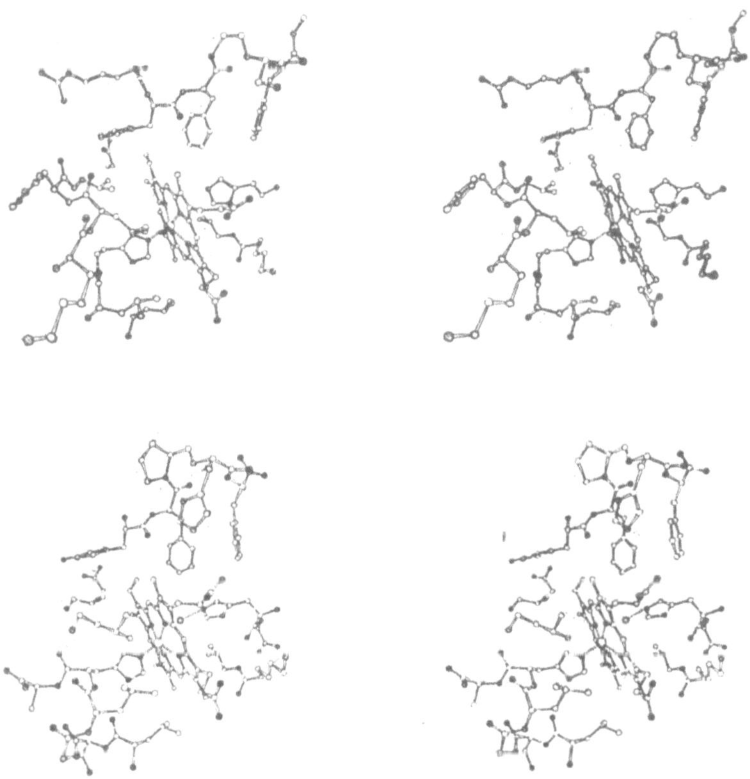

Hämoinbettungen der α und β-Kette (oben und unten) im menschlichen Desoxyhämoglobin nach G. FERMI (J. Mol. Biol. **97** (1975) 237).

Schema-Verdeutlichung des PERUTZ-Mechanismus [172—178] am Hämoglobin:

1. O_2 bindet an zwei subunits, verschiebt die Häme, die im Zuge einer konzertierten Tertiär/Quartärstruktur-Umorientierung zwei Tyrosinstrukturen aus ihren hydrophoben Taschenfixierungen herausdrücken.
2. Die C-terminalen Salzbrücken der beiden subunits werden zerrissen. Die Freisetzung und Exponierung der positiven Ladungen, die nicht länger von ihren negativen Partnern kompensiert und damit stabilisiert werden, entläßt zwei Bohrprotonen.
3. Mit dem Verlust der Hälfte der verspannenden Salzbrücken (dieser Punkt ist neuerdings zweifelhaft!) schnappt die Quartärstruktur der vier subunits aus der gespannten Desoxy- in die entspannte Oxykonfiguration. Hierbei werden nochmals zwei Tyrosine aus ihren Taschen gedrückt und aus den aufspringenden Salzbrücken zwei Bohrprotonen entlassen.
4. Die noch nicht O_2-beladenen Häme gewinnen unter diesen Stereoerleichterungen erhöhte Fähigkeiten zur O_2-Bindung.

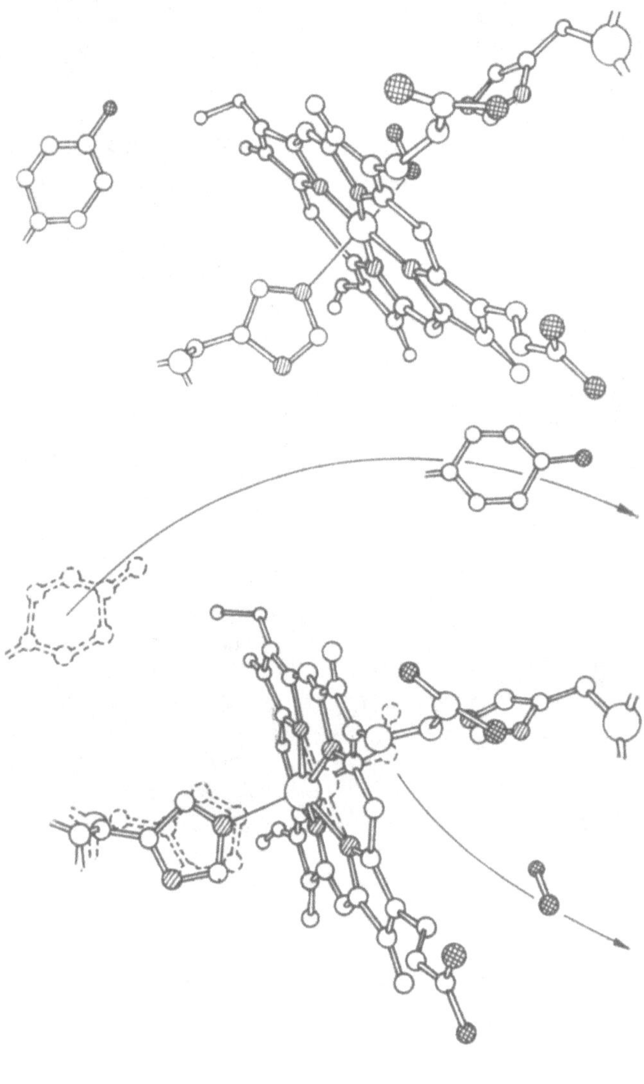

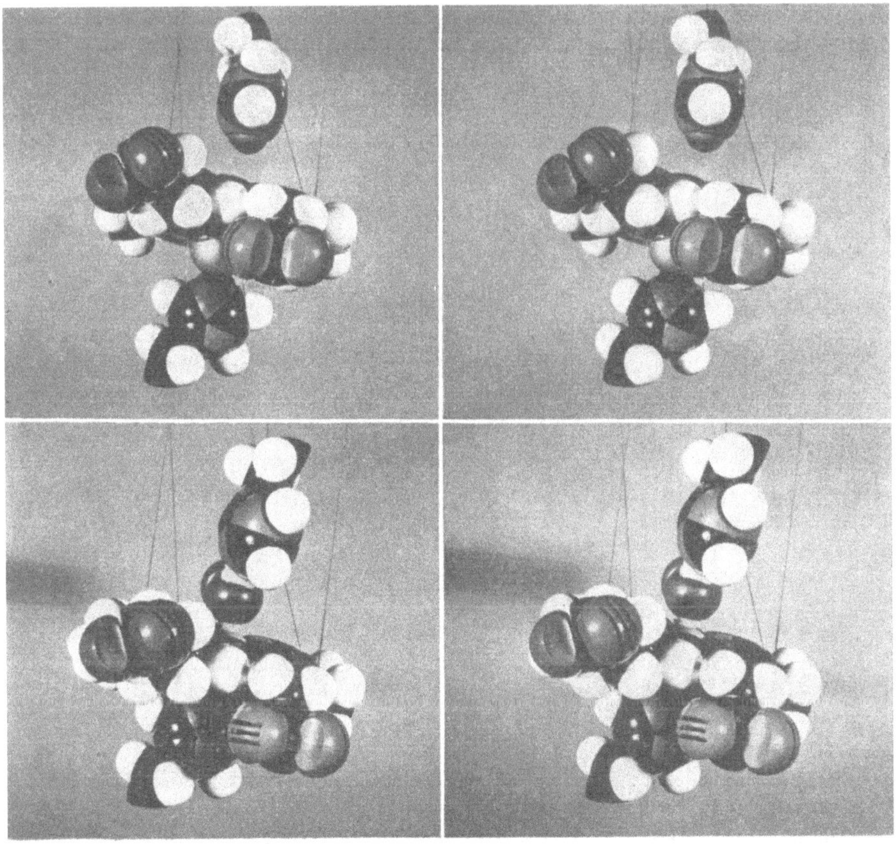

CPK-Modelle eines aktiven Hämoglobin-Zentrums nach den Vorstellungen von M. F. Perutz [172–178].
Fe-high spin im Desoxyzustand.
Das Fe liegt unterhalb der Ebene des Porphyrinrings.
Fe-low spin im Oxyzustand.
Das Fe schiebt sich in das Zentrum der Hämscheibe hinein. Der shift der vertikalen His-Fe–O_2-His-Säule relativ zur Horizontale des Ringsystems wird zum trigger weitreichender Umorientierungen der Hämoglobin-Tertiär- und -Quartärstruktur.

←

Perutz „atmendes Enzym" [172–178] zwischen konformativ entspanntem Fe-low-spin-Oxy- und gespanntem Fe-high-spin-Desoxyzustand in Kombination mit der hydrophoben Tyrosinfixierung in der Desoxy- und der Freisetzung in der Oxyform. (Die Salzbrückenveränderungen sind in diesem Schema nicht berücksichtigt).
Nach M. F. Perutz [178].

etwas verwaschener Einbettungsbindungen sind diese beiden Koordinationskontakte die einzigen definitiven, richtungsterminierten Bindungen des Häms an den Helixverband des Proteins.
Eine Packung von insgesamt vier in Sequenz, Funktion und Geometrie leicht variierter Myoglobinketten bildet die Tetrameren-Einheit des Hämoglobins. Dieses Fertigteil-

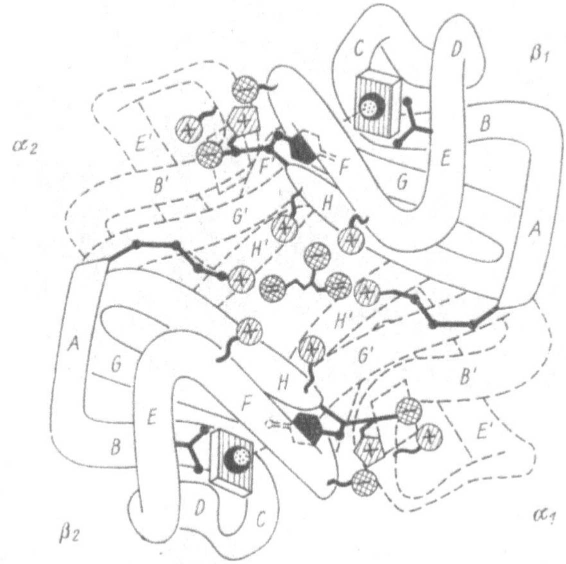

Schema-Verdeutlichungen des PERUTZ-Mechanismus [172—178] am Hämoglobin. Nach R. E. DICKERSON [160].
Die gespannte Desoxyform des Pferdehämoglobins in Richtung der zweizähligen Drehachse gesehen.
Fixierung durch Salzbrücken und hydrophobe Tyrosinverklebungen. Im Mittelpunkt ein DPG-Molekül in der komplementären Ladungsaktivität zwischen den beiden β-Ketten.

bauprinzip ist in der Natur in großer Breite erarbeitet und durchgespielt worden. Eine gewisse Zahl — meist sind es zwei, vier, sechs oder acht — von subunits vereinigt sich in nicht kovalenter Bindung zu einer übergeordneten Symplexstruktur, die oft allein enzymatisch aktiv ist. Hämoglobin ist das einzige bisher mit höchster Auflösung analysierte Beispiel einer Protein-Quartärstruktur geblieben.
Das Gesamtmolekül wird aus einem Verband von 2α- und 2β-Ketten gebildet. Ein α,β-Paar ist dabei mit dem α,β-Partnerkomplex über eine zweizählige Symmetrieachse verbunden. Durch die Art der — ähnlich dem Myoglobin gefalteten — Helices besitzt der Gesamtverband eine nahezu kugelförmige Gestalt. Die vier Hämgruppen liegen an der Oberfläche. Die der $\alpha_2\beta_1$- und $\alpha_1\beta_2$-Ketten sind besonders eng benachbart. Ein Kanal entlang der zweizähligen Achse trennt jedes aus gleichen Ketten bestehende Paar. Das „Rohr" ist innen mit polaren Kontaktgruppen zum Lösungsmittel besetzt.
Die Ähnlichkeiten zum Myoglobin betreffen besonders einige invariante Aminosäuren der hydrophoben Tasche und der Helixknicke, die die typische Globinfaltung zur Globintasche bedingen. Unterschiede werden hauptsächlich durch die Notwendigkeit ver-

ursacht, die vier Einzelketten zu einem Verband zusammenzuschließen. Die verschiedenen Kontaktzonen werden unterschiedlich fixiert.
Prinzipiell wird für ungleichartige Ketten durch hydrophobe Verzahnungen ineinandergreifender Seitenketten eine recht enge Verklammerung erzielt. Dabei erscheint der $\alpha_1,\beta_1,(\alpha_2\beta_2)$-Kontakt — relativ variabel in der Sequenz — enger verzahnt und durch mehr hydrophobe Bindungen zusammengehalten. Einzelne Wasserstoffbrücken tragen zu einer recht genauen Fixierung bei. Sehr viel lockerer, mit weniger hydrophoben Bindungen und insgesamt in der Ausführung „glatter", dabei aber in hohem Maße genetisch invariant, stellt sich der $\alpha_1\beta_2(\alpha_2\beta_1)$-Kontakt dar.
Die Kontaktzonen gleichartiger Ketten sind dagegen auf eine sehr lose Kooperation ausgelegt. Zumindest bei niedrigen Salzkonzentrationen können sich einige Salz- und H-Brücken ausbilden, nennenswerte Bindungsfestigkeiten sind hierdurch aber nicht zu erreichen.

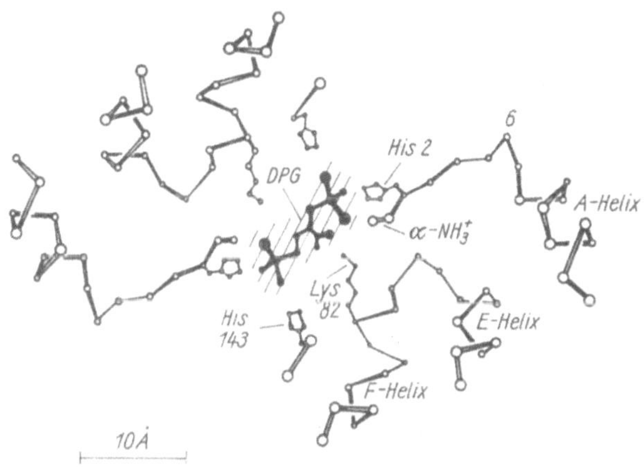

Die Stereochemie der Salzbrückenkomplemente von DPG mit Val-1, His-2 und -143 beider sowie des Lys-82 einer β-Kette.
Nach A. Arnone [180].

Die hydrophoben Bindungsregionen der Hämoglobinketten sind neben einzelnen Helixabweichungen, Fehl- oder Überschußsequenzen auf der einen oder anderen Seite das Hauptunterscheidungskriterium beider Globinstrukturen. Während Hämoglobin hier hydrophobe Besetzungsmuster aufweist, um Kettenkooperativität zu erzielen, sind die entsprechenden Partien im Einzelverband des Myoglobins mit polaren Gruppen besetzt, um einen wirkungsvollen Kontakt zum umgebenden wäßrigen Milieu zu erreichen.
Entsprechend der Sauerstoffaufnahme oder -abgabe verändern sich die Anordnungen der Einzelkette in der Quartärstruktur des Hämoglobins. Dabei verdrehen sich die starren $\alpha_1,\beta_1,(\alpha_2\beta_2)$-Blöcke um nur 3,7° gegeneinander und werden um ganze 0,3 Å auseinandergewinkelt. Die glatteren $\alpha_1,\beta_2(\alpha_2\beta_1)$-Zonen werden dagegen in ihren Tertiärstrukturen um 13,5° verdreht und ihr Abstand wächst um immerhin 5,7 Å. α_1-, β_1- und $\alpha_2\beta_2$-Hälfte bewegen sich in erster Näherung als starre Einheiten aneinander vorbei.
Eine Theorie der Hämoglobinaktion hat damit die folgenden Fragen zu beantworten.
Wodurch wird der wechselseitige shift der Subunits bei Sauerstoffaufnahme und Abgabe verursacht? Wie ist die „Symmetrieoperation" der Sauerstoffaufnahme und Ab-

gabe erklärbar? Wie kommt die Protonenabgabe bei der Sauerstoffaufnahme zustande und wo sind diese BOHR-Protonen zu finden?

Ein von PERUTZ im Anschluß an Vorstellungen von HOARD entwickelter Mechanismus geht von folgendem aus: Angenommen Sauerstoff wird an bestimmte Häme gebunden, dann setzt dies dort folgenden Prozeß in Gang: Im Desoxyhämoglobin besitzt das Eisenatom eine freie Koordinationsstelle. Es selbst ist in einem high spin-Zustand etwa 0,75 Å aus der Hämebene gegen das Hisimidazol von Helix F versetzt. Die Bindung eines Sauerstoffs führt das Eisen in einen low spin-Zustand über, und das nun kleinere Atom stülpt sich gewissermaßen die Hämgruppierung über. Diese wird dadurch gegen die Helix F gedrängt und drückt diese gegen die Nachbarhelix H. Im Desoxyhämoglobin

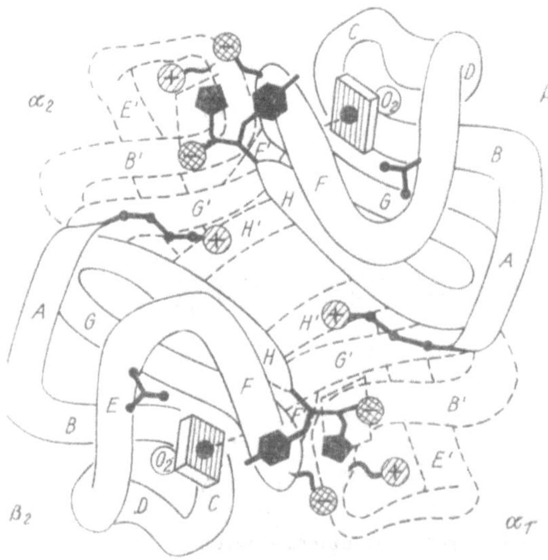

Die zerrissenen Salzbrücken und die freigesetzten Tyrosine der entspannten Oxyform. Die Umorientierung der vier subunits drückt die DPG-Kavität zu und verhindert deren zusätzliche Salzstabilisierung der Desoxyform. Blick in gleicher Richtung wie oben.

ist jedes Carboxylende in Salzbrücken mit gleichen oder verschiedenartigen Ketten verwickelt. Mit diesen Salzbrücken ist die hydrophobe Einbettung eines Tyrosins jeder Kette zwischen die H- und F-Helices, verstärkt noch durch eine gleichzeitige H-Brückenfixierung an die FG-Hauptkette, gekoppelt. Durch die Sauerstoffbindung an das Häm, mit der dadurch verursachten Bewegung des Häms gegen die F- und über sie fortgeleitet gegen die H-Helix, wird das Tyrosin aus seiner hydrophoben Tasche herausgedrückt, damit gleichzeitig die Salzbrücke dieses Carboxylendes zur Nachbarkette gesprengt und die Bewegung der entsprechenden subunit hin zur Oxystruktur ermöglicht. Der Bruch der Salzketten befreit gleichzeitig die entsprechenden Protonen der basischen Komplemente der Carboxylenden.

Der Valenzwechsel des Eisens zwischen low- und high-spin erscheint damit als „Schalter“ für den gesamten komplizierten Vorgang. Er ist nach PERUTZ gewissermaßen „die Mücke, die den Elefanten springen macht“.

Bindet Sauerstoff an insgesamt zwei subunits, so werden damit unter Sprengung der Salzbrücken zwei Bohr-Protonen entlassen, und zwar in dem Maße, in dem die positiv geladenen Gruppen von den benachbarten negativen Ladungen entfernt und exponiert werden (vgl. dazu aber weiter unten).
Der Verlust der Hälfte des Zusammenhalts des gesamten tetrameren Symplex klappt auch die restlichen beiden Teile von der Desoxy- in die Oxykonformation um. Damit werden auch die anderen beiden Tyrosine aus ihren Taschen gezogen, die restlichen Salzbrücken gesprengt und zwei weitere Bohr-Protonen entlassen. Die solcherart „geöffnete" Konformation macht die restlichen beiden Hämgruppierungen beweglicher und für einen Sauerstoffzutritt insgesamt zugänglicher. Das Molekül pendelt also zwischen gespannter Desoxy- und entspannter Oxyform.

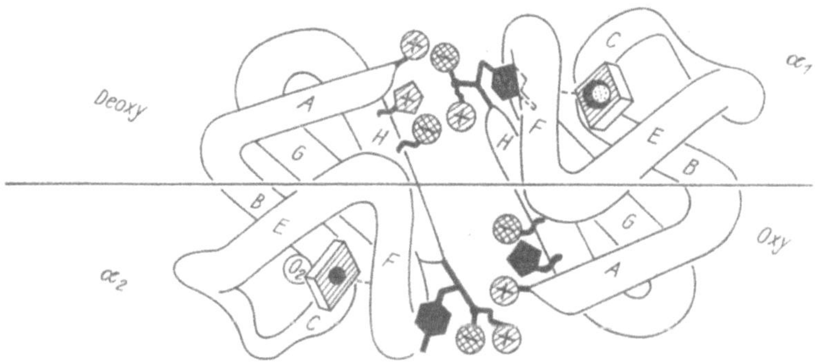

Umorientierungen von hydrophobem (Tyrosin) und Salzkontakten zwischen den α-Ketten. Freisetzung von Bohrprotonen.

Detaillierte weitere Untersuchungen haben jedoch das Bild dieses eleganten einfachen Mechanismus teilweise wieder etwas in Frage gestellt. So deutet einiges darauf hin, daß Veränderungen der Quartärstruktur erst mit der Bindung des dritten Sauerstoffs eingeleitet werden. Weiterhin ist ein starker Einfluß von Diphosphoglycerat (DPG) auf die Quartärstruktur zu berücksichtigen. In einer komplementären Höhlung zwischen den α,β-Ketten gelegen, bindet es im Desoxyhämoglobin zu den α-Aminoterminals beider Ketten und vermittelt hier einen zusätzlichen Kontakt. Nach Perutz engen nun bei einer Bewegung beider α,β-Ketten in Richtung auf die Oxyanordnung die aufeinanderzugedrückten H-Helices diese Höhle ein und schieben die beiden terminalen Aminoenden weg. Die Geometrie der Ladungsverteilung wird damit aufgehoben und das DFG herausgedrückt. Für die Verbindung der beiden α-Ketten der Desoxyform ist eine derartige zusätzliche Stabilisierung nicht möglich, da hier die entsprechenden geometrischen Voraussetzungen des Ladungsmusters zum Einbau von DPG fehlen.
Die ursprüngliche Klarheit über die Befolgung des Symmetrieprinzips durch Hämoglobin ist durch diese zusätzlichen Operationen und auch andere Gesichtspunkte wieder eher verwaschen. Gegenwärtig scheinen die Veränderung der Quartärstruktur und die DPG Bindung eher kooperativ, der Bohr-Effekt eher sequentiell [44, 162, 167—182].
Verfolgen wir noch einmal den Entwicklungsweg der Globine, wie er sich uns heute darbietet, so fällt die Konstanz der Tertiärstruktur bei relativ großer Variabilität gewisser Bereiche der Primärstruktur ins Auge. Beginnt man bei den einfachen, nichtkooperativen

Globinen von Meerwürmern und Insekten — für letztere nur im Larvenstadium vorhanden — so fällt im Insekten-Globin zunächst als hervorstechender Mangel das Fehlen des zum Eisen koordinierenden His-Imidazols ins Auge. Das Fehlen der D-Helix teilt der Meerwurm mit der evolutionsmäßig soviel weiter fortgeschrittenen α-Kette des

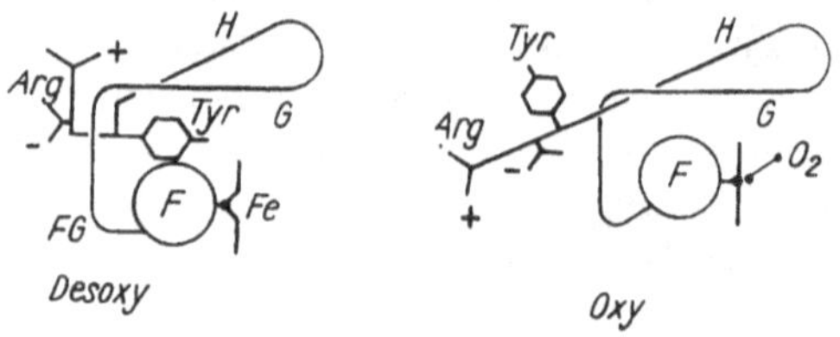

Schema der Strukturänderung einer Untereinheit des Hämoglobins bei O_2-Aufnahme nach M. F. PERUTZ [172].

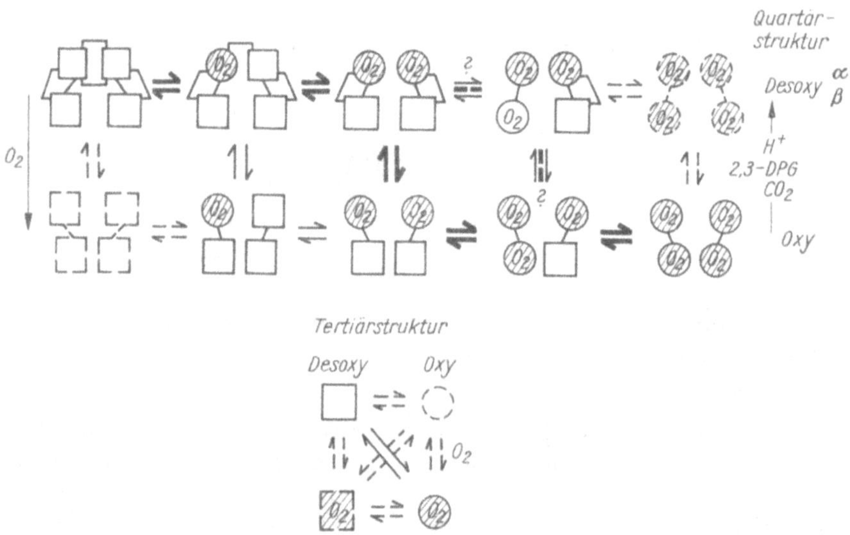

Schema der Konformationsänderung des Hämoglobins beim Übergang zum HbO_2 nach G. BUSE [168] sowie M. F. PERUTZ [172]. Kinetik und Gleichgewichtsmessungen lassen vermuten, daß die Quartärstruktur erst mit dem dritten O_2 umklappt. Doch der Streit über konzertierte oder sequentielle Umwandlungen scheint überholt, nachdem sich das Hämoglobin in seinem bisherigen Verhalten sehr viel komplizierter erwies, als alle seine ursprünglichen Modelle [44].

Hämoglobins. Im Neunauge-Globin findet man eine gekürzte H-Helix, nicht helikale Bezirke an den N-terminals und ein angehängtes langes Nonapeptid, welches der kurzen H-Helix folgt. Walmyoglobin endlich besitzt extra C-terminale Bereiche. Entsprechend diesem Entwicklungsgang werden die physiologischen Funktionen ausgeprägter. Neunauge-Globin mit nur einer einzigen Kette hat einen BOHR-Effekt. Es gibt unter Sauerstoffaufnahme Protonen ab. Es zeigt weiter auf der Basis eines Monomer/Dimer- bzw. Polymer-Gleichgewichtes einen gewissen Grad von Häm/Häm-Kooperativität. Die Desoxyform ist ein Dimer, welches unter Protonenfreisetzung bei der Sauerstoffaufnahme in ein entspanntes Monomer dissoziiert. Damit sind hier erste Formen des PERUTZ-Mechanismus am Hämoglobin vorgezeichnet.

An irgendeiner Stelle dieses Bereiches muß eine erste Genverdoppelung die Weiche für eine unterschiedliche Entwicklung der Myoglobine und der Hämoglobine gestellt haben. Die eine Entwicklungslinie qualifizierte sich zum Speichermolekül, die andere zum Transportmolekül.

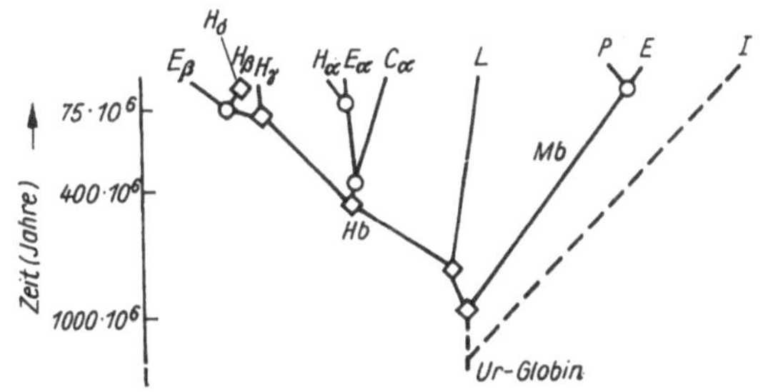

Stammbaum der Globine nach M. O. Dayhoff u. Mitarb. sowie G. Buse [63, 168]. H/Mensch, E/Pferd, C/Karpfen, L/Flußneunauge, P/Pottwal, I/Chironomus th. ◇ Genduplikationen, ○ Entwicklung der Kettentypen

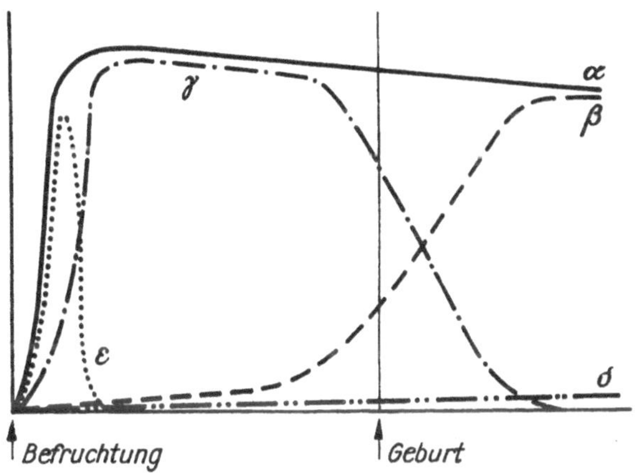

Ontogenie der menschlichen Hämoglobine nach G. Buse [168] aus G. Braunitzer [169].

Nach der Trennung des Neunauges von der Stammlinie der Weiterentwicklung dürfte dann eine weitere Genduplikation die Voraussetzungen für das Auftreten zweier verschiedener Ketten in den Hämoglobinen geschaffen haben. Mit den beiden verschiedenen Ketten und der Tendenz, stabile Tetramere zu bilden, kam die Bindungstendenz für CO_2 und die Regulierungsmöglichkeit über Phosphate in Vögeln, einigen Mammalien und in Fischen. Weitere Genduplikationen ließen die β-Kette in die β- und die γ-Kette evolvieren. Danach zweigte die Entwicklungslinie der Primaten von der anderer Säugetiere ab. Eine nochmalige β-Genverdoppelung innerhalb der Entwicklungsgeschichte der Primaten führte schließlich zur δ-Kette. Das $\alpha_2\gamma_2$ ist ein im Fötus vorkommendes Protein, welches über eine größere Sauerstoffaffinität verfügt. „$\alpha_2\delta_2$" könnte — in einigen Eigenschaften dem herkömmlichen $\alpha_2\beta_2$ überlegen — der sich entwickelnde „Nachfolger" sein [12, 160, 183].

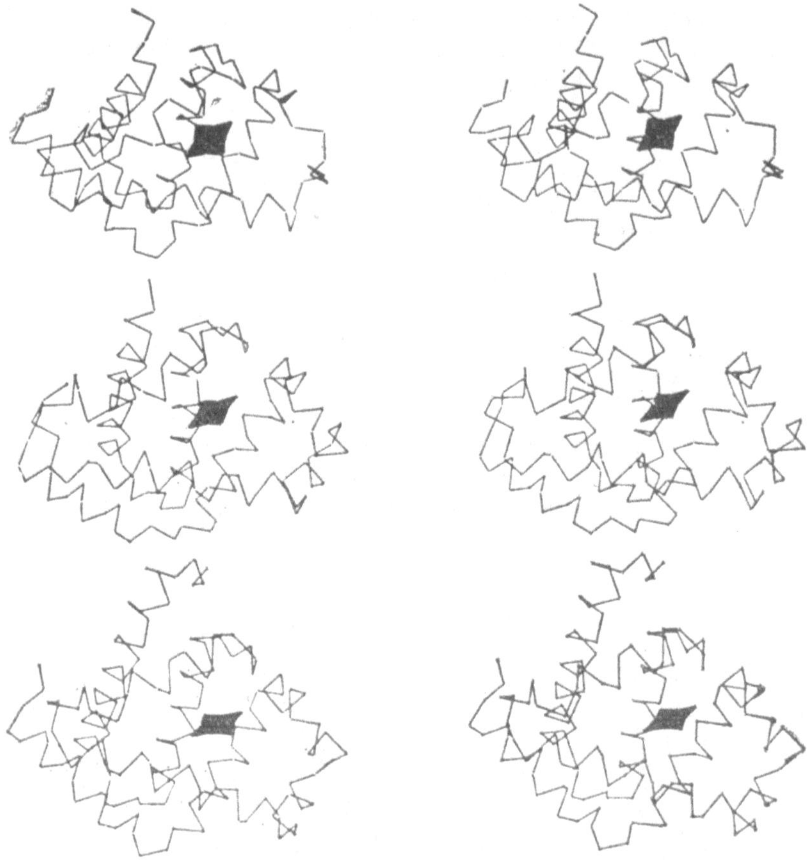

Globin-Verwandtschaften nach W. E. Love u. Mitarb. [183].
Von oben nach unten und links nach rechts:
α-Kette Pferde-Methämoglobin
β-Kette Pferde-Methämoglobin
Sperma-Walmyoglobin
Neunauge-Hämoglobin
Chironomus-Hämoglobin/Erythrocuroin
Glycera-Hämoglobin (Meerwurm)

Im evolutionären Aufstieg vom Myoglobin zu den einfachen monomeren, nicht kooperativen Hämoglobinen von Würmern und Insekten werden die physiologischen Funktionen zunehmend besser angepaßt.

Das Neunauge-Hämoglobin besitzt mit seinem — nur im Desoxyzustand Dimere bildenden — Kettentyp bereits einen starken Bohr-Effekt, doch noch schwache Kooperativität. Mit der Herausbildung zweiter Kettenmuster, die ein stabiles Tetrameres ergeben, wird die Fähigkeit zur CO_2-Bindung erworben, die Regulation durch Phosphate in Vögeln und einigen Mammaliern beginnt, und die Evolution der β-Kette in spezielle Formen nimmt ihren Anfang.

Trotz sehr differenzierter Funktionen und teilweise stark abweichender Aminosäuresequenzen sind alle diese Systeme durch die gemeinsame „Myoglobin-Faltung" charakterisiert.

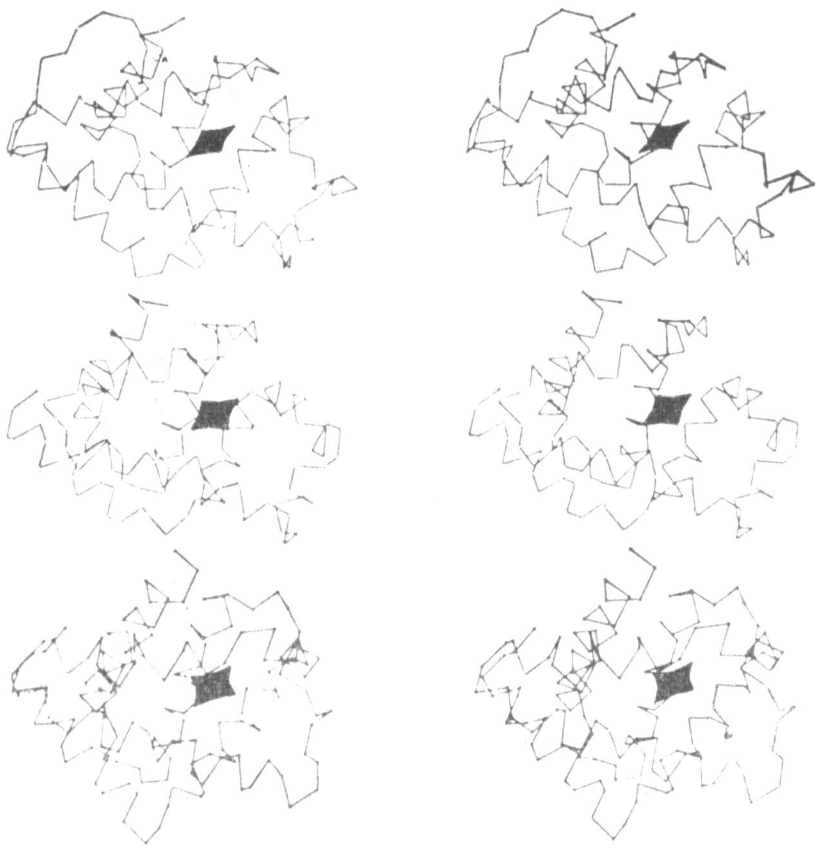

Cytochrome — der Elektronentransport: War Myoglobin ein individuell handelndes Makromolekül, Hämoglobin ein kleiner kooperativer Verband, so begegnen uns mit den Cytochromen Teilsysteme einer riesigen makromolekularen, eng verzweigten und verzahnten Maschinerie — oder weniger statisch und eher dynamisch aufgefaßt: eines hochkooperativen Multidomänenverbandes [106, 184—206, 523—526].
Cytochrom c — Einzelglied der Atmungskette: Cytochrom c ist Teil eines als Atmungskette bezeichneten Energieabbau- und Speichersystems in den Mitochondrien. Diese Mitochondrien haben eine Vielzahl von Eigenheiten, die sie innerhalb des Zellverbandes als eine funktionelle Einheit charakterisieren. So verfügen sie über eigene DNA-Informationsträger und RNA-Boten, ihre Ribosomen und ihre Wandstrukturen ähneln denen der Bakterien. Bei Zellteilungen während der Mitose teilen sie sich mit und werden nicht durch die zelleigene DNA mitcodiert. Innerhalb der Gesamtproteinsynthese synthetisieren Mitochondrien im wesentlichen Strukturen der zellgebundenen Funktionsproteine. All diese strukturellen und funktionellen Eigenheiten haben sie in den Ruf gebracht, fossile Überbleibsel einer ersten Symbiose vielleicht richtiger: Endobiose von Ein- „in" Mehrzellern zu sein, deren Struktur-Funktionalitäten-System komplett von den Zellen des Eukaryoten übernommen und nur noch relativ geringfügig modifiziert wurde.

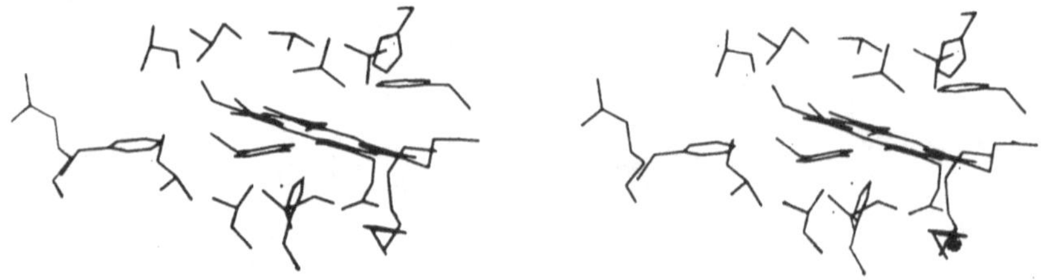

Häm-Vergleiche:
a) Wal-Myoglobin und

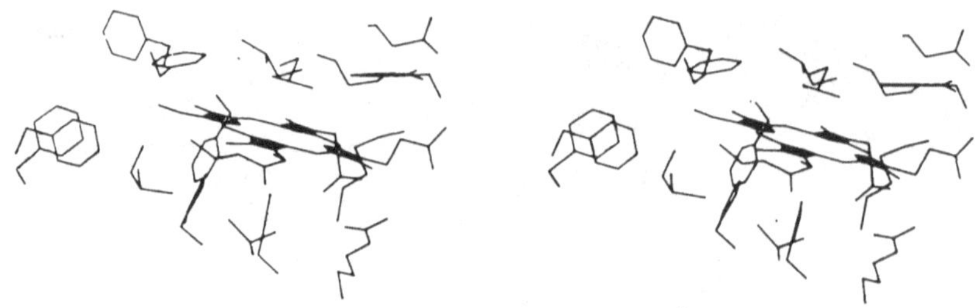

b) Chironomus-Hämoglobin nach H. Fasold und R. Huber [13].

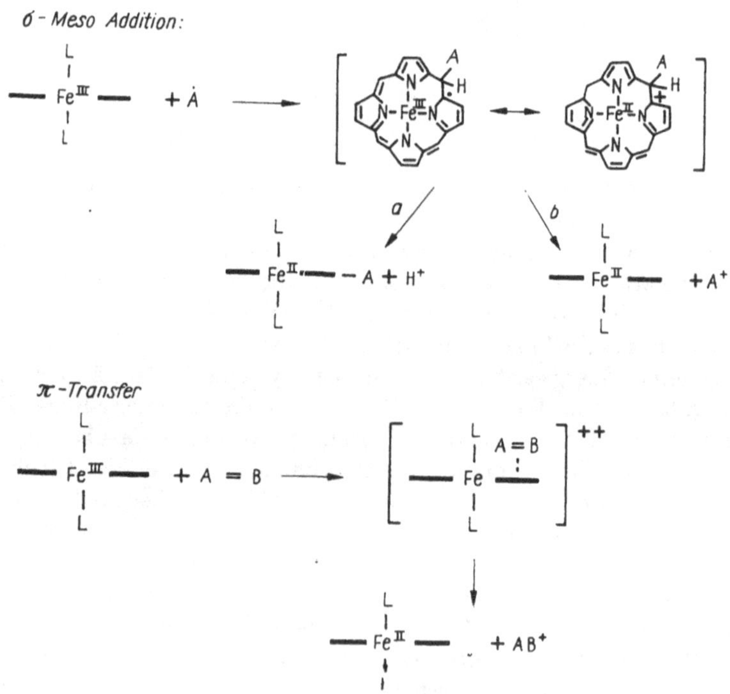

Generelle periphere Fe(III)-Reduktionsmechanismen nach C. E. Castro [161].

Konformation und axialer Bindungstyp	spin	Reaktion mit CO/CN^-	Oxidation des Fe(II)-Komplexes mit O_2	$Fe(CN)_6^{4-}$	RX	Reduktion des Fe(III)-Komplexes mit Ascorbinsäure, $Na_2S_2O_4$	H_2/Pd	Hämproteine
σ –Fe– π	high oder gemischt	+	komplex	langsam	+	langsam langsam	langsam	Hämoglobin Myoglobin
π –Fe– π	low	+	komplex	sehr langsam	+	sehr langsam sehr langsam	sehr langsam	CO/CN und Oxyhämoglobin/ -myoglobin
σ –Fe– π	high oder gemischt	–	+	sehr schnell	–	sehr schnell sehr schnell	sehr schnell	Cytochrome b_3, c_3
π –Fe– π	low	–	–	schnell	–	schnell schnell	schnell	Cytochrome a, b, b_1, b_2, b_5, c, c_1, c_2, c_4, c_5
σ –Fe– π	high oder gemischt	+	+	sehr schnell	+	sehr schnell sehr schnell	sehr schnell	Cytochrome a_1, a_2, a_3
σ –Fe– σ	high	+	+	sehr schnell	+	sehr schnell sehr schnell	sehr schnell	Peroxidase Katalase

Eigenschaften und Reaktivitäten theoretischer Hämproteinmodelle nach C. E. CASTRO [161].

In eben diesen Zellatmungssystemen vermittelt Cytochrom c den Elektronentransfer von der Cytochromreductase zur -oxydase. Die Elektronen entstammen dem Wasserstoff reduzierter Coenzyme wie NADH und $FADH_2$, die ihn ihrerseits aus verschiedenartigen Stoffwechselstrukturen übernehmen und an die Zellorganellen herantransportieren. Über eine komplexe Redoxkette hinweg wird er im Endeffekt mit Sauerstoff zu Wasser vereinigt, die gewonnene Energie in Form von ATP gespeichert.
Die Hämgruppe im Cytochrom c ist im Gegensatz zu den Globinen stärker vom einhüllenden Protein umschlossen. Auch die Fixierung an den Proteinverband ist sehr viel fester. Neben der „konventionellen" Koordination zu His (18) und der sehr ungewöhnlichen an ein Met-S (80) übernehmen zusätzlich zwei kovalente S-Brücken von Cys-14 und -17 determinierte Bindungen an die beiden Vinylgruppen des Häms.
Im Gegensatz zu den überwiegenden Helixanteilen in der Sekundärstruktur der Globine zeigt das Cytochrom c eine äußerst irreguläre Faltung. Wenig Helixanteile, höchstens in Andeutungen vorhandene β-Strukturen und viele loops haben hier allen Vorhersage-

hypothesen über potentielle Helixanteile und sonstige Geometriemuster ein weites, wenn auch keineswegs sehr dankbares Betätigungsfeld geboten.
Ferri- und Ferro-Form[1]) des Cytochrom c besitzen unverkennbare Ähnlichkeiten, wenn auch die Unterschiede beträchtlich sind.

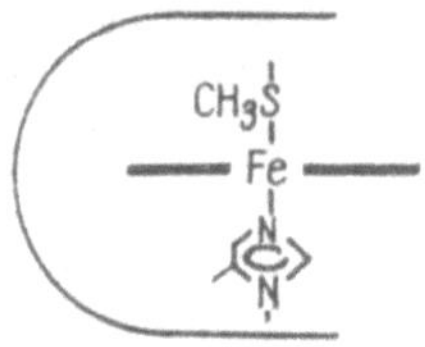

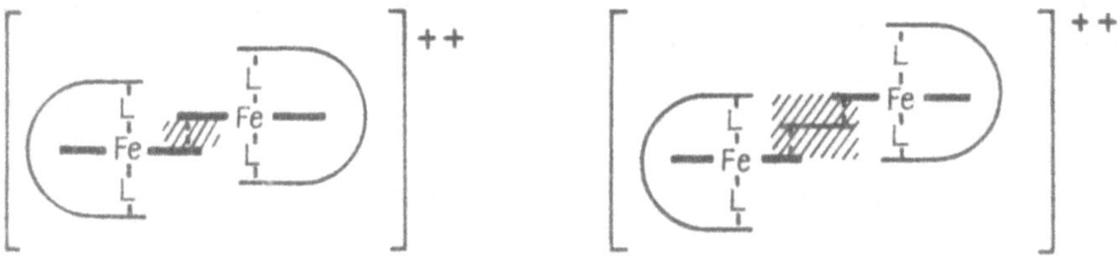

Hypothesen zu Elektronenübergängen zwischen den Hämgruppierungen durch direkte π-Elektronenüberlappung bzw. unter Zwischenschaltung eines Redoxvermittlers in ähnlichem Verfahrensweg nach C. E. Castro [161].

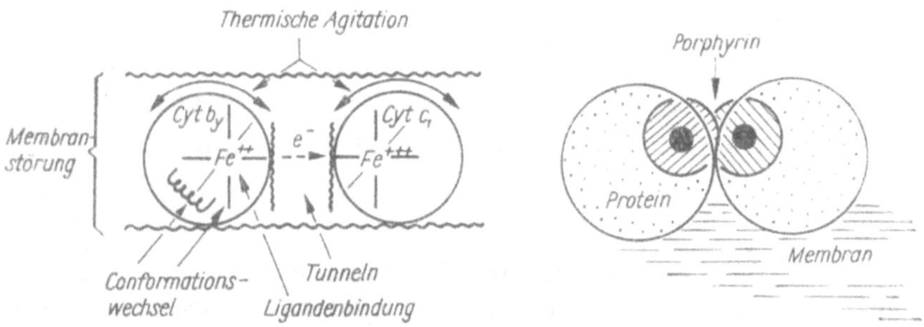

Schematisches Spekulationsdiagramm für mögliche Mechanismen des Elektronentransfers zwischen Cytochromen nach B. Chance [206].

In der Ferri-Form steckt das Häm in einer von Peptidketten umschlossenen Spalte, die sich in der „Dickersonschen Standardansicht" des Moleküls in die zur rechten durch die Hämebene und Aminosäure 13, zur linken durch die Sequenz 80—84 begrenzte hydrophobe Tasche öffnet. Mit 70—82 wird übrigens eine völlig invariante Sequenz tangiert. Über der Tasche liegt ein in Lösung freibewegliches Lys 13. Die Folge 80—82 umfaßt mit dem koordinierenden Met, dem sich anschließenden Ile 81 und dem folgenden

[1]) Charakterisierung nach R. E. Dickerson u. Mitarb.

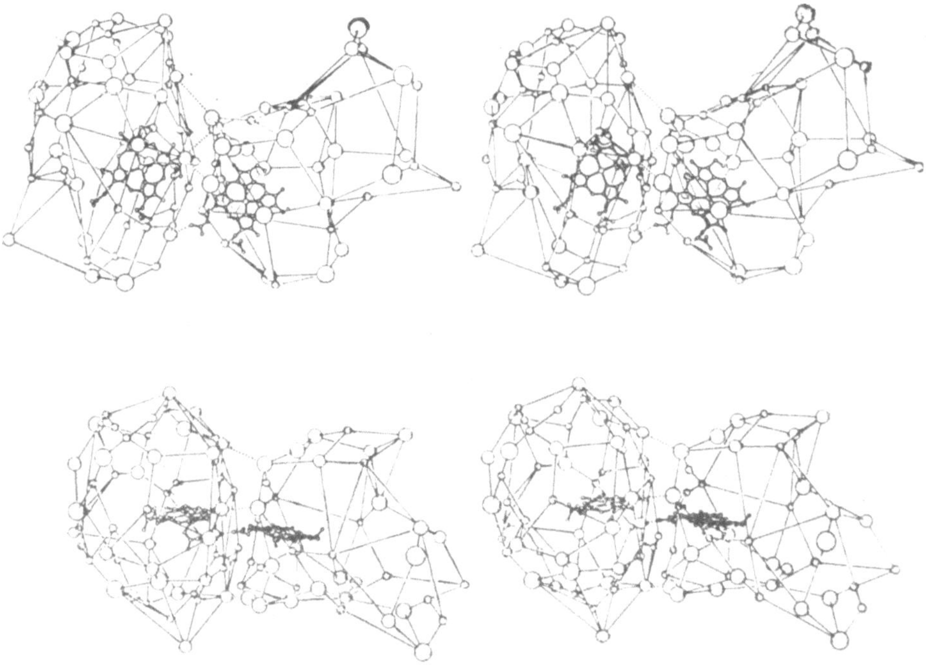

Für den EDA-Komplex zwischen Cytochrom c und b_5 schlug F. R. SALEMME (J. Mol. Biol. **102** (1976) 563) ein hypothetisches Strukturmodell partieller Hämüberlappungen und Proteinpassungen vor. Das Bild ist hier ein Vorgriff auf die folgenden Strukturerörterungen.

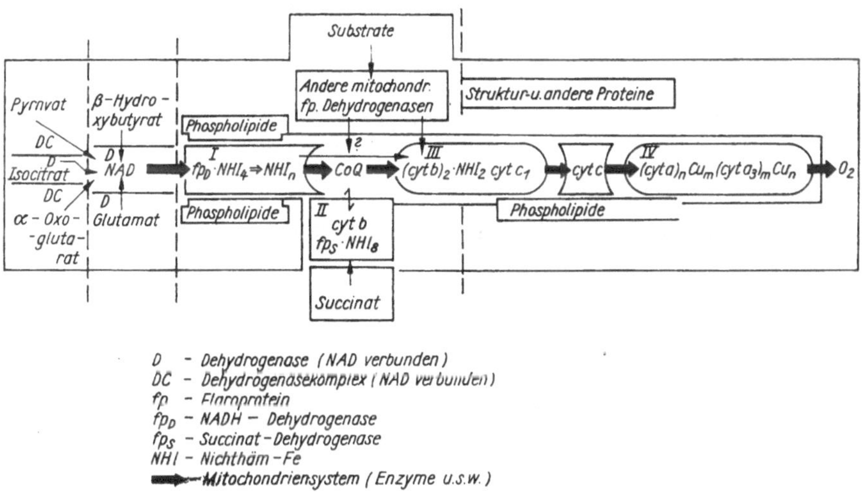

Der verwirrende Schematismus des Elektronentransportsystems innerhalb der Mitochondrien von Rinderherzen.
Nach H. R. MAHLER u. E. H. CORDES [8].

Dickerson und das Cytochrom c [12, 44, 106, 190—193], molekulares make-up eines Proteins.

Dickersons Strukturaufklärung und -interpretation ist inzwischen so etwas wie das klassische Beispiel für die Aussagemöglichkeiten der Röntgenstrukturanalyse geworden.

Seine abstracts-Einschätzung der ,,Ferri"-form [190]:

... The tertiary fold of cytochrome c has been maintained constant since the ancestors of mammals and fish diverged 400 million years ago, and probably for much longer. The polypeptide chain of 104 amino acids is wrapped around the heme in two halves; residue 1 to 47 to the right and 48 to 91 to the left of the heme, which sits in the resultant heme crevice with one edge exposed to solvent. Residues 92 to 104 form an helical strap that rises over the top rear of the molecule and back across the right side again. Cysteines 14 and 17 and histidine 18 extend to the heme from the right wall of the heme crevice, and methionine 80 extends from the left wall. Two "channels" filled with hydrophobic side chains lead to the right and left from the heme to the surface of the molecule. Each channel contains at least two aromatic rings in roughly parallel orientation, and each channel is surrounded by a cluster of positively charged lysines where it meets the surface. At the back rear of the molecule, between the two positive regions, is a cluster of nine negatively charged acidic groups. It is proposed that these surface features may be involved in binding to other macromolecular complexes, including the cytochrome oxidase system.

The principal folding influence on the molecule appears to be the heme group itself. Only residues 92 to 102 are genuinely α helical, although several other areas might have been were it not for interference from the heme. ...

The X-ray structure shows the reasons for many of the unchanging features apparent from comparison of amino acid sequences from over 30 different species. Hydrophobic groups are invariant because they play an essential role in providing the proper heme environment and causing the protein to fold around the heme. Acidic and basic chains are necessary for the preservation of segregated regions on the surface. Glycines often occur where there is no room for a side chain, and serines and threonines play important hydrogen-bonding roles in maintaining the folding of the protein.

Und dann ein Streifzug durch die Cytochrom c-Ansichten und Aussagen:

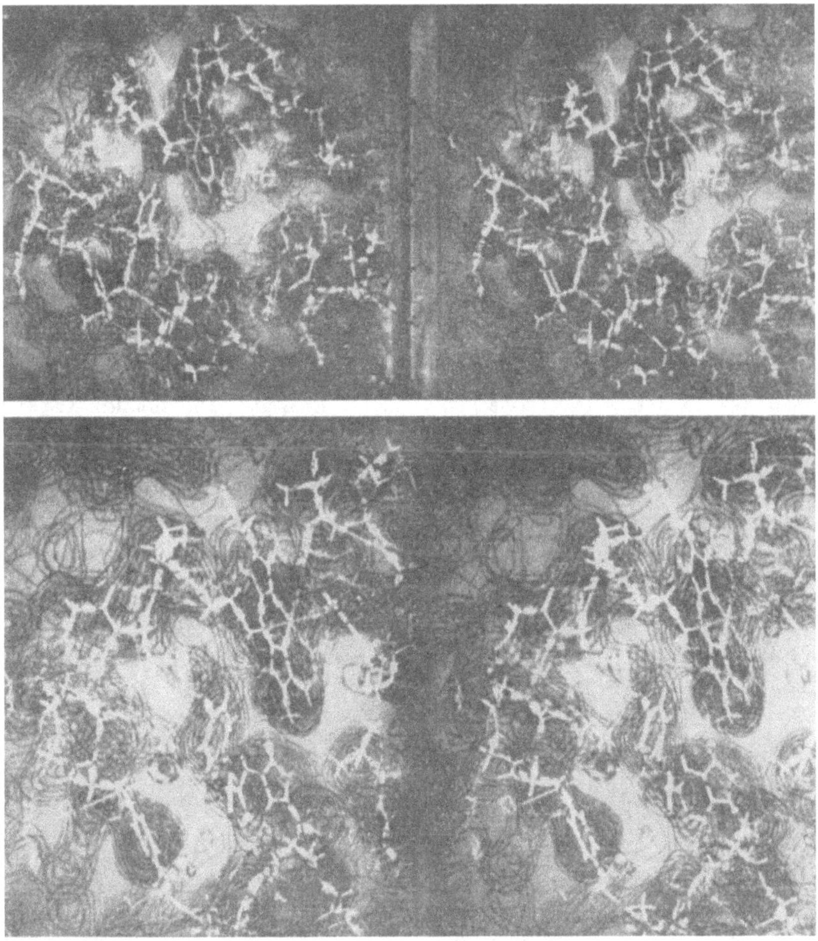

Elektronendichteverteilungen und hineingespiegeltes KENDREW-Skelettmodell in der „Richards box".
Zwei Cytochrom c-Häm-Sichten aus unterschiedlicher Entfernung. Nach R. E. DIKKERSON u. Mitarb. [190].

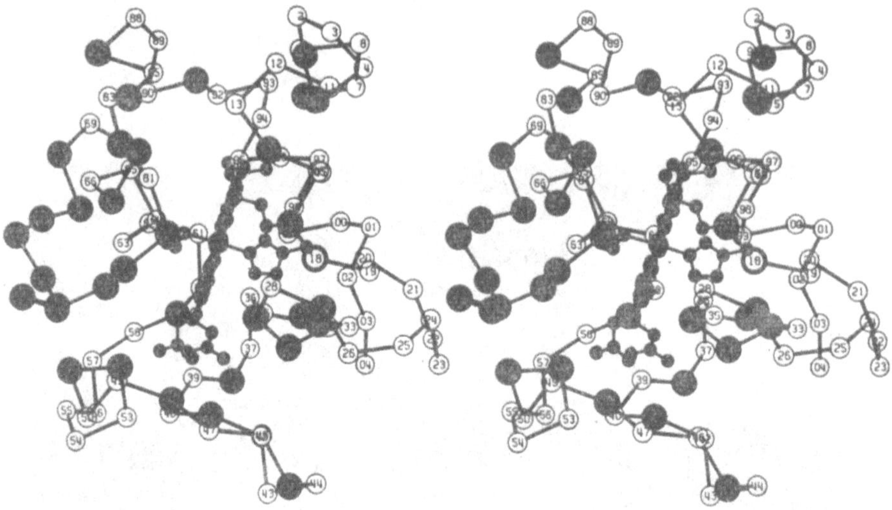

Cytochrom c in der „DICKERSONschen Standard-Ansicht“. Die dunklen Kreise markieren die relativ große Zahl invarianter Reste.
Von His 18 aus öffnet sich zur rechten oberen Partie hin DICKERSONS „right channell“, zur linken, von Tyr 67 aus der „left channell“.
Das Häm steckt in einer schmalen Spalte, die sich nach oben in eine breite Hämtasche öffnet.
Der linke Kanal umfaßt wahrscheinlich den Wechselwirkungsbereich mit der Reductase, Hämtasche und rechter Kanal den mit der Oxidase.

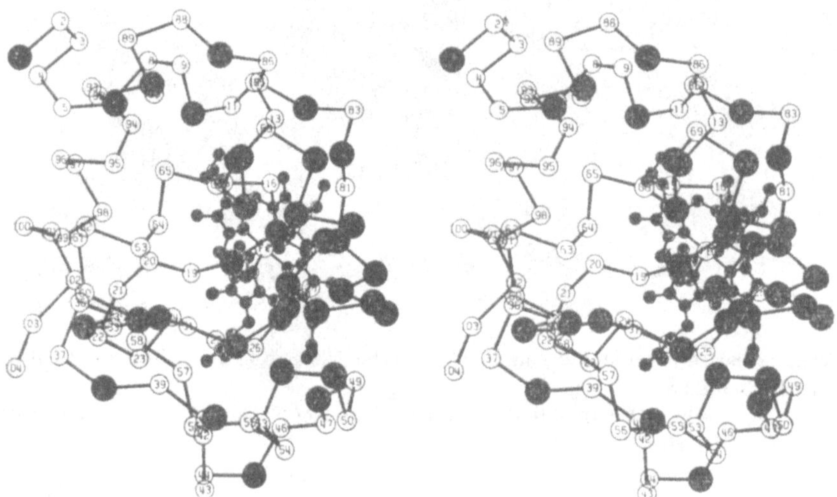

Blick von der linken Seite der Standardansicht.
Die invarianten Gruppen umdrängen zur rechten das Häm, der linke Teil dieser Ansicht ist variabel. Der mittlere Bereich gibt durch den linken, selbst für Lösungsmittelmoleküle schwer erreichbaren, zugestopften Kanal den Blick auf das Häm frei. Der rechte Kanal liegt in der Blickrichtung vom His 18 aus nach hinten. Im Bild oben öffnet sich die Hämtasche (invariante Gruppen mit dunklen Kreisen).

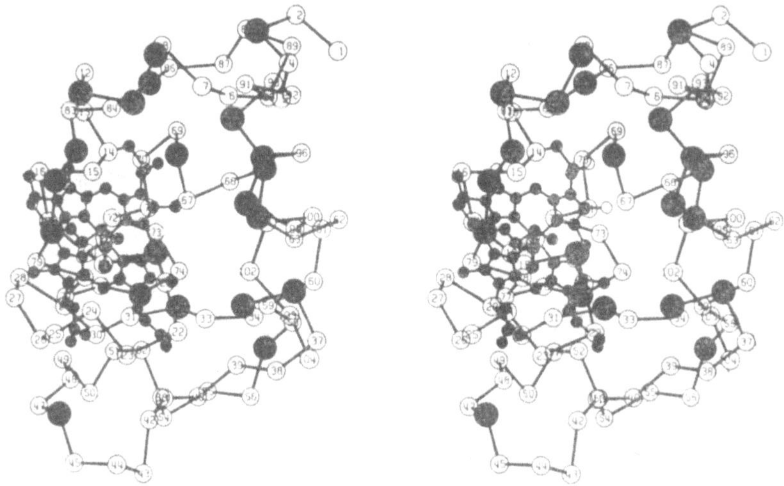

Blick von der rechten Seite der Standardansicht.
Der rechte Kanal öffnet sich in Blickrichtung auf das Häm — hydrophobe Reste = dunkle Kreise — bilden die Auspolsterung.

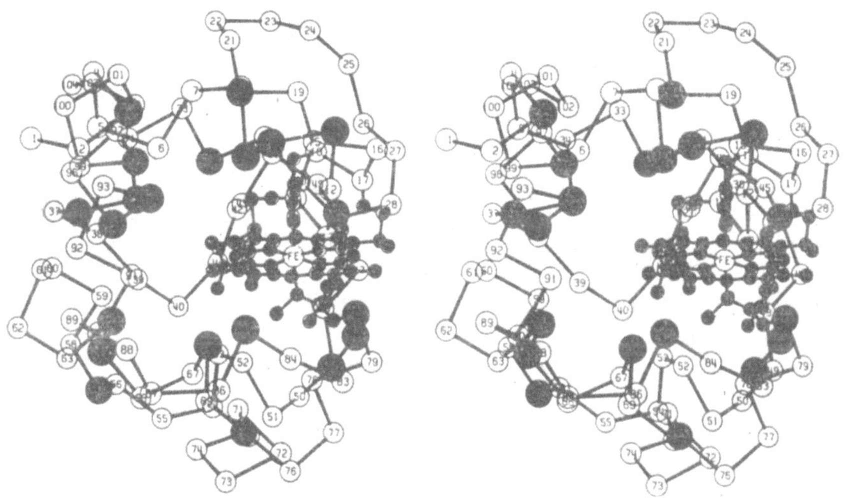

Noch einmal ein Blick von der linken Seite der Standardansicht. Die dunklen Kreise markieren Einbettungszonen von Hämtasche und -spalte sowie des linken Kanals.

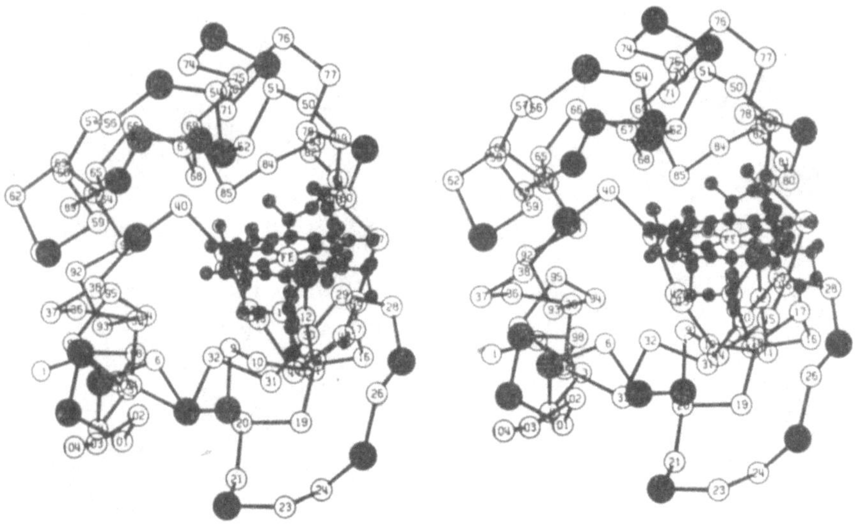

Blick von oben auf die Standardansicht. Die dunklen Kreise demonstrieren die 19 invarianten Lys in den lösungsmittelexponierten Bereichen des linken (oberer Bildbereich) und rechten (unterer Bildbereich) Kanals.

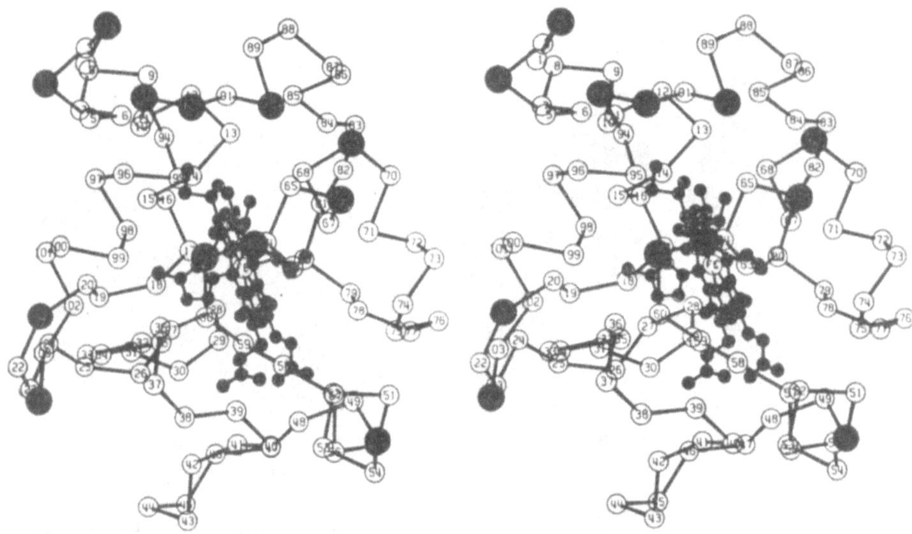

Blick aus dem Hintergrund der Standardansicht. Die dunklen Kreise markieren das Oberflächenverteilungsmuster positiv geladener Seitenketten.

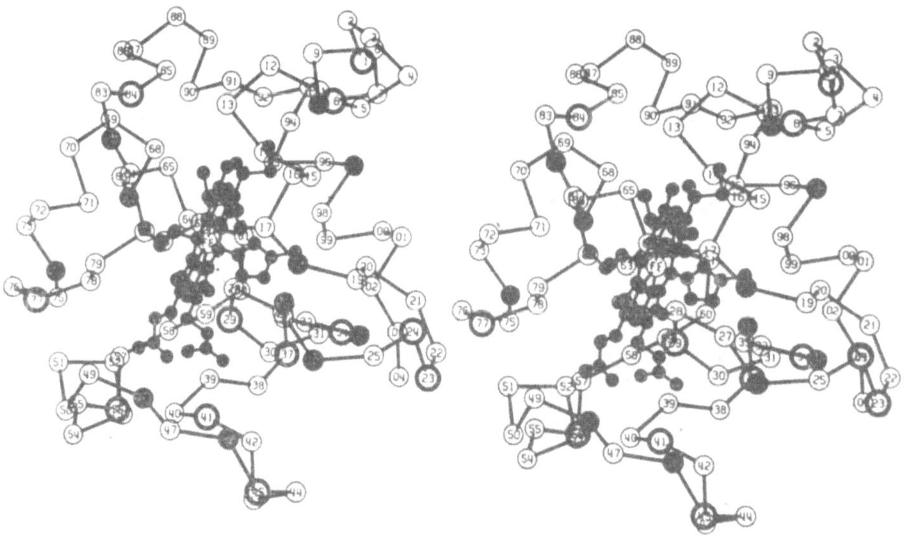

In etwa noch einmal die Standardansicht des Ausgangs. Die dick umrandeten Kreise geben die invarianten Gly-Positionen wieder, die an besonderen Eckregionen der gestreckten Kettenbereiche nur seitenkettenlose Strukturen tolerieren.
Die dunklen Kreise markieren die funktionell sehr bedeutsamen invarianten π-Leitungssysteme im Bereich von Hämspalte sowie linkem und rechtem Kanal.
Sämtliche Abbildungen teilweise modifiziert nach R. E. Dickerson u. Mitarb. [190].

Phe 82 eine Schlüsselregion des Systems. Während Phe — ungewöhnlich aus der Peripherie des Systems herausgedreht — in das umgebende Lösungsmittel weist, liegt Ile 89 in der Oberflächenstruktur eingeschlossen.

Neben dieser Hämtasche scheinen noch zwei hydrophobe Kanäle von rechts und links — der eine von der Region des koordinierenden His 18, der andere von Tyr 67 — Öffnungen der ansonsten kompakten Kokonstruktur der deformierten Peptidketten in Richtung auf das Häm voranzutreiben. Innerhalb der linken Kanalregion umrahmt von 51—77 kommen Tyr 67, Trp 59 und Tyr 74 sowie sicherlich auch Thr 78 wieder Schlüsselfunktionen zu. Alle diese Reste sind invariant. Tyr 67 betätigt — wahrscheinlich etwas gespannt — eine H-Brücke zum Thr 78 und fixiert damit die jeweils angeknüpften Peptidketten zueinander. Im übrigen ist dieser linke Kanal mit hydrophoben Resten ausgepolstert und zum Lösungsmittel hin von einem Kranz positiv geladener Lys umgeben.

Eine analoge Lys-Ring-Umrahmung ziert auch den rechten hydrophoben Kanal. Auch in ihm befinden sich mit den Phes 10 und 36 sowie Tyr 97 in etwa zueinander parallel angeordnete Aromatengruppierungen.

Die Hämtasche ist zumindest lösungsmittelzugänglich und schafft damit für das Häm der Ferri-Form eine teilweise polare Umgebung hoher Dielektrizitätskonstante. Die linke Kanalregion erscheint selbst für Lösungsmittelmoleküle ziemlich zugestopft, während in der rechten Kanalregion noch Platz für eine evtl. hereingeschobene hydrophobe Verankerungsgruppe eines Partnersystems sein dürfte. Sie macht geometrisch den Eindruck einer Art Fangregion.

Die reduzierte Form erscheint weit mehr gegen die Außenwelt abgeschlossen. Obgleich nahezu alle Teile — wenn auch z. T. nur minimal — in den Umklappvorgang zwischen Ferri- und Ferro-Form verwickelt sind, resultieren die effektvollsten Veränderungen im Bereich der invarianten Regionen der linken Hämtasche, des linken Kanals und der nur zum Teil invarianten, in einigen Abschnitten sogar recht variablen Region des rechten Kanals. Die Ketten zwischen 77—82 und 19—25 unterliegen größeren Umfaltungen. Während in der Ferri-Form die Kette 81—82, weit nach links herausgeschwungen, Phe 82 exponiert, ist die Aromatenstruktur in der Ferro-Form unter Verstopfung der

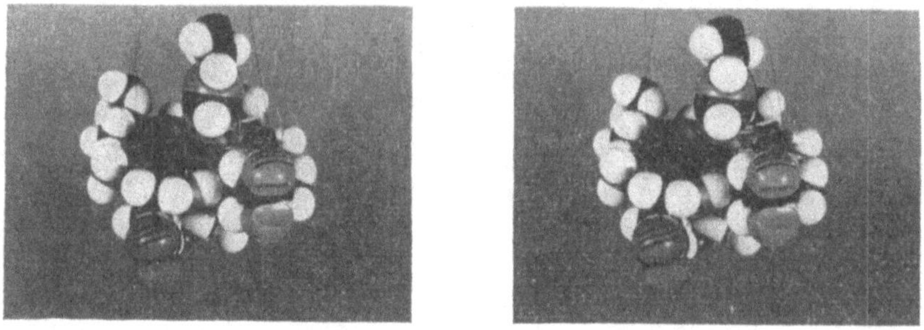

Hämbereich des Cytochrom c in CPK-Darstellung.

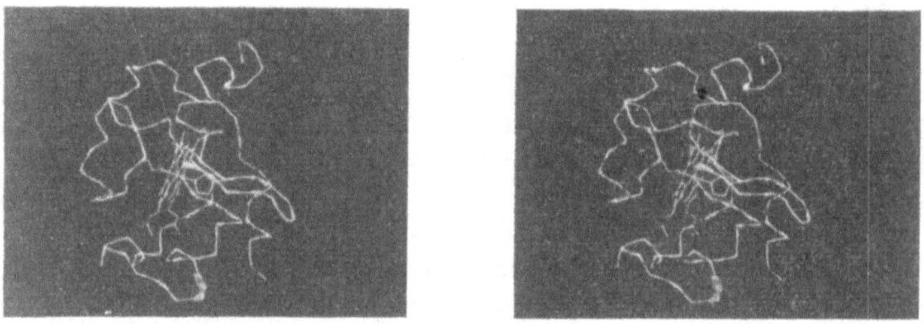

Drahtmodell des Cytochrom c in der DICKERSONschen Standardansicht, vgl. [190].

Hämtasche nach rechts gegen das Häm gedrückt. Gleichzeitig wird wohl in einer partiellen Entropie/Enthalpie-Kompensation das benachbarte Ile 81 in das Lösungsmittel entlassen. Phe liegt nun etwa parallel zum Häm im Energie-günstigen VAN DER WAALS-Kontakt. Lys 13 hat den Platz geräumt und sich nach oben aus dem Bereich herausgedreht. Im linken Kanal ist weiterhin die H-Brücke zwischen Tyr 67 und Thr 78 wahrscheinlich in Mitleidenschaft gezogen, da die Kette mit Gly 77 und Thr 78 etwas nach unten geschoben wird. Die Aromatenstrukturen, auf die gleich noch einzugehen sein wird, erfahren charakteristische Änderungen.

Auch dem rechten Kanal ergeht es ähnlich. Er wird in der Ferro-Form durch den Aufwärtsswing des großen Kettenloops zwischen 18 und 28 zugedrückt, so daß irgendwelche Kontaktgruppen hier nun nicht mehr Platz finden oder irgendwie einrasten können.

Redox-Übergänge des Cytochrom c nach R. E. DICKERSON, T. TAKANO u. a. [190 bis 193]:

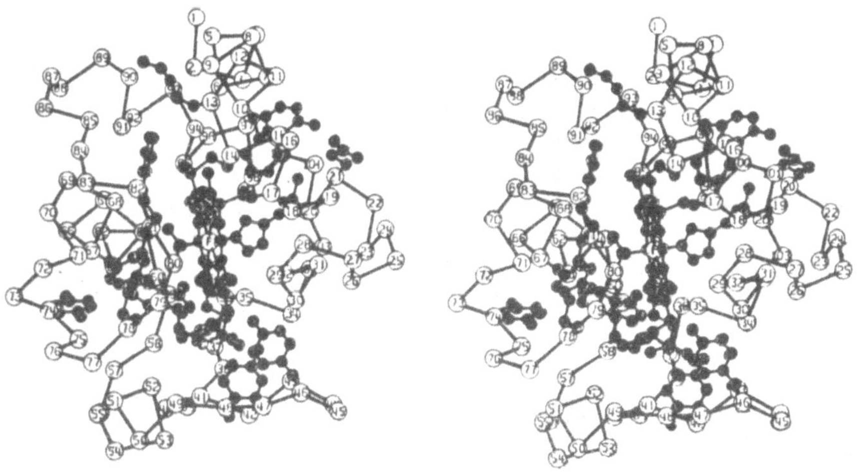

Ferri-Form Pferde-Cytochrom c

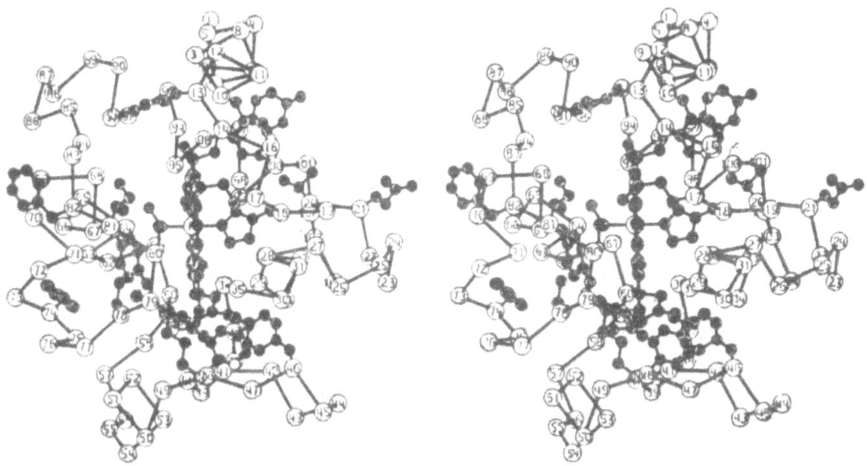

Ferro-Form Thunfisch-Cytochrom c

Der Rest der Verschiebungen betrifft die Hämgruppe mit ihrer unmittelbaren Ligandenumgebung und dann sehr abgestuft das gesamte übrige Molekül.
Die damit vorgestellte Alternativorientierung von „Ferri"- und „Ferro"-Form läßt natürlich nur indirekte Schlüsse auf den eigentlichen Mechanismus zu, und man kann die Arbeitsgruppe um DICKERSON begreifen, wenn sie — schlecht einzudeutschen — diese Situation mit: "It is tantalizing that we cannot know from the x-ray analyses the pathways from one state to another" — beschreibt. Vieles scheint immerhin auf einen konzertierten Mechanismus hinzudeuten, bei dem Veränderungen der Häm-

tasche durch die Hämumgebung in die Strukturen des linken und rechten Kanals übersetzt werden.

Beginnt man mit dem Hereinschwingen von Phe 82, so würde diese Bewegung Met 80 etwas nach unten drücken und gleichzeitig das gesamte Häm gegen seine untere Taschenbegrenzung schieben. Diese Abwärtsbewegung zur linken – sie könnte ebenso gut durch ein Aufbrechen der verklammernden H-Brücke zwischen Tyr 67 und Thr 78 verursacht oder eingeleitet sein –, wird nun durch die Aufwärtsbewegung des großen loops zwischen 18 und 28, die den rechten Kanal zudrückt, kompensiert. Die Abwärtsbewegung des Häms nimmt über eine H-Brücke zwischen Propionsäure und Trp 59 dieses in seinem Absacken etwas mit und dreht es gleichzeitig plan gegen seine Methylgruppe. Der Abstand verringert sich dabei auf VAN DER WAALS-Kontakt. Die ursprüngliche Koplanarität von Trp 59 um Tyr 74 geht verloren und wird gegen die Koplanarität zum Häm eingetauscht.

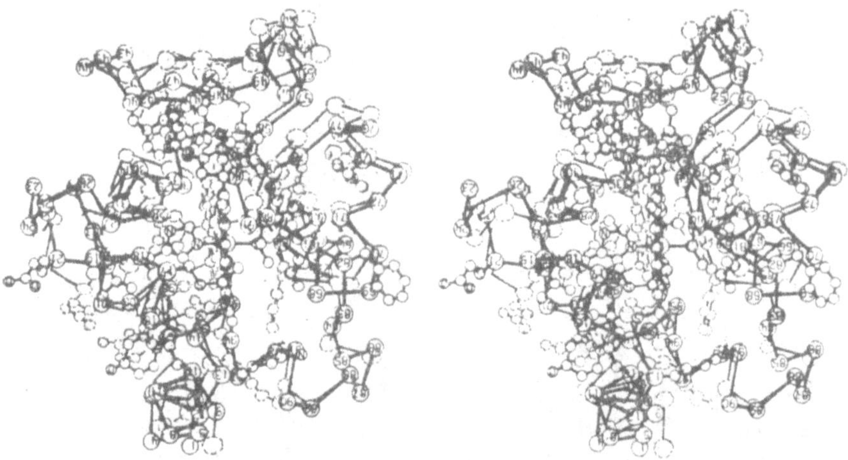

Zusammenschau von Ferri(schwache Linien)- und Ferro(starke Linien)-Form.
Die in die Umorientierungen zwischen der eher extrovertierten Ferri- und der eher introvertierten, komprimierteren Ferroform markant involvierten Seitenkettenstrukturen sind in den Computerzeichnungen voll wiedergegeben.
Alle drei Abbildungen geben Blickrichtungen der ursprünglichen DICKERSONschen Standardansicht des Cytochroms wieder. Die zu den nach [190] bemerkbaren Veränderungen in der Tertiärstruktur stellen zwischenzeitliche Interpretationsverbesserungen der X-ray map dar – ein Ausdruck dessen, daß, wie DICKERSON einmal bemerkte, die Arbeit an der Röntgenstrukturanalyse eines derartigen Systems sehr zur Verwunderung und Mißbilligung „anorganischer“ Röntgenkristallographen eigentlich nie zu Ende geht.
MCLACHLAN [44] formulierte folgende Reviews-Fassung:
In the reduced cytochrome of tuna heart the heme ligands stay the same but the main chain refolds at positions 77–82 and 19–25. One movement carries Ile 81 out to the surface, while Phe 82 swings into the heme pocket and Thr. 78 shifts. The other closes the channel of the histidine side. Thus the reduced structure is more stable and compact. How the reduction of the iron atom triggers these changes remains unknown, but DICKERSON suggests that an electron may travel from the hydroxyl of Tyr 67 via the methionine sulfur.

Im Ferrizustand befinden sich Tyr 74 an der Peripherie — im 5 Å-Abstand zu Tyr 67 und Trp 59 — etwa auf halben Wege zum Häm. Während Tyr 74 und Trp 59 dabei aufeinanderliegen, ist Tyr 67 planparallel 4,5 Å vom Häm entfernt. Trp 59 liegt in nahezu rechtwinkliger Einstellung zum Häm. Der Abstand ist größer als 5 Å.
Im Ferrozustand kommt Tyr 74 auf VAN DER WAALS-Kontakt an Tyr 67 und Trp 59 heran. Trp 59 stellt sich nahezu parallel zu Tyr 67 ein.
Hypothesen über den Redoxmechanismus gehen davon aus, daß der linke Kanal die Zone der Wechselwirkung zur Reduktase darstellt, während die Hämtasche und — evtl. als zusätzliche Erkennungs- oder Verankerungsregion — der rechte Kanal wahrscheinliche Bereiche der Oxydase-Anpassung sind.
Für den „Reductase-Schritt" entwickelten DICKERSON u. Mitarb. einen Vorschlag, der unter Weiterentwicklung früherer Vorstellungen einen Einweg-Elektronenshift ermöglicht.
Der Vorschlag stützt sich auf Potenzen zwischen Tyr 74 und Trp 59, sowie Tyr 67 und dem Häm. Beide CT-Wege sollten im Übergang zu stärker delokalisierten Systemen mit

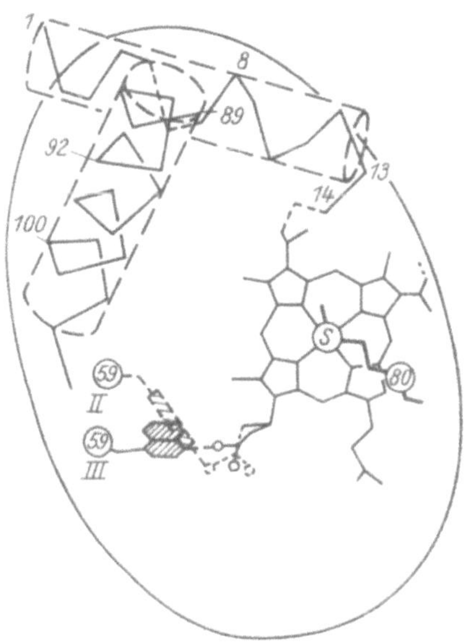

Schemazeichnung des Cytochrom c zur Verdeutlichung der α-C-Bewegung von Trp 59 mit gleichzeitiger Umorientierung der Aromatengruppierung nach T. TAKANO u. Mitarb. [191].

jeweils tiefer liegenden Orbitalen „downhill"-Prozesse möglicher Elektronenwanderungen sein. Der Mechanismus postuliert als einleitenden Schritt einen Elektronenübergang vom Reductasekomplex auf das π-überlappende Tyr 74 und von dort spontan auf das energiegünstigere Trp 59. Bedingt durch die Ladungskonzentration am Trp 59 könnte im benachbarten, allerdings nicht π-überlappenden Tyr 67 ein Elektronenstrom gegen das π-überlappende Häm in Gang gesetzt werden. Die damit eintretende Elektronenverarmung von Tyr 67 wäre dann evtl. mit dem Bruch der H-Brücke zum Thr 78 der trigger der in Gang kommenden Umlagerung. Möglicherweise durch die brechende Wasserstoffbrücke, sicher aber zusätzlich, wenn nicht überwiegend durch die elektrostatische Attraktion des partiellen Ionenpaares zwischen Trp 59 und Tyr 67 in einem

Medium niedriger Dielektrizitätskonstante ausgelöst, bringt eine die ganze Struktur umfassende Konformationsumorientierung beide Systeme schließlich in π-Überlappung und stellt unter Elektronentransfer die Neutralität der Ferro-Form wieder her.
Der Elektronentransfer zwischen Tyr 67 und dem Häm kann dabei sowohl durch unmittelbare π-Wechselwirkung wie auch im Sinne älterer Deutungen auf dem Wege

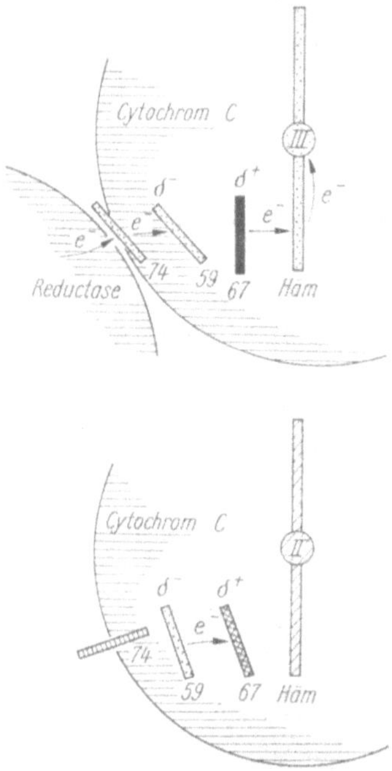

Hypotheseweg der Ferri-Reduktion nach T. Takano u. Mitarb. [193] auf der Basis π-leitender Elektronenwege und -schalter. Elektronenübergang von der Reductase Tyr 74, von dort zu Trp 59. Elektronenübergang von Tyr 67 zum Häm unter Reduzierung des Fe. Im Zuge konformativer Umorientierungen abschließender Elektronenübergang von Trp 59 zu Tyr 67 und Eliminierung des Ionenpaars. Insgesamt ein irreversibler Einwegselektronenübergang von der Reductase zum Fe(III).

über Tyr 67-Ring-Tyr-67-OH-Gruppe-Met-80-S erfolgen. Der ganze Mechanismus stellt ein Einwegsystem dar, da die Orientierung der Aromatengruppierungen im linken Kanal nach diesem Bild ein selbsttätiges Sperrsystem für einen potentiellen Elektronenrückfluß aufbaut.
Wenig ist über die Oxidasewechselwirkung bekannt. Ansätze sind hier reine Spekulationen. Hinweise könnten die gegenläufigen Bewegungen von Phe 82 und Ile 81 im Redoxprozeß liefern. Warum sollte es wünschenswert sein, in der Ferro-Form ein Phe nahe am Häm in unmittelbaren Kontakt zu diesem zu haben, es aber in der Ferri-Form in das Lösungsmittel zu exponieren? Diese Bewegung wäre als Indiz dafür interpretierbar, daß die Ferri-Form hier die Möglichkeit für die hochmolekulare Oxydase schafft, selbst ein π-Überlappungssystem in die Hämtasche einzuführen und hier einen Elektronentransfer vom Häm zum eingeschobenen Aromatenpartner — über Phe 82 vermittelt — in Gang zu setzen. Trigger für den Auslösevorgang könnte die Beiseite-

schiebung von Ile 81 sein, das — einer möglichen Wechselwirkung im Wege stehend — in die Oberfläche zurückgedrückt wird, während die damit induzierte einladende Herausbewegung von Phe 82 die Hämtasche zur Wechselwirkung öffnet. Vielleicht auf Grund der Neuorientierung von Ile 81 könnte Thr 78 wieder auf das Tyr 67 zugeschoben, die stabilisierende Wasserstoffbrücke evtl. neu gebildet und die „Ferrieinstellung" der Aromatenbesetzung des linken Kanals induziert werden [106, 190—193].
Die Fülle des bisher zusammengetragenen Materials hat nur einen Bruchteil der Rätsel des Cytochrom c lösen können. Vieles bleibt, wenn auch für manches zumindest schon die Fragen formuliert werden können. Welche Aufgabe hat z. B. jene Kammregion negativer Ladungen am System um Aminosäure 90 herum? Wie steht es mit dem Ionentransport durch die Cytochrome? Hier haben sich höchst bemerkenswerte Korrelationen zwischen Ionenbindungsvermögen der Cytochrome und Ionentransporteigenschaften der Mitochondrienmembran gezeigt. Ionen, die z. B. von der Mitochondrienmatrix ausgeschlossen werden, z. B. Cl^--Ionen, binden an die Ferri- nicht aber an die Ferro-Form. Diese wiederum bindet solche Ionen, die im aktiven Carrier-Transport in die Matrix gebracht werden, z. B. Ca^{++}-Ionen schließlich, die im Verlauf eines Konzentrationsgradienten die Matrix durchwandern, wie z. B. PO_4^{3-} oder ADP werden von Ferri- und Ferro-Form gleichermaßen resorbiert. Könnte Cytochrom c — evtl. seiner „eigentlichen" Redoxtätigkeit überlagert — noch als Ionencarrier der inneren Mitochondrienmembran fungieren?
Cytochrom c ist von allen bisher untersuchten Enzymstrukturen so etwas wie ein Sonderfall geblieben.
Versucht man allgemeine Bauprinzipien hinsichtlich verbindlicher gemeinsamer Strukturelemente abzuleiten, so ist ein normal gebautes globuläres Protein im allgemeinen aus einem „core" von β-Faltblättern aufgebaut, das von gestapelten α-Helices mit hydrophoben Innen- und hydrophilen Außenflächen umgeben ist. Dieser Strukturtyp wurde zum erstenmal in der noch zu besprechenden Carboxypeptidase A, später dann im Papain, Subtilisin, im anschließend noch zu erwähnenden Cytochrom b_5 und im Flavodoxin aufgefunden. Unter Bevorzugung der β- bzw. der α-Struktur sind nach beiden Seiten hin Grenzfälle angeordnet. So dominieren im Chymotrypsin, Trypsin und in der Elastase die β-Faltblätter die α-Helices. Diese wiederum dominieren die β-Struktur im Lysozym und in der Ribonuclease. Die Globine mit ihrem nahezu ausschließlichen Helixaufbau stellen einen Sonderfall dar.
Cytochrom aber — zerrissen in seinem Aufbau von Wechselwirkungserforderlichkeiten mit zwei Makroverbandsstrukturen, seinen eigenen Voraussetzungen und überlagerten Bedingungen — ist mit keinem dieser vorgenannten Enzymmuster vergleichbar.
Es war einmal ein verführerischer Gedanke den für Myo- und Hämglobin postulierten gemeinsamen Vorläufer für alle hämtragenden Enzyme anzunehmen, aus dessen primär erworbenen Redoxeigenschaften später sauerstoffbindende und sauerstofftransportierende Systeme evolvieren konnten.
Wenn auch den unmittelbaren Hämtaschenregionen gewisse enge verwandtschaftliche Strukturierungsgesichtspunkte nicht abzusprechen sind, die weiteren Peptidkettenregionen erscheinen selbst in der heute noch unvollkommenen Erfassung so differenziert und vielgestaltig, daß es augenblicklich etwas schwer fällt, an den gemeinsamen Urahn aller Hämproteine zu glauben. Die Alternative zwischen Konvergenz und Divergenz bleibt weiterhin hinter der Wand zukünftiger Sequenzierungsaufgaben verborgen [12, 106, 190, 200—205].

Selbst enge Nachbarschaftsbeziehungen innerhalb der Gruppe der Cytochrome und damit Fragen ihrer Homologien oder Analogien sind, wie das jüngst in Hochauflösung erhaltene Cytochrom b_5 offenbarte, nicht so sehr einfach und direkt zu beantworten [194, 195].

Cytochrom b_5 — membrangebundenes Enzym: Zu seinem Operationsmechanismus kann im Augenblick nicht viel gesagt werden. Es wird durch eine NADH-abhängige Flavoprotein-Cytochrom b_5-Reduktase reduziert und durch eine cyanidsensitive Substanz

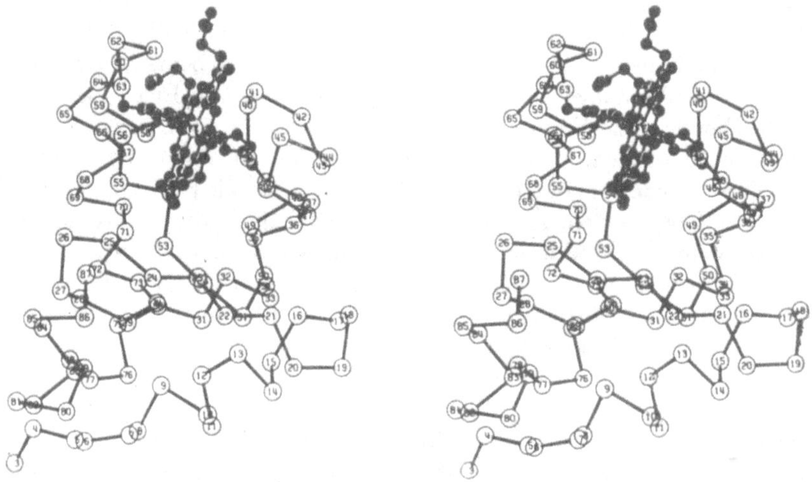

MATHEWS und das Cytochrom b_5.
Stereoansicht der weder mit Cytochrom c noch mit den Globinen verwandten „Kopf"-Struktur nach F. S. MATHEWS u. Mitarb. [194—195].

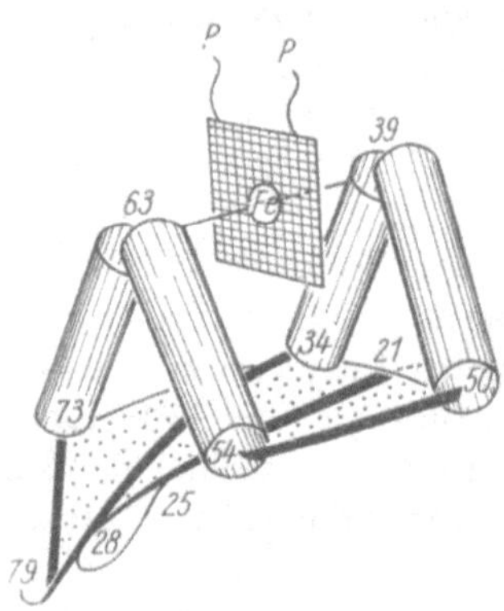

Das Häm — koordinativ an zwei His gebunden — liegt in einer hydrophoben Spalte, deren beide „Kiefer" aus je einem Paar antiparalleler α-Helices gebildet werden. Die Kiefer entspringen vier Strängen eines β-Faltblatts an der Basis des Moleküls, die in die hydrophobe Membranverankerung überleitet.
Eine Propionsäuregruppierung des Häms ist lösungsmittelexponiert, die andere vergraben.
Nach R. E. DICKERSON [160].

oxydiert. Sein Elektronentransportsystem ist u. a. in die Fettsäuredehydrierung verwickelt.

Als erstes „hochaufgelöstes" typisches Oberflächenmembranenzym enthüllt es jedoch einige Sonderheiten dieser Klasse. Cytochrom b_5 besteht am N-Terminus aus einem 44 Aminosäuren umfassenden hydrophoben Schwanz, mit dem es in der Microsomen-

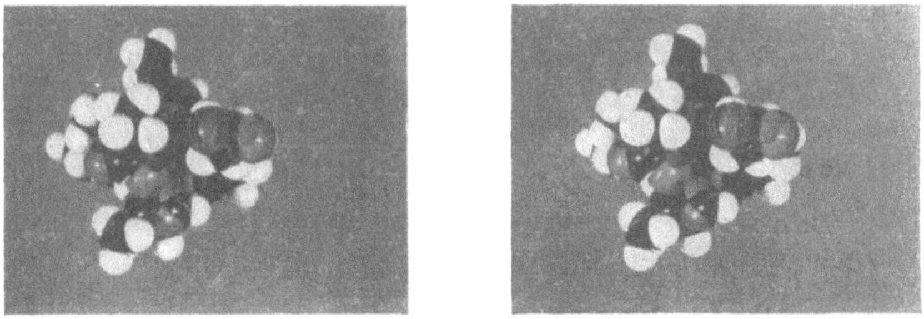

CPK-Modell der Hämfixierung des Cytochrom b_5.

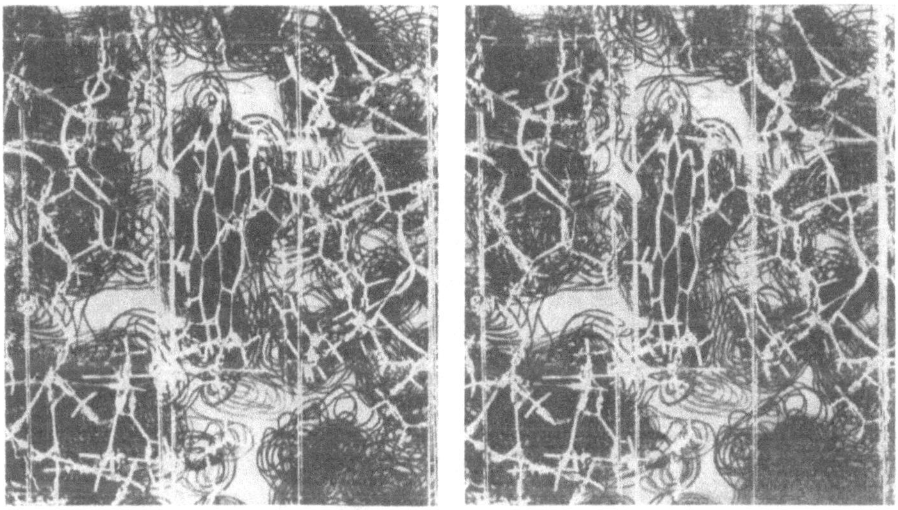

Blick in die Höhlung der Hämspalte, links und rechts die Kieferbegrenzungen in der Richards box nach F. S. Mathews u. Mitarb. [194—195].

membran verankert ist. Der funktionelle Kopf mit 93 Aminosäureresten, der durch proteolytische Enzyme von seinem Schwanzteil abgelöst werden kann, zeigt als Grobstruktur ein getwistetes β-Faltblatt. Aus diesem ragen kiefernartig je zwei kurze deformierte Helixbereiche auf, die wiederum die Hämgruppierung in ihrer Zange tragen. Auf der Enzymoberfläche befindet sich eine hydrophobe Furche, die ein möglicher Kandidat der Wechselwirkung mit der NaDH-Reductase ist.

Das Häm ist ähnlich den Globinen lediglich koordinativ über zwei His gebunden. Allerdings ist die hydrophobe Fixierung hier so fest und eingeengt, daß das Eisenatom im Unterschied zu den Globinen nicht für irgendwelche Wechselwirkungen mit kleinen

Molekülen zur Verfügung steht. Die eine Propionsäuregruppierung des Häms wird in H-Brücken zum Molekül zurückgeführt, die andere ragt in die Wasserumgebung hinaus. Anhand des Aufbaus könnte für das b_5 vermutet werden, daß seine Aufgaben nicht derart komplex sind, wie beim Cytochrom c, für das DICKERSON treffend formulierte, daß "the earlier reference to cytochrome c as an honorary enzyme is not accurate; it is a far more complex unit of molecular machinery than any enzyme studied to date." [106, 190].

Cytochrome — die Evolution: Die komplexen, weitreichenden funktionellen Anforderungen an die Makromoleküle, die zu derart komplizierten Geometriemustern der Systeme führten, kommen auch in Studien zur phylogenetischen Abstammung des Cytochrom c-Systems zum Ausdruck.

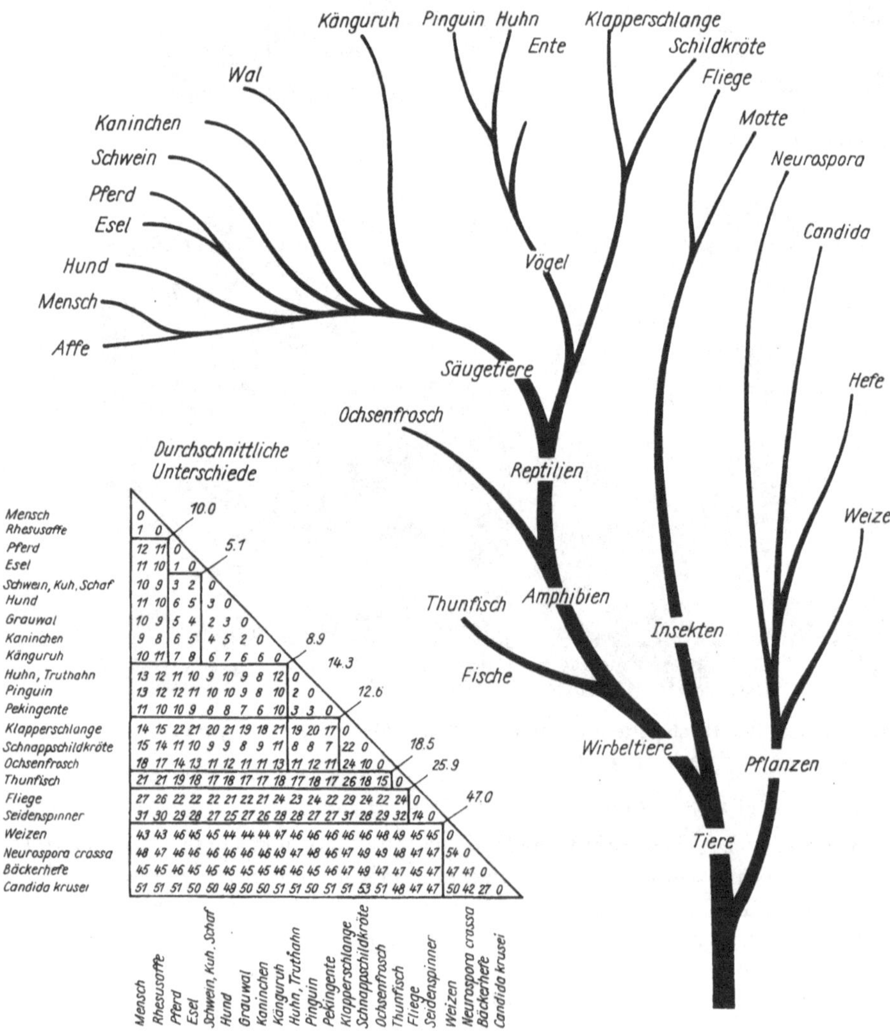

	Mensch	Rhesusaffe	Pferd	Esel	Schwein, Kuh, Schaf	Hund	Grauwal	Kaninchen	Känguruh	Huhn, Truthahn	Pinguin	Pekingente	Klapperschlange	Schnappschildkröte	Ochsenfrosch	Thunfisch	Fliege	Seidenspinner	Weizen	Neurospora crassa	Bäckerhefe	Candida krusei
Mensch	0																					
Rhesusaffe	1	0																				
Pferd	12	11	0																			
Esel	11	10	1	0																		
Schwein, Kuh, Schaf	10	9	3	2	0																	
Hund	11	10	6	5	3	0																
Grauwal	10	9	5	4	2	3	0															
Kaninchen	9	8	6	5	4	5	2	0														
Känguruh	10	11	7	8	6	7	6	6	0													
Huhn, Truthahn	13	12	11	10	9	10	9	8	12	0												
Pinguin	13	12	12	11	10	10	9	8	10	2	0											
Pekingente	11	10	10	9	8	8	7	6	10	3	3	0										
Klapperschlange	14	15	22	21	20	21	19	18	21	19	20	17	0									
Schnappschildkröte	15	14	11	10	9	9	8	9	11	8	8	7	22	0								
Ochsenfrosch	18	17	14	13	11	12	11	11	13	11	12	11	24	10	0							
Thunfisch	21	21	19	18	17	18	17	17	18	17	18	17	26	18	15	0						
Fliege	27	26	22	22	22	21	22	21	24	23	24	22	29	24	22	24	0					
Seidenspinner	31	30	29	28	27	25	27	26	28	28	27	27	31	28	29	32	14	0				
Weizen	43	43	46	45	45	44	44	44	47	46	46	46	46	46	48	49	45	45	0			
Neurospora crassa	48	47	46	46	46	46	46	46	49	47	48	46	47	49	49	48	41	47	54	0		
Bäckerhefe	45	45	46	45	45	45	45	45	46	46	45	46	47	49	47	47	45	47	47	41	0	
Candida krusei	51	51	51	50	50	49	50	50	51	51	50	51	51	53	51	48	47	47	50	42	27	0

„Cytochrom c — Stammbaum"
Nach R. E. DICKERSON u. I. GEIS [12].

Ja, Cytochrom c ist das Musterbeispiel für derartige Untersuchungen geworden, und zwar aus verschiedenen Gründen. Einmal steht es an einer Weiche der Evolution. Die Entwicklung aerober Mechanismen war an die Schaffung von Molekülen von der Funktionalität des Cytochrom c gebunden. Cytochrom c ist deshalb in der Natur sehr viel weiter verbreitet als die Globine. Über seine Verteilung ist nun andererseits ein derart umfangreiches Material zusammengetragen worden, daß nirgends so gut wie hier

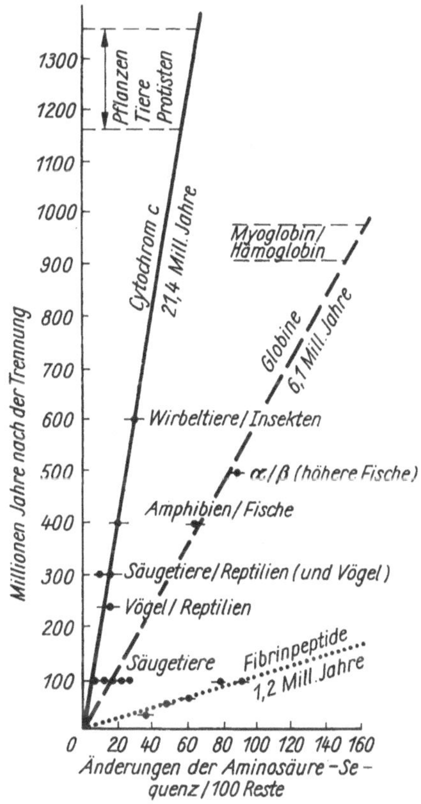

Besitzen Funktionsproteine charakteristische „Einheitsevolutionsperioden"? Das Diagramm veranschaulicht unterschiedliche Strukturveränderungstoleranzen dreier sehr unterschiedlicher Funktionsproteine. Nach R. E. Dickerson u. I. Geis [12].

phylogenetische Abstammungsmuster studiert werden können. Dabei zeigt sich, daß ähnlich der Funktionalität, die sich in der langen Evolutionsperiode kaum verändert hat, auch die Struktur als Äquivalenz im hohen Maße konservativ ist. Ein Drittel aller Seitenketten ist völlig invariant, der größte Teil der anderen Reste konservativ.
Vergleicht man die Einheitsevolutionsperioden des Cytochroms beispielsweise mit denen der Globine oder etwa der Fibrine, so bemerkt man deutliche Unterschiede.
Fibrin ändert seine Struktur am schnellsten, gefolgt von den Globinen, mit Abstand am langsamsten variiert Cytochrom c. Fibrine etwa 20 Aminosäureeinheiten, die während des Gerinnungsvorganges des Blutes aus Fibrinogen entstehen, besitzen an-

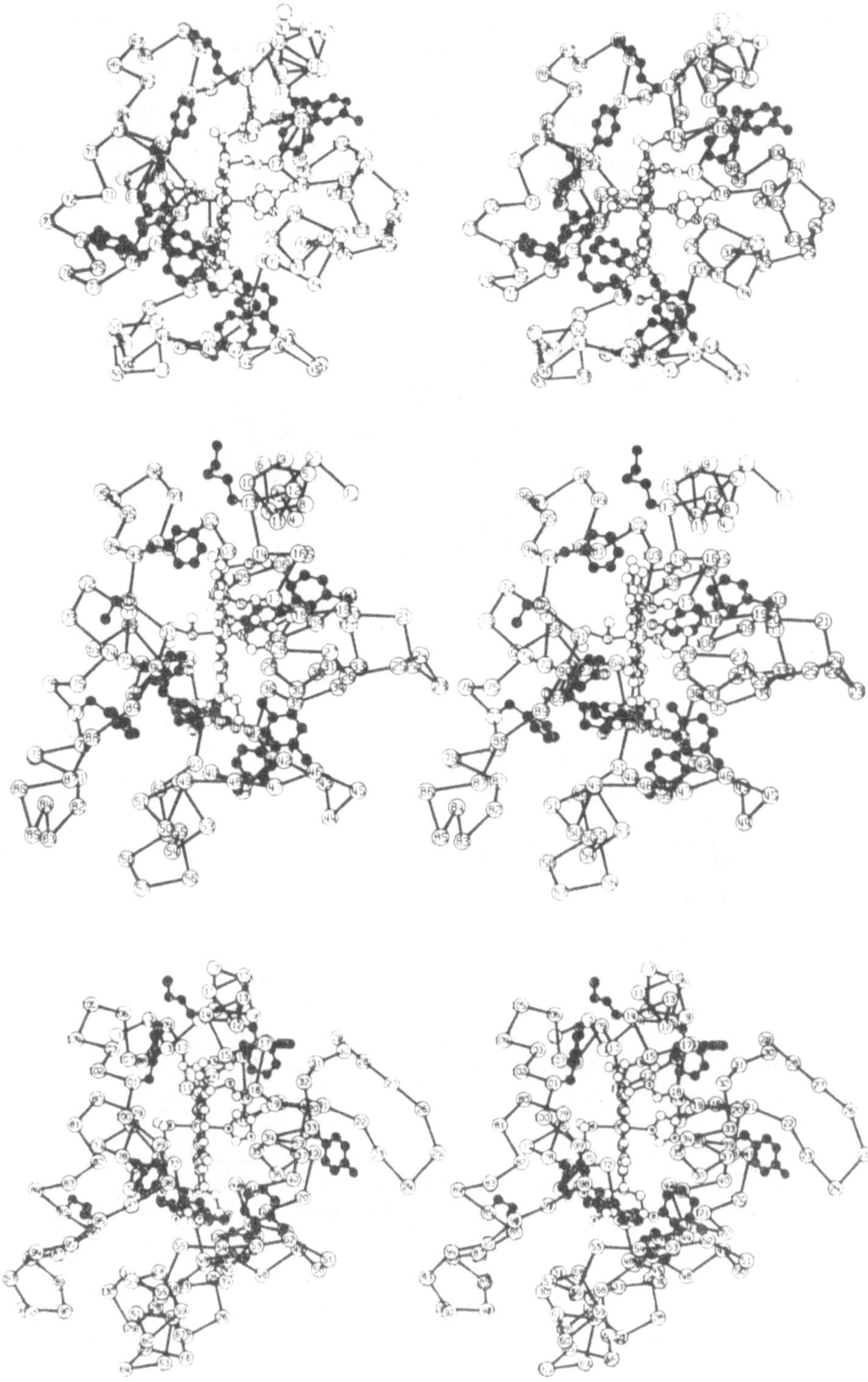

scheinend die geringsten strukturellen Anforderungen. Hier kann eine Mutation selten etwas falsch machen. Das Molekül ist schnellen Änderungen unterworfen. Die Globine — nur in Wechselwirkung mit kleinen Partnermolekülen — haben zwar auf deren Belange und auf die schon hoch kooperative Maschinerie Rücksicht zu nehmen, dennoch bleibt ihnen strukturell manches an Veränderung möglich, was bei dem in ein Fließbandsystem eingespannte Cytochrom c unbedingt letal sein muß. Noch einmal ein Beweis für diese Zentralposition eines relativ kleinen Systems innerhalb eines Wegemusters komplizierter stereoelektronischer Zuordnungen [12, 106, 190, 200—205].

Carrierantibiotika — der Kationentransport: Membranen sind im allgemeinen ca. 100 Å breite Sperren, die aus komplexen Lipiddoppelschichten mit darin eingelassenen Proteinsystemen bestehen. Innerhalb der Lipidbereiche herrschen die Verhältnisse einer Kohlenwasserstoffphase mit ihrer totalen Blockade gegenüber dem Durchtritt von Ionen. In gewissen Fällen nun, so z. B. bei der Depolarisation der Nervenmembran, werden allerdings Kationen mit einer Geschwindigkeit durch eben jene Barrieren hindurchbefördert, die der einer Bewegung durch Wasser eigentlich kaum nachsteht [207—244].

Die Frage ist damit gestellt, inwieweit spezifische Proteinkonformationen membrangebundener Proteine einen solchen Transport ermöglichen können. Er wäre beispielsweise schwer verständlich, wenn man sich vorstellen müßte, daß große globuläre oder fibrilläre Peptidsysteme von der einen Seite der Membran zur anderen wandern.

Wenngleich man bis heute im Prinzip nicht allzu viel weiter gekommen ist, hat das Studium von Modellsubstanzen schon einige Fragen hinsichtlich der zu erwartenden Mechanismen beantworten können. Danach scheinen heute drei prinzipielle Beförderungsarten für Kationen vorstellbar: der Carrier, die Pore und der Kanal. Die Frage nach der Unterscheidung der Begriffe Pore und Kanal ist zugleich eine Frage nach der Art des Transportes.

Eine der wichtigsten Operationen biologischer Membranen ist neben der Bewerkstelligung eines Transportes polarer Substanzen durch ein apolares Medium schlechthin auch solche Transportvorgänge gegen herrschende Konzentrationsgradienten zu ermöglichen. Da hier für nahezu alle biologischen Membranen Na^+/K^+-Austauschvorgängen

← Evolutionäre Cytochrommuster können aber nach R. E. Dickerson u. Mitarb. (J. Mol. Biol. 100 (1976) 473) auch Aufschluß über die Entwicklung des Energiestoffwechsels geben. Anhand des Ganges der Cytochromfaltung in den entwicklungsgeschichtlich homologen Cytochromen c_2 von R. rubrum, c_{550} von Paracoccus denitrificans und c aus Thunfisch und den sich damit andeutenden Homologien der Elektronentransportkette in den Stadien der nicht cyclischen und cyclischen bakteriellen Photosynthese, der Zweizentrenphotosynthese in Algen und grünen Pflanzen sowie schließlich der Mitochondrienatmung läßt sich ein Stammbaum entwickeln, bei dem, ausgehend von einem symbiontischen Schwefelcyclus über die Ausbildung des Krebscyclus, die Entstehung einer Elektronentransportkette mit Doppelfunktion bezüglich Photosynthese und Atmung (wie in Nichtschwefelpurpurbakterien), schließlich unter Verlust der Photosynthese in den Evolutionsmustern von Bakterien und Eukaryoten, die Stufe alleiniger Sauerstoffatmung erreicht wird.

eine gewisse zentrale Bedeutung zukommt, war es ein Glücksgriff, als es gelang, anhand einer Reihe von in ihren Funktionen Na^+/K^+-sensitiven Antibiotica solche Transportvorgänge modellmäßig aufzuklären.
Hierbei konnten sowohl Trägersysteme für passive wie auch für aktive Transportvorgänge — entlang und entgegen herrschenden Konzentrationsgradienten — aufgefunden und näher untersucht werden.
Vier Mechanismen lassen sich im wesentlichen diskutieren: einmal ist im passiven Transport die Bildung neutraler, in ihrem Bau asymmetrischer Carrierkomplexe durch Ionenpaarbildung zwischen negativ geladenen multifunktionellen Liganden und dem Metallion möglich. Diese können dann entlang von Konzentrationsgradienten die Membran durchqueren. Ein weiterer Mechanismus dieser Art wäre durch das successive Eindringen derartiger Ligandenmoleküle in die Membran aufbaubar. Die stack-Anordnungen einzelner Monomerenbereiche sollten einen Ionentransport durch fixierte, im Innern mit negativen Ladungsmustern ausgekleidete Poren ermöglichen.

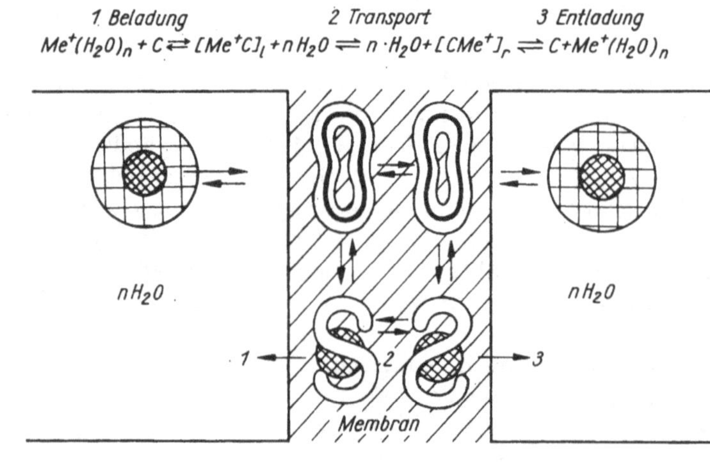

Schematik eines Carrier-Ionentransports durch die Lipidphase einer Membran nach M. Eigen [211].

Aktive Transportarten entgegen Konzentrationsgradienten werden dagegen einmal durch positiv geladene Komplexe mit neutralen, jedoch polaren makrocyclischen Carriern, die das Kation symmetrisch umgeben, sowie zum anderen durch geeignete Linearfixierungen und -direktionen in nach diesem Prinzip funktionell abgewandelten Kanälen bewerkstelligt.
Passiver wie aktiver Transport durch Lipidbarrieren werden damit durch Carrier- oder wie man auch sagen kann Ionophor-Anordnungen ermöglicht, die wiederum in raffinierten Variationen des Prinzips „hydrophil/hydrophob" ausgeklügelte Phasenübergangsmechanismen entwickelt haben. Prinzipielle Aufgabe eines Carriers ist es, an der Wasser/Membran-Grenzfläche das mit einer Solvathülle umkleidet ankommende Kation zu erkennen, von anderen Kationen unterschiedlicher Größe — wenn nötig — zu unterscheiden, dieses Kation aufzunehmen, durch die Membran zur gegenüberliegenden Grenzfläche zu transportieren und dort möglichst schnell wieder zu entlassen.

Anschließend sollte der Carrier ohne seinen Komplexpartner wieder durch die Membran zurückdiffundieren, um dort für die Neuaufnahme eines weiteren Kations zur Verfügung zu stehen.
Unterschiedlich gekonnt wird von den bisher beobachteten Carriern somit das gleiche Prinzip durchgespielt. Der Carrier besitzt ein durch Konformationsänderungen bis zu einem gewissen Grade variabel zu gestaltendes hydrophil/hydrophobes Oberflächen-

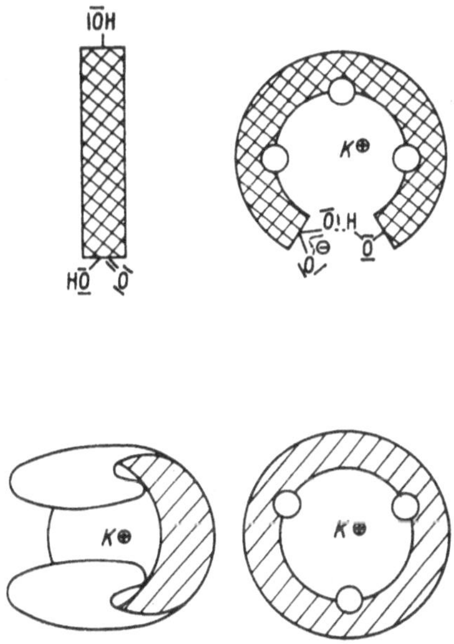

passiver Transport (Ladungscarrier/Neutralkomplex)
aktiver Transport (Neutralcarrier/Ladungskomplex)
Schema nach M. Höfer [213].

muster. Auf Grund dieser Zwitterstrukturierung kann er zunächst — mit seinen hydrophoben Partien in der Lipidmembran verankert — an der Phasengrenze zum Wasser seine empfangsbereiten polaren Erkennungsmuster dem aus der wäßrigen Phase sich nähernden Kation zuwenden. Dieses „sieht" — und auch hier wieder sind die molekularen Mechanismen in die makroskopischen Verhaltensmuster hochorganisierter Bioindividuen übersetzbar — ähnlich wie der Schmetterling das Erkennungsbild der Blüte die einladenden polaren Stereoelektronikmuster eines Carrier-Kation-Empfangsbereiches.
Es kommt nun für den Carrier darauf an, die Hydrathülle des Kations möglichst optimal durch seine polare Innenregion zu simulieren. Die etwas primitiveren asymmetrischen Carrier des passiven Transports profitieren zunächst bei der Annäherung und auch beim Transport des Kations durch die Ion^+/Ion^--Wechselwirkung. Die Ligandenebene, die im komplexierten Carrier schließlich das Ion umhüllt, muß deshalb topochemisch nicht ganz so sorgfältig ausgeführt sein. Die Fangregion muß nicht ganz so optimal abgestimmt sein wie bei den neutralen Carriern, die ihre Bindung mit dem Kation — ähnlich der Hydrathülle — nur auf Ion^+/Dipol und Ion^+/induzierte Dipol-Wechselwirkungen aufbauen können.
Gemeinsam aber ist, sowohl bei den ungenauer ausgeführten geladenen wie auch bei den stereoelektronisch sorgfältig modellierten neutralen Carriern, das Operationsverfahren,

in einem abgestimmten Empfangsschritt, der aus Gründen der Energieaufwendigkeit sequentiell zu erfolgen hat, mit der eigenen polaren Region, die eben noch ihr Erkennungsmuster an der Grenzfläche ausbreitete, das Kation polar zu umhüllen, gleichzeitig sich nach außen hydrophob einzuigeln, um damit Zugang zur angrenzenden hydrophoben Phase zu erhalten. Alles Polare möglichst gut im Innern verborgen, alles Hydrophobe möglichst optimal nach außen gekehrt, wird nun die hydrophobe Region durchquert. An der gegenüberliegenden Membran/Wasser-Grenzfläche angekommen, dürften die besonderen Verhältnisse des Heterophasenbereiches für den Carrier ein gewisses Signal darstellen, durch nunmehr zu obigen inverse Konformationswechsel unter bleibender hydrophober Verankerung in den Heimatbereichen der Membran das Kation in die Wechselwirkung mit der andrängenden Wasserstruktur zu entlassen. Schließlich steht dem Carrier-Wirtsystem noch der Kation-Gast-freie Rückweg zum Ausgangspunkt bevor. Es sollte ihn mit einem dem Komplexierungsvorgang durchaus ähnlichen Konformationsspiel bewältigen können.

Eine amphiphile Phase also, die an einer amphiphilen Grenzschicht eine kleine hochpolare Phase umhüllt, sie amphiphil durch die hydrophoben Umgebungsmuster trägt und an der entgegengesetzten Phasengrenze wieder in die Wechselwirkung mit der polaren Umgebungsphase entläßt. Das ganze aber bewerkstelligt durch ein raffiniert abgestimmtes, kleines dynamisches Makromolekül im Netz einer großen Membranregie.

Natürlich ist dieses Bild primitiv und übersimplifiziert, sicherlich wirft es gegenwärtig noch mehr Fragen auf, als es zu beantworten im Stande ist. Doch die molekularen Mechanismen sind selbst in diesen groben Skizzen dynamischer Funktionalitäten reizvoll und anregend genug.

Da die freie Energie der Komplexbildung, die Differenz zwischen den Ion/Carrier-Wechselwirkungen und der Solvatationsenergie, klein gegenüber der Solvatationsenergie selbst ist, haben selbst kleine Konformationsänderungen des Carriers großen Einfluß auf die Komplexstabilität. Der Energieaufwand der Transformation der nicht komplexierten in die komplexierte Form beginnt eine entscheidende Rolle zu spielen. Die Selektivität der Metallionenbindung hängt von der Größe und Flexibilität des umhüllenden polaren Käfigs ab. Andererseits wird die Ionenspezifität für Alkaliionen bestimmter Größe durch die Unterschiede in den Solvatationsenergien begrenzt. Um ausgeprägte Spezifität zu erreichen, ist eine vollständige Substitution der Solvathülle durch die Simulationshülle des Liganden erforderlich. Maximale Stabilitäten für Ionen bestimmter Größe sind dann zu erreichen, wenn — mit andern Worten — die Differenz zwischen der Ligandenbindungsenergie und der Solvatationsenergie für das bestimmte Kation ein Maximum aufweist. Damit sind auch hier optimierte Struktur/Funktions-Korrelate entscheidend für die Brauchbarkeit des gesamten Prinzips.

Optimale Simulationsschichten sind der Größe des Kations „hautnah" angepaßt. Größere Ionen finden nicht genügend Platz, kleinere werden von der Simulationsphase nicht eng genug umschlossen und damit nicht fest genug gebunden. „Ausnahmen" kann nur der Carrier selbst zulassen. Dann nämlich, wenn seine Konformationsspiele Variationen in den Anpassungsstrukturen tolerieren. Während für die erste Verfahrensweise, die man auch hier wieder als eine Art „Alles oder Nichts"-Prinzip bezeichnen kann, sehr viele Vertreter aufgefunden wurden, kennt man für den zweiten Weg des sinngemäßen „induced fit" bisher nur einen, das Enniatin.

Für die Wirksamkeit des Carriers gilt allerdings noch eine zweite funktionale Optimierungsnotwendigkeit. Für einen möglichst schnellen Membrantransport müssen Be- und Entladung von etwa gleicher Größenordnung wie die Diffusion des Komplexes durch die Lipidmembran sein. Dieses Erfordernis setzt der zulässigen Komplexstabilität gewisse Grenzen. Zu große Stabilität bewirkt zwar hervorragende Selektivität, doch der Carrier ist zu „langsam“. Zu geringe Stabilität macht ihn „schnell“, doch die Selektivität leidet. Auch hier sind von Fall zu Fall bestimmte Optimierungsprozesse notwendig.

Carriersysteme

Passiver Transport:

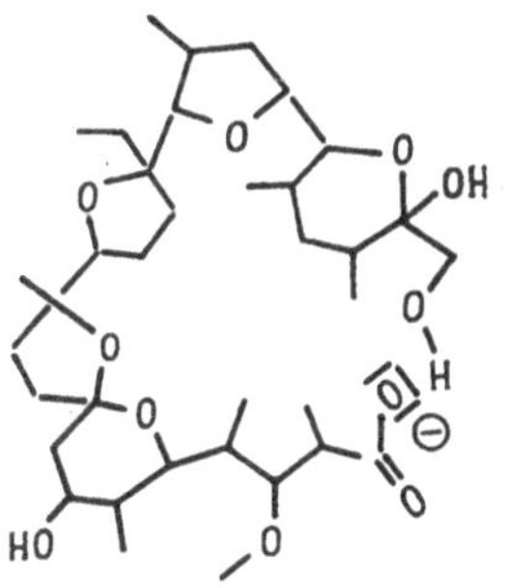

Monensin

Aktiver Transport:

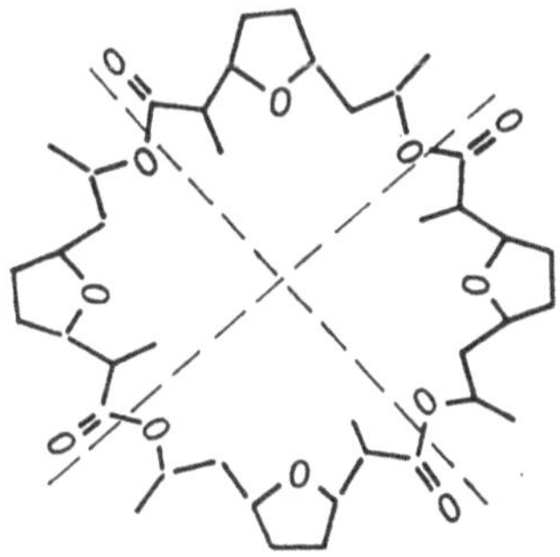

Nonactin

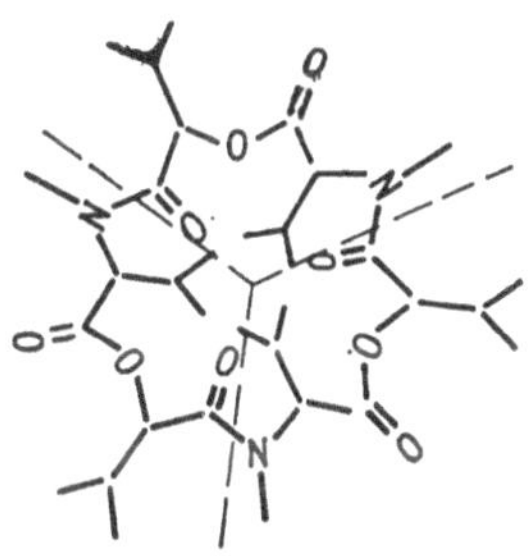

Enniatin

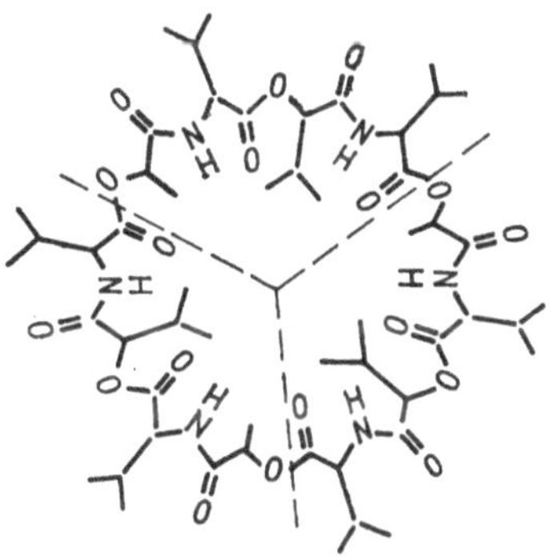

Valinomycin

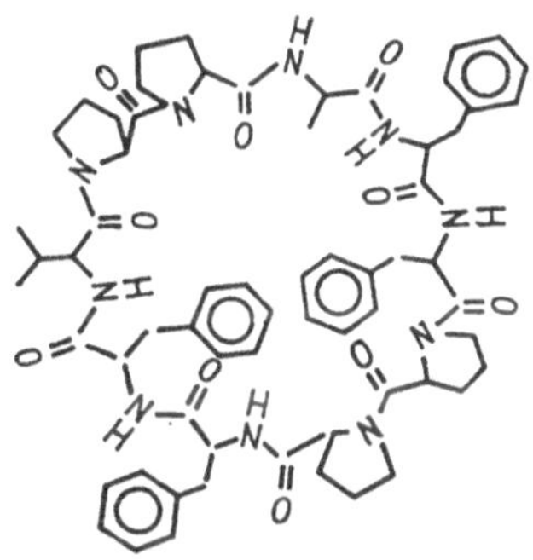

Antamanid

Ein Weg, um bei ausreichender Selektivität schnelle Beladungs- und Entladungsvorgänge zu erreichen, ist die bereits erwähnte schrittweise Substitution von Hydrathülle durch Simulationsphase und umgekehrt. Eine vorgeschaltete Desolvatisierung, ein „strip-tease“ des Kations, wie man es bezeichnete, würde eine viel zu hohe Aktivierungsenergie erfordern, um die erforderliche Schnelligkeit der Komplexbildung gewährleisten zu können. Der Carrier muß sich mit einem stereoelektronisch fein abgestimmten sequentiellen Austausch der beiden polaren Phasenmuster unterhalb dieser Energiebarriere hindurchschmuggeln. Diese Konformationsspiele bzw. ihre uns erkenntlichen Stationen sollen uns noch etwas detaillierter interessieren.

Nigericin, Monensin und Funktionsanaloge — der passive Transport: Nigericin und Monensin sind zunächst offenkettige, relativ hochmolekulare aliphatische Carbonsäuren mit potentiell negativem „Schwanz“, an der Carboxygruppe, einem durch eine Hydroxygruppe gebildeten Kopf und einem dazwischengeschalteten Hydrophilie/Hydrophobie-Muster aus Äther- und Alkoholsauerstoffatomen durchsetzter Kohlenwasserstoffbereiche. Im Komplex umhüllt die Kette halsbandartig das an die Carboxylgruppe ladungsmäßig gebundene Kation — Kalium paßt hier am besten herein — indem die

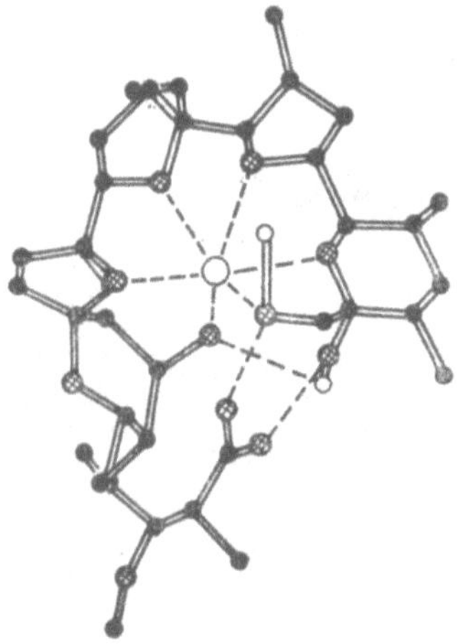

Ag-Monensin-Komplex nach M. PINKERTON u. L. K. STEINRAUF [222].

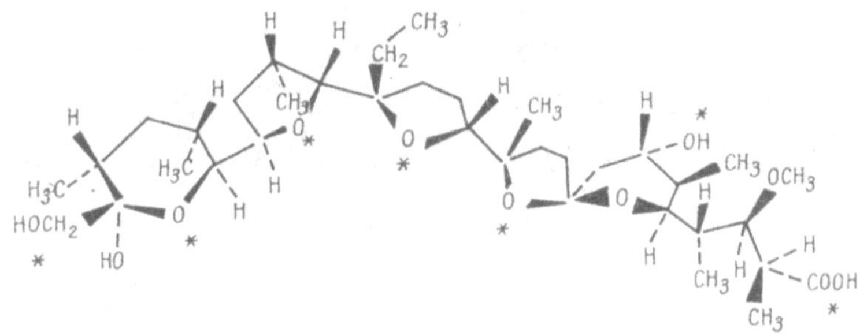

Monensin nach W. SIMON u. Mitarb. [220] sowie M. A. BUSH u. Mitarb. [225].

polaren Partien dem Ion zugekehrt werden, die unpolaren ins Membranmedium gerichtet sind und durch eine H-Brücke zwischen Kopf-Hydroxyl und Schwanz-Carboxyl das ganze zu einem Ring gewunden ist. Neben der Ionenpaarfixierung tragen etwa sechs Hydroxy- und Äthergruppen durch Ion+/Dipol und Ion+/induz. Dipol-Wechselwirkungen zum konformativen Zusammenhalt des insgesamt noch etwas schlampig ausgeführten Komplexes bei.

Die Ionenpaarfixierung bringt für diese Carrier eine pH-Milieuabhängigkeit mit sich. Die Wanderung wird andererseits durch elektrische Felder nicht beeinflußt, da die Komplexe nach außen neutral sind [210—222].

pH-Unabhängigkeit und Feldabhängigkeit kennzeichnen andererseits Stabilität und Wanderungstendenz der geladenen Komplexe der Neutralliganden.

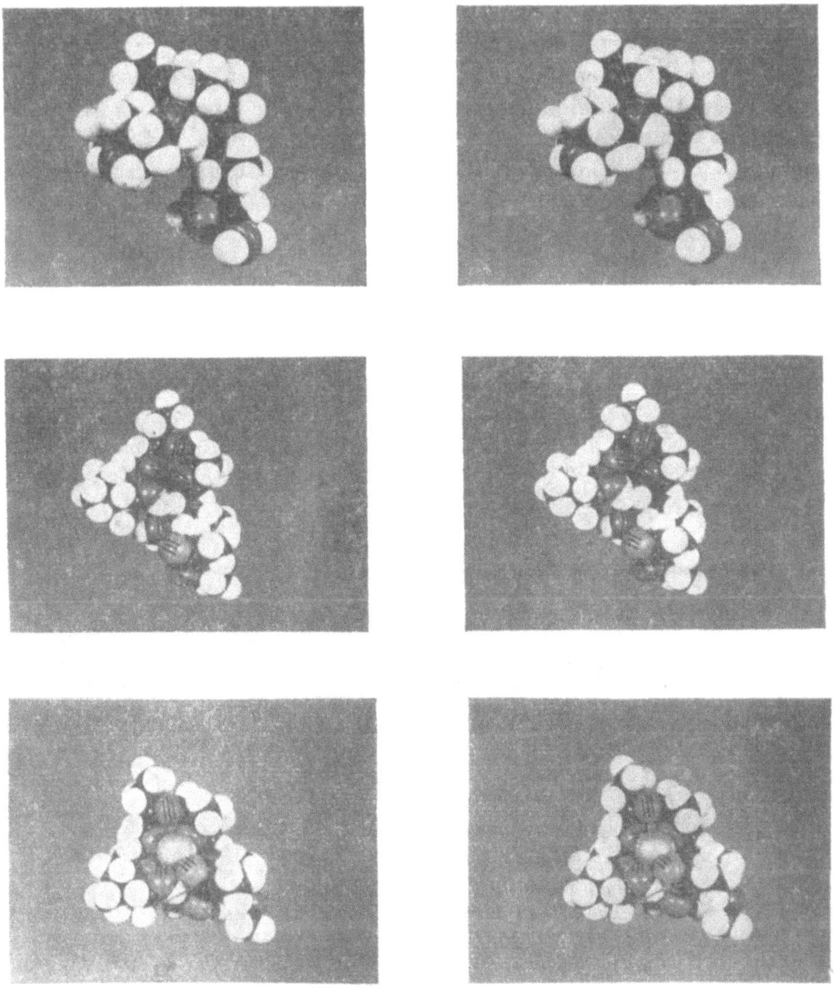

Monensin
CPK-Modelle der unkomplizierten und komplexierten Formen.
Von oben nach unten:
offene Form
„offene" Form mit beginnender Ausbildung des Ionen-Empfangsmusters
K-Komplex. Der Carrier umgibt das Ion in Form einer etwas unregelmäßigen Halskrause.

Der aktive Transport — Makrolidkomplexe, das Nonactin: Nonactin und verwandte Strukturen stellen 32gliedrige Lacton-Makrocyclen dar, die um nennenswerte Komplexstabilitäten zu erzielen, als neutrale Gebilde auf eine sehr genaue Konformationsanpassung an die Erfordernisse des Kations angewiesen sind [223—229].
Wechselwirkungspartner des Kations sind vier Estercarbonyl- und vier Äthergruppen, die für das spezifisch gebundene Kalium eine kubische Koordination entlang einer charakteristischen Tennisballnaht-Anordnung vermitteln.

Erstmals liegt hier eine Struktur vor, die auch im unkomplexierten Zustand eine definierte Vorzugsanordnung aufweist. Etwas flacher als die des eher zylindrischen Komplexes ist sie dieser doch immerhin so ähnlich, daß im konformativen Übergang bei der successiven Hereinbindung eines Kaliumions nur acht Torsionswinkel des insgesamt 32gliedrigen Ringes wesentlich geändert werden müssen. Die ursprünglich größere Empfangsseite der unkomplexierten Struktur wird durch die Komplexbildungsschritte nach außen hydrophob abgedichtet.

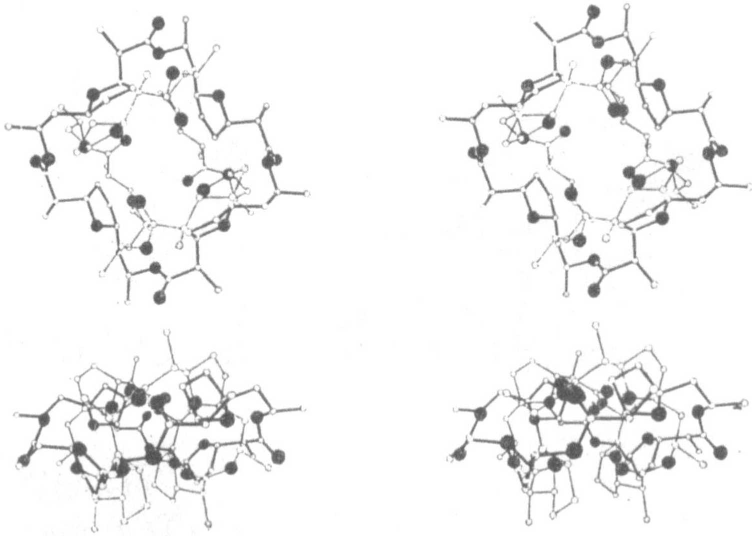

Nonactin und sein K-Komplex ineinandergezeichnet.
schwache Linien: komplexiert
starke Linien: unkomplexiert
oben: Blick entlang der zweizähligen Achse.
unten: senkrecht zu dieser.
Nach M. Dobler [223].

Das Nonactin nimmt damit als Makrolidring bis zu einem gewissen Grade Anordnungsmuster vorweg, die bei Depsipeptid- und Peptidmacrocylen wieder auftauchen und irgendwie zu den möglichen Operativformen entsprechender Proteincarrier hinleiten. Die hier geschlagene Brücke ist wahrscheinlich nicht einmal etwas Konstruiertes. Vieles spricht dafür, daß zumindest ein Teil der evolvierenden praebiotischen Systeme sie gegangen ist. Hydroxy- und Aminosäuren hatten von der praebiotischen Synthese-führung her zunächst gleiche Ausgangschancen, die von der Evolution „meistgeliebte" katalytische Funktionsmonomereneinheit zu werden, und einiges spricht dafür, daß die Hydroxysäuren diesen Platz nicht so ganz kampflos an die variantenreicheren Aminosäuren abtraten. Hochkomplizierte Enzymsysteme heutiger Organismen, wie z. B. die Ribosomenmaschinerie sind nicht in der Lage, zwischen beiden zu diskriminieren, und führt man es in die Irre, macht ein Ribosom in vitro ebenso gern einen Polyester wie ein Polypeptid.

Es mag reizvoll erscheinen, wie weit eine solche Polyesterchemie praebiotisch oder auch unter unseren heutigen variantenreichen in vitro-Bedingungen auf dem Wege zum selbstreplikativen System hin vorangetrieben werden kann. Für die Evolution

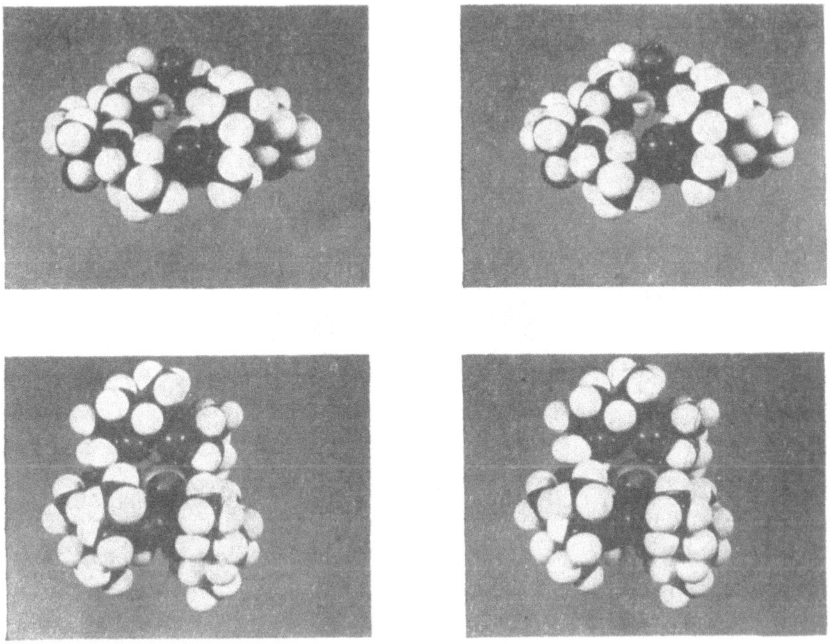

Nonactin
CPK-Modelle der offenen und komplexierten Form.

Oben: der flache Ring mit alternierenden polaren und hydrophoben Mustern.
Unten: das polare Ionenempfangsmuster umgibt das Kalium-Ion in der Form einer Tennisballnaht. Die hydrophoben Bereiche des nun sehr kompakten Carriers sind nach außen zur Membran-Kohlenwasserstoffphase gestülpt.

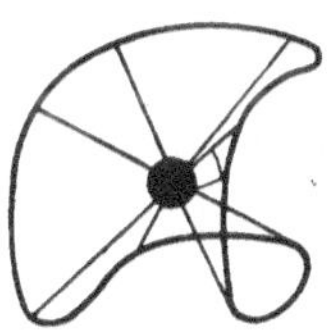

Verdeutlichung der „Tennisballnaht" — Anordnung des Komplexes.
Eine ständig wachsende synthetische Fülle struktur- und geometrievariierter Kryptate wandelt inzwischen dieses Konzept weiter ab (vgl. auch [210, 211, 212, 213, 224–227]).

waren mit der Unfähigkeit der Esterstruktur, H-Brücken zu bilden, die Würfel zugunsten der Amidgruppierungen gefallen. Zwar konnten die Esterfunktionen H-Brücken acceptieren und bisweilen — wie in den noch zu besprechenden Cyclo-Depsipeptidsystemen — war dies allein erforderlich und die Donatorwirkung sogar unerwünscht;

hier waren sie also gut zu verwenden. Für den großen „Maßstab" aber fiel die Entscheidung zugunsten H-Donator/Acceptor-potenter Gruppen, die mit dieser Ambivalenz Arsenale stereoelektronischer Wechselspiele eröffneten.
Enniatin und Valinomycin — die „Star"carrier: Beide Carrier — ähnlich dem Gramicidin A und S über archaische Enzymtemplate — Produktionslinien synthetisiert —

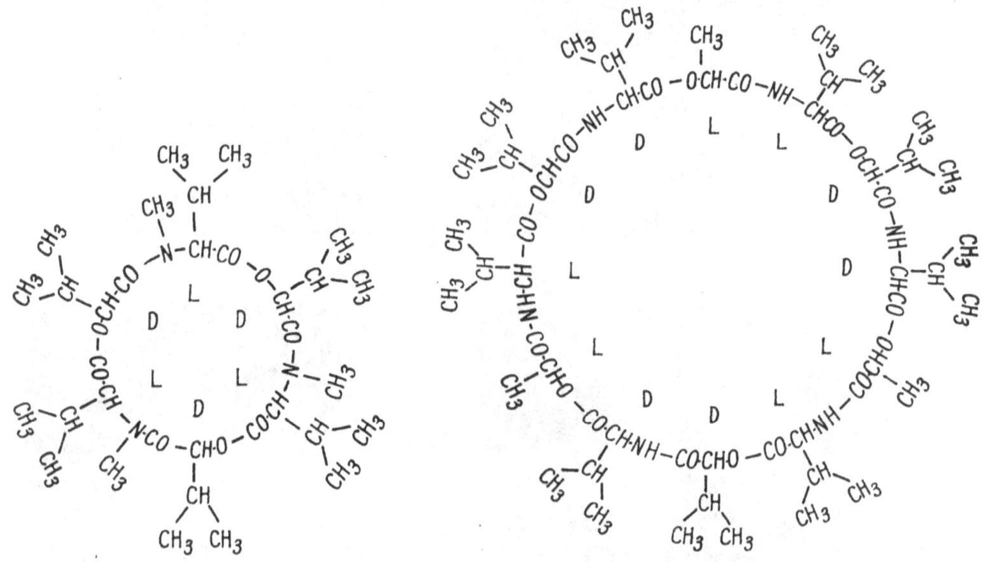

Enniatin B　　　Valinomycin

SHEMYAKIN und OVCHINNIKOV — Enniatin und Valinomycin (vgl. [207, 208, 210, 229—231, 235]).

Und ihre K-Komplexe:

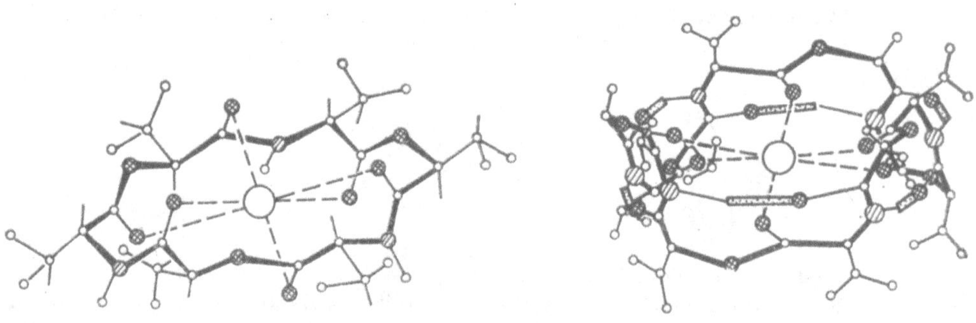

sind Musterbeispiele für Optimierungen zwischen Macrolid und Macrocyclopeptid [207—218, 229—234, 241—244, 528—532, 602].
Lange bevor man lernte, in Evolutionsprinzipien zu denken, hatten die gekonnten Untersuchungen von SHEMYAKIN u. Mitarb. mit der Deutung der Komplexierungsmechanismen von Enniatin und Valinomycin ein Funktionsschema enträtselt, welches weit über Analogiespielerien von Depsipeptidchemikern hinaus •dieses Arbeitsgebiet

plötzlich brennend aktuell werden ließ und sich als Motor sehr viel weiterreichender Bemühungen in Struktur- und Funktionsstudien an reinen und membrangebundenen Proteinsystemen erwies [207, 208, 528, 602].

Enniatin und Valinomycin zeigen, wie man durch geringfügige, aber gezielte Änderungen einer vorgegebenen Grobkonzeption Funktionsvariationen erzielen kann, die zunächst fast mysteriös anmuten.

Der kleine 18er- und der große 36er-Ring von Enniatin bzw. Valinomycin sind zunächst einmal beide aus alternierend angeordneten α-Hydroxy- und α-Aminosäuren aufgebaut. Die Überlagerung unterschiedlicher Sequenz- und Chiralitätsmuster führt im Enniatin mit alternierenden L/D-Sequenzen zur Konstruktion einer Art Rettungsgürtel mit flexibler polarer Innenfläche und weniger variablen hydrophoben Außen-Schwimm-

Enniatin und Valinomycin zwischen Gleichgewicht und Kinetik

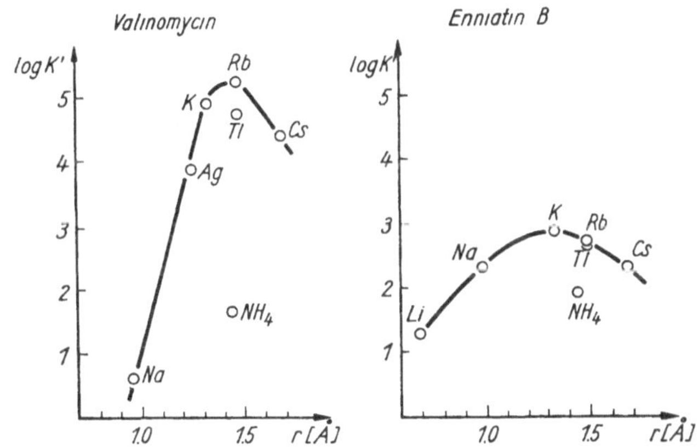

Stabilitätskonstanten der Enniatin B- und Valinomycin-Komplexe mit einwertigen Kationen in Methanol als Funktion des Ionenradius nach Th. Funck u. Mitarb. [215].
Enniatin: flexibel, eher sequentiell – so etwas wie Koshlands „induced fit".
Valinomycin: hoch spezifisch, eher starr und festgelegt – so etwas wie Monods „alles oder nichts".

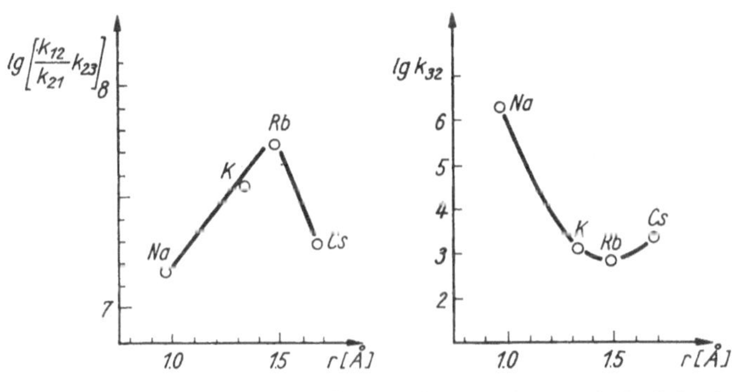

Kinetische Parameter für Bildung ($k_{12}/k_{21} \cdot k_{32}$) und Zerfall ($k_{32}$) von Komplexen zwischen Valinomycin und Alkaliionen als Funktion des Ionenradius nach Th. Funck u. Mitarb. [215].

region, während sie durch LL/DD-Folgen für das Valinomycin Klappbereich einer nach innen spezifisch polar angepaßten, nach außen hydrophob abgesicherten, von oben und unten zugänglichen Taucherglockenanordnung entwickelt.
Die L/D-Chiralitätsreihung des Enniatin, einer spezifischen Peptidsequenz überlagert, wird schließlich im Gramicidin-A das Modell eines Ionenkanals entstehen lassen.

Enniatin — das „induced fit" der Ringverengungen in der Detailwiedergabe nach Yu. A. Ovchinnikov u. Mitarb. [230].
Konformation des Carriers in unpolaren Lösungsmitteln. Konformation der Alkaliionkomplexe im „induced fit" der konformativen Skelettumorientierungen.

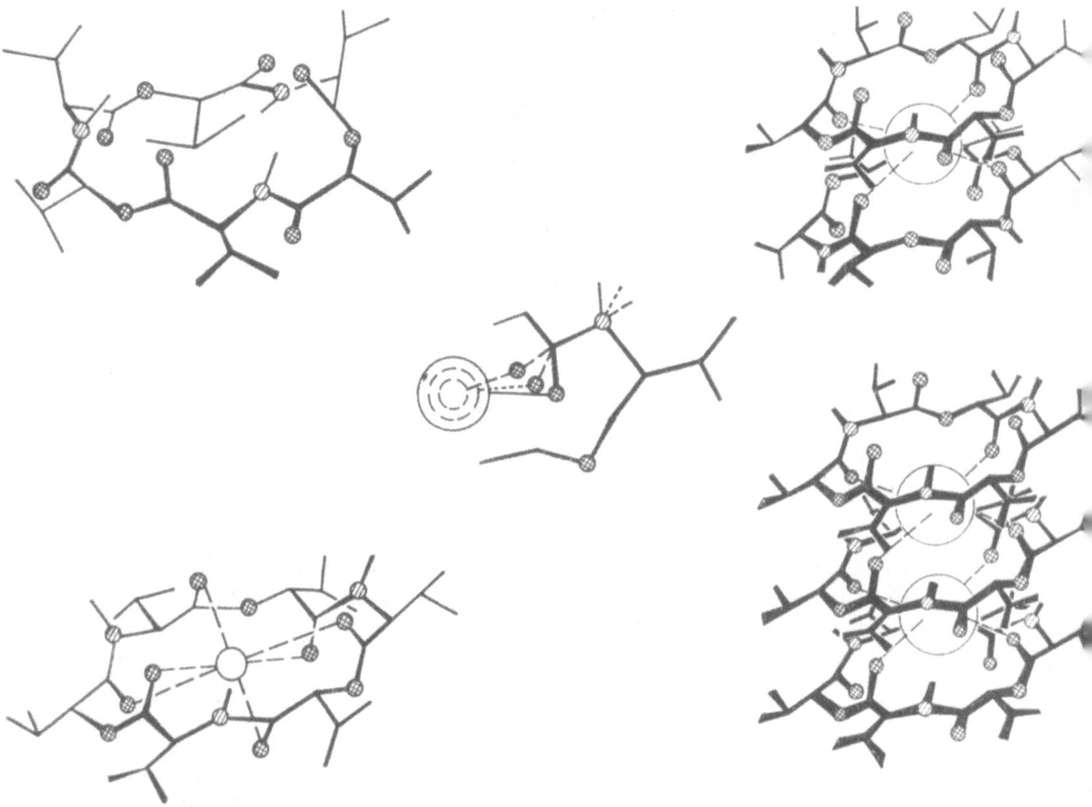

Die Palette funktioneller Enniatin-Möglichkeiten erweitert sich noch beträchtlich durch die mögliche Ausbildung von Poren- bzw. Kanalstrukturen. Vorschläge diesbezüglicher 2:1- bzw. 3:2-stack-Komplexe nach Yu. A. Ovchinnikov u. V. T. Ivanov (Tetrahedron Report **31** (1975) 2177).

Für die Feinausführung der Konstruktion werden im kleineren Enniatin keine H-Brücken benötigt. Dementsprechend werden Hydroxysäuren und N-alkylierte Aminosäuren verwendet. Das größere Valinomycin setzt Aminosäuren dort ein, wo man ihre H-Brückendonatorfunktion zum Aufbau konformativer Ensembles benötigt, und es verwendet mit Erfolg Hydroxysäuren, wo eben diese Funktion der Amidgruppe entbehrlich ist, mehr noch, wo die unerwünschte Konkurrenz ihrer H-Donatorbegierden

Enniatin und die Grenzen flexibler Anpassung — CPK-Modelle.
Der in den limitierten Schwenks seiner Ester- und Amid-Gruppen core-variable Schwimmgürtel des Enniatin.

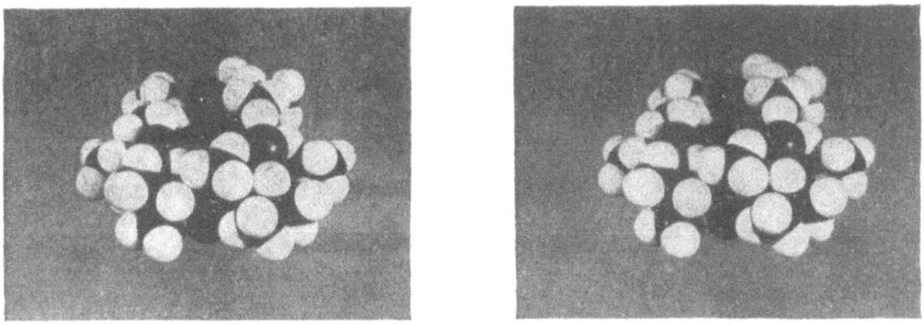

Konformation (unkomplexiert) in unpolaren Lösungsmitteln.

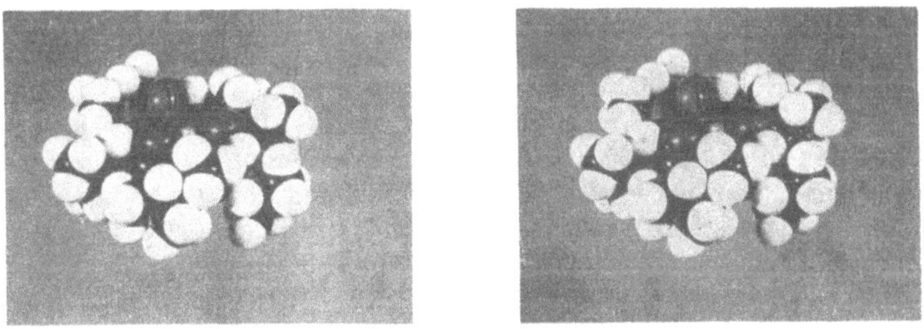

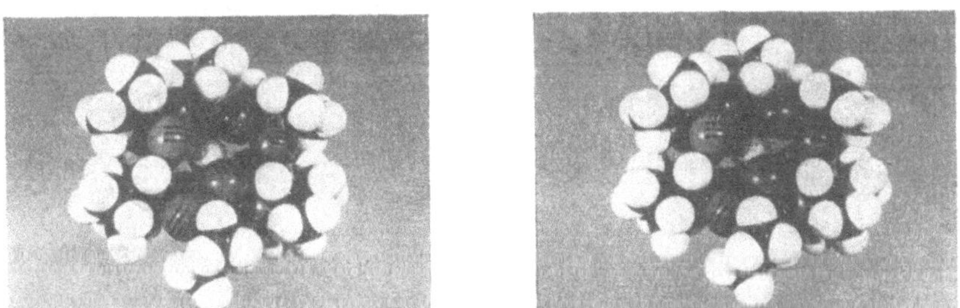

Na-Komplex in Seiten- und Aufsicht.

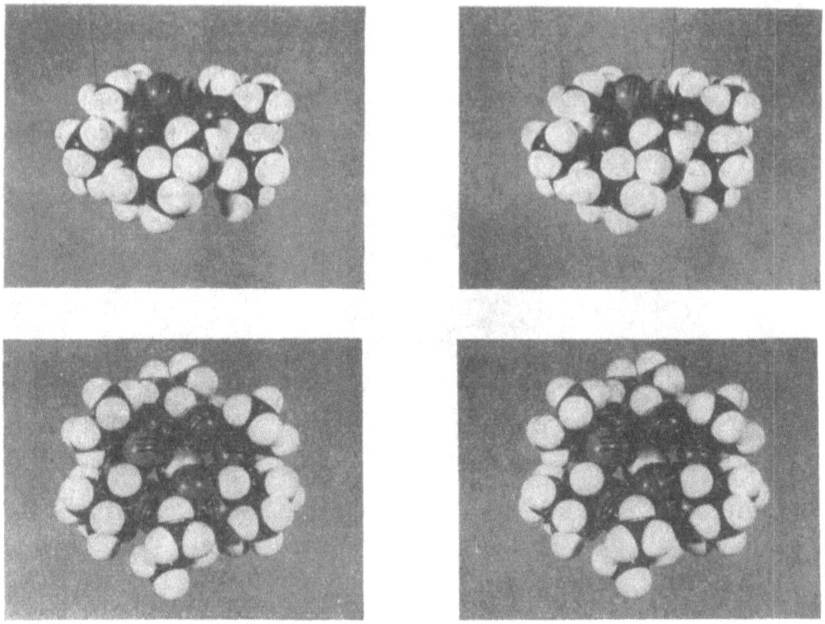

K-Komplex in Seiten- und Aufsicht.

das mühsam optimierte Konformationspuzzle in Unordnung bringen würde. Beim kleinen Bruder werden durch zusätzliche N-Alkylierung alle Tendenzen unterdrückt, die derartige Anordnungen zu H-Brücken fixierten β-loops einrasten lassen könnten. Es resultiert statt dessen ein kleines und im Unterschied zum großen Valinomycinbruder durch Schwenkbewegungen der Carbonylgruppen in Grenzen flexibles Ringsystem, das nach dem Muster des „induced fit" nicht nur — wie auch das Valinomycin — sehr schön Kalium komplexieren kann, sondern das gleiche Verfahren auch für das Natrium beherrscht.

Eben diese Flexibilität wird andererseits dem Valinomycin durch eben jene H-Brückenfixierungen abgewöhnt, die man dem Enniatin nicht erlaubte. Jetzt werden sechs β-loops durch H-Brückenbestätigung nicht N-variierter Peptidbindungen dazu verwandt, die steifen, nach oben wie unten aufklappbaren dreifach-Teile eines Gliederarmbandes zu konstruieren. Lactongruppierungen werden dort benutzt, wo ebensolche Wechselwirkungen intimerer Art unerwünscht sein müssen. Was resultiert, ist ein hinsichtlich der Komplexbildung in einer „Alles oder Nichts"-Reaktion ungemein spezifisches, dabei hinsichtlich diverser Außenphasenanpassungen hochvariables System, welches in Struktur und ableitbarer Funktionalität — wenn auch sehr viel kleiner und diffiziler ausgeführt — etwas ästhetisch ähnlich hübsches wie die DNA/RNA-Helices darstellt. Und schaut man Zusammenfassungen von Carriersystemen durch, falls überhaupt eine Abbildung der Wiedergabe für Wert gehalten wird: es ist der Valinomycinkomplex.

Beide Systeme — Enniatin wie Valinomycin — fixieren ihre Alkaligäste durch eine Sechsfachkoordination in einer Art trigonalem Antiprisma. Beide zeigen definierte Lösungskonformationen, die in polaren Medien denen der Komplexe stark ähneln, besonders aber für Valinomycin in unpolaren Medien und Interphasenbezirken ein verwirrendes Anpassungsspiel zulassen. So konnte für Valinomycin experimentell gezeigt werden, daß die Substanz bemerkenswert oberflächenaktiv stabile Monolayer an Luft/Wasser-Phasengrenzen bildet. Andererseits aber auch in veränderter Anordnung sehr effizient Lipidschichten durchstoßen kann. Kinetische Untersuchungen der vier Phasen:

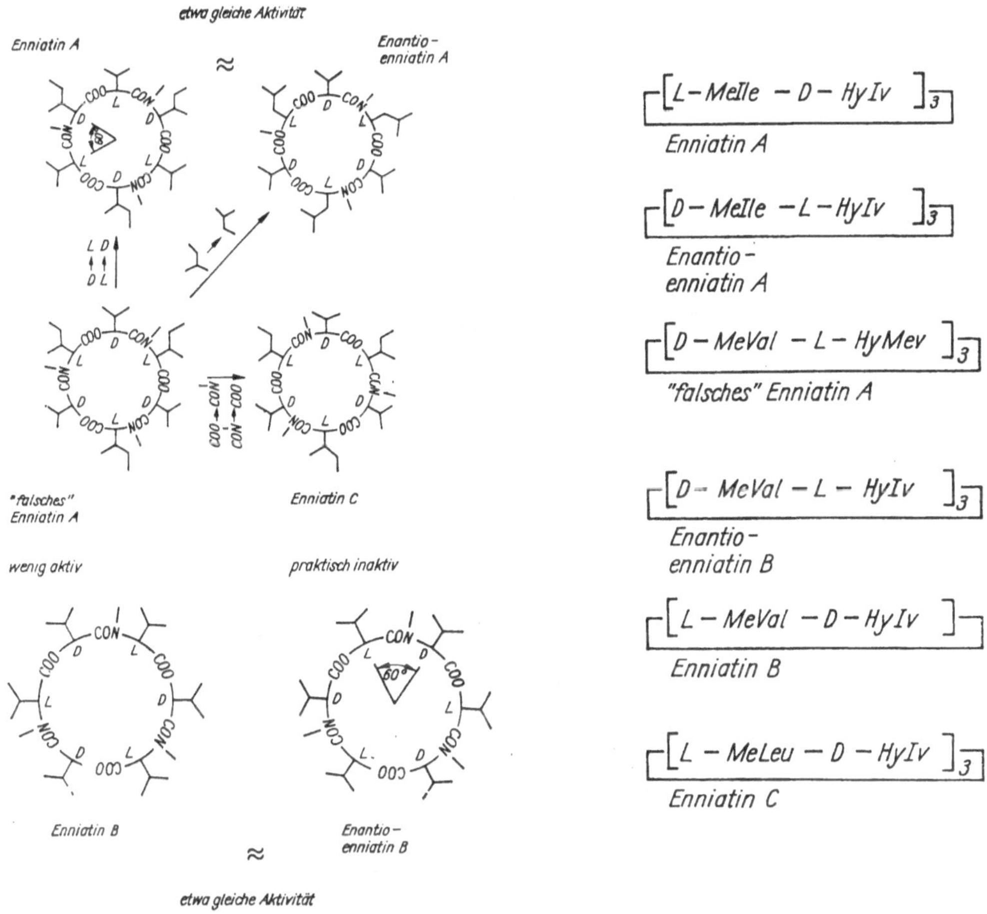

Variationen „in Enniatin" nach M. M. SHEMYAKIN [229].
Topochemische Untersuchungen variierter Enniatin zwischen Struktur und Funktion.

1. Assoziation des Kations mit dem freien Carrier an der Membrangrenzfläche; 2. Translokalisation des Komplexes zur gegenüberliegenden Grenzfläche; 3. Dissoziation des Komplexes und Austritt in die wäßrige Phase; 4. Rücktransport des freien Carriers durch die Membran zeigen, daß 2. und 4. mit je $2 \cdot 10^4$/sec in der gleichen Größenordnung liegen wie die Dissoziationsgeschwindigkeitskonstante des Komplexes mit $5 \cdot 10^4$/sec.

Der Zeitbedarf für den Transport eines Carriers von einer Grenzfläche zur anderen beträgt demnach etwa 50 Mikrosekunden, die Turnoverzahl des Valinomycin/K^+-Systems, d. h. die maximale Zahl an K^+-Ionen, die ein einzelnes Valinomycinmolekül/sec durch die Membran befördert, mithin etwa 10000/sec! Die Strukturwirkungsbeziehungen dieser Systeme könnten für Mechanismen von reinen Proteincarriern von Bedeutung sein. Zwischen der Flexibilität des Enniatins und der Starre des Valinomycins wären Systeme denkbar, die durch wechselnde Konformationsspiele polare Kavitäten und

Konformationsspiele von Valinomycin nach W. T. IVANOV u. Mitarb. [231].

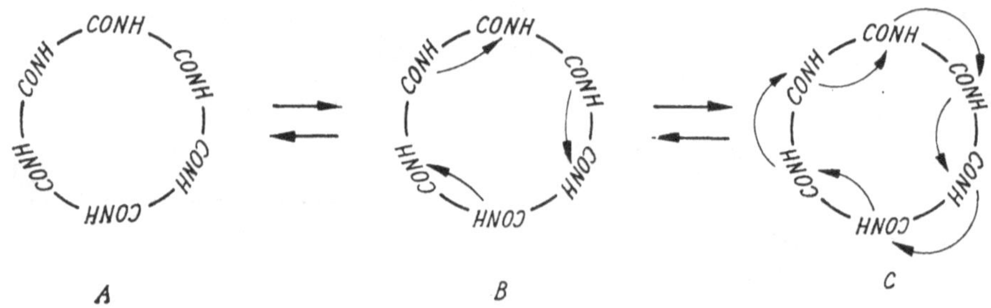

Übergang C—B—A, sechsfach/dreifach/nicht-intramolekular H-Brücken fixiert.

Schemazeichnung der C_1—B—C_2-(Komplex)-Konformation nach W. T. IVANOV u. Mitarb. [231]. C_1 in unpolaren, B in polaren Lösungsmitteln.

Kanäle bestimmten Zentralionen anzupassen vermögen. Carbonylligandensysteme von der Art der beiden Cyclo-Depsipeptide erscheinen durchaus auch für Polypeptidketten vorstellbar, deren Ionen-Aktivität und -selektivität durch pendelnde Konformationsanordnungen in unterschiedlichen Optimierungsmaxima eingestellt wird. Und vielleicht ist es eben ein solches System, daß z. B. die Ionenaustauscher-„site“ der Transport-ATPase ausmacht.

Zunächst müssen wir uns jedoch mit zwei einfachen Modellen begnügen. Da ist zunächst noch ein Carrier, in diesem Falle allerdings ein reiner Peptidcarrier.

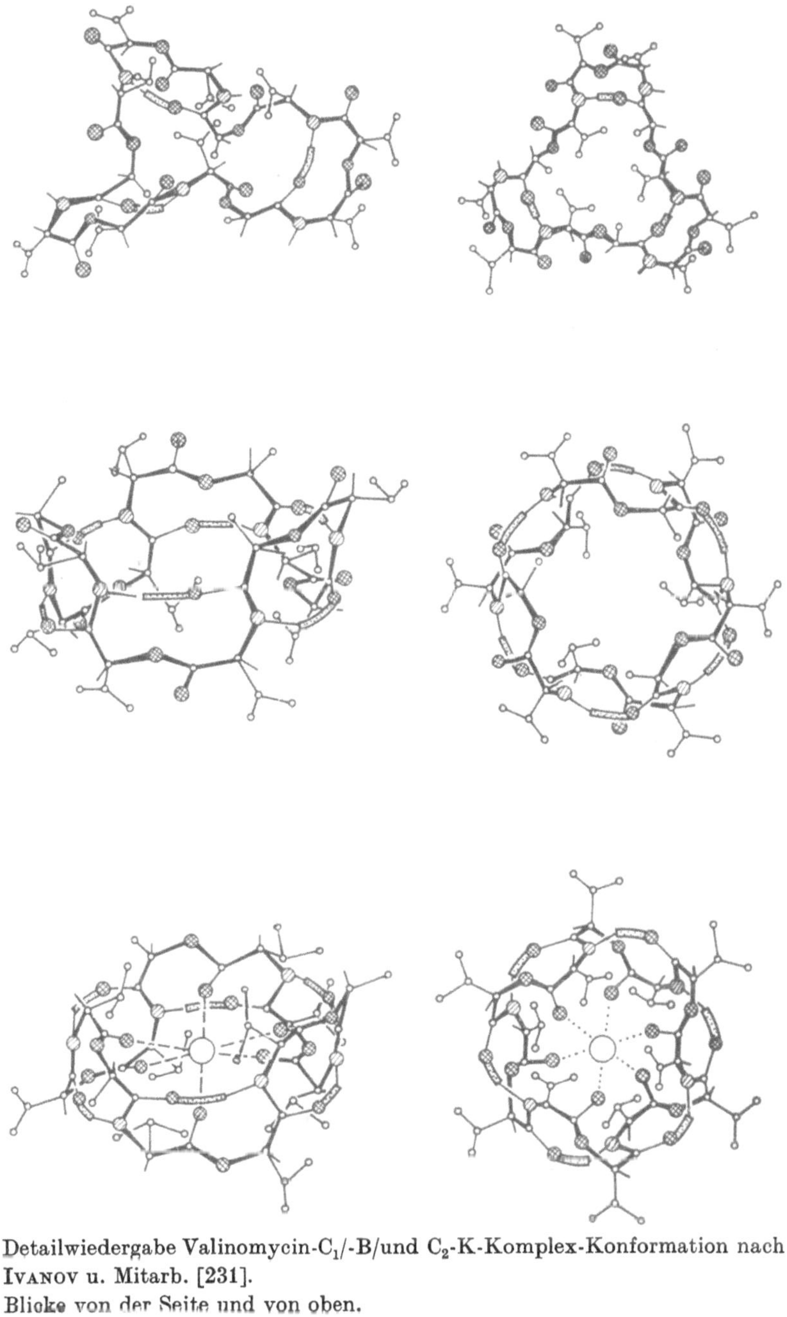

Detailwiedergabe Valinomycin-C_1/-B/und C_2-K-Komplex-Konformation nach W. T. IVANOV u. Mitarb. [231].
Blicke von der Seite und von oben.

Valinomycin:

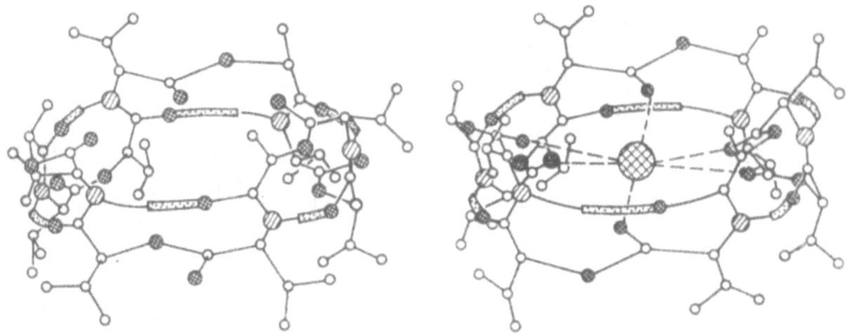

Konformation in unpolaren Lösungsmitteln und K-Komplex nach M. M. SHEMYAKIN [208].

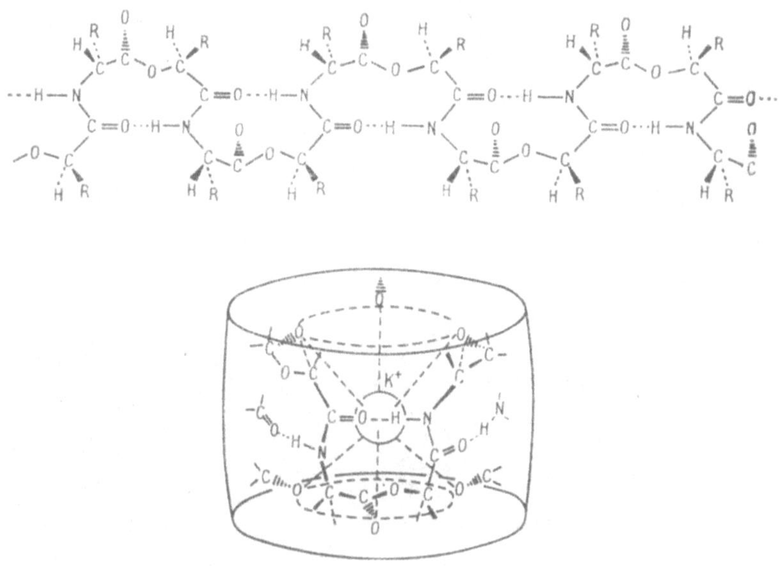

Verdeutlichung der ,,bracelet"-Konformation des Valinomycin nach C. H. HASSALL u. W. A. THOMAS [210].
(abgerollter — und aufgerollter Zylindermantel des ,,Armbands"; β-turns bilden — nach oben und unten wegklappbar — die Glieder des ,,Gliederarmbands")

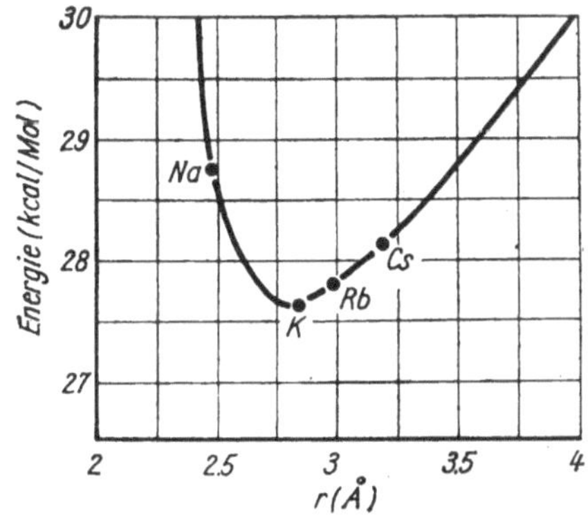

Konformationsenergie/core-Radius-Diagramm des Valinomycin nach D. W. URRY [218].

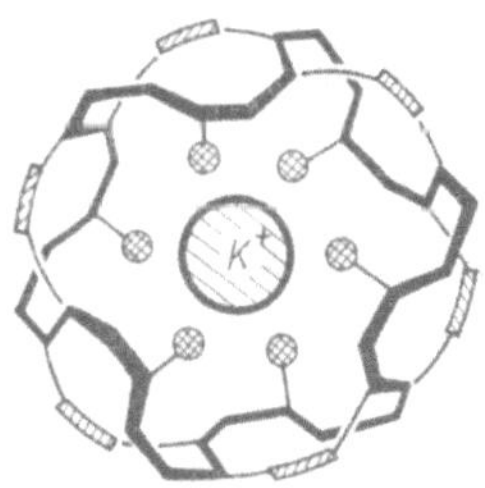

und Schemaverdeutlichung (z. T. nach W. T. IVANOV u. Mitarb. [231] – hautnahe Anpassung der Simulationsschicht für K,

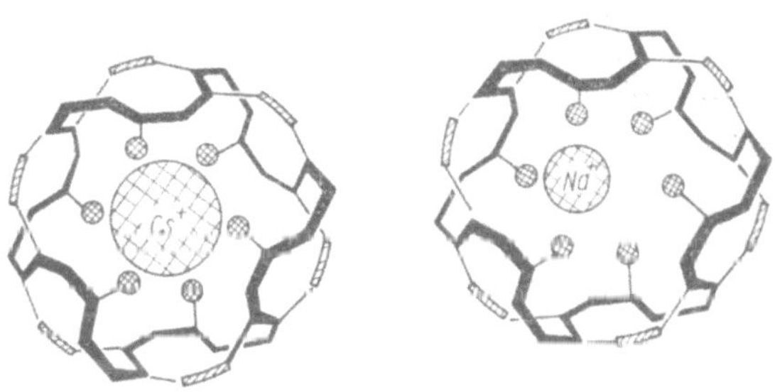

Cs ist zu groß, Na „verirrt“ sich etwas in der Kavität des relativ starr festgelegten Carriers.

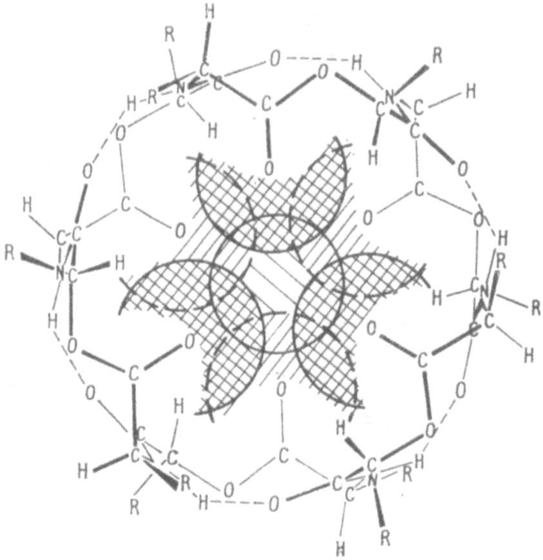

Koordinatendarstellung des Valinomycin-K-Komplexes mit der idealen Einpassung nach D. W. URRY [218].

Es lassen sich noch andere Symmetrien in die bracelet-Konformation des Valinomycin hineinsehen:

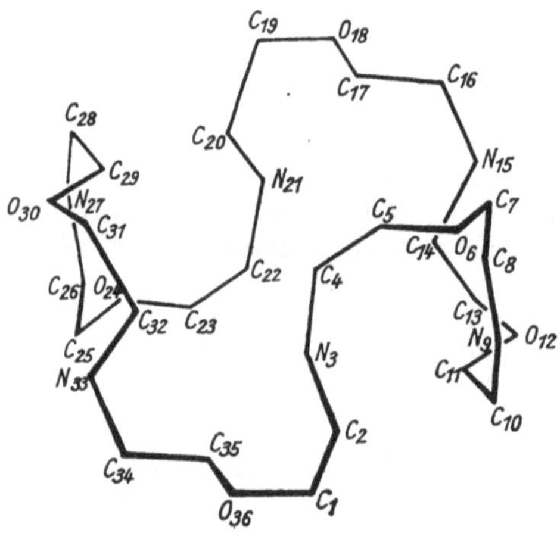

Computer-Ausdruck des Valinomycin-,,backbone".

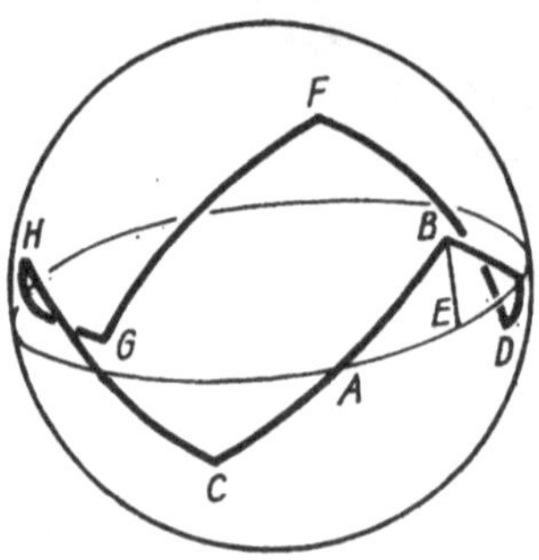

Das sphärische Polygon CBDFGH – eine Projektion der Bindungen des Valinomycingerüstes – offenbart die Ähnlichkeit mit – Cyclohexan! Nach N. L. MAX [233].

Valinomycin-CPK-Modelle:

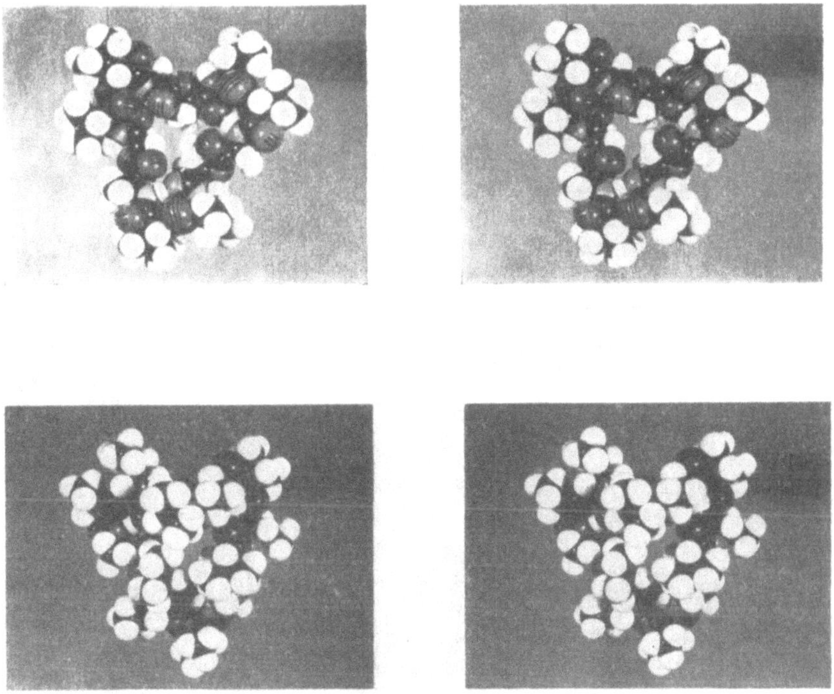

Der Carrier in die Ebene gedrückt, ,,Vorder"- und ,,Rück"-ansicht.
Drei von sechs H-Brücken sind gelöst.
Liegt Valinomycin in dieser ausgebreiteten Tellerform des partiell aufgeklappten Gliederarmbands K-empfangsbereit in der Membranoberfläche — das polare Innenempfangsmuster dem Kaliumion zugekehrt — mit dem hydrophoben Außengürtel und den Verankerungsgruppen der Rückseite hydrophob in die Lipidphase der Membran eintauchend verklebt?

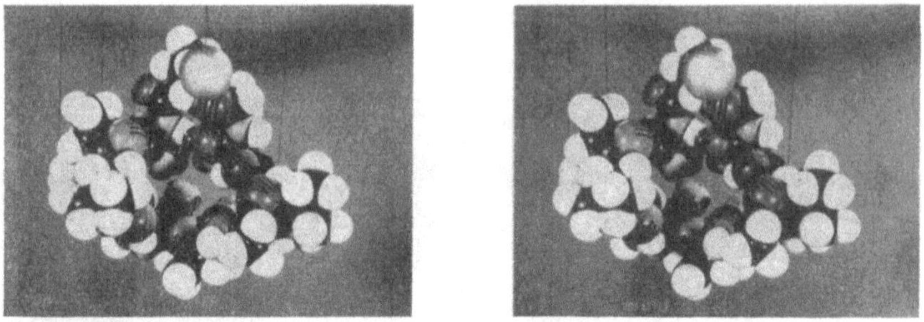

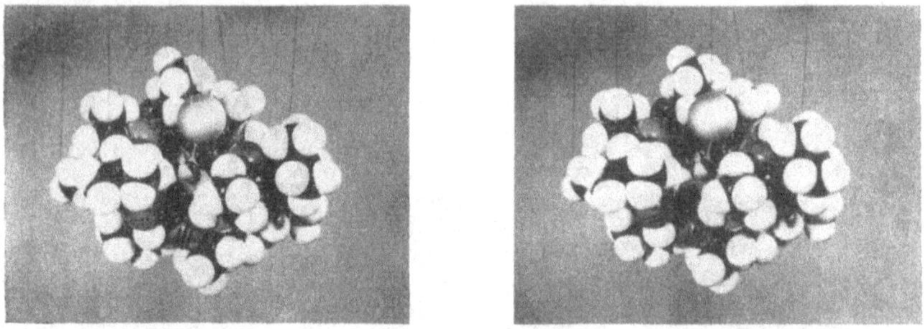

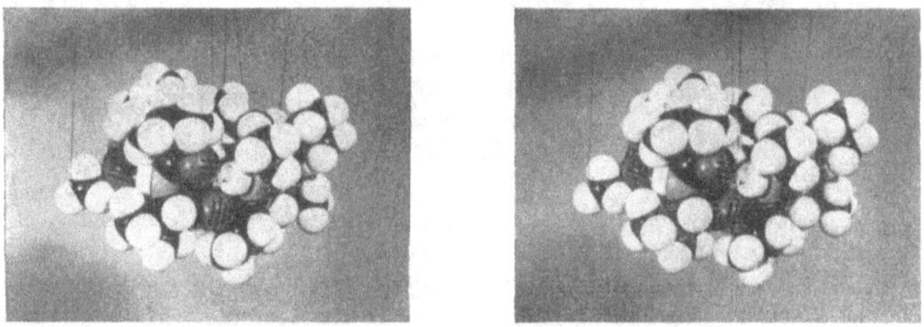

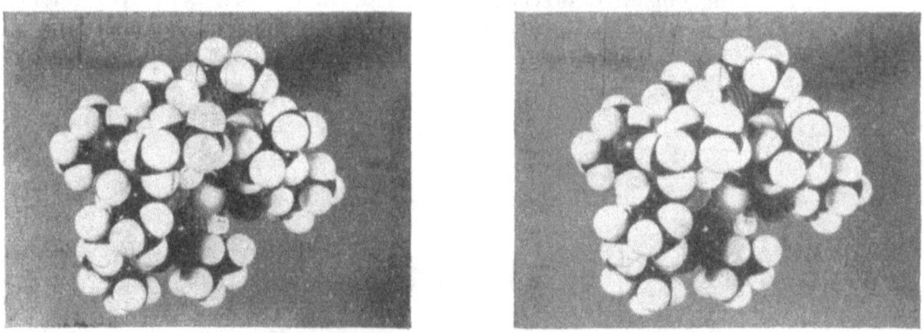

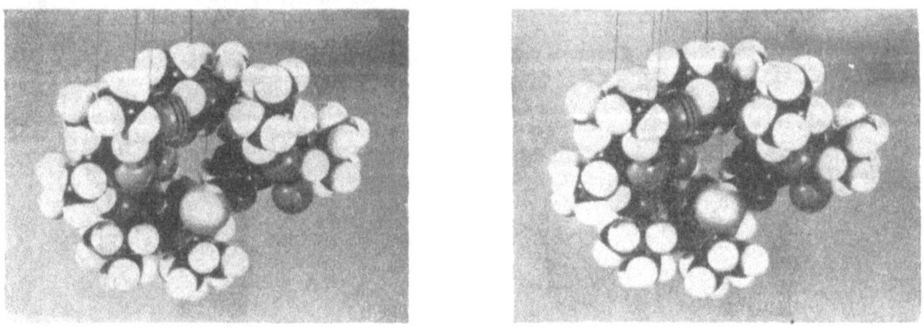

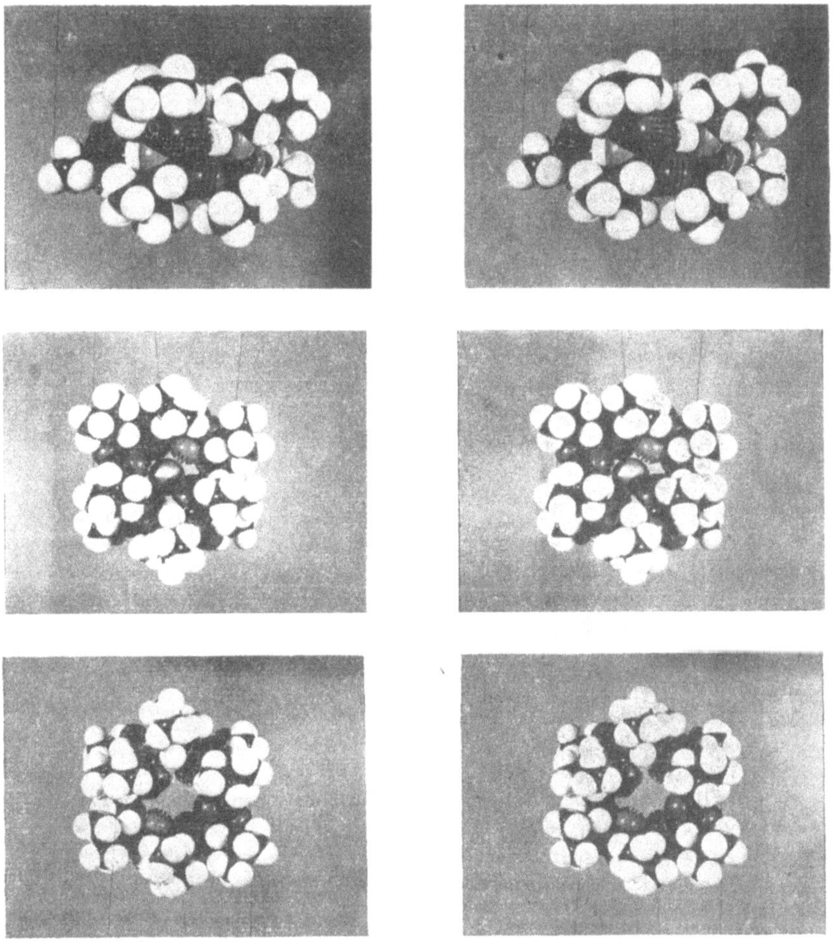

Valinomycin-CPK-Modelle:
Die Taucherglocke des K-Komplexes:
Seiten- und Aufsicht, sowie die Komplexform ohne Kalium-Gast.
Polare Hydratsimulation nach innen — hydrophobe Verankerungs- und Gleitzone nach außen — ein kleines molekulares Matrizenkunstwerk des aktiven Ionentransports.

← Hypothese der Membranpassage:

1. das Kaliumion sieht sein blütenartiges Empfangsmuster;
2. das successive „striptease“ beginnt;
3. eingehüllt in die polare Hydratsimulationsphase, ummantelt von einer hydrophoben Gleitzone — die Membranpassage;
4. das Kalium „sieht“ die neue Wasserphase;
5. Verankert in der Lipidzone entläßt die scheidende Hydratsimulation des Ion die echte Hydratumhüllung.

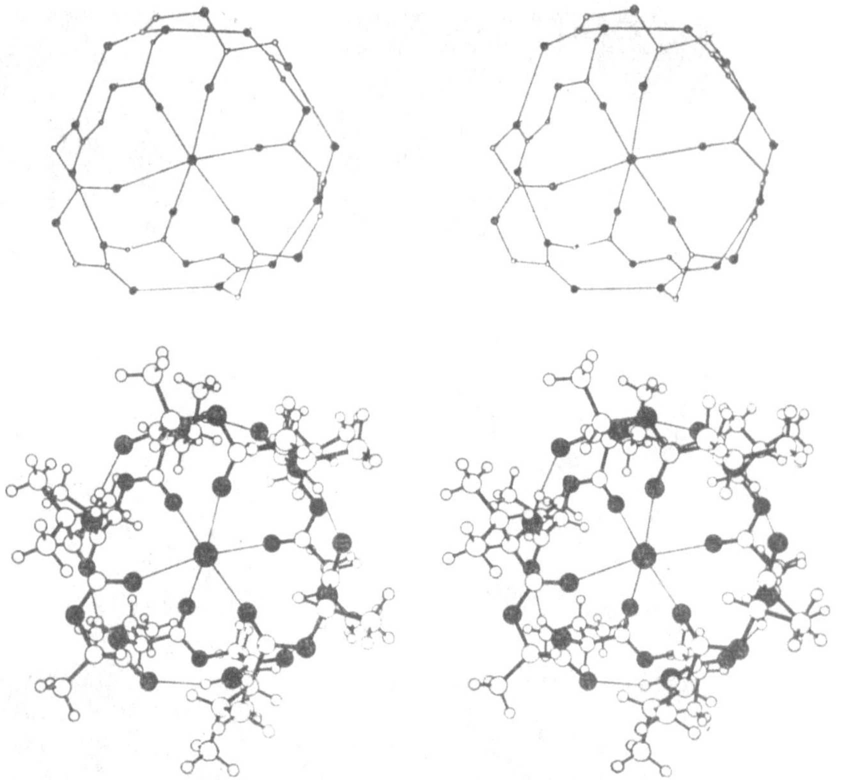

Röntgenstrukturanalyse des K-Valinomycin-Komplexes nach K. NEUPERT-LAVES u. M. DOBLER [529].
K^+ ist hier entsprechend den Vorschlägen spektroskopischer Untersuchungsmethoden oktaedrisch mit sechs Carbonylsauerstoffen koordiniert.
Beträchtliche Abweichungen ergeben sich dagegen zur Röntgenstrukturanalyse des nicht komplexierten Valinomycin nach W. L. DUAX u. Mitarb. (vgl. [529]).

Valinomycin – und vielleicht abermals ein neuer Anfang. D. W. URRY u. M. OHNISHI [243] stellen die Frage:

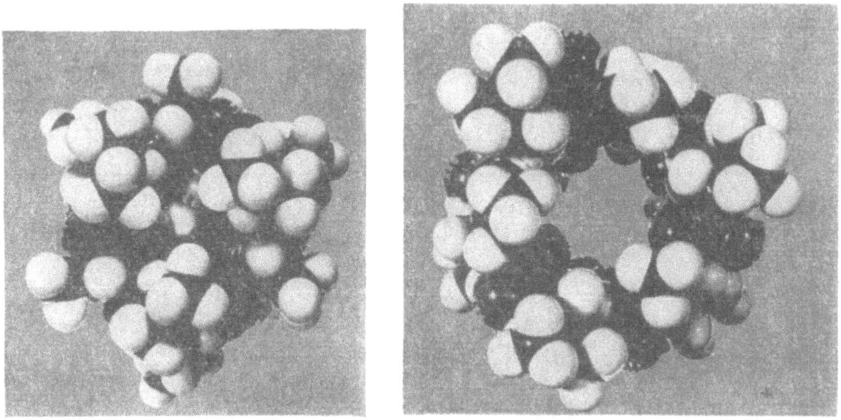

Wird die „core“-Struktur des K-Valinomycinkomplexes durch die bisher unbeachtete „pore“-Struktur ergänzt? Mit 4,4 Å lichter Weite sollten stacks derartiger Valinomycin-Konformationen einen „Porendurchgang“ selektiv für Kalium ermöglichen.

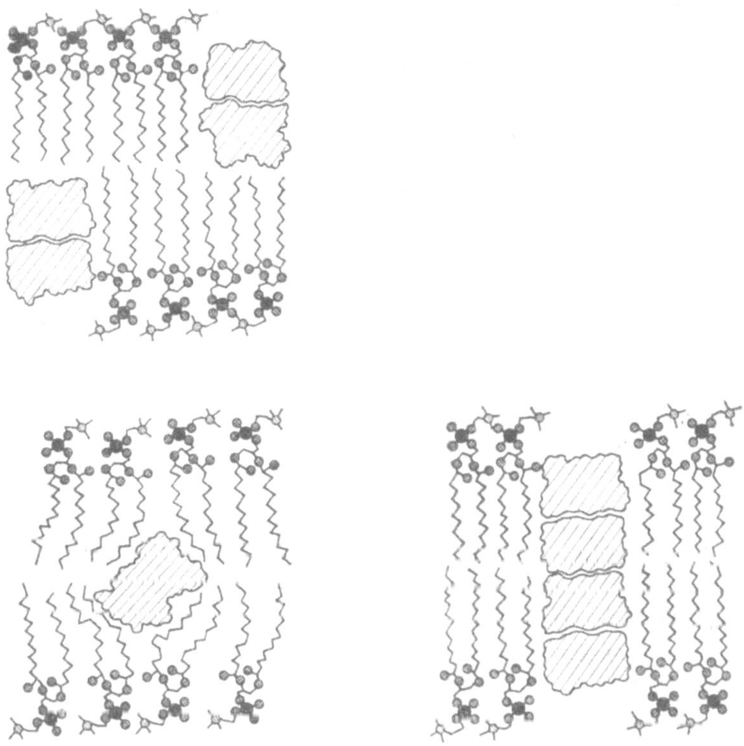

Alternativdeutungen von Valinomycin-Funktionen in einer Bilayer-Membran: Carrier oder (durch stack-Anordnung): Kanal

Antamanid — Na-spezifischer Peptidcarrier: Antamanid ist aus mancherlei Gründen interessant. Das aus den Peptidfraktionen des Knollenblätterpilzes isolierte Cyclo-Dekapeptid mit Antidotwirkung gegen die Amanita-Giftfraktion ist der einzige bisher bekannte Na-spezifische Carrier [207, 208, 236—240, 533—537].

Antamanid

┌L-Val—L-Pro—L-Pro—L-Ala—L-Phe—L-Phe—L-Pro—L-Pro—L-Phe—L-Phe┐

WIELAND und OVCHINNIKOV — das Antamanid.

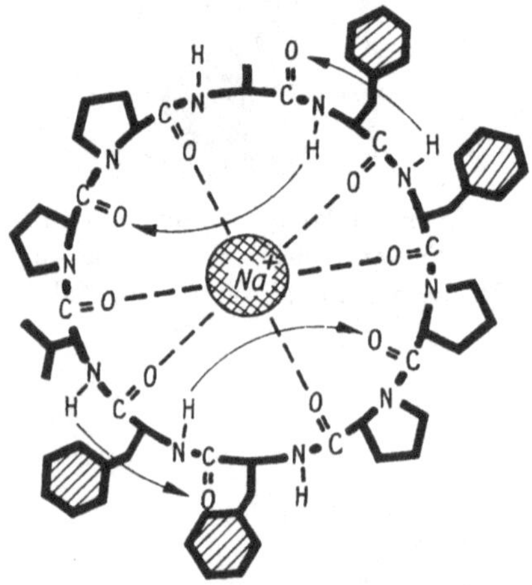

Schema der Wasserstoffbrücken- und Ion-Dipol-Bindungen in Antamanid nach Yu. A. OVCHINNIKOV u. Mitarb. [230].
Die unterschiedlich angepaßten Bereiche der Hydratsimulationsschicht sind durch unterschiedlich starke Verbindungsstriche zwischen Ion und Dipolgruppierungen angedeutet.
Allein die beiden dick angedeuteten „Bindungen" entsprechen Abständen, wie sie vom Valinomycin bekannt sind.

Auch hier wird in unpolaren Lösungsmitteln eine mit 6 H-Brücken fixierte, hochgeordnete Struktur aufgefunden. Die Komplexstruktur weist 4 H-Brücken und sechs Koordinationszentren innerhalb der kleinen Na-Kavität auf. Ähnlich dem Na-Enniatin-Komplex sind die Winkelverhältnisse der zentralgerichteten wechselwirkenden Amidcarbonylgruppen ungünstiger als beim Valinomycin. Die relativ niedrige Stabilitätskonstante erklärt sich damit zwanglos aus einer nur vergleichsweise lockeren Bindung des Na-Kations. Nur zwei Carbonyle befinden sich „hautnah" in einer den Valinomycinkomplexen vergleichbaren Entfernung zum Zentralion, die anderen vier sind in einer zweiten Sphäre entfernter davon angeordnet. Schließlich stellt die Konformation des Antamanid eines der sich doch häufenden Indizien dar, daß einem höheren Ordnungsprinzip untergeordnete Amidgruppen bisweilen durchaus weniger plan sein können, als man das bisher gemeinhin vermutet hat.

Antamanid

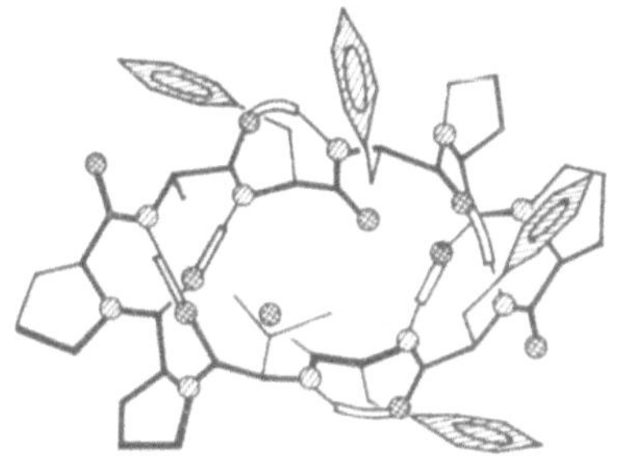

Unkomplexierte Konformation in nicht polaren Lösungsmitteln nach H. FAULSTICH u. Mitarb. [238–239].

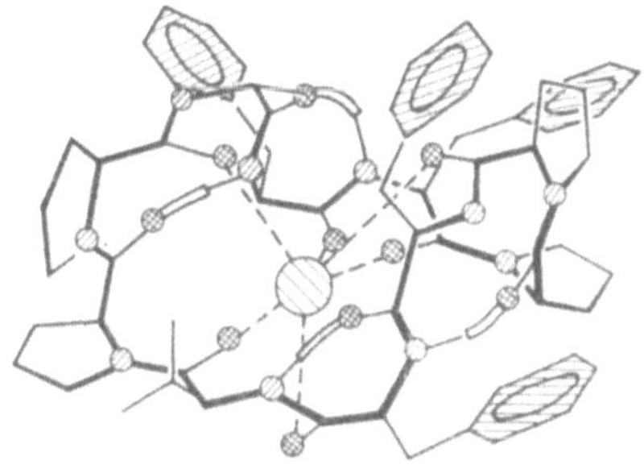

Na-Komplex nach Yu. A. OVCHINNIKOV u. Mitarb. [230].

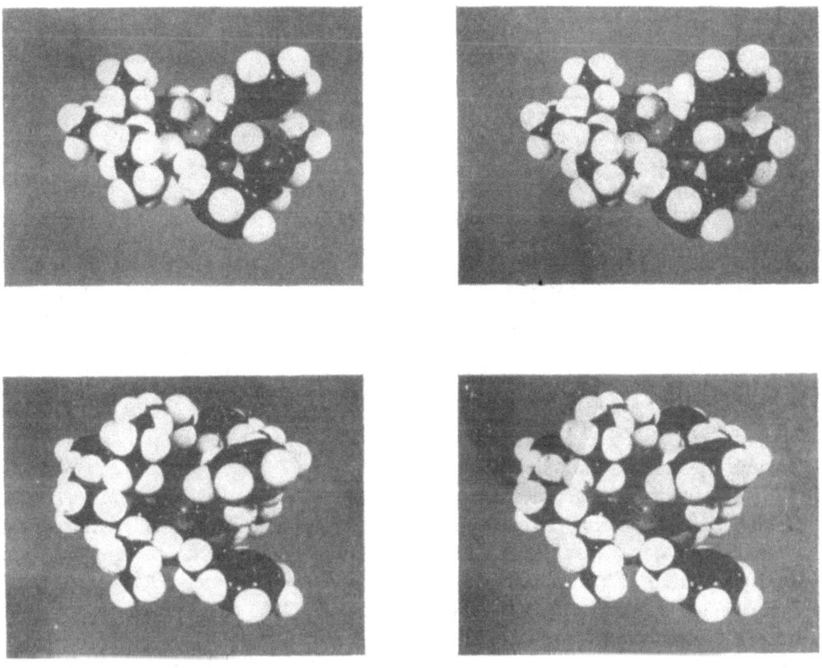

Antamanid-CPK-Modelle.
oben: „offene“ Form nach WIELAND u. Mitarb.
unten: Na-Komplex nach OVCHINNIKOV u. Mitarb.

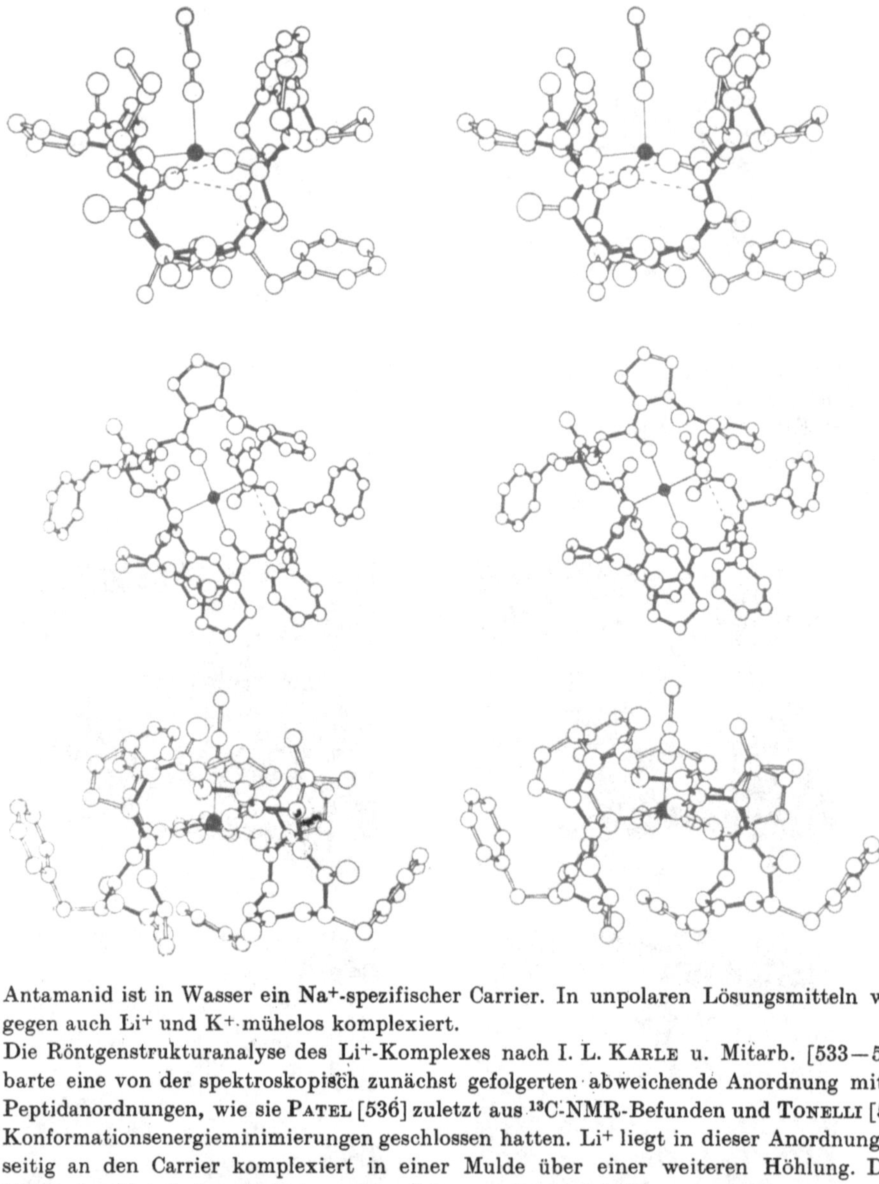

Antamanid ist in Wasser ein Na^+-spezifischer Carrier. In unpolaren Lösungsmitteln werden dagegen auch Li^+ und K^+ mühelos komplexiert.

Die Röntgenstrukturanalyse des Li^+-Komplexes nach I. L. KARLE u. Mitarb. [533—535] offenbarte eine von der spektroskopisch zunächst gefolgerten abweichende Anordnung mit zwei cis-Peptidanordnungen, wie sie PATEL [536] zuletzt aus ^{13}C-NMR-Befunden und TONELLI [537] durch Konformationsenergieminimierungen geschlossen hatten. Li^+ liegt in dieser Anordnung nur halbseitig an den Carrier komplexiert in einer Mulde über einer weiteren Höhlung. Die andere Hälfte des Metalls koordiniert zu einem Lösungsmittelmolekül.

Nachdem die gleiche Autorengruppe inzwischen röntgenstrukturanalytisch ein isostrukturelles Verhalten für einen Na-Antamanid-Analogon-Komplex fand, könnte das gesamte Strukturproblem des Na-Antamanid-carriers wieder eine offene Frage werden.

Unterschiedliche Stereoansichten des Li-Antamanid-Komplexes [534].

Gramicidin A — der Ionenkanal: Gramicidin A — erneut ein Peptid aufgebaut aus D- und L-Aminosäuren, Strukturen höherer Organismen könnten anstelle der D-Partner auch mit Vorteil Glycin verwenden — ist wieder eines jener uralten Peptide, die als alleiniges Ehrgeizprojekt der Proteine in alleiniger Informations- und Funktionsstrategie auf eigenen Templatemustern ohne die Mithilfe des großen Informationsgegenspielers der Nucleinsäuren gefertigt werden. Gramicidin A ist darüber hinaus

D. W. URRY und der Ionenkanal [241—244].
Ein Spektrum neu postulierter Helixanordnungen von alternierenden D/L-Substituenten mit parallel und antiparallel zur Helixachse orientierten Carbonylgruppierungen schafft Schlauchmuster, die für bestimmte Windungsformen Ionenpassagen gestatten können.
Für die Transversale einer Membran sind dabei Dimerbildungen anzunehmen.

Helix alte neue Nomenklatur	Aminosäuren/ Windung	H-gebundene Ringe	Diederwinkel φ	ψ	Dimer-Länge (Å)	Poren-Durchmesser [Å]
π^4(L,D)	4,4	16,14	−125 (− 85)	+85 (+125)	35—39	1,4
π^6(L,D) β^6 3,3	6,3	22,20	−125 (−105)	+105 (+115)	25—30	4
π^8(L,D)	8,4	28,26	−145 (−135)	+135 (+150)	18—24	6
π^{10}(L,D)	10,4	34,32	−135 (−150)	+150 (+140)	14—21	8

Helixcharakterisierungen nach D. W. URRY.

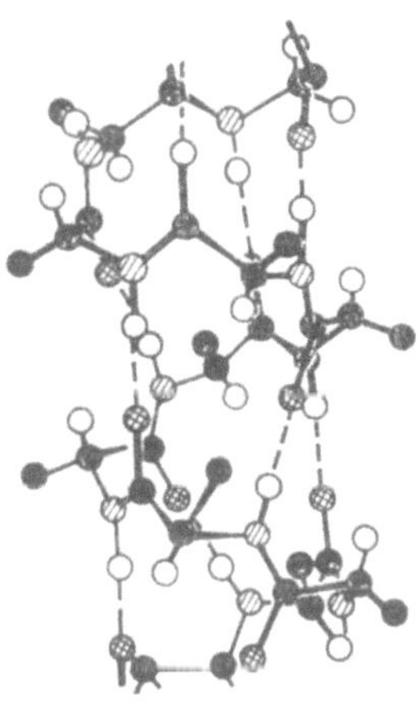

Ausschnitt aus der π^6(L,D)- bzw. $\beta^6$3.3-Helix des Gramicidin nach D. W. URRY [241—243] und M. C. GOODALL [244].

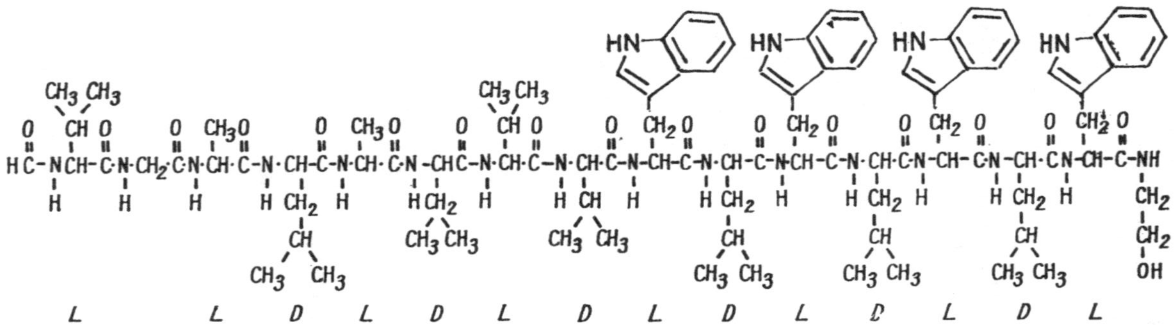

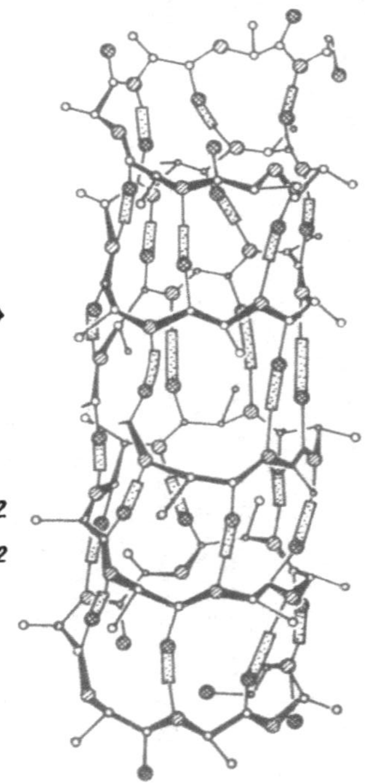

Valin-Gramicidin A

Urrys Gramicidin A-Dimeren-Transmembran-K^+-Leitungskanal in der modifizierten Darstellung von Yu. A. Ovchinnikov [208].

aber mehr, es ist — wie wir heute annehmen — das erste Beispiel eines Ionenkanals. Einer Transmembrantransportvorrichtung also, die im Gegensatz zur passiven Passage in den Poren Ionenwanderungen entgegen herrschenden Konzentrationsgradienten vermittelt [110, 209, 207, 218, 241—244, 479, 486, 528].

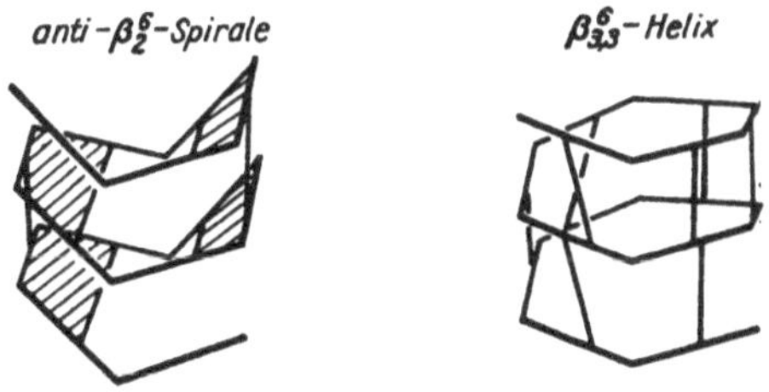

Übergang einer anti-$\beta_2{}^6$-Spirale in eine $\beta_{3,3}^6$-Helix nach D. W. Urry [241—243].

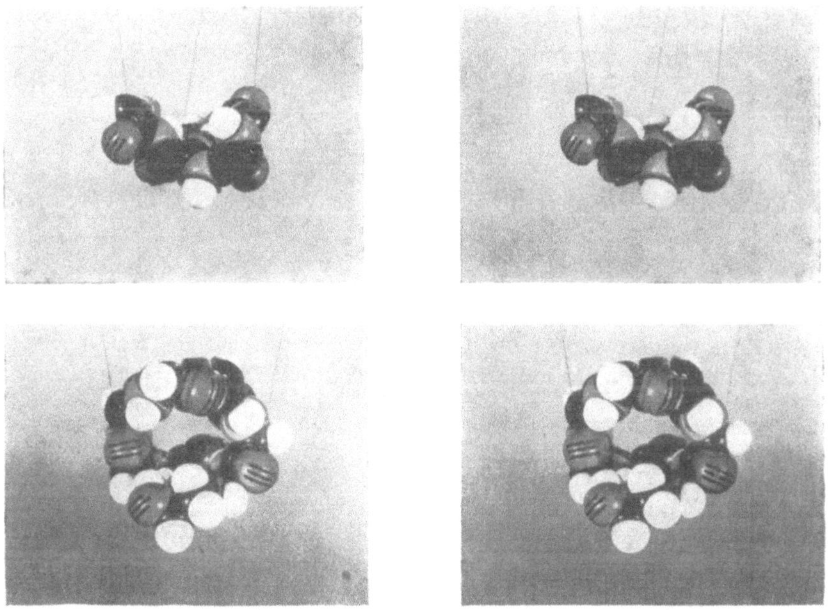

und Verdeutlichung anhand von CPK-Kalotten.
oben: Spiralanordnung (nichtionenleitend)
unten: Helixanordnung (ionenleitend)

Gramicidin A vermag dies auf Grund einer bisher noch nicht besprochenen charakteristischen linksgängigen Helixanordnung, die als π_{LD}- bzw. β-Helices unterschiedlicher Windungsenge aus H-Brücken-verbundenen und ringförmigen β-loop-Anordnungen von der Art des Enniatin und verwandter Strukturen durch einfache Ringöffnung ableitbar sind. Im Gegensatz zu allen bisher besprochenen Helixtypen weisen die Carbonylgruppen hier alternierend in parallele und antiparallele Richtungen zur Helixachse. Während frühere Helices eine H-gebundene Dimerisation durch Kopf/Schwanz-

Assoziation eingehen konnten, sind für diese Helices entsprechende Kopf/Kopf- bzw. Schwanz/Schwanz-Assoziate möglich.
Auf Grund unterschiedlicher Spiralweiten sind verschieden angepaßte Kanalhohlräume einstellbar. Mit ca. 4 Å Hohlraumweite hat z. B. die π_{LD}^6- bzw. $\beta_{3.3}^6$-Helix ein Innen-

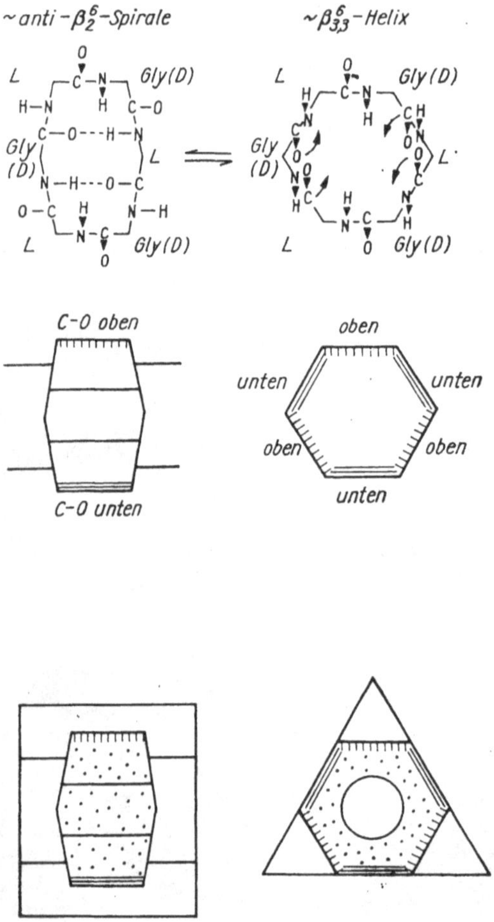

Modell eines an- und abschaltbaren Ionenkanal-Leitungsmechanismus auf der Basis von Spiral-Helix-Konversionen nach D. W. Urry [240—243].
Modellverdeutlichung des Spiral-Helixüberganges anhand der konformativen Umorientierung eines Hexapeptids zwischen Doppel-β-loop und Ringform.
Detail- und Schemawiedergaben

maß, das einem Kalium eine ungehinderte Bewegung erlaubt, größere Ionen ausschließt und kleinere beim Transport nicht unterstützt.
Ähnlich den H-verbrückten- und nicht H-gebundenen-β-loop-Formen bzw. den Ringableitungen ihrer Geometriemuster, ist für die Helices ein Gleichgewicht zwischen horizontal-H-verbrückten Spiralanordnungen und vertikal-H-gebundenen Helixan-

ordnungen vorstellbar. In den β-Spiralkonformationen weisen die Carbonylfunktionen in gegensätzliche Richtungen, so daß eine wechselseitige Auslöschung der Einzeldipolmomente ohne ein nennenswertes Gesamtdipolmoment resultiert. In den entsprechenden Helices schauen zwar die Carbonylgruppen ebenfalls in unterschiedliche Richtungen, jedoch bilden dabei die Gruppen, die in Richtung des Aminoendes der Polypeptidkette

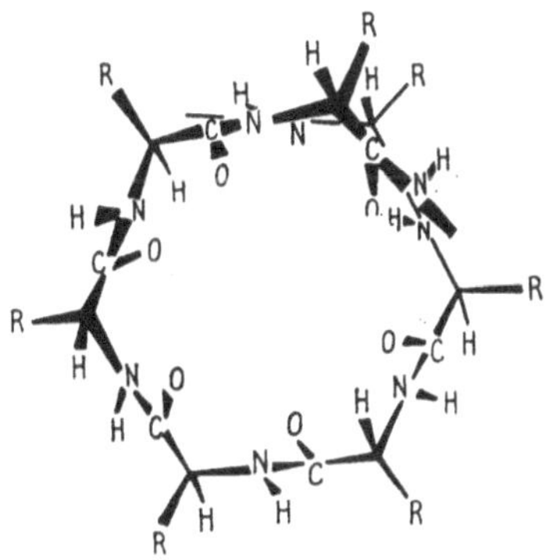

Windungsmuster der linksgängigen Gramicidin A-π^6(L,D)-Helix in der Aufsicht.

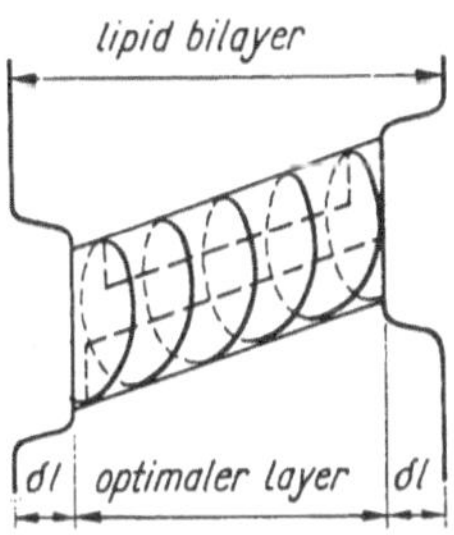

Und Schemaverdeutlichung der Dimertransversale durch eine an den Schlundregionen des Kanals etwas eingestülpte Membran nach D. W. Urry [218, 241–243].

wiesen, einen Winkel mit der Helixachse, so daß für die Gesamtstruktur ein Nettodipolmoment (ca. 0,5 D/Dipeptideinheit) aufgebaut wird. Damit besteht ein Gleichgewicht zwischen Strukturen unterschiedlicher Dipolmomente. Ein elektrisches Feld entlang der Achsen, d. h. durch die Membran hindurch, würde das Gleichgewicht zugunsten der Helixanordnungen shiften, womit im Falle des Gramicidin A ein K^+-selektiver Ionenleitungskanal entstände. Elektrische Leitfelder können den Ionentransport je nach Wunsch an- und abschalten. Die für gewöhnlich mit vier horizontalen und zwei entgegengesetzt vertikalen H-Brücken stabilisierten β-Spiral-Blockaden würden durch ein Feld zu Konformationsübergängen in Ionen-leitende Helixanordnungen induziert werden. Da infolge der besonderen Art der Wasserstoffbrückengestaltung für die Spiralkonformationen mit einer horizontalen Musteranordnung zu rechnen ist, wäre die Anregung einer einzigen Einheit möglicherweise der Stimulator für eine Destabilisierung eines ganzen Bezirkes, der damit in ein assoziiertes Kanalgebiet umschlagen würde. Auch auf dieser Ebene also wieder so etwas wie Bewegungsformen zwischen „Alles oder Nichts“ und „sequentiellen“ Prinzipien.

Eine einzige Gramicidin A Peptideinheit wäre zu klein, um gewöhnliche Membranen überspannen zu können. Ein Schwanz/Schwanz-verknüpftes Dimer könnte aber hierzu, wenn man im Bereich der Kanalbildung leichte Kontraktionen der Gesamtmembranstruktur voraussetzt, durchaus in der Lage sein. Den oben beschriebenen Umklappvorgängen müßten demnach noch komplizierte subunit-Assoziationen der beiden Kanalteile überlagert sein.

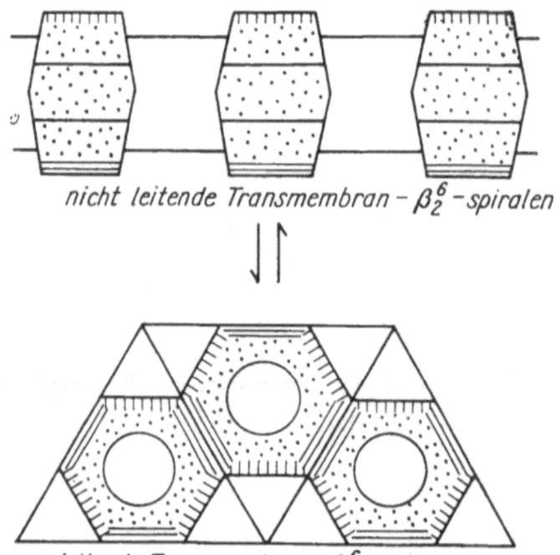

Schemazeichnung des Domänenübergangs nicht ionenleitender Spiralmuster in entsprechende Transmembranionenleitungskanäle auf Grund kooperativer Wechselwirkungen nach D. W. Urry [242].

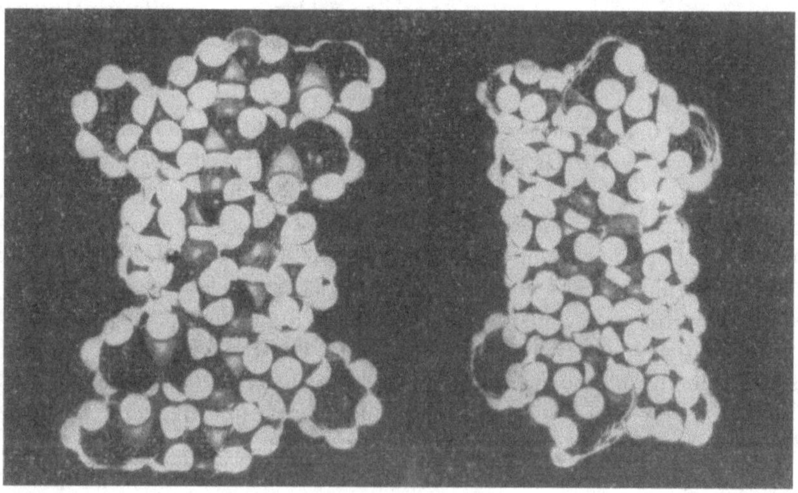

Zwei Seitenansichten des Gramicidin-A-Dimeren mit den der Lipidphase der Membran zugekehrten hydrophoben Außenmustern. Die polare Innenhaut des Ionenkanals „schimmert“ besonders in der linken Ansicht an einigen Stellen durch die hydrophobe Außenummantelung durch.
Nach D. W. Urry [218].

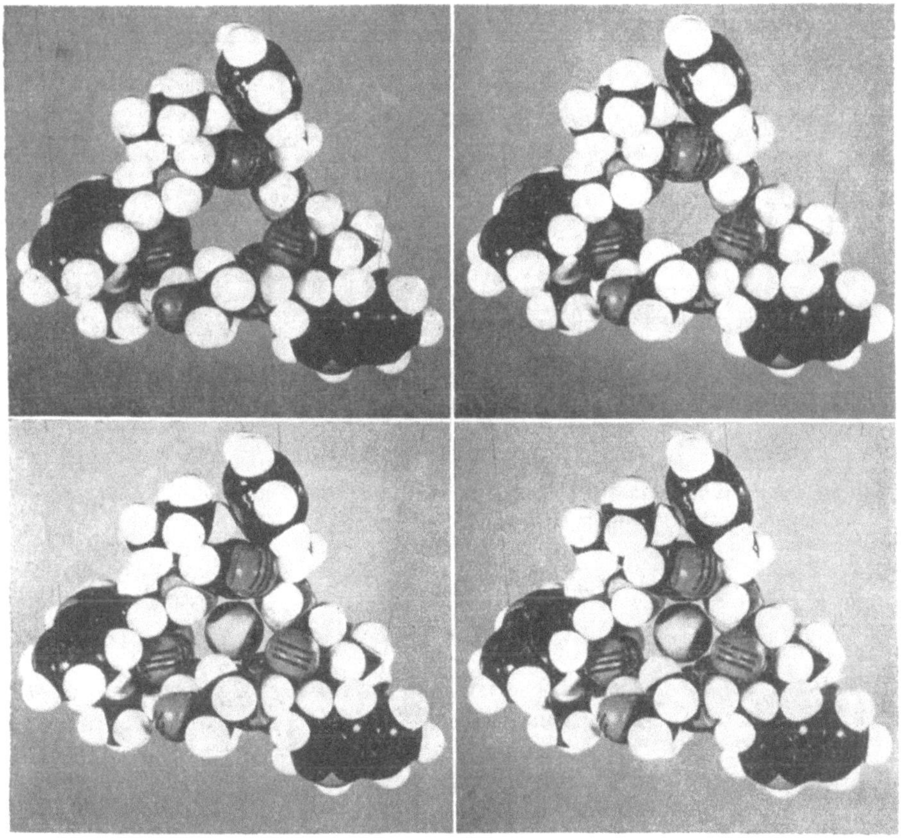

Gramicidin A—K-Ionenkanal
CPK-Modelle der Schlundregion; freie Passage; K-Ion in der Passage; Hydrophobe und π-Leitungszonen zur Membranfixierung — im Inneren die Hydratsimulationspassage mit der in Grenzen beweglichen „Peristaltik" der Amidführungsgruppen.

Der Kanal selbst ist wieder so etwas wie ein kleines molekulares Kunstwerk. Eine polare Empfangsregion — ähnlich einem Schlund ausgebildet — zieht das Kalium in den Rachen dieser Anordnung hinein. Nach der Membran hin hydrophob abgedichtet, öffnet sich vor dem Kaliumion dann eine polare Röhre mit einem elektromagnetischen Führungsgradienten. Die lichte Weite der Höhlung ist dergestalt, daß das hydratisierte Ion nicht passieren kann. Andererseits ist sie für das nicht hydratisierte ein klein wenig zu groß. Eine genaue Passung ließe sich aber sehr leicht durch eine nicht sehr energieaufwendige Rockingbewegung der Peptideinheiten innerhalb der Schlauchwand erreichen, die das Ion nicht nur fester umschließt, sondern entlang dem herrschenden Feldgradienten auch so etwas wie ein inneres Führungsmuster aufbauen könnte. Der Kanal arbeitet offensichtlich mit einer raffinierten molekularen Peristaltik.
Auch dieses Prinzip wird, später ins Makroskopische übersetzt, vielfache Variations- und Verwendungsmöglichkeiten bieten.

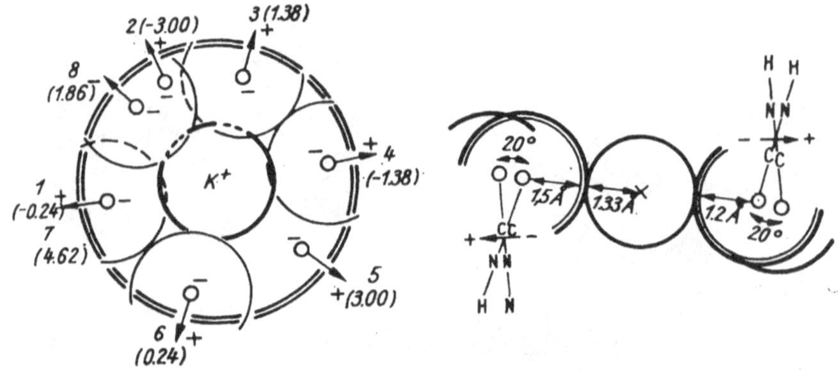

Schema-Darstellung der Wechselwirkung eines K-Ions innerhalb des Kanals nach D. W. Urry [243].
Innenschwenks der Carbonylgruppen zur Kontaktaufnahme mit dem Kaliumion und zum Aufbau eines Führungsmusters durch die Dipolmomentresultante der einzelnen Peptid-Dipolmomente.

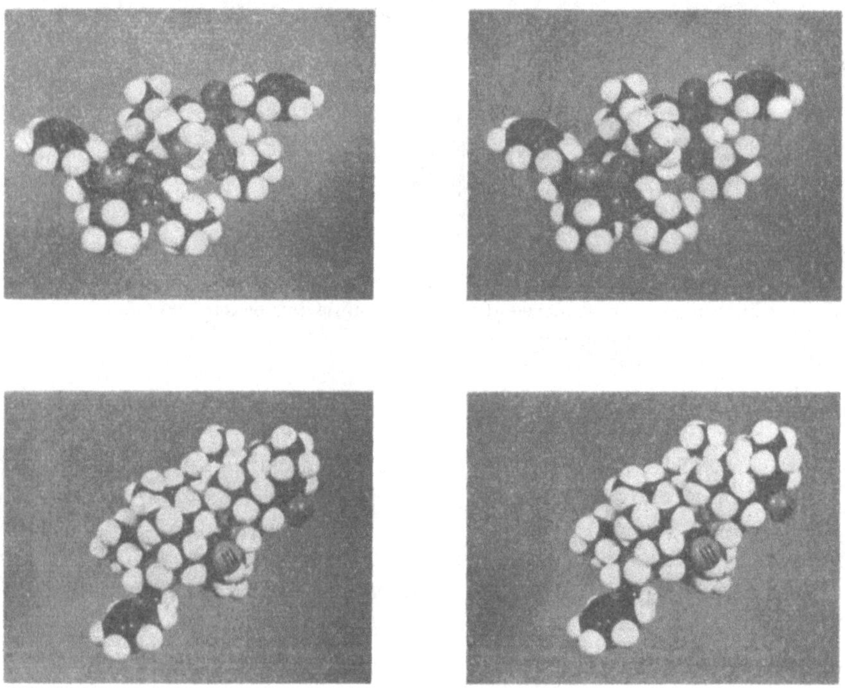

Gramicidin S könnte einen Teil seiner bisher noch rätselhaften Membranwirksamkeiten aus Regeleinflüssen seiner beiden Ornithin-Arme gegenüber den Kopfregionen von Phospholipiden herleiten. Nach Ivanov u. Mitarb. liegen hier geeignete geometrische Passungen vor (vgl. [528, 602]).

Für das wandernde Ion simuliert der Kanal damit wieder eine Hydratlinie, die in diesem Falle allerdings durch die Ionen- und Feld-induzierte Relaxation der begrenzenden Peptidcarbonyle eine Art polare dynamische Phasenwelle aufbaut, eine bewegliche polare Mitnehmerphase, die innerhalb einer partnersensitiven hydrophoben Außenummantelung dem hoch polaren Partner in dynamisch enger Matrizenpassung einen aktiven Transport ermöglicht [241, 243, 602].

Damit ist der aktive wie der passive Transport durch Carrier bzw. Poren und Kanalstrukturen heute in seinen Konturen modellmäßig verständlich. Wir ahnen, wie so etwas in komplizierten Peptidstrukturen einmal aussehen könnte. Der experimentelle Weg in diese Landschaft komplexer Zusammenhänge, wird jedoch beschwerlicher sein, als diese ersten leicht faßlichen Einsichten uns indizieren, und sicher wird er dazu führen, diese ersten Bilder zu verdeutlichen, zu variieren, wahrscheinlich auch in manchen Aspekten zu ergänzen und vielleicht z. T. durch grundsätzlich neue zu ersetzen.

1.2.2.2. Katalytische Proteine — die Enzyme

Nach den „Enzymen ehrenhalber" gelangen wir nunmehr zu den eigentlichen Enzymen, Verbindungen, die rein chemische Prozesse mit „schwindelerregenden" Schnelligkeiten und hohen Spezifitäten zu katalysieren vermögen und dabei noch das Kunststück fertig bringen, dies alles auf einem nicht sehr reaktionsanregenden Temperaturniveau durch geschickte Negativ-Stereoelektroniksimulationen zu ermöglichen. Es wurde schon darauf hingewiesen, daß unsere strukturellen Einsichten in mögliche Enzymmechanismen trotz der beeindruckenden Fortschritte der letzten Jahre noch völlig unzureichend sind, zumal das eigentlich interessierende Gebiet intrazellulärer Operationen und arbeitsteiliger subunit-Enzymverbände methodisch noch nicht oder nur unzureichend erschlossen werden konnte.

So müssen sich unsere Orientierungen auch augenblicklich noch weniger von dem leiten lassen, was wir gerne wissen möchten, als von dem, was wir im Augenblick wissen können. Für die fundierende Röntgenstrukturanalyse heißt das, wir haben von den Strukturen auszugehen, die kristallisierbar und für unsere gegenwärtigen Rechenmöglichkeiten noch nicht zu groß sind.

Relativ kleines Molekulargewicht, gute Zugänglichkeit, frühe Erfolge bei der Kristallisation machten eine Gruppe von Catenasen zu ersten und am eingehendsten untersuchten Objekten der Enzymstruktur. Es war eher zufällig, daß damit so relativ interessante Wechselwirkungen wie Protein-Kohlenhydrat, Protein-Nucleinsäure, Protein-Protein unmittelbar tangiert wurden und neben der DNA/RNA-kontrollierten Proteinsynthese die große Gegenfrage nach der Kontrolle des Abbaus der Dominanzstrukturen heutiger Lebewesen angerissen wurde.

Catenasen — Lysozym — die Polysaccharidspaltung: Lysozym war das zweite Protein und das erste Enzym, welches atomare Auflösung erreichte [250—254].

Innerhalb der großen Gruppe bakteriolytischer Enzyme, die die Peptidoglycane der Bakterienzellwände abbauen, kann man drei Unterbereiche unterscheiden. 1. Carbohydrasen, 2. Acetylmuraminyl-L-alanin-amidasen und 3. Peptidasen.

Innerhalb der Gruppe der Carbohydrasen findet man Endoacetylmuraminidasen sowie Endo- und Exo-acetylglycosaminidasen. Lysozyme greifen Kettenmittelbereiche an und gehören damit zu den Endoacetylmuraminidasen. Sie sind weiterverbreitete En-

Enzymdefinitionen:

PAULING u. LIPSCOMB nach [59]:

"I think that enzymes are molecules that are (P!) bzw. that become (L!) complementary in structure to the activated complex of the reaction they catalyse, that is, to the molecular configuration that is intermediate between the reacting substances and the products of the reaction for these catalyzed processes. The attraction of the enzyme molecule for the activated complex would thus lead to a decrease in its energy and hence to a decrease in the energy of activation of the reaktion and to an increase in the rate of the reaction".

PERUTZ in [12] (Vorwort):

... Bisher brauchten keine neuen oder geheimnisvollen Kräfte bemüht zu werden, um die Wirkungsweise von Enzymen zu erklären. Die einfachen elektrostatischen Gesetze reichen zu ihrem Verständnis aus. Die Enzyme erkennen ihre spezifischen Reaktionspartner daran, daß sich diese an bestimmte Stellen des Enzyms anheften — so wie sich ein Schlüssel in ein Schloß einpaßt, nur noch perfekter. Das Enzymschloß trägt oft elektrische Ladungen oder Dipole, die diejenigen des Reaktionspartners genau kompensieren. Die Bindungsstelle liegt oft in einer Spalte oder Höhle unter der Enzymoberfläche, so daß die Reaktionspartner aus dem umgebenden Wasser heraus- und in das Enzym hineingezogen werden. Darin liegt eine tiefere chemische Absicht verborgen. Wegen der hohen Dielektrizitätskonstante laufen viele Reaktionen in Wasser langsam ab: Wasser verhält sich wie ein Isolator, der geladene Moleküle voneinander trennt. Das Innere der Enzyme dagegen enthält Kohlenwasserstoffe, die eine niedrige Dielektrizitätskonstante haben. In dieser Umgebung können starke elektrische Kräfte auf den Reaktionspartner einwirken und ihn im Bruchteil einer Sekunde verändern. Man kann also Enzyme als die organischen Lösungsmittel der lebenden Zelle betrachten.

McLACHLAN nach [44]:

The structures show how catalytic activity depends on several important factors:

1. The substrat binds in a tailor-made pocket at the active site. This increases its effective concentration and removes it from solvents which interfere with the reaction.
2. The specifity of the enzyme ist controlled by making the pocket complementary to the substrate. Related enzymes have different pockets but the same catalytic groups.
3. Active side chains like histidine are shielded from water and oriented in the best positions close to the susceptible part of the substrate.
4. Active centers contain transition metal ions or charge relay systems which supply electrons as required.
5. The act of binding of a substrate, coenzyme, or regulator molecule can alter the enzyme structure, making it act more efficiently or controlling the function of several subunits.
6. The enzyme may position the reaction components in such a way as to mimic the natural transition state and lower the activation energy.
7. The reaction mechanisms follow well-known principles of organic chemistry.

zyme, die angefangen von menschlichen Geweben und Ausscheidungen, über ihr Vorkommen in Vogeleiweiß sich auch in anderen Vertebraten und Invertebraten bis hin zu Pflanzen, Bakterien und Phagen finden.
Das Enzym eignet sich damit nicht nur für allgemeine Struktur/Aktivitätsstudien, sondern auch für phylogenetische und artenvergleichende Untersuchungen. Lysozym wurde zusammen mit Penicillin von FLEMING entdeckt. Beide Enzyme reagieren mit den gleichen Peptidoglycanen der Bakterienzellwände. Während Lysozym die NAM-NAG-Bindung spaltet, verhindert Penicillin vor allem die Biosynthese der Peptidbrücken. Penicillin vermag auch die lysierende Wirkung von Lysozym zu hemmen, vermutlich wegen seiner strukturellen Verwandtschaft mit der Acetylmuraminsäure der Bakterienzellwände.
Lysozym ist von annähernd ellipsoider Gestalt, besteht aus 129 Aminosäuren, die in einer einzigen — von vier Disulfidbrücken vernetzten — Polypeptidkette angeordnet sind. Seine ungefähren Abmessungen sind $45 \times 30 \times 30$ Å. Das Ellipsoid wird in der Mitte durch einen tiefen Spalt geteilt, der der Anheftung des Substrats dient. Die beiden damit vorgebildeten Hälften weisen unterschiedlichen Charakter hinsichtlich der Aminosäurezusammensetzung auf. Der im wesentlichen aus Helixabschnitten aufgebaute kompakte und vorwiegend hydrophobe Kern 1—40 und 102—129 ist über die Helix 88—100 mit einem weniger regelmäßigen Flügel 41—87 verbunden, der von 41—48 ein charakteristisches hydrophiles, zum großen Teil invariantes dreisträngiges antiparalleles Faltblatt aufweist. Die einzelnen Helixbereiche sind untereinander hydrophob verklebt und schwanken in ihrer Geometrie zwischen idealeren Abschnitten und nichtidealeren Verlaufsformen zwischen α- und 3_{10}-Helix. Die schon im Cytochrom c und erst recht im b_5 angeklungene β-Struktur wird zu einem beherrschenden Motiv auch der folgenden Enzymmuster.
Lysozym zeigt bereits alle Schwierigkeiten und Modalitäten unserer gegenwärtigen Konformationsanalytik. So gelang es bisher nicht, das Enzym unter voller Ausfüllung der katalytischen Spalten zu untersuchen. Als Scheinsubstrat bzw. Inhibitor konnte bisher nur ein trimes NAG_3 an Lysozym gebunden röntgenstrukturanalytisch unter-

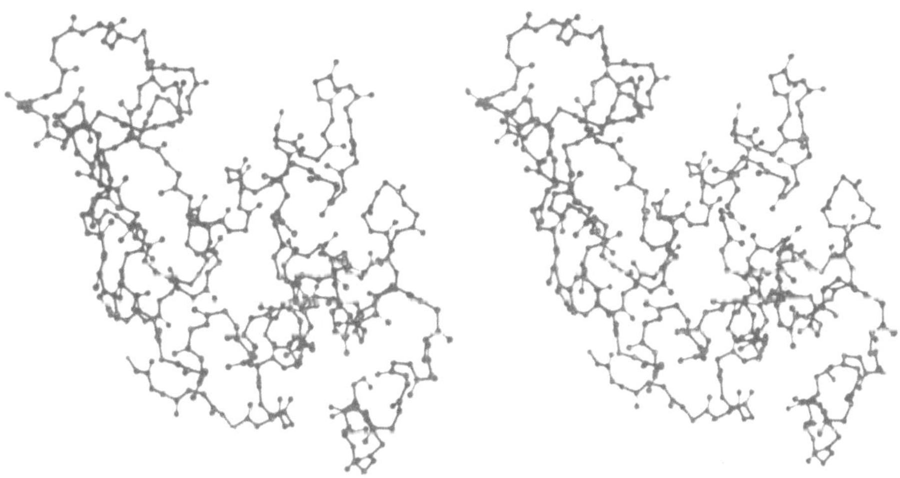

PHILLIPS — und das Lysozym [250—254].
Darstellung modifiziert nach D. C. PHILLIPS in [8].

sucht werden. Der Inhibitor füllt damit nur die Hälfte der großen Bindungsspalte des Enzyms aus. Versucht man nun durch model-building eine hexamere Struktur extrapolierend in die Spalte hineinzupassen, so kann der im aktiven Zentrum liegende Ring nur mit einer energetisch ungünstigeren verspannten Halbsesselform in die Furche eingefügt werden. Die einzigen mit der zu spaltenden Bindung im unmittelbaren Kontakt

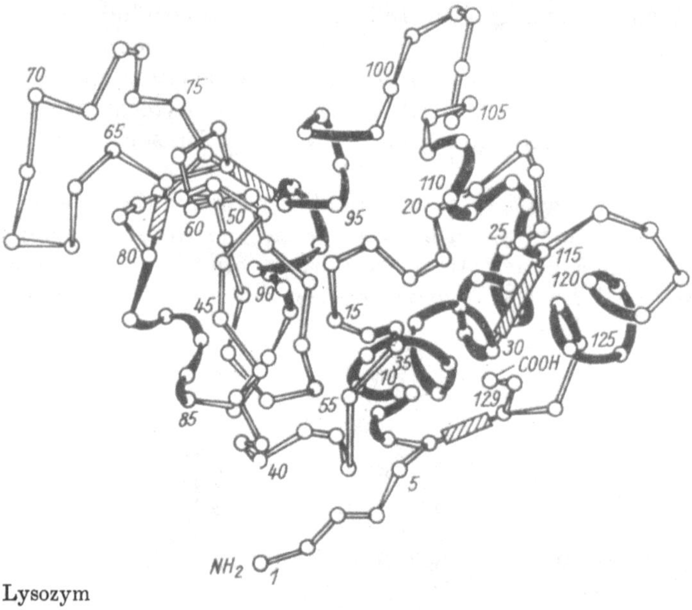

Lysozym
KENDREW-Skelett-Modell und Schemaverdeutlichung nach C. C. F. BLAKE u. Mitarb. [250].

CPK-Modelle des Lysozyms nach R. E. DICKERSON u. I. GEIS [12].

links:
Enzym ohne Substrat — man erkennt die tiefe Fixierungsspalte der Endocatenase.
Asp 52 im aktivierten Zentrum ist markiert. Der Gegenpart Glu 35 ist verdeckt.

rechts:
Enzym mit umrandet hervorgehobenem „Substrat“ eines NAG-Trimeren.

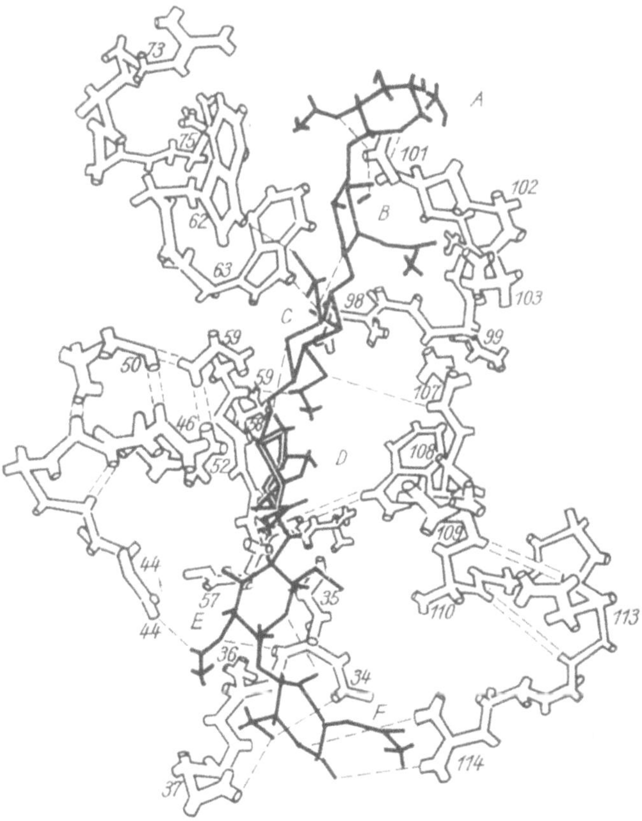

Schemazeichnung der NAG-Fixierung und Spaltung durch Lysozym nach D. C. PHILLIPS [251]. Die Bindungsspaltung erfolgt zwischen D und E.

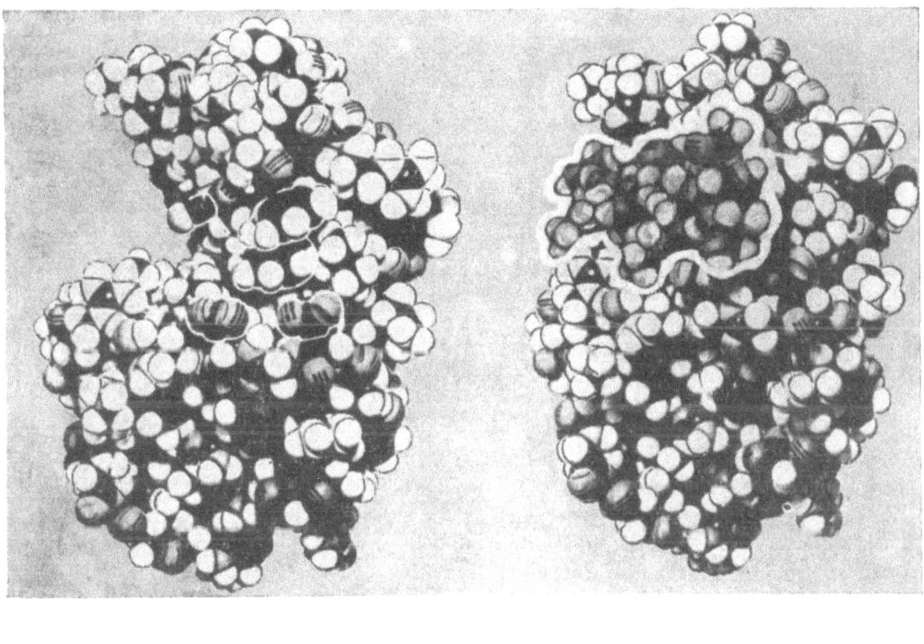

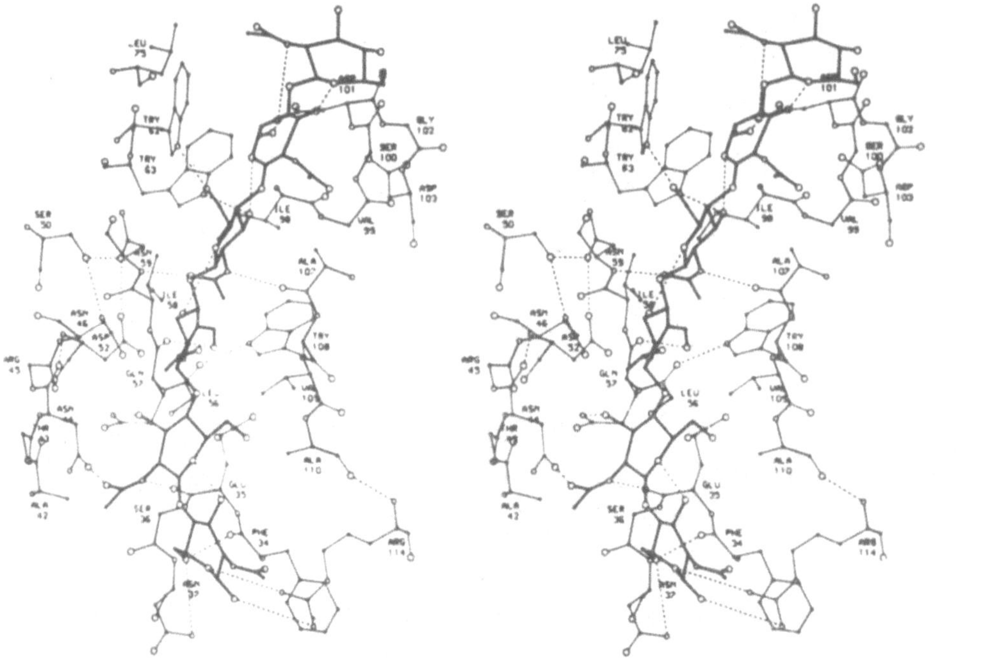

Lysozym ist das beste Beispiel für „strain" im Übergangszustand.
NAG-Hexameres im Substratfixierungsspalt der Endocatenase nach W. N. LIPSCOMB [59]. Ring D — vierter von oben — ist in der verzerrten Halbsessel-Konformation gezeigt. Die Ringe A, B und C sind anhand von Differenzelektronendichten ermittelt, D, E und F sind allein mittels „model building" extrapoliert.

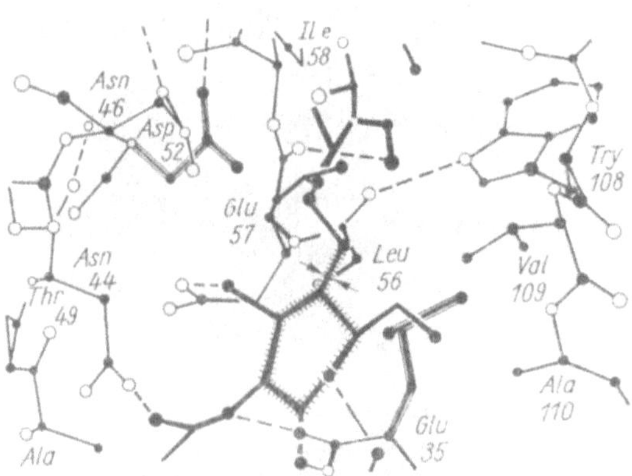

Aktiver Bereich des Lysozyms modifiziert nach W. N. LIPSCOMB [59].
Asp 52 steht oben links, Glu 35 rechts unten zu der zu spaltenden Bindung. Im optimalen Arbeits-pH ist Asp 52 wahrscheinlich ionisiert, Glu 35 protoniert.

befindlichen Seitengruppen sind Glu 35 und Asp 52, Säuregruppierungen, die im Arbeits-pH von ca. 5 sowohl ionisiert wie auch nicht ionisiert vorliegen können. Hinsichtlich des potentiellen Hydrolysemechanismus legt die besondere Sterik der Halbsesselform eine Mitbeteiligung eines Carboniumions nahe. Der Katalyseprozeß dürfte auf dem Zusammenspiel eines Protonendonators in Form einer undissoziierten Carboxylgruppe und eines Protonenacceptors, durch ein stabilisiertes Carboxylatanion

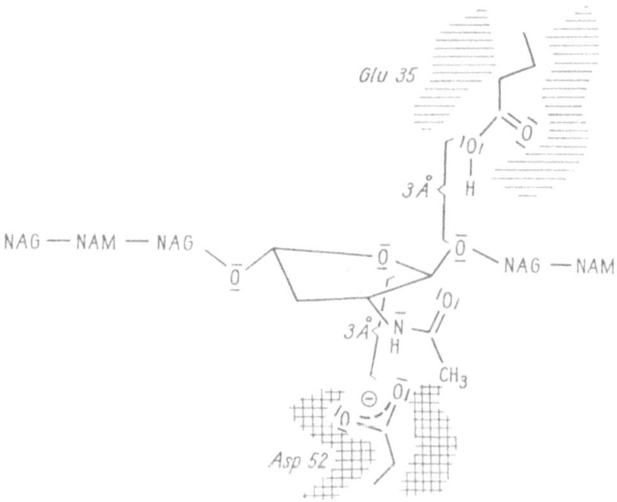

Schemawiedergabe der Hauptpartner im Spaltungsprozeß. Ring D in Halbsesselkonformation.

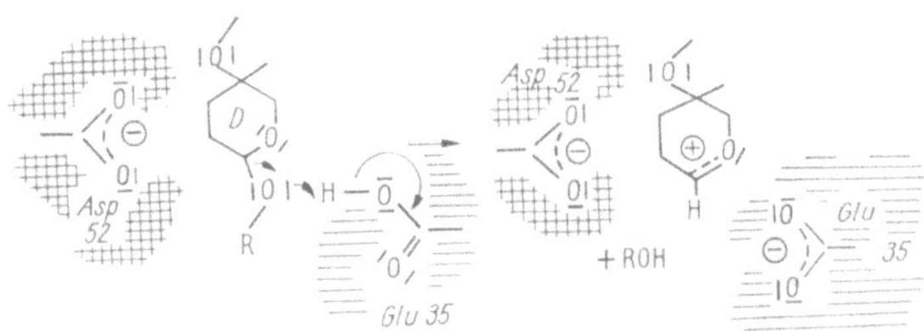

Wahrscheinlicher Reaktionsverlauf nach dem „Carboniumion"-Mechanismus.

repräsentiert, — einer recht häufigen Kombination — beruhen. Glu 35 und Asp 52 bieten sich für eine derartige Interpretation an. Die vorwiegend apolare hydrophobe Umgebung von Glu 35 dürfte eine Dissoziation des Carboxylprotons hintertreiben, die polare Nachbarschaft eine solche bei Asp 52 jedoch gerade fördern. Das nicht ionisierte Proton von Glu 35 würde die Sauerstoffbrücke angreifen und damit die C_1-O-Bindung schwächen. Sie bricht unter Übergang des Ringes in die verspannte Halbsesselanordnung, bei der durch Einebnung von C_1, C_2 und C_5 sowie des Ringsauerstoffs eine Ladungsverschmierung und damit Stabilisierung im Carboniumion zwischen C_1 und dem Ringsauerstoff erreicht wird. Begünstigt wird diese Anordnung durch das spezifische Stereo-

elektronikmuster des Enzyms im allgemeinen und die die Carboniumladung zusätzlich stabilisierende Asp 52 Carboxylatgruppierung. Diese Faktoren beschreiben mithin die Enzmyleistung für eine Absenkung der Aktivierungsenergie des Prozesses. Die Reaktion wird abgeschlossen durch den Ersatz des Glu 35 Protons durch ein Wasserproton und Rekombination des verbleibenden OH- mit dem Carboniumion [44, 59].
Lysozym ist mit diesem postulierten Mechanismus auch heute noch das beste Beispiel für den Einfluß von „strain" im Übergangszustand des umzusetzenden Substrats.
Ribonuclease — die Polynucleotidspaltung: Ribonuclease ist das erste Enzym, an dem man so etwas wie Protein-Nucleinsäure-Wechselwirkungen studieren konnte. Etwas von den Schwierigkeiten dieses weiten Feldes sich abzeichnender „third-code"-Beziehungen scheint auch auf dieses Randproblem abgefärbt zu haben. Trotz relativ weit

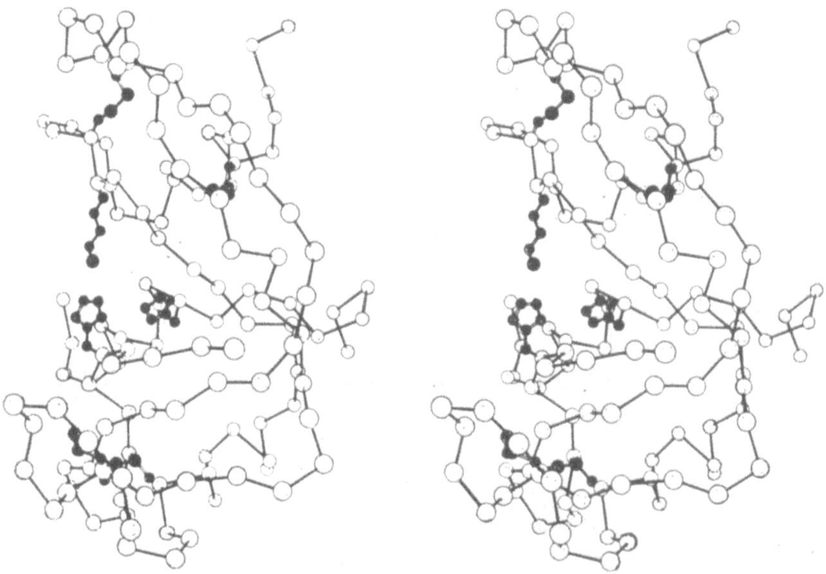

RICHARDS, WYCKOFF — und die Ribonuclease [256—259].
Stereomodell mit Einzelkettenmarkierung des aktiven Bereichs innerhalb der Substratfixierungsspalte der Endocatenase nach R. E. DICKERSON u. I. GEIS [12].

zurückliegender anhaltender Beschäftigungen mit dieser Problematik sind Substratfixierungen und Enzymmechanismus zweideutiger geblieben als in analogen anderen Fällen [255—261, 518].
Ribonuclease kam wohl evolutionär zunächst eine Schutzfunktion gegen artfremde Informationsträger zu. Die Unmöglichkeit, von vornherein Eindringlinge vom Eigenbestand zu unterscheiden, machte für die eigene Informationskonservierung besondere Schutzmechanismen wie gezielte und abgestimmte Proteinumhüllungen notwendig, bedingte andererseits aber wohl auch die relative Kurzlebigkeit von Informationsmolekülen, die gleichzeitig als Funktionsträger wirken, ein Problem auf das wir in einem weiteren Rahmen gleich noch einmal zurückkommen werden.
Die hier zu diskutierenden Ribonuclease A und B sind Enzyme, die von der Bauchspeicheldrüse abgesondert werden, um im Zwölffingerdarm RNA-Strukturen abzubauen. Es

sind extrazelluläre Enzyme, welche mit dem eigentlichen intrazellulären turnover der RNA-Strukturen nur in einem gemeinsamen funktionellen Zusammenhang stehen, ohne daß man in der Lage wäre, über die jeweiligen Mechanismen im einzelnen definierte Aussagen zu machen.

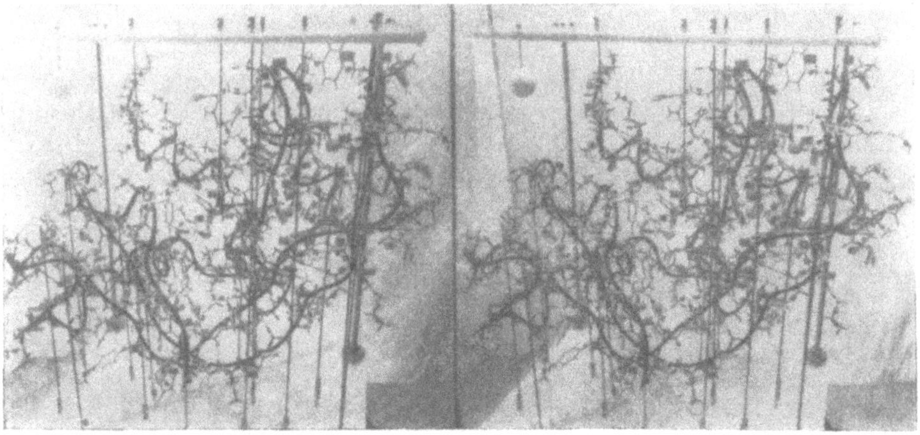

Ribonuclease S
KENDREW-Skelett-Modell nach H. W. WYCKOFF u. Mitarb. [257].
Blick in den Fixierungsspalt mit dem aktiven Zentrum des Enzyms. Man erkennt etwa im Zentrum Lys 41, dahinter His 12 und links davon — über den Spalt hinweg — His 119.

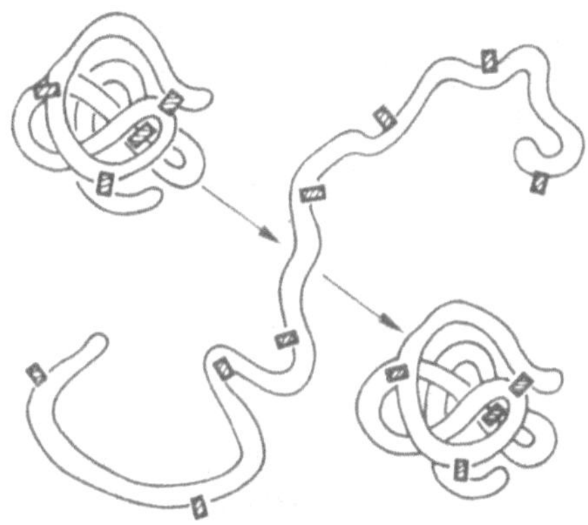

Ribonuclease
Modellsystem zwischen „unfolding" und „refolding" nach [255], vgl. auch [254, 260, 261, 113, 114, 115].
Liegt die Ribonuclease „im Energietopf"?

Während Ribonuclease B ein Glycoprotein ist, enthält die A-Form nur eine mit vier Disulfidbrücken vernetzte Peptidkette aus 124 Aminosäuren vom Molekulargewicht 13700. Die B-Form trägt über Asn 34 verbunden noch zusätzlich 5 Mannose- und 2 Glucosaminreste. Das Enzym katalysiert die Hydrolyse von RNA immer dort, wo in der Polynucleotidkette eine Pyrimidinbase steht. Ribonuclease ist ähnlich dem Lysozym von nierenförmiger Gestalt. In seiner „Nierenfurche“ liegen mit His 12, His 119 und Lys 41 charakteristische Gruppierungen des aktiven Zentrums. Wie Lysozym ist Ribonuclease dafür konstruiert, lange Ketten in der Mitte zu spalten, wie dieses ist es also ebenfalls eine Endocatenase. Behandelt man Ribonuclease A kurzfristig mit Subtilisin, einem später noch zu besprechenden proteolytischen Bakterienferment, so wird zwischen 20 und 21 eine Peptidbindung gelöst. Das dadurch gebildete Peptid-

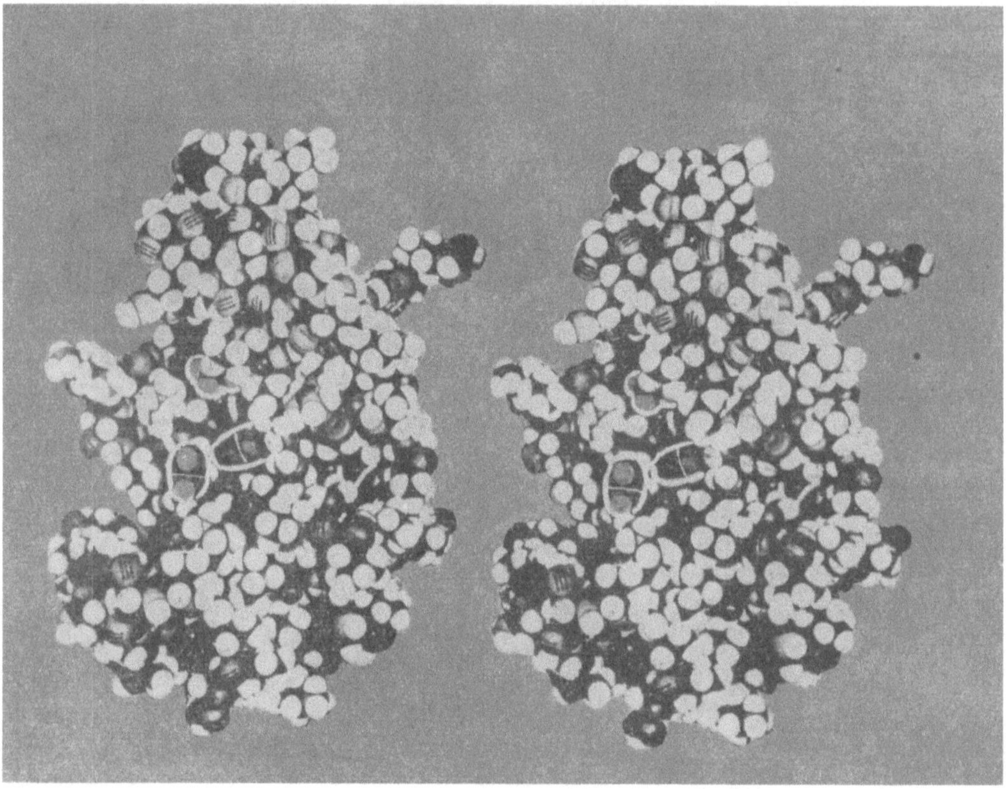

Ribonuclease S
CPK-Kalottenmodell nach R. E. DICKERSON u. I. GEIS [12].
Man erkennt — von links nach rechts über die Mitte laufend — die Fixierungsspalte des Enzyms. Im Zentrum sind Lys 41, His 12 und 119 der aktiven site weiß umrandet hervorgehoben.

fragment 1—20 — als S-Peptid bezeichnet — bleibt jedoch überraschenderweise mit dem Proteinbruchstück, dem sogenannten S-Protein (21—124), wechselseitig hydrophob verzahnt und verklebt. Das leichter kristallisierbare S-Protein, auch als Ribonuclease S bezeichnet, wurde röntgenanalytisch untersucht. Führt man dieses Protein durch Mercaptoäthanol-Reduktion seiner Disulfidbrücken in 8m-Harnstoff in eine vollständig strukturlose Form über, so gelingt es, unter sorgfältig kontrollierten Redoxidationsbedingungen 95—100% des Moleküls in seiner nativen Form zurückzuerhalten. Bei einer statistischen Verteilung der Disulfidverknüpfungschancen wäre nicht als ca. 1% zu erwarten. Man hat deshalb gefolgert, daß die Enzymkonformation der Ribonuclease S thermodynamisch stabil ist, das Molekül sich also in der nativen Form am Grund eines Energietopfes befindet, in den es bei sorgfältiger Reoxidation zurückfällt. Während das S-Peptid im wesentlichen Helixanteile beinhaltet, weist das Restprotein daneben noch mit 71—92/94—110 eine charakteristische V-förmige β-Faltblattstruktur auf, die sowohl die Gestalt des aktiven Zentrums wie auch die des gesamten übrigen Moleküls determiniert. Dem im wesentlichen hydrophoben, wasserfreien „Kern" steht ein etwas aufgelockerter „Flügel" gegenüber. Ansonsten wird auch hier das allgemeine Muster hydrophil-außen/hydrophob-innen befolgt.

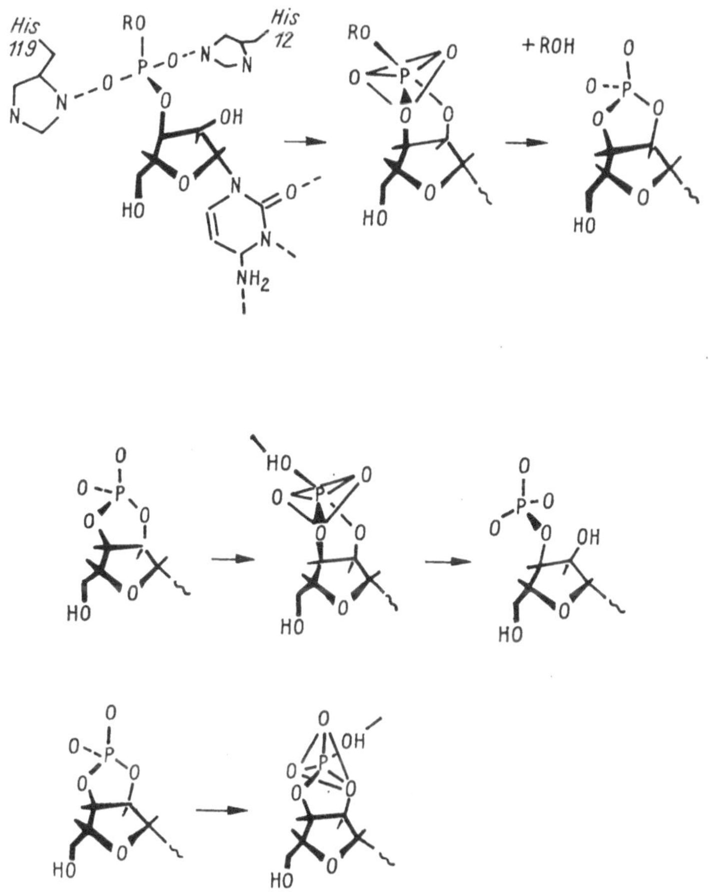

Mögliche Katalyseschritte der Ribonuclease nach W. N. Lipscomb [59].
Im Augenblick scheinen die Wege ohne Pseudorotation wahrscheinlicher.

3-CMP und 3-UMP-Inhibitoren markierten Bindungsregionen und legten erste Mechanismenvorstellungen nahe. Das Nucleotid wird in der anti-Stellung gebunden. Die Phosphatgruppierung ist von Lys 41 her mit ihren beiden Sauerstoffen zwischen His 12 und 119 eingespannt. Innerhalb des weiterführenden Spalts fixiert das Peptidamid von Thr 45 mit seiner H-Brücke die „invariante" 2-Sauerstoffunktion des Pyrimidinrings. Der H-Donator- bzw. Acceptorfunktion der 3-Stellung im Uracil bzw. Cytosin-Ring wird in reversibler Entsprechung durch die H-Brücken-Acceptor- bzw. Donator-Komponente der OH-Gruppe der gleichen Aminosäure Rechnung getragen. Eine zusätzliche Fixierung der Pyrimidin-4-O- bzw. NH_2-Funktion durch Ser 123 ist bisher umstritten. Die Lage des Pyrimidinrings wird zusätzlich durch zwei charakteristische hydrophobe bzw. π-leitende Seitengruppen fixiert. Etwas unterhalb der Ebene des

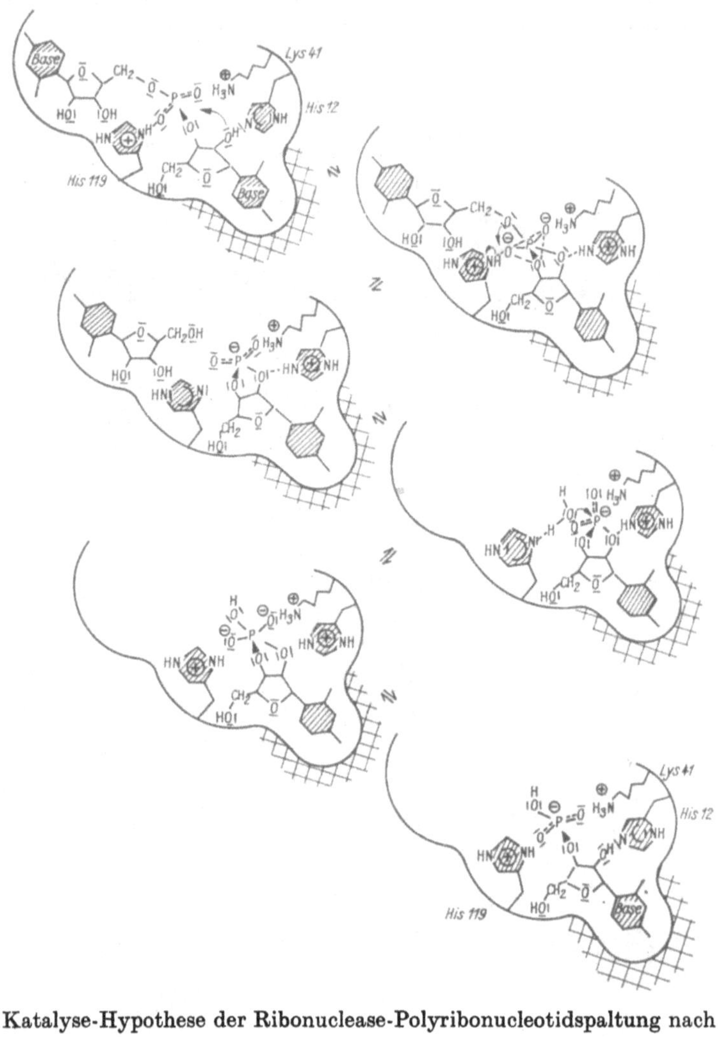

Katalyse-Hypothese der Ribonuclease-Polyribonucleotidspaltung nach [7].

Pyrimidinrings mit kleinem Winkel zu diesem ist Phe 120 angeordnet. Die gegenseitige Orientierung der beiden Aromaten erinnert an die „Heringsgrätenstruktur" gewisser Aromatenkristallformen. Den Abschluß der Fanggrube, in der sich das Pyrimidin „begräbt", bildet schließlich Val 43. Die 2-Sauerstoffunktion der Ribose scheint für die Enzymwirkung unbedingt erforderlich. Vermutlich ist sie in der Lage, eine H-Brücke zum N 3 von His 12 zu bilden, dessen N 1 wiederum eine H-Brücke zu einem Peptidkettencarbonyl betätigt. Die Position von His 12 wird damit doppelt fixiert. Die

5,6-Stellung der Base ist lösungsmittelzugänglich und nicht im Kontakt mit dem Enzym. Entsprechend der Geometrie der Bindungsregion könnte man auch die Anlagerung von Purinen vermuten. Hierfür sollte auch die beobachtete Bindung bei hohen Konzentrationen und ein allgemein kompetitiver Inhibierungseffekt durch Purinsubstratanaloge sprechen. Eine detailliertere Untersuchung offenbart jedoch, daß für derartige Wechselwirkungen die Ribose etwa 3 Å aus ihrer Normalposition herausgedreht werden müßte und entsprechende Wechselwirkungen des Substrats zu den

CPK-Modell des Fang- und Katalysezentrums der Ribonuclease:

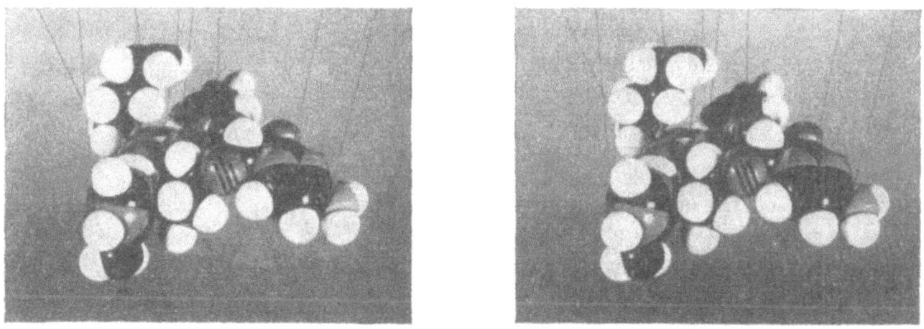

3-CMP als Substratanaloges zwischen Lys 41 (links), His 119 (links vorn) und His 12 (gegenüberstehend hinten) eingespannt.

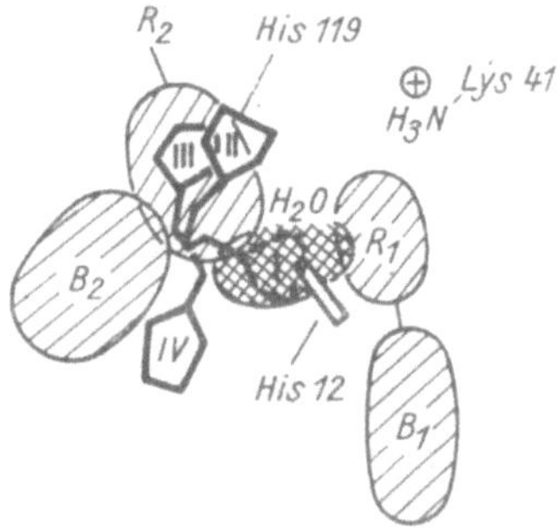

Relative Ortsänderungen von Lys 41, His 12 und 119 sowie eines Dinucleotid-Substratanalogen (UpCA) nach F. M. Richards u. Mitarb. [259].

aktiven Partien des Enzymzentrums wahrscheinlich unterbunden würden. Dagegen ließen weiterführende Röntgenstrukturanalysen mit Purin/Pyrimidin-Inhibitoren eine purinspezifische Bindungsseite oberhalb von His 119 erkennen. Dessen Imidazolring hat hier im Gegensatz zu den Untersuchungsbefunden am Mononucleotid-Substratanalogen eine recht fixierte Lage parallel zum angelagerten Purinsystem. Auch für das Dinucleosidphosphat bleiben die Sauerstoffe der Phosphatgruppierung in direktem Kontakt zu His 12 (N 3) und His 119 (N 1). Allerdings ist nun die Funktion von Lys 41 wieder unsicher geworden. Sollte es an die Phosphatgruppe salzgebunden sein, so wäre das nach den Geometriebefunden nur durch Vermittlung eines Wassermoleküls denkbar [44, 59].

Der Enzymmechanismus bleibt damit nach wie vor leicht umstritten und wäre spekulativ heute in zwei Stufen vorstellbar. Zunächst findet durch Imidazol(His 12)-katalysierten nucleophilen Angriff des Ribose-O-2- auf das Phosphoratom eine Umesterung statt. In deren Gefolge bildet sich z. B. aus dem CpA 2′,3′c-CMP und Adenosin.

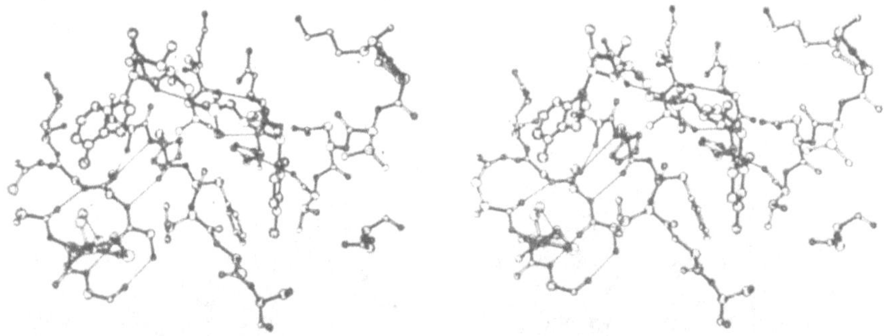

Ein C-variiertes Dinucleosiephosphatanaloges im aktiven Zentrum der Ribonuclease S nach W. N. LIPSCOMB [59]. His 112 befindet sich hier in Parallelstellung zum Purin, der Pyrimidinring liegt in der von Mononucleotiden her bekannten Anordnung. (Die zu spaltende P—O-Bindung ist durch eine P—CH_2-Bindung analogisiert.)

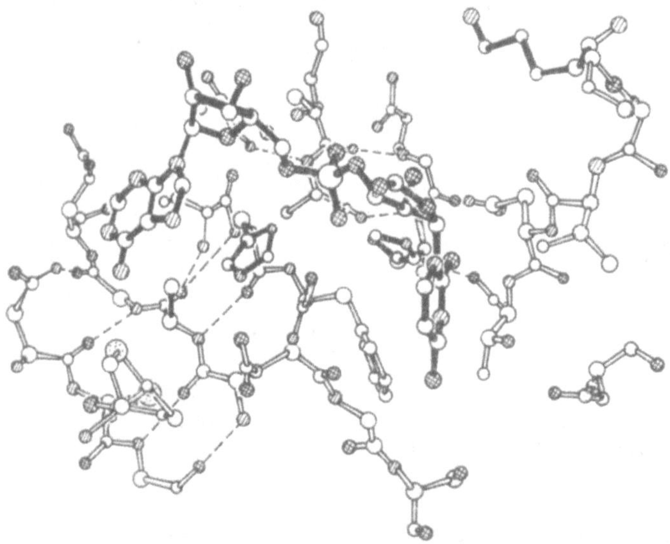

Detailvergrößerung der obigen Stereowiedergabe.

Die Stereochemie des Übergangs kann ohne die früher angenommene Pseudorotation erklärt werden. Der zweite Schritt ist der Angriff eines Wassermoleküls, der cCMP in Cytidin-3-phosphat überführt. Hier hängt die Stereochemie von der Richtung des Wasserangriffs ab. Die Befunde sprechen aber auch hier gegen eine Pseudorotation. Das Wassermolekül nähert sich invers zum Bildungsschritt des cyclischen Phosphats der austretenden Gruppe von der entgegengesetzten Seite.

Ribonucleasen sind für jeden Organismus eine ebenso latente wie potente Gefahr, da sie neben ihrer erwünschten Schutzfunktion gegen Fremd- und Falschinformation eine ständige Drohung für den Weiterbestand der Eigen-Information darstellen. Kann man sich hiergegen z. T. noch durch raffinierte Schutz-Strategien und Hüllfunktionen von Funk-

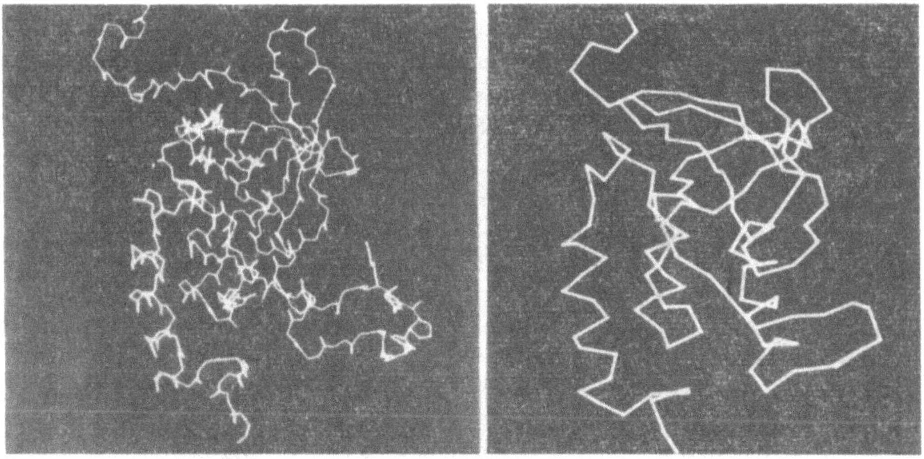

Staphylokokken-Ribonuclease, „Interactive computer displays" nach P. J. Bond [142].

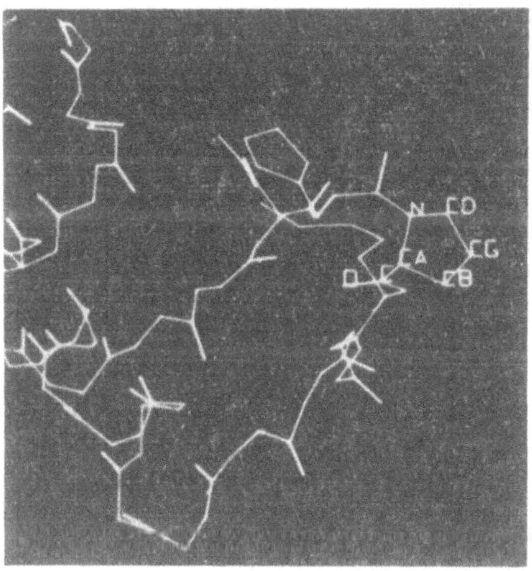

Nahausschnitt des loops in den rechten unteren Ecken obiger Abbildungen zwischen Lys 45 und 48.

Nichts vermag — leider — dieser in die zweidimensionale Papierebene gezwungene „Abklatsch" von dem ebenso wissenschaftlich exakten wie ästhetisch bezaubernden Eindruck der Rotation derartiger interactive computer displays in ihren vielfältigen Variationsmöglichkeiten — sei es auf dem Oszillatorschirm des Computers, sei es in der filmischen Reproduktion — wiederzugeben. Moderne Strukturinformation über biopolymere Systeme bedarf der dynamischen 3-D-Darstellung.

tionsmolekülen wie Proteinen schützen, so bedeuten Systeme, die diese Funktionsproteine selbst angreifen können, eine direkte Gefahr für den Informations- und Operations-Bestand des Gesamtorganismus. Derartige Enzymsysteme, die sich selbst und artverwandte Strukturen abbauen und verändern können, gefährden die Basis jedes lebenden Organismus. Sie sind Kannibalen, die — wenn überhaupt — sehr umsichtig und gezielt gehandhabt werden müssen.

Proteasen — die Polypeptidspaltung: Auch unter diesen potentiellen Kannibalen- bzw. Suicid-Enzymen kennen wir röntgenstrukturanalytisch wieder nur extrazelluläre Enzymmuster. Immerhin offenbaren selbst ihre funktionslimitierten Verhaltensschemata, wie sorgsam der Organismus mit diesen gefährlichen „Raubtieren" umgeht [262—295, 483, 548—554].

Proteolytische Enzyme

Endopeptidasen:

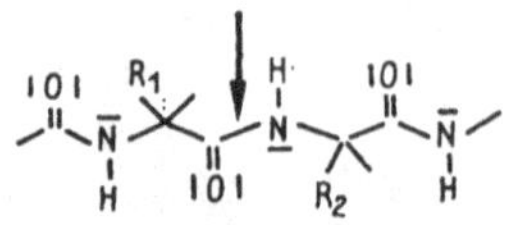

Enzym	*Vorkommen*	*Spezifität Haupt-*	*Neben-*
Trypsin	*Tier/Pankreas*	*R = Arg, Lys*	
Chymotrypsin	*Tier/Pankreas*	*R = Trp, Phe, Tyr*	*Leu, Met, Asp-NH₂, His*
Pepsin	*Tier/Gastromucosa*	*R₂ = Trp, Phe, Tyr, Met, Leu, Trp*	*verschiedene*
Prolidase	*Tier*	*R₁ = R₂ = Gly*	
Papain	*Pflanze (Papaya)*	*R₁ = Arg, Lys, Gly*	*kein Angriff auf saure Reste*
Ficin	*Pflanze*	*unspezifisch*	
Subtilisin	*Bakterien (bac. subt.)*	*aromat./aliph. Reste*	
Nagarse	*Bakterien*	*unspezifisch*	
Pronase	*Bakterien*	—·—	
Elastase	*Tier (Pankreas)*	*neutrale Reste*	
Thermolysin	*Bakterien (bac. thermoproteolyt.)*	*hydrophobe Reste (Leu, Ile, Phe)*	

Exopeptidasen

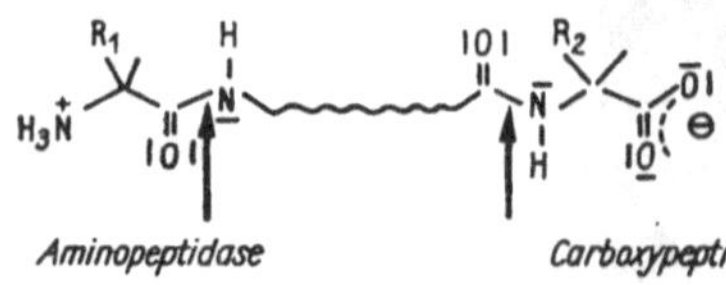

Carboxypeptidase A	*Tier/Pankreas*	*R₂ = Tyr, Trp, Phe u. ä.*	*kein Angriff auf Arg, Lys, Pro*
Carboxypeptidase B	—·—	*R₂ = Arg, Lys*	
Carboxypeptidase C	*Pflanze*	*unbekannt*	
Iminopeptidase	*Tier*	*Pro?*	
Leucin-amino-Peptidase	*Tier/Niere/Intestinalmucosa*	*verschieden unspezifisch*	*kein Angriff auf Pro*
Aminopeptidase M	*Tier*		

Proteasen, der Versuch einer Übersicht modifiziert nach F. Wold [7].

Zunächst wird schon bei der Synthese ein vorsorglicher Umweg eingeschlagen. Es werden Kryptomuster gefertigt, die selbst relativ impotent erst am Ort ihrer Taten durch ein ausgeklügeltes Signalsystem in potente Angriffs-Formen überführt werden müssen. Sollte aber aus unerklärlichen Gründen zufälligerweise doch einmal das Unglück eintreten, daß ein solches System schon vor dem beabsichtigten Wirkort aktiv wird, gibt es eigens konstruierte Inhibitoren, die — auf dem Wege zum Bestimmungsort in ausreichender Konzentration vorhanden — das „Raubenzym" zu einem sich im Inhibitor verbeißenden rasch gestoppten Angriff verführen. Erst am Bestimmungsort übersteigt die z. T. autokatalytisch anwachsende Konzentration der Kannibalen-Enzyme die Konzentration der Inhibitoren, so daß diese nunmehr — in ihrer beschränkten Zahl bedeutungslos — dem Protease-Drang der Enzyme freien Lauf lassen.

Die kleinen Strategien und Taktiken der Nucleasen- und Proteasenhandhabung sind Teil eines viel größeren Mechanismus, der möglichen Gegenregulation zur Nucleinsäure- und Proteinbiosynthese, auf die im Anschluß an eine kurze Vorstellung extrazellulärer, und damit für die sehr viel wesentlicheren intrazellulären Mechanismen wahrscheinlich nicht völlig relevanter Systeme noch einmal zurückzukommen sein wird.

Jedoch auch die beschränkten Einsichten aus den extrazellulären Proteasesystemen sind vielfältig genug. Schon bald, nachdem eine Proteinbiosynthese aufgebaut werden konnte, müssen schon in frühen Perioden der Evolution wirksame proteolytische Abbaumechanismen hinzugekommen sein. Dementsprechend weitverbreitet in vertikaler Tiefe und horizontaler Breite sind auch die proteolytischen Enzymstrukturen. Die extrazellulären Proteasen des Verdauungstraktes waren darüberhinaus aufgrund vielfältiger Variationen der Voraussetzungen unterschiedlichen Anpassungskriterien unterworfen. Damit mußten die Zentren des proteolytischen Angriffs am Substrat und notwendigerweise damit korreliert die Stereoelektronikmuster der aktiven Enzymbereiche eher flexibel und variabel gehalten werden.

So haben pflanzliche und tierische Proteasen in Funktionskonvergenzen von unterschiedlichen Sequenzen und Tertiärstrukturen ausgehend durchaus ähnliche Katalysemuster entwickelt, die sich bei pflanzlichen und tierischen Proteasen in der Variation von Serin- und Cystein-Resten im sonst sehr ähnlichen aktiven Zentren manifestieren. Phylogenetische Struktur/Wirkungsbeziehungs-Studien finden damit auch auf dem Gebiet der Proteasen ein dankbares Feld.

Besonders gründlich sind die Verdauungsenzyme des Magens (Pepsin und Rennin) sowie der Bauchspeicheldrüse (Trypsin, Chymotrypsin, Elastase und Carboxypeptidase A) untersucht worden. Das Bild wird komplettiert durch die in Papayafrüchten vorkommende pflanzliche Protease Papain und die Bakteriensysteme Subtilisin und Thermolysin [59, 262—276, 483, 548—553].

Die Enzyme werden am Ribosom in Gestalt von Vorstufen, sogenannten Zymogenen synthetisiert. Diese müssen dann kurz vor Gebrauch am beabsichtigten Wirkort durch Säure, andere Enzyme und z. T. in Autokatalyseschritten in die aktiven Enzyme umgewandelt werden. Für die Pankreasenzyme geschieht das im Dünndarm. Dieses „Anstellen“ der Enzyme erfolgt durch das Abschneiden kleiner Peptidbestandteile. Der im allgemeinen recht komplexe Aktivierungsprozeß birgt zwei biologische Vorteile: die Restriktion der Enzymfunktion für die geeigneten Raum/Zeit-Koordinaten und eine molekulare Amplifikation an eben diesen gewünschten Koordinatenlinien.

Pepsin wird so z. B. durch Säuren oder auch Pepsineinwirkung aus einem größeren Praekomplex mit MGW 42000 in einen Pepsin-Inhibitor Komplex vom MGW 38000 zerlegt. Daneben entstehen fünf kleinere Peptide. Nochmalige Spaltung aktiviert schließlich das freie Pepsin mit einem MGW von 35000. Trypsin entsteht aus einem Trypsinogen vom MGW 24000 durch Abspaltung von insgesamt 6 Aminosäuren. Die Umwandlung wird im Darm zunächst mit Enterokinase initiiert, verläuft dann aber autokatalytisch mit hoher Geschwindigkeit weiter. Die Enterokinase ist das Schlüsselenzym der gesamten Aktivierung der Pankreaszymogene. Ihre Primärfunktion ist die Umwandlung von Trypsinogen in Trypsin. Dieses aktiviert dann sowohl sich selbst wie auch die anderen Zymogene. Im Trypsinogen wird die Bindung zwischen 5/6 gespalten, vermutlich weil keine andere gleich gut zugänglich ist. Der Prozeß ist beim Trypsin autokatalytisch. Neuerdings werden hier auch Selbstaktivierungsprozesse über unterschiedliche Aggregationsformen diskutiert. Chymotrypsin ist von seiner Konstruktion her gegen Selbstmordabsichten ziemlich gefeit. Seine von ihm am besten zu spaltenden Bindungen sind großen hydrophoben Gruppen benachbart, die zumeist in das Innere des Moleküls verbannt sind. Trypsin aber spaltet Bindungen neben oberflächenorientierten Resten und ist damit angriffslustiger gegen andere Systeme — und auch gegen sich selbst.

Besonders gut wurden die insgesamt verwickelteren Aktivierungsmechanismen am Chymotrypsin studiert. Hier wird ein sogenanntes Chymotrypsinogen A zunächst unter tryptischer Spaltung von Arg 15 und Ile 16 in ein bereits aktives π-Chymotrypsin überführt. Dies bleibt jedoch zunächst mit dem Spaltstück hydrophob verbunden. Chymotrypsin beißt aus diesem nunmehr unter Angriff auf Leu 13—Ser 14 das Dipeptid Ser 14—Arg 15 heraus, und es entsteht eine δ-Form. Noch einmal wiederholt sich an ihr der analoge Vorgang unter Verlust des Dipeptids Thr 147—Asn 148, ehe das verbleibende Chymotrypsin funktionsfähig ist. Die bisweilen noch vorzufindende Unterscheidung in α- und γ-Chymotrypsin markiert nur die bei niedrigem bzw. hohem pH vorliegenden Formen des gleichen Moleküls. Carboxypeptidase A entsteht aus einem Subunitkomplex dreier Einzelindividuen (Procarboxypeptidase A—MGW 88000) in einer verwickelten Trypsin-katalysierten Reaktionsfolge unter Hinterlassung eines Gebildes, welches als fertiges Enzym im wesentlichen eine subunit des Vorkomplexes darstellt (MGW: 34600).

Abhängig von ihrer Aktion als Endo- bzw. Exocatenasen weisen die Enzyme jeweils ähnliche Struktur/Funktions-Muster auf.

Endoproteasen — Trypsin, Chymotrypsin, Elastase, Subtilisin und Papain: Zu den am eingehendsten untersuchten Enzymen dieser Gattung gehören Trypsin, Chymotrypsin, Elastase, Subtilisin und Papain [59, 262—276, 295, 483, 548—553].

Während letzteres als Pflanzenprotease eine sogenannte SH-Protease ist, gehören alle vorhergehenden einschließlich der Bakterienprotease Subtilisin zu den Serin-Proteasen oder -Esterasen. Auch hier findet sich übrigens bemerkenswerterweise wieder jenes eigenartige Diskriminierungsdefizit zwischen Hydroxy- und Aminosäuren.

Die Gruppe der Serinenzyme ist damit naturgemäß eigentlich noch sehr viel weiter gefaßt. So gehören beispielsweise Thrombin, Phosphorylasen, alkalische Phosphatasen und andere Enzyme in dieses mit dem hier verwendeten nicht deckungsgleiche Einteilungsprinzip der Serinenzyme, die alle im aktiven Zentrum über einen reaktiven Serinrest verfügen. In den verschiedenartigen Reaktionsabläufen greift die im allgemeinen als Protonendonator fungierende Serin-OH-Gruppe nucleophil bestimmte Bindungen an, verhält sich also ähnlich der Carboxylatstruktur von Asp 52 im Lysozym. In den Serinproteasen ist dies in ein schon vor der Röntgenstrukturanalyse im wesentlichen chemisch ermitteltes elektronisches Relaissystem zwischen der Carboxygruppe eines Asp, dem Imidazol eines His und der OH-Funktion eines Ser eingebettet. Die Carboxygruppe liegt ionisiert in Form einer „begrabenen Ladung" vor — H-Brücken binden zum Imidazol und darüberhinaus zum Serin. Der Effekt des pH-Wertes auf die katalytische Aktivität zeigt, daß bei pH 6,7 die Protonierung einer Gruppe im katalytischen Bereich des Relaissystems diese Enzyme für die beiden Reaktionsschritte des Katalysemechanismus aktiviert: die Acylierung und die Deacylierung. N 1 vom

Das „striptease“ der Proteasen am Beispiel des Chymotrypsin in verschiedenen Darstellungen:

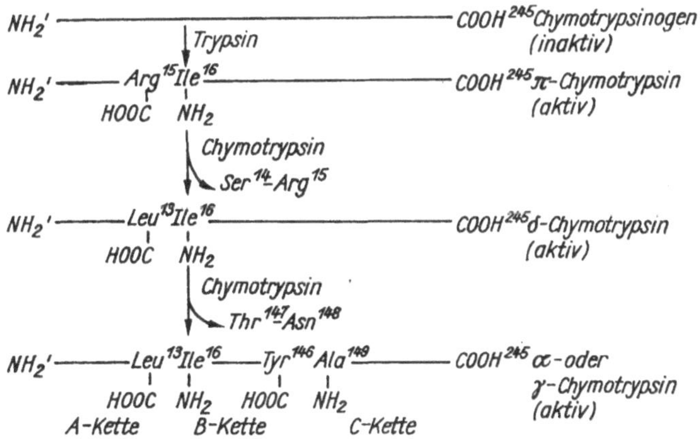

1. Schema-Darstellung des Prinzips;

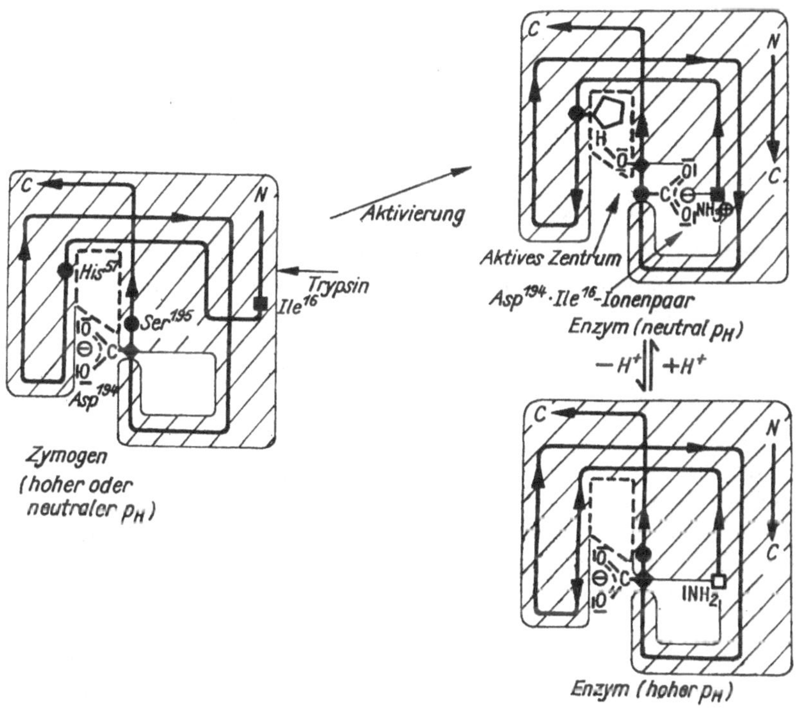

2. Skizzierung der Umorientierungen am aktiven Zentrum nach B. P. Sigler u. Mitarb. [265].

Histidin ist zur freien Carboxygruppe des Asp, die OH-Funktion des Serins mit der N 3-Position des Histidins H-gebunden. Sowohl für pH 4 wie auch pH 8 ergeben sich damit Mesomerieverschmierungen innerhalb des aktiven Zentrums. Oberhalb pH 7 besitzt das gesamte System eine negative Ladung. Im Ser-Acylstatus ist das Relais unterbrochen, da kein Proton mehr für eine Verbindung zwischen dem Serin und dem Histidin zur Verfügung steht. Erst durch die Insertion eines Wassermoleküls im Deacylierungsschritt kann das Relais wieder hergestellt werden. Die Serin-OH-Gruppe steigert sich in diesem Katalysezentrum zu einem Amidbindungen angreifenden Nucleophil, geeignete Geometrien von Relais und Substrat vorausgesetzt.

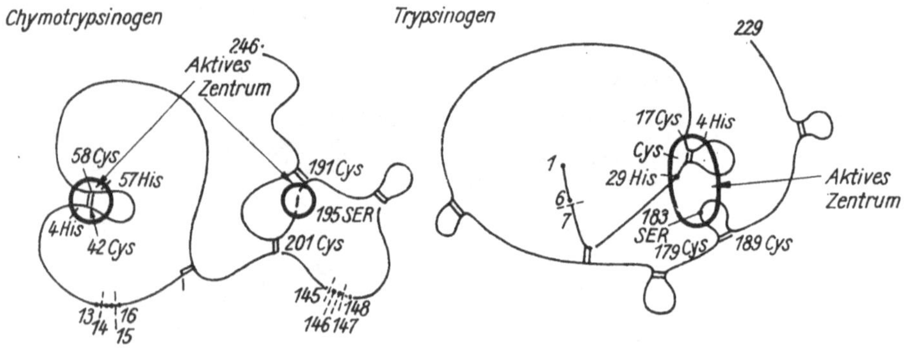

Chymotrypsin-Aktivierung:
Umorientierungen der Sekundär- und Tertiärstruktur.
Schemaskizze nach H. NEURATH [264].

Motor des gesamten Mechanismus könnte der Versuch der vergrabenen Ladung an der Carboxylatstruktur sein, über dieses System in eine Region größerer Dielektrizitätskonstante zu entkommen. Da es unwahrscheinlich ist, daß Protonen in H-Bindungen gegen einen großen pH-Gradienten transferiert werden, scheint es möglich, daß dieses spezifische System für die Ladung den einfachsten, energieärmsten Ausweg aus der hydrophoben Umgebung darstellt.

Betrachtet man die Gruppe der Endoprotease näher, so fällt sofort die große Ähnlichkeit zwischen Trypsin und Chymotrypsin auf. Die Verwandtschaftsbeziehungen erstrecken sich auf Ursprung — auch hier könnte wieder eine Genverdoppelung im Spiel gewesen sein — Bildungsgeschwindigkeit, Endocatenaseaktivität, katalytische Wirkungsweise und Primär-, Sekundär- und Tertiärstruktur. Der einzige wirklich wesentliche Unterschied zwischen beiden ist die unterschiedliche Substratspezifität. Chymotrypsin zerschneidet die Peptidkette neben der Carbonylgruppe einer Aromatenaminosäure (ähnlich wie es auch Pepsin macht). Trypsin dagegen benötigt an der gleichen Stelle eine positiv geladene Seitenkette als Signalregion. Chymotrypsin ist also aromaten-, Trypsin dagegen Lys- und Arg-spezifisch. Die Spezifität scheint beim Trypsin am ausgeprägtesten, sie fällt gegen das Chymotrypsin leicht ab. Für Elastase — einem nicht allzu weit entfernten Vetter — hatte man ursprünglich eine eher verwaschene Spezifität angenommen. Jüngere Untersuchungen deuten aber auch hier eine recht hohe Spezifität an. Elastase bevorzugt hydrophobe aliphatische Seitenketten wie beispielsweise Leu, aber auch und ganz besonders gut: Ala.

Das „charge relay“ System der Serin-Proteasen am Beispiel des Chymotrypsin.

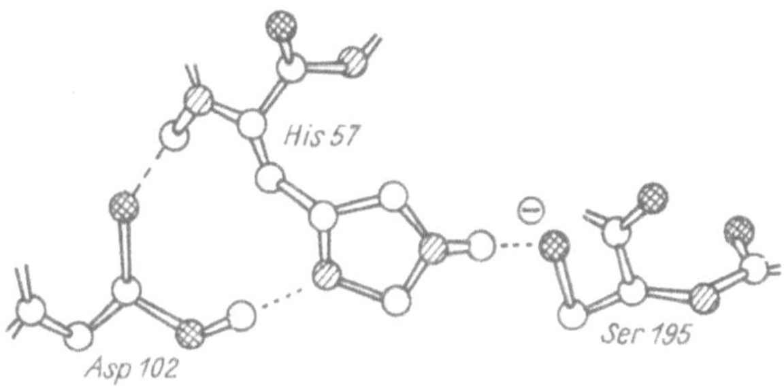

Anordnung von Asp 102, His 57 und Ser 195.

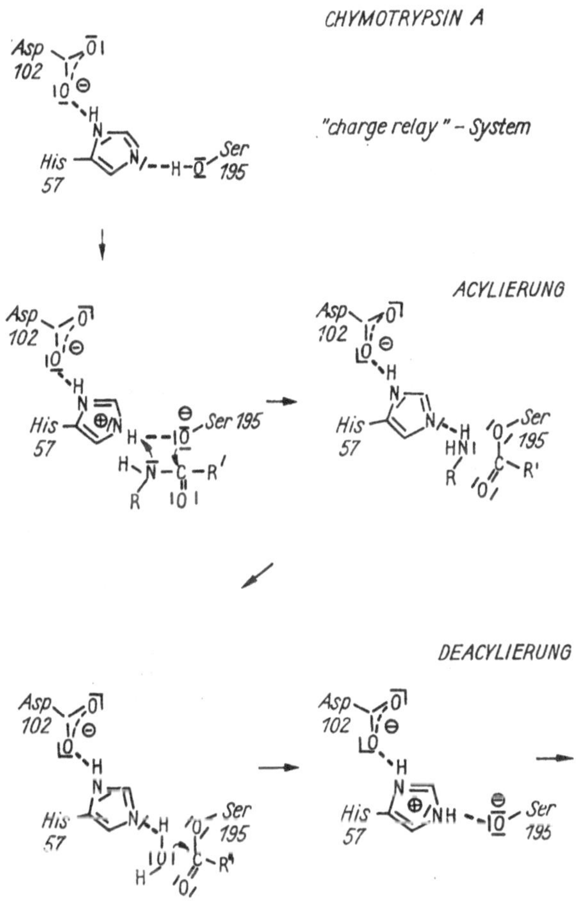

Mechanismus zwischen „charge relay“, Acylierung und Deacylierung. Ist das Stimulans der Nucleophilie der Serin-OH-Funktion der Versuch der in einem Medium niedriger Dielektrizitätskonstante begrabenen Ladung der Carboxygruppe des Asp 102 über das Relais in ein solches höherer Dielektrizitätskonstante zu gelangen?

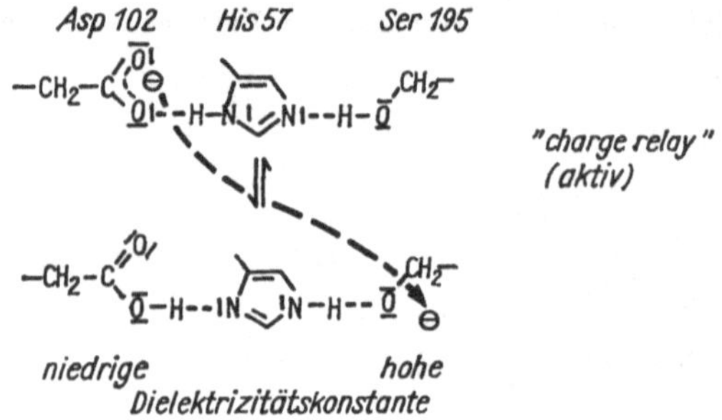

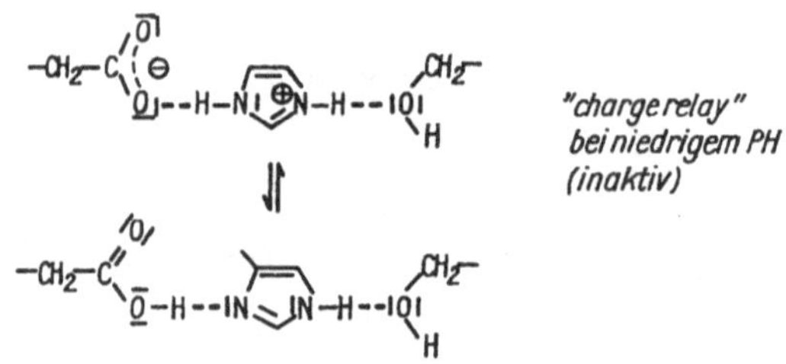

Chymotrypsin, „charge relay“ zwischen Aktivität und Nichtaktivität bei unterschiedlichen pH-Werten nach [295].

α-Chymotrypsin-Varianten des aktiven Zentrums in „interactive computer displays“ nach P. J. Bond [142]:

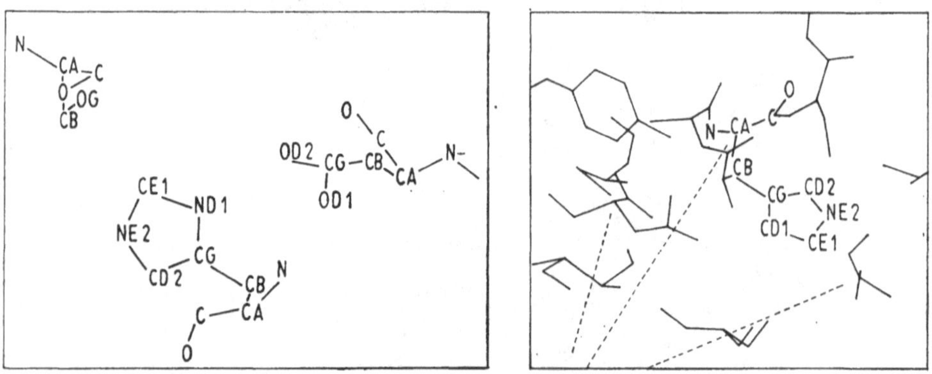

Die Geometrie des „charge relay“-Systems.
Wechselwirkung mit His 57 (Mitte) und mit dem „vergrabenen“ Asp 102 (rechts) verleiht Ser 195 (oben links) eine negative Ladung und damit die Fähigkeit zum nucleophilen Angriff auf eine sterisch geeignet orientierte Amidgruppe.
Seitenketten-display mit α-C-Atomen innerhalb von 10, und allen anderen Atomen innerhalb von 7 Å Entfernung vom α—C des His 57. Der „pointer“ links unten lokalisiert die α-Cs von Asp 102 (links), His 57 (mitte) und Ser 195 (rechts).

α-Chymotrypsin-Variationen in „interactive computer displays" nach P. J. BOND [142]:

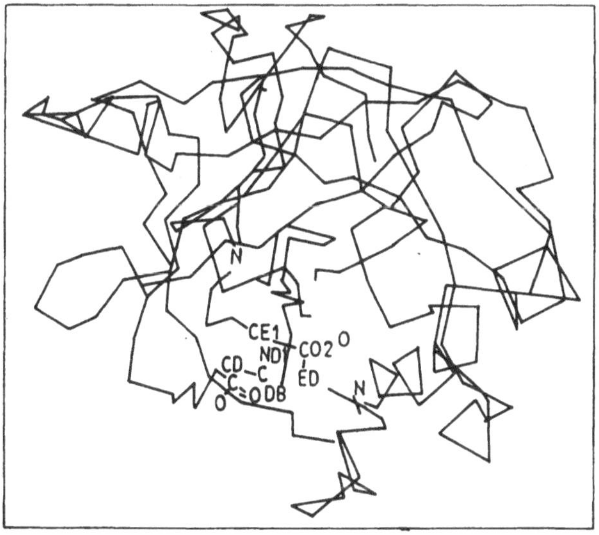

Chymotrypsin-α-C-Kette. Das aktive Zentrum mit Asp 102, His 57 und Ser 195 ist durch ausgeführte Seitenketten mit Numerierung markiert.

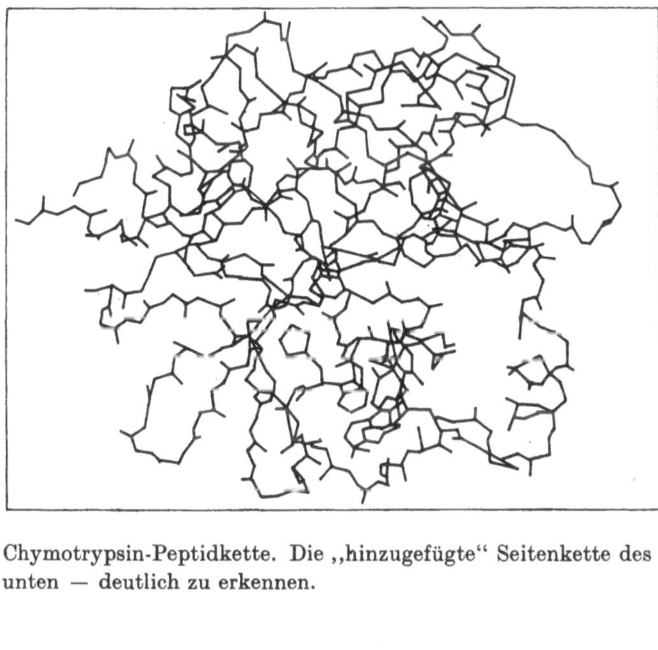

Chymotrypsin-Peptidkette. Die „hinzugefügte" Seitenkette des His 57 ist – Mitte unten – deutlich zu erkennen.

Subtilisin hat ein aktives Zentrum gleicher Stereoelektronik wie die vorgenannten drei Proteasen entwickelt, obgleich Sequenz und Faltung dieser Bakterienprotease völlig unterschiedlich sind. Zusammen mit diesen stellt es das bisher überzeugendste Beispiel einer Funktionskonvergenz, der unabhängigen Evolution des mehrmals gefundenen optimalen Mechanismus in nicht miteinander verwandten Enzymstrukturen dar.
Papain schließlich ist — wie schon angeführt — keine „Serin"- sondern eine „Sulfhydryl"-Protease, mit ähnlichem, aber doch in seiner Feinausführung etwas differenziertem Funktionsmechanismus.

DICKERSON — und das Trypsin [263],
MATTHEWS — und das Chymotrypsin [265—267],
HARTLEY — und die Elastase [269—272],
— einige Serin-Endoproteasen in Hochauflösung.

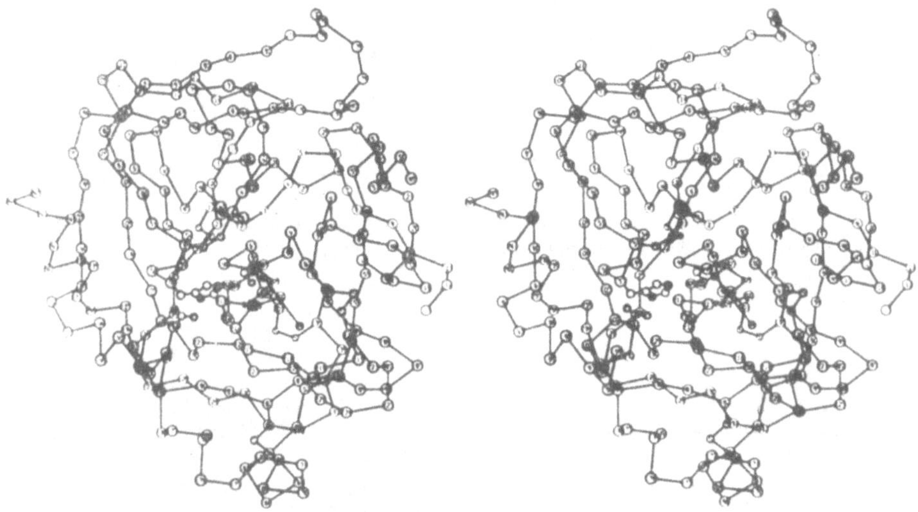

α-C-Atom-Darstellung des α-Chymotrypsins nach B. S. HARTLEY und Mitarb. [269—272].
Die Tertiärstruktur von Trypsin zeigt extreme Homologien zu α-Chymotrypsin und Elastase.

In erster Näherung weisen all diese Endoproteasen charakteristische eiförmige Gestaltungen auf, in denen sich Bindungsregionen und aktive Zentren durch jeweils tiefe Spalten manifestieren. Auch hier stehen eher festen, hydrophoben Kernbereichen relativ locker gebaute „Flügel" gegenüber. Von Helices wird nur sparsamer Gebrauch gemacht, β-Faltblattformen sind dagegen — z. T. ähnlich dem später zu behandelnden Thermolysin in Zylinderstrukturen abgewandelt — verbreitet, ebenso wie komplizierte Zwischenmuster, die sich in unsere bisherigen Strukturordnungsschemata — unvollkommen wie sie sind — noch nicht einordnen lassen. Chymotrypsin besitzt 5-Disulfidbindungen, Trypsin sechs. Vier sind lagemäßig jeweils in beiden Systemen identisch. Die Substraterkennungsregionen befinden sich neben den aktiven Zentren. Sie sind für Chymotrypsin, Trypsin und Elastase in charakteristischer Weise modifiziert. Die Tasche des Chymotrypsins stellt sich als eine etwas ungleichmäßig abgeflachte Höhlung von

10—12 × 5,5/6,5 × 3,5—4 Å dar. Sie ist damit sowohl geräumig genug für Tryptophan wie auch tief genug für Tyrosin. Die Enge erlaubt jedoch nur eine bestimmte Einschubrichtung des Signalaromaten. Die Tasche von Trypsin ist insoweit verändert, als ein Serinrest des Chymotrypsin durch ein Asp 189 am Grund der Tasche ersetzt ist, Fänger und Lokalisationspunkt für die positiv geladenen Seitenketten der basischen Reste. Für die Elastase ist die Tasche durch Ersatz eines Gly mittels Thr 226 am Boden etwas eingeengt und zudem an der Öffnung durch die voluminösen Seitenketten eines Val 216 teilweise blockiert. Hier ist zwar kein Platz mehr, um einen Aromaten hineinzuschieben, doch die Tasche ist eine ideale Verhakungszone für hydrophobe Reste, an der Spitze: Ala.

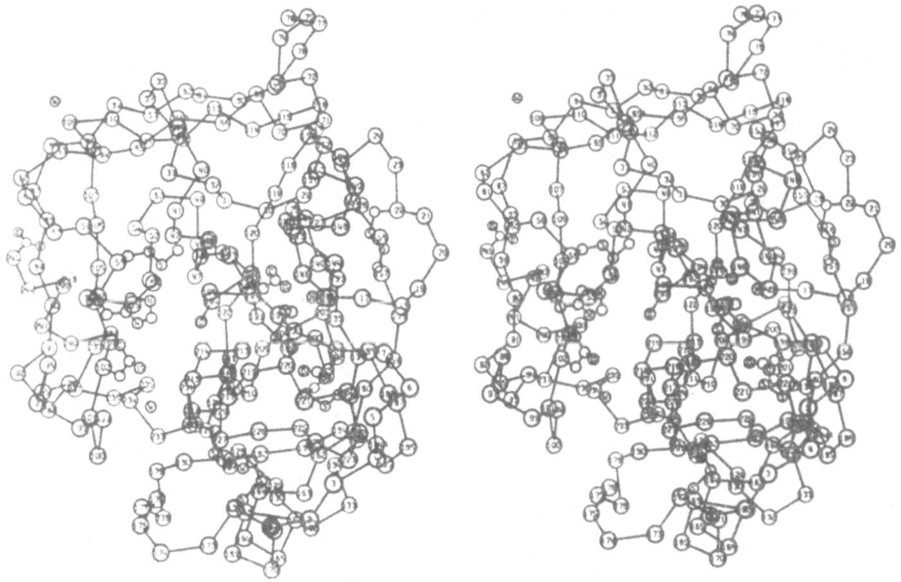

2,7 Å-Hochauflösung von Trypsin in α-C-Atom-Stereodarstellung nach [549].

Für das in Aktivierungs- und Katalysemechanismus bisher am besten untersuchte Chymotrypsin zeigte N-Formyl-tryptophan als Scheinsubstrat die folgende Einpassung: Der Tryptophanrest liegt in der hydrophoben Tasche der Erkennungsregion. Ser 195 befindet sich in der Nähe des Kohlenstoffs der Carboxylatgruppe, dem Ort des Angriffs im wirklichen Substrat. Hier erscheinen die beiden Sauerstoffe der Carboxylatgruppierung des Scheinsubstrats H-gebunden zum OH von Ser 195 und dem N 3 von His 57, dem anderen Katalysepartner. Chymotrypsin zeigt im Substratbindungsprozeß kaum Veränderungen der Konformation. His 57 und Ser 195, die beiden Kandidaten des Elektronenrelaissystems im aktiven Zentrum stehen beide im VAN DER WAALS-Kontakt zu dem zu spaltenden Bindungsbereich. Die Amidgruppe des Formylkopfes könnte an Ser 214 H-Brücken-gebunden sein. Model building-Studien lassen eine Anheftung des einen Teils der Substrat-Peptidkette in der Verlängerung der Spaltvertiefung in Form eines antiparallelen β-sheet vermuten. Über die Carboxylgruppe hinaus bestehen dagegen keinerlei sichere Hinweise über einen definierten Verlauf des anderen Teils

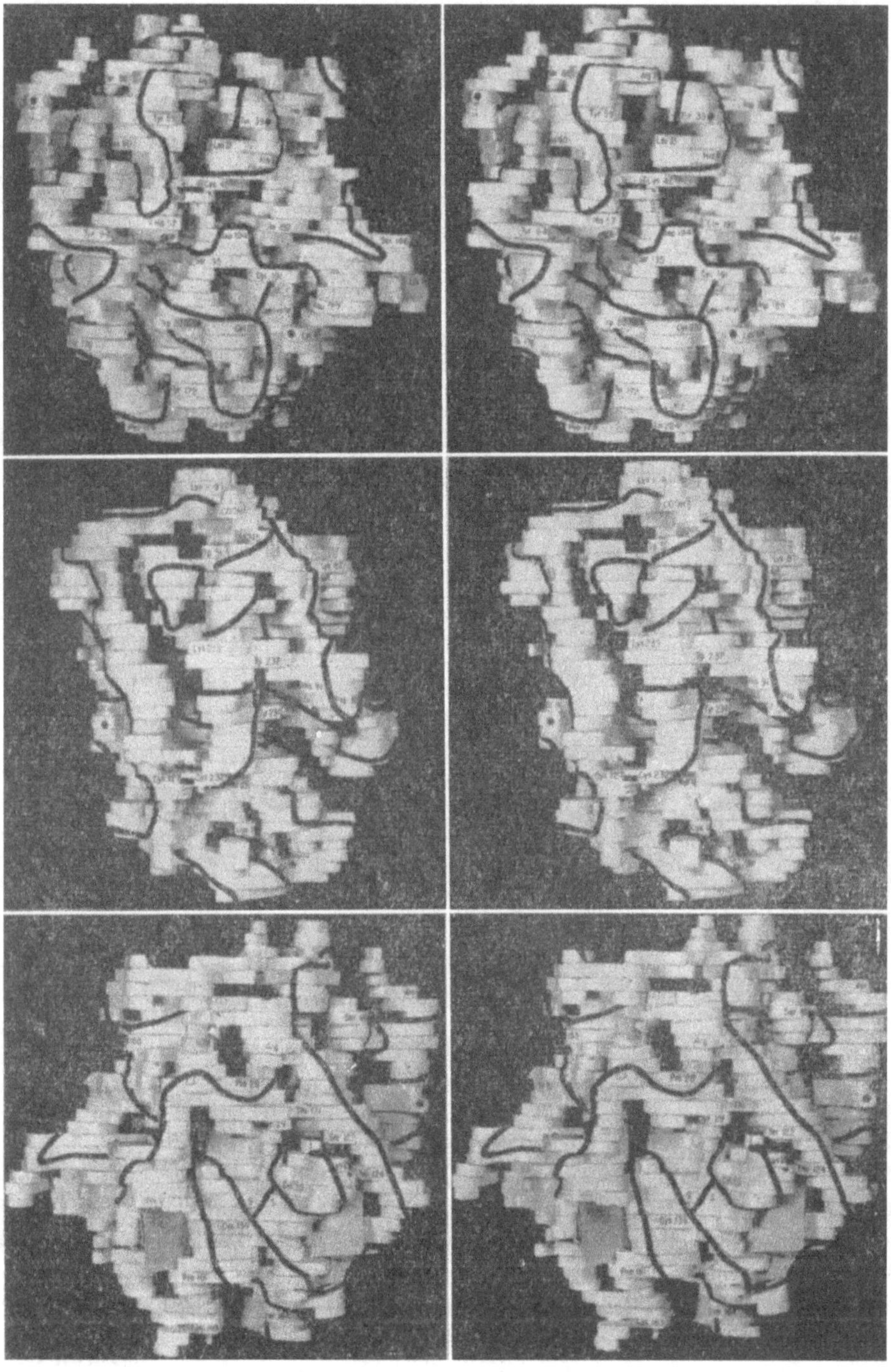

5 Å-Auflösung von Trypsin nach R. M. Stroud u. Mitarb. [549].

der Peptidkette. Weder Modellstudien noch Röntgenstrukturanalysen haben hier bisher weiterhelfen können.
Der Aktivierungsvorgang stellt sich nach unseren heutigen Vorstellungen wie folgt dar: Entscheidender Schritt in der Chymotrypsinogenaktivierung ist die tryptische Spaltung von Arg 15 und Ile 16. Sie ist der Schlüsselprozeß, der die anderen Spaltungen 13/14, 146/147 und 148/149 indiziert, die π-Chymotrypsin in δ, γ- und α-Chymotrypsin

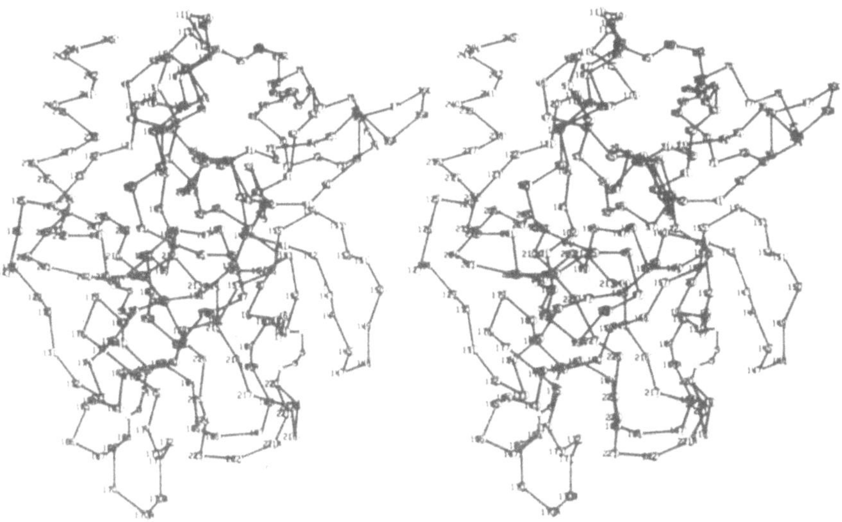

Chymotrypsin-Trypsin-Elastase-Verwandtschaften, die Elastase nach B. S. HARTLEY u. Mitarb. [269–272].

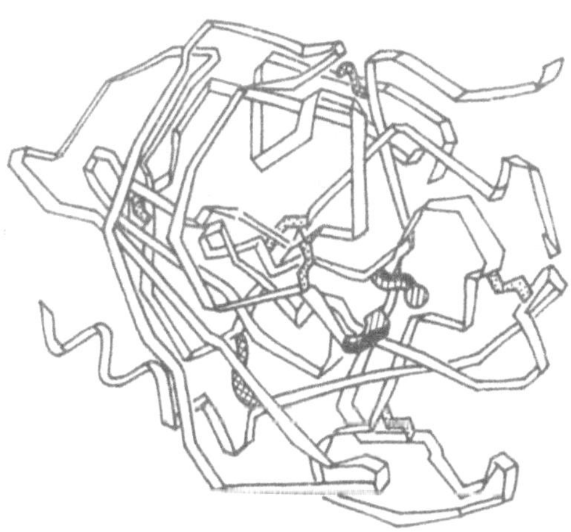

Enzymverwandtschaften
Nach B. P. SIGLER und Mitarb. [265].
α-C-Verlauf des α-Chymotrypsins.
[schraffiert] His 57 und Ser 195 im aktiven Zentrum;
[punktiert] Disulfidbrücken;
[kreuzschraffiert] Disulfidbrücken, die an analogen Stellen des Vetternsystems Trypsin stehen.

Chymotrypsin – das aktive Zentrum mit N-Formyl-L-tryptophan als Scheinsubstrat nach W. N. Lipscomb [59].
Der Aromat befindet sich in der hydrophoben Tasche des Enzyms, die Carboxygruppe des Scheinsubstrats nahe Ser 195 und His 57.

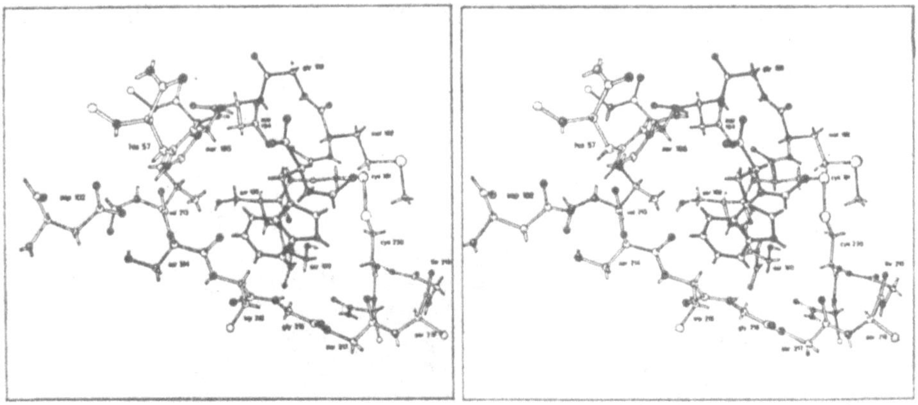

Wiedergabe in Stereo.

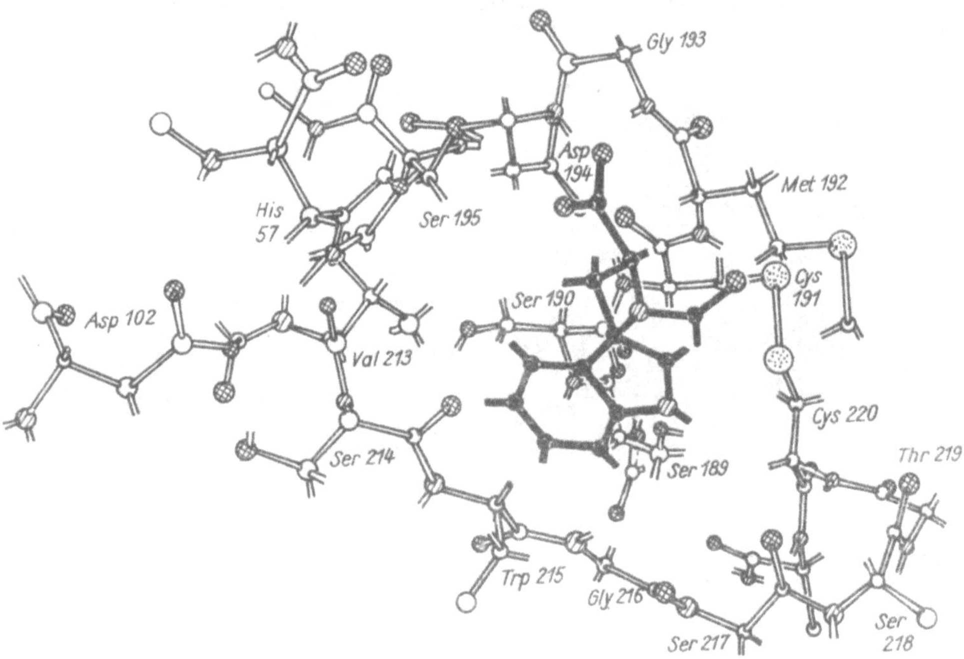

Wiedergabe in Detailvergrößerung

überführen. Im Aktivierungsschritt dreht sich die neu entstandene N-terminale Aminofunktion von Ile 16 aus der Oberfläche, wo sie bisher lag, nach innen und bildet in unmittelbarer Nachbarschaft von Ser 195 ein begrabenes Ionenpaar. Dieses vergrabene Ionenpaar ist die Voraussetzung für die Aktivität des Chymotrypsins. Bei hohem pH gerät die Aminogruppe in Gefahr, ihre Ladung zu verlieren. Damit bricht das Ionenpaar und das Enzym pendelt in einem Gleichgewicht von der aktiven in eine inaktive Form.

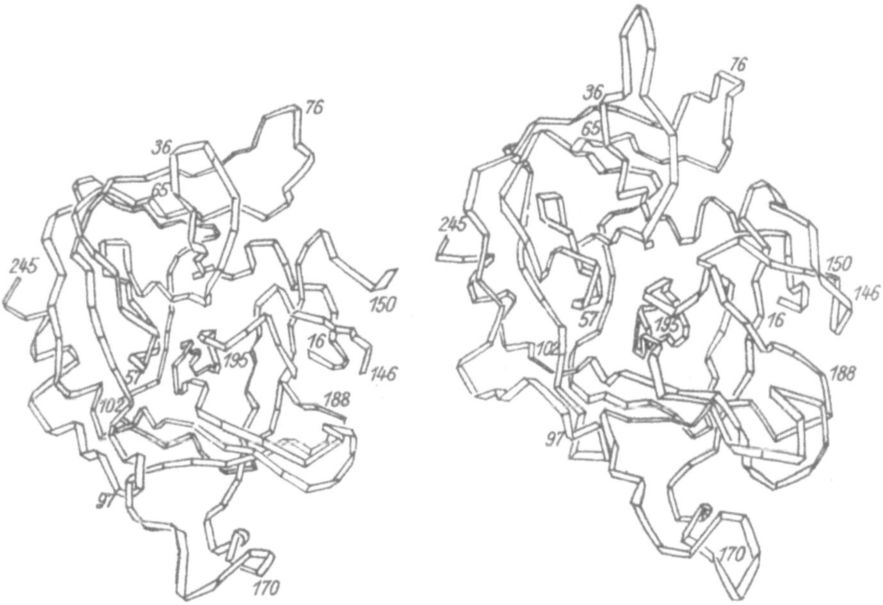

Enzymverwandtschaften. α-Chymotrypsin (links) und Elastase (rechts).
Die Ähnlichkeiten des α-C-Verlaufs nach B. S. Hartley u. D. M. Shotton [272].

Voraussetzung zur Bildung des Ionenpaars sind eine Reihe konzertierter Aktionen. Die Röntgenstrukturanalyse zeigt mit Asp 102, His 57 und Ser 195 für das inaktive Enzym ein schon korrekt vorstrukturiertes charge-relay Zentrum, nur die Erkennungsregion ist noch unsauber ausgebildet. Sie umfaßt lediglich eine flache, uncharakteristische Mulde ohne erkennbare Diskriminierungsfunktionen. In ihrem Bereich ist Asp 194 mit His 40 H-Brücken-gebunden. Im Zuge der Umorientierung faltet sich nun in der Nähe der Erkennungsregion die Peptidkette mit großem Schwung im Bereich von Met 192 und Gly 193 in einer Twistbewegung um und führt gleichzeitig die muldenförmige Senke in eine wohlausgebildete Tasche über. Das zunächst vergrabene Met 192 dreht sich im Zuge dieser Bewegung in eine exponierte Zone über der Tasche. Das Carbonyl von Gly 193 schiebt sich an His 40 heran und bildet unter Ersatz von Asp 194 eine H-Brücke aus. Im Zuge weiterer Konformationsumorientierungen an anderen Bezirken der Enzymoberfläche zieht schließlich eine weitere Faltung Arg 145 vom Asp 194 weg und macht dieses endlich für eine unbeeinträchtigte Vereinigung mit der Aminofunktion von Ile 16 frei.

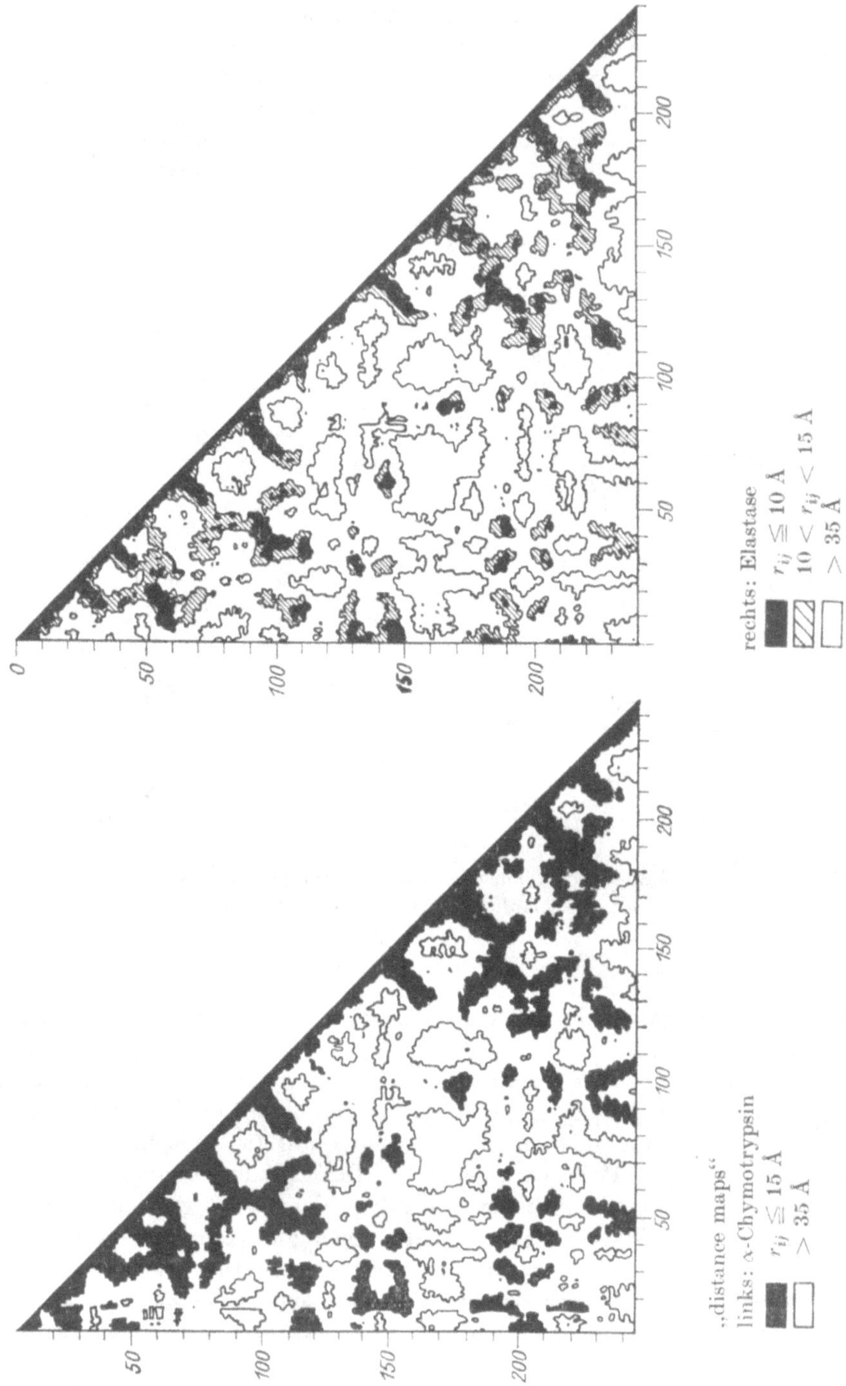

Stereodarstellung der Tertiärstrukturhomologien der drei Pankreasproteasen (DIP-)Trypsin- → Chymotrypsin und (Tosyl-)Elastase nach R. M. STROUD u. Mitarb. [549].

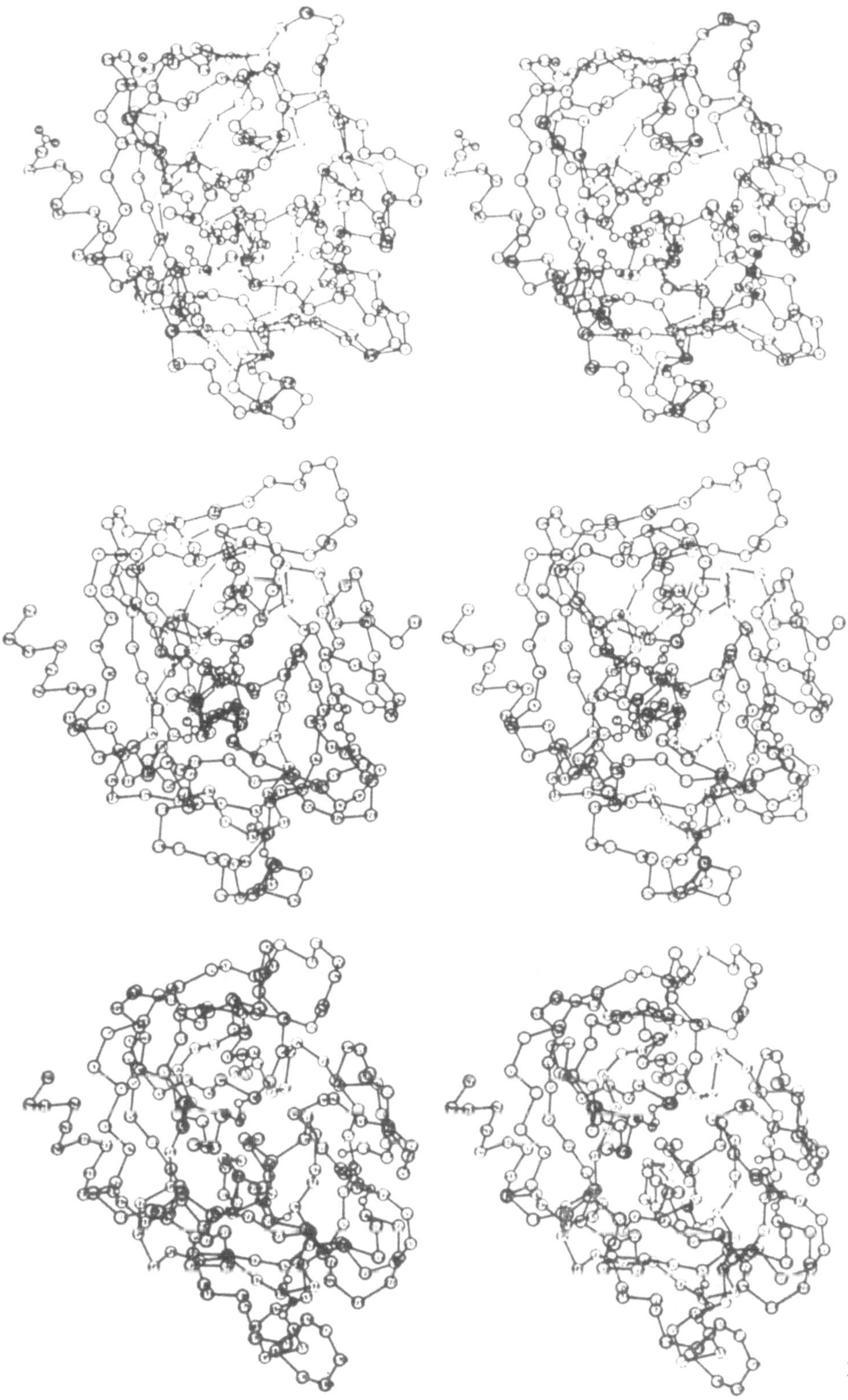

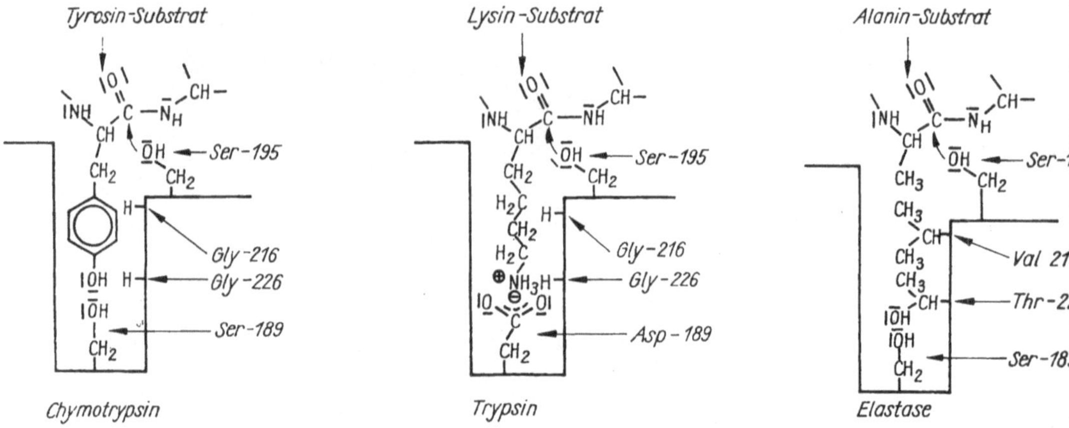

Erkennungszonen der aktiven Bereiche der Pankreasproteasen nach R. ACHER [483].

DRENTH — und das Papain [275].
Sulfhydryl-Endoprotease mit analogem „charge relay"-System?

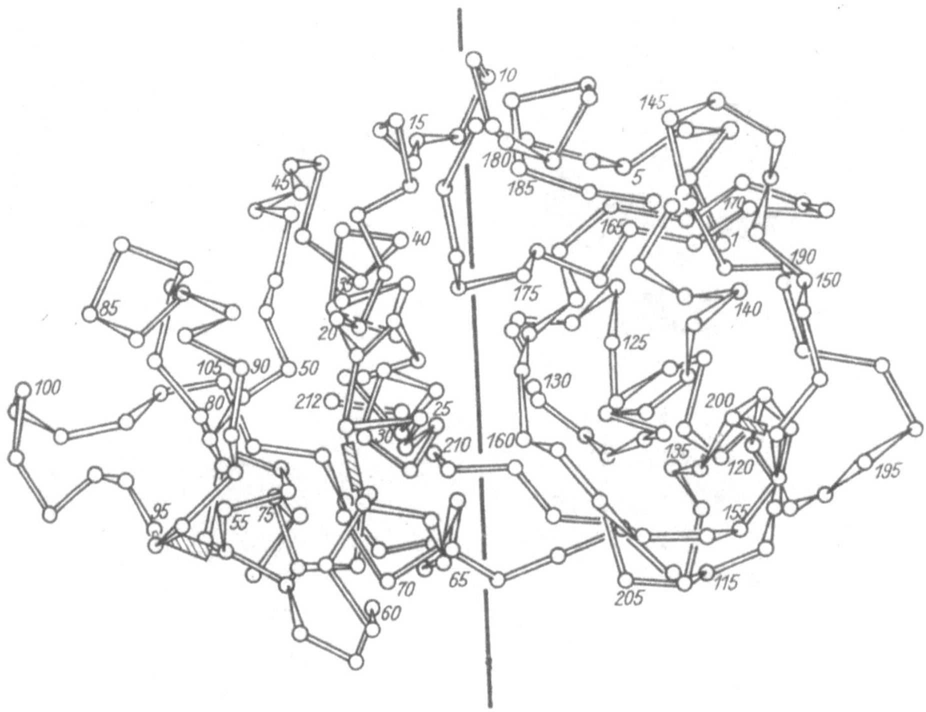

Schemazeichnung der beiden „Hälften" des Enzyms.
In der Mitte von oben nach unten der lange Peptidfixierungsspalt, in dessen Mitte sich das katalytische Zentrum mit Cys! 25, His 159 und — Asp 158? befindet

Chymotrypsinogen wird also dadurch „angestellt“, daß bei vorgebildeter aktiver Seite ein konzertierter Konformationswechsel die für die Substraterkennung und Bindung verantwortliche Zone umgestaltet, wobei ein begrabenes Ionenpaar als Sicherung der Katalysefunktion agiert. „Brennt“ diese Sicherung „durch“, wird das gleiche Enzym trotz intakten katalytischen Bereiches infolge Verlustes seiner Erkennungs- und Bindungsregion wieder abgestellt. Trypsin und Elastase verfügen über den nahezu gleichen Mechanismus. Im Trypsin beinhaltet der Aktivierungsschnitt die einfache Spaltung von Lys 15 und Ile 16, die eine analoge Umorientierung mit Bildung eines begrabenen Ionenpaars zwischen Ile 16 und Asp 194 zustande bringt.

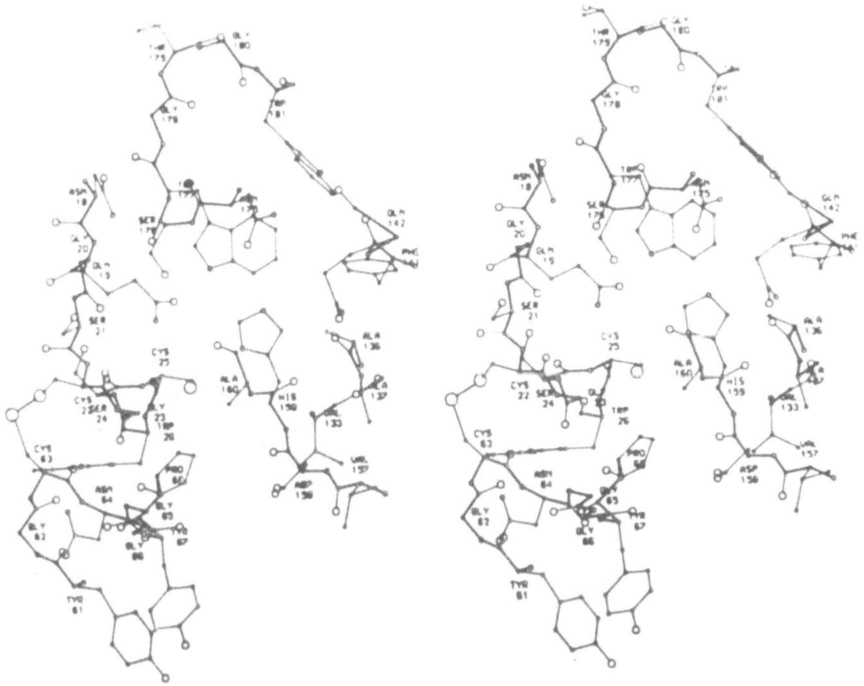

Stereowiedergabe der Furche und des aktiven Bereichs.

Die Aktivierungsart der proteolytischen Abspaltung kleiner Bereiche N-terminaler Peptide ist recht verbreitet. Ein inverser Aktivierungsmechanismus mit Abspaltung vom Carboxylende ist bisher unbekannt.

Die Lokalisation der Abspaltungsregionen am N-Terminus dürfte ein weiterer Vorteil im Sicherheitsspiel des Organismen-Schutzes vor Kannibalismus sein. Da am Ribosom das Aminoende zuerst entsteht, wird gewissermaßen das Sicherheitsschloß der restlichen Struktur vorausgeschickt. Nachträgliche Abspaltungsreaktionen am C-Ende hätten, da wesentliche, wenn nicht alle essentiellen Teile schon während der Synthese vorher in die aktive Konformation gefaltet werden, wenig Sinn. Die nachträglich eingebaute Sicherung könnte die im Syntheseprozeß entstehende Kannibalenform nicht vom suicid zurückhalten. Trypsin, dessen Aktivierung alle anderen Proteasen „anstellt“, zeigt auch im Abspaltungsmechanismus entsprechende Sonderheiten. Das in der Akti-

vierung herausgespaltene Hexapeptid ist mit vier benachbarten Carboxylgruppen sehr ungewöhnlich strukturiert. Möglicherweise dient die Sequenz als Repressor für eine zu schnelle Aktivierung des Trypsinogens, die dessen vorprogrammierte Teilnahme an der Aktivierung aller übrigen Proteasen vielleicht sonst infolge „Frühzündung" unmöglich machen würde.
Charakteristisch für diese Enzyme ist weiterhin eine in unserem Streifzug durch Enzymmechanismen bis jetzt noch nicht beobachtete Ca^{++}-Abhängigkeit des einwandfreien Funktionszustandes. Sowohl für Trypsin wie auch für Chymotrypsin ist eine geeignete

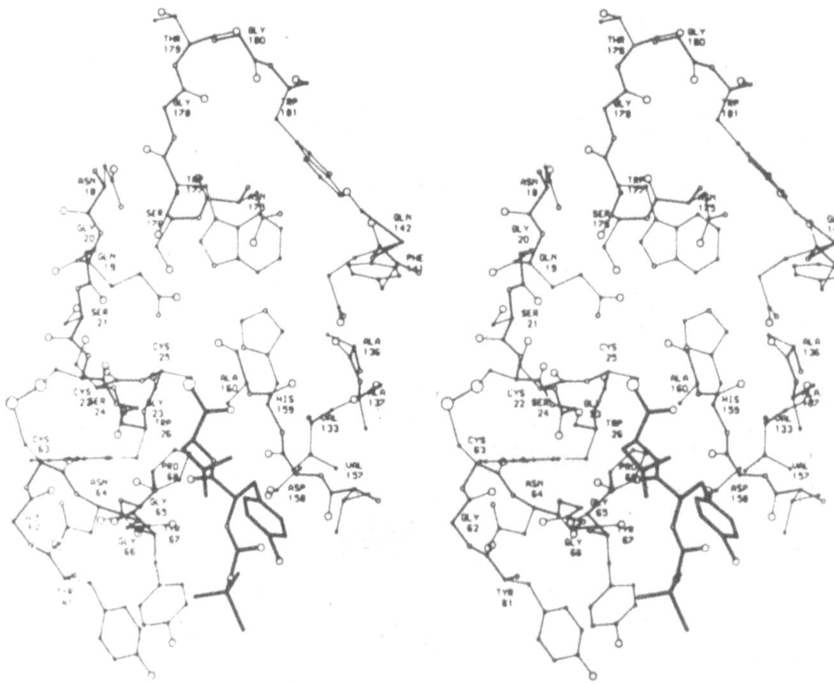

Papain — der gleiche Blick in Fixierungsspalt und aktiven Bereich — jetzt aber mit t-Butyloxycarbonyl-p-jod-Phe-Arg als Scheinsubstrat im aktiven Bereich nach J. DRENTH u. Mitarb. [275].

Ca^{++}-Strukturstabilisierung Voraussetzung für den erfolgreichen Abschluß des Aktivierungsvorganges und der Unterdrückung der Bildung inaktiver Spezies. In beiden Enzymen scheinen die zweiwertigen, „zweibindigen" Ca-Ionen einmal zur funktionellen Stabilisierung von loop-Partien zu dienen und damit u. a. auch einen gewissen Schutz des fertigen aktiven Enzyms gegen Denaturierung und Autoproteolyse zu gewährleisten.
Alle Proteaseenzyme demonstrieren, wie weit mit einem gegebenen Erfolgsmuster des Katalyseprozesses durch entsprechende konformative Gestaltungen der Enzympartien Spezifitätsmuster in Substraterkennung bzw. -fixierung sowie Geschwindigkeit der Umsetzung unter Anpassung an verschiedenste raumzeitvariable Voraussetzungen entwickelt werden konnten.

Daß dabei noch längst nicht alles, was hier hineinspielt, offenkundig wurde, dürften z. B. gewisse Indifferenzen der Enzyme unter bestimmten Außenweltparametern indizieren. So verliert eigenartigerweise Chymotrypsin um 16° viele ausgesprochene Spezifitätseigenschaften, mögliche Folge eines extrathermodynamischen Kompensationsgesetzes, relevant für Systeme in Kontakt und in Zusammenarbeit mit der so „besonderen“ wäßrigen Phase.

Trypsininhibitor: Viele Tiere und Pflanzen besitzen kleine Proteinsysteme, die als zusätzlicher Schutzmechanismus gegen vorzeitige Aktivierungen von Trypsin und anderen proteolytischen Enzymen wirksam sind. Das Inhibitorprotein fungiert dabei als Scheinsubstrat, welches die Bindungsregion und damit auch die aktive site des Funktionsenzyms blockiert. Der vor allem Trypsin, aber auch Chymotrypsin, Plasmin und Kalleikrin sperrende Trypsininhibitor ist ein kleines, gegenüber Denaturierung bis 77 °C bemerkenswert resistentes birnenförmiges Molekül — 29 Å lang und ca. 19 Å breit. 58 Aminosäuren sind zu einem sehr kompakten Ensemble vereinigt, das zusätzlich durch 3 Disulfidbindungen vernetzend abgesichert ist. Die Struktur baut sich um ein langes doppelsträngiges β-sheet auf, am birnenerweiterten Ende des Moleküls durch zwei kurze Helixbereiche ergänzt. Bemerkenswerterweise wird hier mit 6—10 und 39—41 erstmalig Gebrauch von der versteifenden Polyprolinhelix II, einer im Unterschied zur rechtsgängigen Polyprolinhelix I linksgängigen Variante, gemacht. Sie bildete ja bereits auch die Strukturbasis ähnlicher Eigenschaften beim Kollagen. Damit sind bisher alle Bildungselemente der Strukturproteine bei den globulären Funktionsproteinen inzwischen wiedergefunden worden.

Vorkommen	Proenzym	Aktive Enzyme	Enzyminhibitor	Substratbindung
Gastrointestinal-trakt Pankreas	Chymotrypsinogen Trypsinogen	Chymotrypsin Trypsin	Pankreasinhibitor Sojabohneninhibitor	PheCONHR ArgCONHR LysCONHR
Blut und Gewebe	Prothrombin Plasminogen	Thrombin Plasmin	Antithrombine Antiplasmine	ArgCONHGly Arg CONHR Lys CONHR
Blut und Gewebe	Kallikreinogen	Kallikrein	Kallikreinase	Arg CONHR
Blut	Komplement-system	C'1-Eesterase		Arg CONHR

Proteolytische Enzyme und ihre Inhibitoren, der Versuch einer Übersicht nach R. G. W. Spickett [289].

Der aktive Bereich des Inhibitors, mit dem er zu seinem „Substrat“, dem Trypsin bindet, dürfte in der Spitze der birnenförmigen Gestalt zu suchen sein. Hier sind zwei antiparallele loops in ihren Bögen durch eine verstärkende Cys 14—Cys 38-Disulfidbrücke fixiert. Die Spitze ist mit einer Fangregion basischer Seitenketten umgeben, die wahrscheinlich als Leiteinrichtung zur komplementär fixierten und umrahmten aktiven Angriffs-Region des „Substrats“ hinführen. Im Bindungsprozeß begräbt sich das exponierte Lys 15 des Inhibitors in der Asp 177-bestückten hydrophoben Tasche des Enzyms, die herausgewölbte 14—38-Inhibitor-Region paßt sich dabei den spezifischen

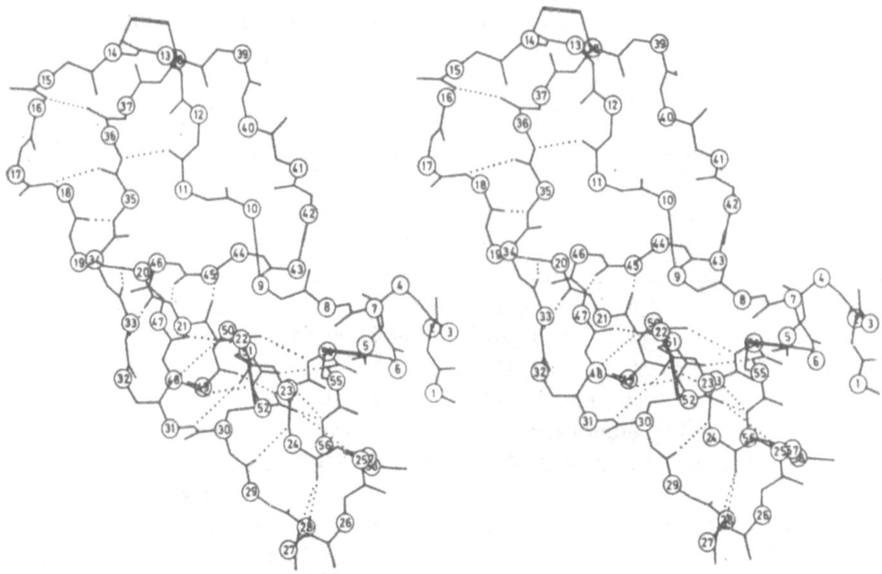

Huber — und der Trypsininhibitor [282, 283] (vgl. auch [263, 284 u. 285]).
Die birnenförmige Knebelgestalt des „Pankreas-Trypsin-Inhibitors" nach R. Huber [283, 160]. Wasserstoffbrücken durchbrochen eingezeichnet.
Mit Aminosäure 6—10 und 39—41 finden sich hier erstmals in derart funktionellen Systemen die versteifenden Gerüststrecken der linksgängigen Polyprolin-II-Helix.
Die vom Inhibitor angebotene Peptidbindung liegt zwischen Lys 15 und Ala 16 an der linken oberen Spitze der birnenförmigen Gestalt.
Die exponierte Lage des „aktiven" (Blockade!) Zentrums und das hohe Dipolmoment könnten für eine schnelle und richtige Orientierung des Inhibitors zum Proteasemolekül von Bedeutung sein.
Der Inhibitor ist der Knebel, der den offenen Rachen des kleinen „Raubenzyms" verschließt.

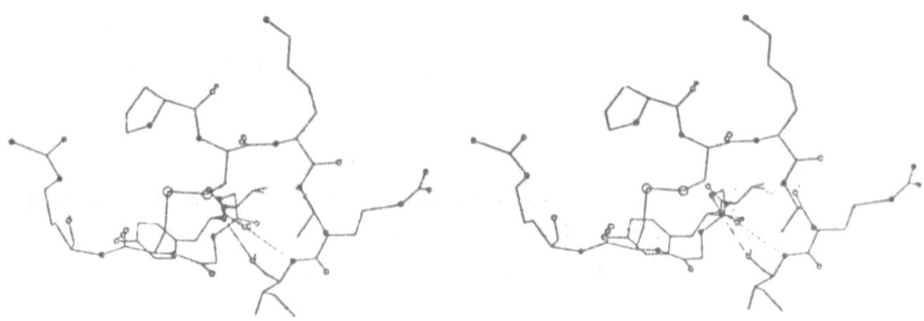

Trypsininhibitor-Chymotrypsin-Wechselwirkungen nach R. Huber und Mitarb. [282]. Stereodarstellung der reaktiven „site" des Inhibitors
Polypeptidketten und Seitengruppen scheinen um den Blockadebereich von Lys 12 und Ala 16 besonders dicht und versteifend gepackt.

Fangregionen des Enzyms durch H-Brücken und optimal-komplementäre hydrophobe Kontakte so gut an, daß für die Relaisregion zwischen His 57 und Ser 195 ein absoluter Wasserausschluß garantiert wird. Dies könnte entscheidend sein, falls der Inhibitor zwar die Acylierungsreaktion toleriert, aber durch den Wasserausschluß die folgende Deacylierungsreaktion unmöglich machen würde. Inwieweit der Inhibitor diesen einleitenden Katalyseschritt tatsächlich duldet und evtl. nur den zweiten abschließenden

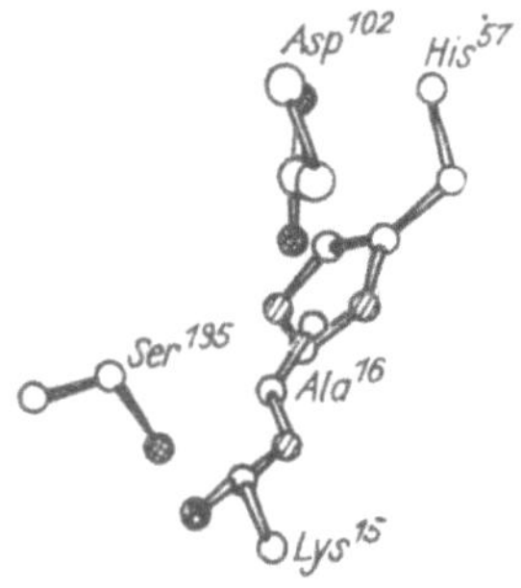

Trypsininhibitor-Blockade-Zentrum zwischen Lys 15 und Ala 16 nach H. Tscheche [285].

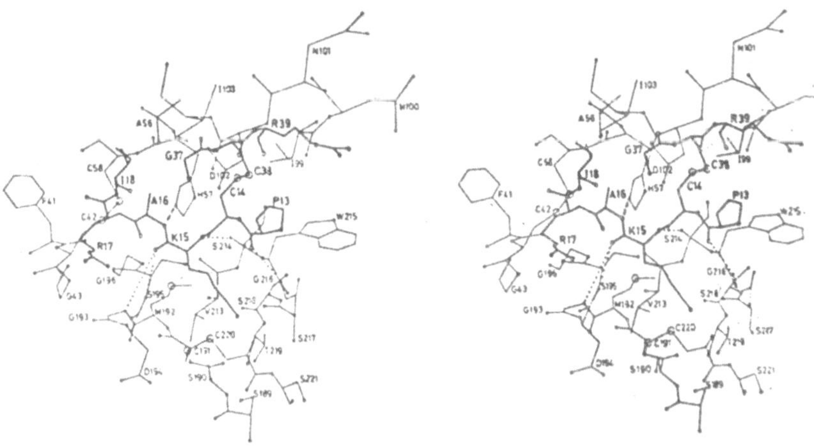

Trypsininhibitor-Chymotrypsin-Wechselwirkung nach R. Huber u. Mitarb. [282]. Hypothetisches Protease/Inhibitor-Komplex-Modell. Inhibitor stark, Chymotrypsin schwach gezeichnet.
(Markierungssymbolik entsprechend der Darstellung des reaktiven Bereichs im vorhergehenden Bild).

blockiert, oder aber ob von vornherein beide in den engen Passungen ersterben, ob eine Drift gegen die Bedingungen des Übergangszustandes verhindert wird, das sind alles Fragen, die im wesentlichen bisher unbeantwortet geblieben sind. Experimentell konnte bislang nur gesichert werden, daß Trypsin wie auch Chymotrypsin die Bindung Lys 15—Ala 16 ohne weiteres sprengen können, wenn die Steifigkeit des Inhibitors durch den Bruch seiner Disulfidbrücke im exponierten loop geschwächt wird [282, 283, 299, 482, 550—553].

Neben der Asp-Sequenz des N-terminalen Schutzpeptids am Zymogen stellt der Inhibitor das letzte Glied im Schutzsystem des Organismus dar, um die ungewollte zufällige

Auslösung einer Proteolysekaskade zu verhindern. Ein Ereignis, das nicht unter Kontrolle gebracht, in die direkte Katastrophe einer nicht mehr zu beherrschenden Kettenreaktion führen würde. Die Hemmung proteolytischer Aktivitäten durch Proteinaseinhibitoren ist eine der Steuerungsstrategien von Enzymaktivitäten, die der Repriminierung der Proteinsynthese auf der Stufe der DNA/RNA-Transkription direkt an die Seite zu stellen ist. Die zwischen temporärer und permanenter Inhibierung oszillierenden Mechanismen sind als Abbaugegenregulatoren gegen die Proteinbiosynthese Teil einer noch wenig begriffenen dialektischen Gesamtstrategie der Organismenregulation [284, 285, 289–294].

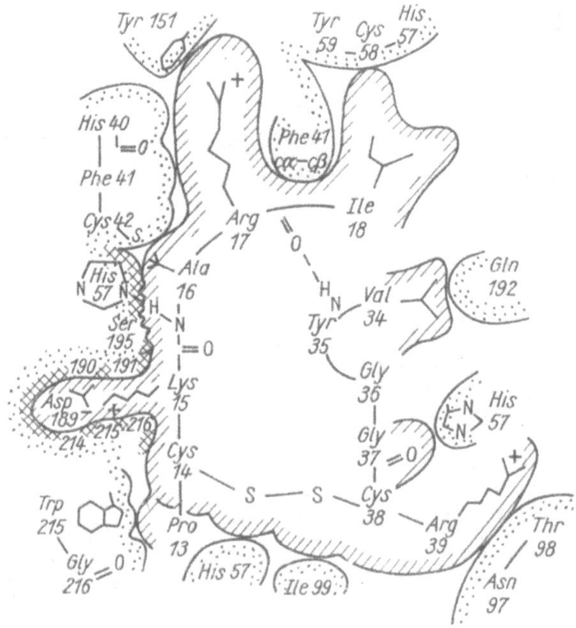

Schemazeichnung der hydrophob-verklebten Einpassung des Trypsininhibitors in die Fangregion des Trypsins bzw. nach R. M. Stroud u. Mitarb. [263].

Die engen Kontrakte im aktiven Zentrum sind durch eine Zickzacklinien verdeutlicht. Der Inhibitor fängt und verankert sich mit Lys 15 in der Tiefe der hydrophoben Trypsintasche an Asp 189 unter Bildung eines „begrabenen" Ionenpaars.

Exoproteasen und Übergangsformen – die beiden Metalloenzmye Carboxypeptidase A und Thermolysin: Zymogen der Carboxypeptidase ist ein komplizierter Verband dreier assoziierter subunits. Subunit I stellt den Proenzymkomplex dar, II ist ein Chymotrypsin-ähnliches Molekül, III ist in seiner Funktion noch ungeklärt. Trypsin aktiviert subunit II, diese spaltet unter tryptischen Einfluß etwa 60 Aminosäuren vom N-terminalen Ende des Komplexes I und entläßt Carboxypeptidase A. Ähnlich den Verhältnissen bei Trypsin und Chymotrypsin lassen chemische Indizien vermuten, daß das Carboxypeptidase-Zymogen bereits ein vorgebildetes katalytisches Zentrum besitzt, in dem auch schon Zn^{++} gebunden ist [59, 276–278, 554].

DICKERSON — und das „Enzym ehrenhalber: Cytochrom c“ und
LIPSCOMB — und ein „richtiges“ Enzym: Carboxypeptidase A.
Zwei Musterbeispiele für ambitionierte, gekonnte Strukturaufklärung und weitgetriebene Interpretation.
LIPSCOMB — und die Carboxypeptidase [59, 276, 277].
Metalloenzym — Exoprotease —
2-Å-Auflösung und gleichzeitig damit die Sequenz!

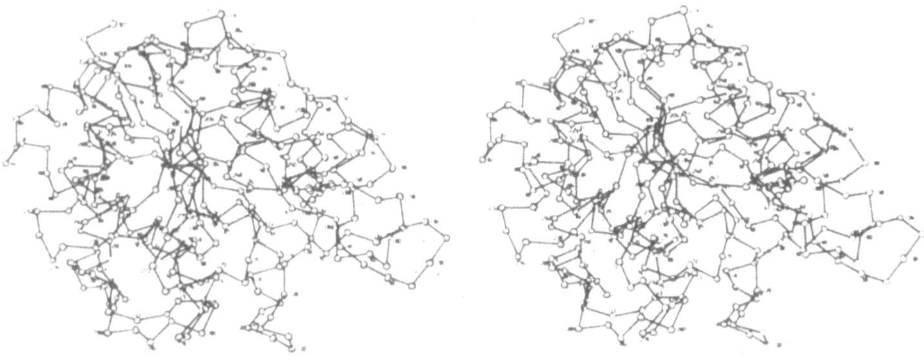

α-C-Atom-Stereodarstellungen des Enzyms ohne —

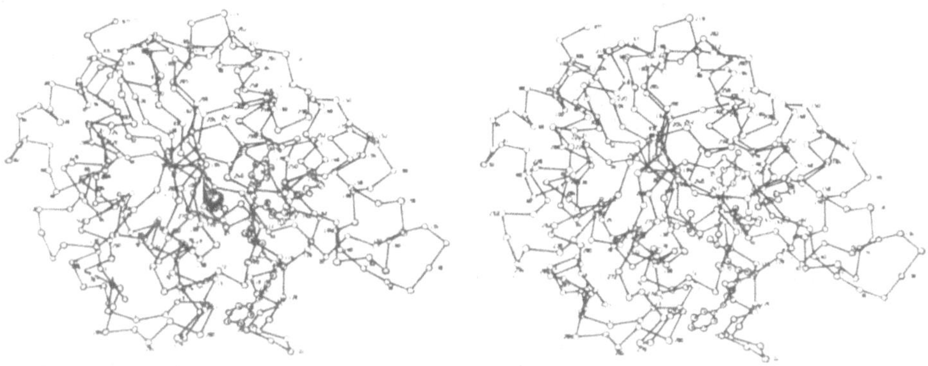

und mit -Gly-Tyr-Substrat. Arg 145, Tyr 248 und Glu 270 — Fang- und Katalysegruppen des aktiven Zentrums — sind mit ihren Seitenketten dargestellt.

Carboxypeptidase unterscheidet sich charakteristisch von den bisher besprochenen Enzymen. In dem etwa kugelförmigen Molekül aus 307 Aminosäuren vom MGW 34600 — einer durchgehenden Kette mit einer Disulfidbrücke und einem für die Aktivität entscheidenden, in Grenzen gegen ein anderes Übergangsmetall austauschbaren Zn^{++} — wird der hydrophobe Kern von einem breiten, aus acht parallelen und antiparallelen Strängen bestehenden, um eine zentrale Achse leicht getwisteten β-Faltblatt dominiert. Beide Seiten des ausgedehnten Faltblattes — einer echten und hier zum erstenmal in dieser Ausdehnung vorgefundenen und studierten Anordnung — werden von acht Helices variabler Lage und unterschiedlicher Geometrie flankiert. Faltblatt und Interhelixkontakte sind wieder hydrophob verklebt. Das Zn^{++}-Atom sitzt in einer breiten Vertiefung der Moleküloberfläche — etwa im mittleren Bereich. Das Zn^{++} besitzt neben den vorgegebenen Liganden His 69, His 196 und Glu 72 noch eine freie Koordinationsstelle innerhalb seiner tetraedrischen Ligandensphäre, die vom Carbonylsauerstoff der zu spaltenden Peptidbindung eingenommen werden kann. Im unmittelbaren VAN-DER-WAALS-Kontakt mit der zu spaltenden Peptidbindung stehen damit das Zn^{++}-

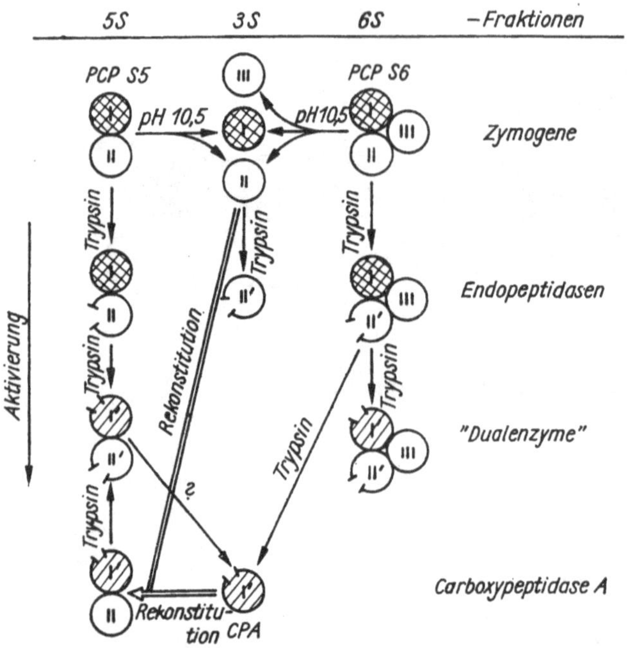

Das komplexe Aktivierungs-processing der Carboxypeptidase A, nach H. NEURATH [278].
Der lange Weg zur Freisetzung des Kannibalenmusters.

Atom, Glu 270 und Tyr 248. Das Scheinsubstrat Glycyl-L-tyrosin, an dem die eingehendsten Röntgenstrukturuntersuchungen vorgenommen wurden, wird weiter dadurch fixiert, daß positive Ladungen des Zn-Komplexes und vom Arg 145 her die Carboxylatgruppe des C-terminalen Peptidendes lokalisieren und die für die Exocatenase „Carboxypeptidase A" charakteristische Aromatenerkennungsgruppierung in eine breite hydrophobe Tasche oberhalb des Zn-Atoms geschoben ist. Für eine Kettenverlängerung über das Glycylende des benutzten Scheinsubstrats hinaus lassen sich eine Reihe weiterer insbesondere hydrophober VAN DER WAALS-Kontakte vorhersehen.
Geradezu frappierend sind aber nun die großen Konformationsänderungen, die beim Bindungsprozeß des Substrats im Enzymmolekül hervorgerufen werden, und die in ihrem Ausmaß eigentlich nur noch im Operationsprozeß des Cytochroms c ein Analogon finden. Am beeindruckendsten ist dabei der Schwenk von Tyr 248, das — ursprünglich weit in das Lösungsmittel schräg nach oben vom Molekül fortorientiert — gewissermaßen in einer Einladungshaltung zum ankommenden Aromatenrest nach Hereindirektion

desselben in den ausgedehnten Taschenbereich diesen wie mit einen großen kräftigen Daumen verschließt. Gleichzeitig binden Arg 245 und Glu 270, in ihren Aktionen moderierter zwar aber doch noch deutlich registrierbar, an das Substrat heran, welches nun tatsächlich wie in einer molekularen — „vorimitierten“ Hand festgehalten wird. Carboxypeptidase A ist zwar weitgehend aromatenspezifisch, bisweilen können aber auch große Aliphatensubstituenten die Empfangsseite des Moleküls zur Aktion bringen. Die hydrophobe Bindungsregion der den Taschen- und Aktivitätsbereich fortsetzenden Rille begünstigt Substrate, die neben einem endständigen Aromaten noch weitere hydrophobe Reste am Kettenende aufweisen. Die sequentiellen Konformationsände-

Carboxypeptidase A — Architekturen nach R. E. Dickerson [12], W. N. Lipscomb [59] und P. J. Bond [142].
Kaum eine Enzymstruktur hat ein solch schönes ideales β-Faltblatt in parallelen und antiparallelen Strangverlaufsmustern wie Carboxypeptidase A.

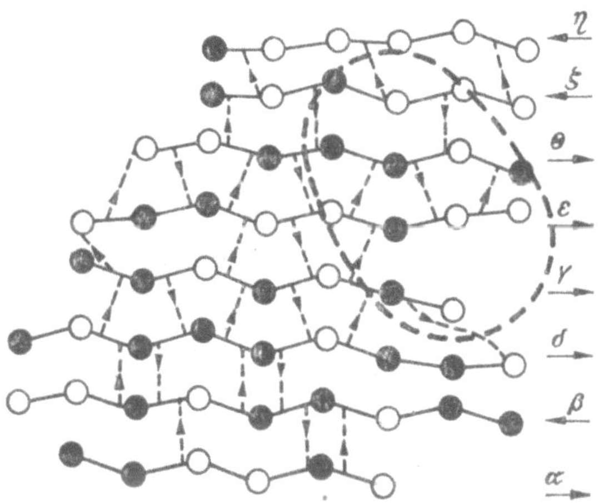

Schemazeichnung des Struktur- und Funktions-cores nach R. E. Dickerson u. I. Geis.
Hydrophobe Reste dunkel markiert, im eiförmig umrandeten fixierten Bereich liegt das Wirkungszentrum über dem Faltblatt.

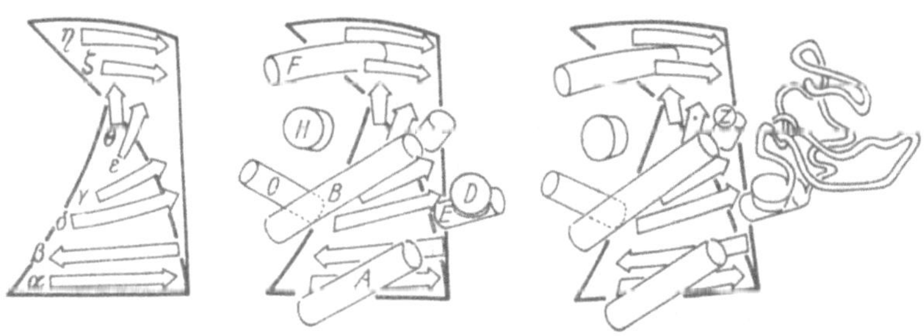

Kombinationsmuster von β-Faltblatt-, Helix- und gestreckten Bereichen beim Aufbau der Carboxypeptidase A.

rungen üben gleichzeitig auf die zu spaltende Peptidbindung eine Zug-Druckspannung aus. Die Röntgenstrukturanalyse könnte ausgehend vom Scheinsubstrat einen Mechanismus naheliegen, in dem Glu 270, Tyr 248 und H_2O die Hauptrolle spielen. Im optimalen Arbeits-pH — kurz oberhalb 7 — sollte dieses Glu anionisch, Tyrosin aber neutral sein. Damit könnte der Protonendonator Tyr oder H_2O, das Nucleophil Glu 270 oder H_2O sein. Im einen Fall sollte Glu 270 den Angriff eines Wassermoleküls auf die durch das Zn-Atom polarisierte Substratcarbonylgruppe fördern, im anderen könnte es selbst diese Gruppe direkt unter Bildung eines Anhydrids angreifen, welches abschließend durch Hydrolyse den Ausgangszustand des Enzyms wiederherstellen sollte.

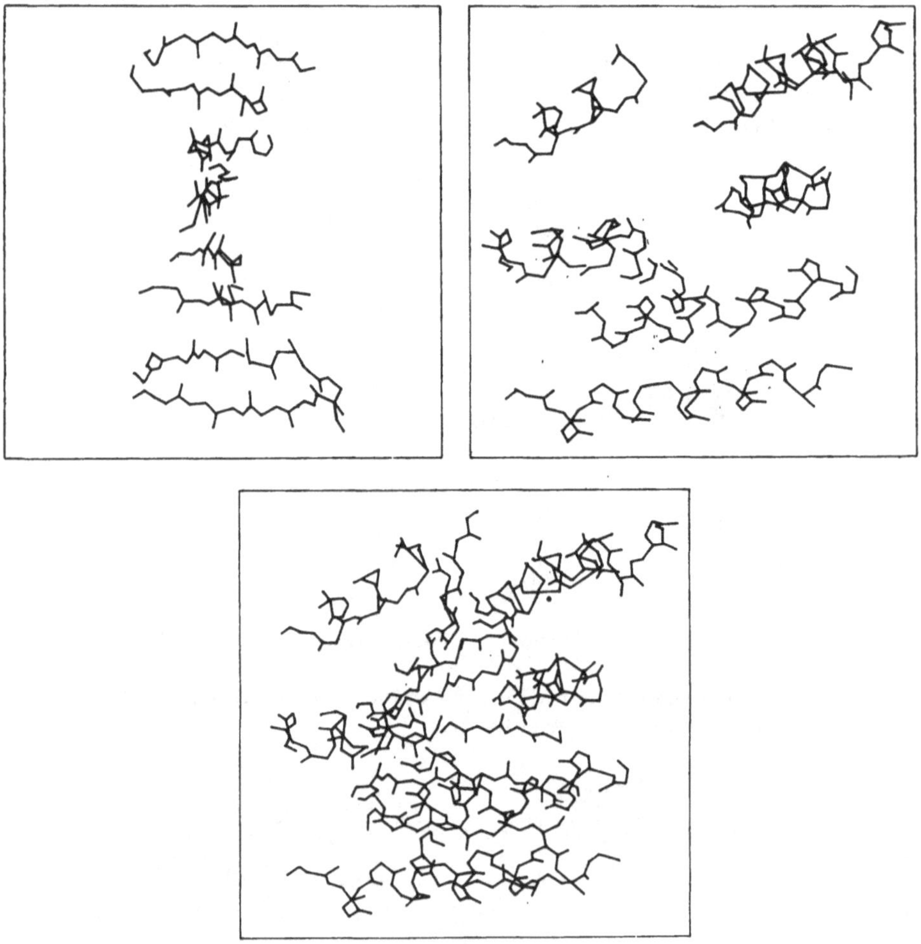

Carboxypeptidase — Architekturen
DICKERSONS Schemazeichnungen in der Sicht von P. J. BONDS Computer [12, 142].
Das getwistete β-sheet; die mit dem sheet engagierten Helices;
und beides noch einmal vom Computer zusammengeschaut.

Fehlt leider nur die Rotation, die dynamisch den Eindruck der Dreidimensionalität hervorzaubern würde.

Thermolysin, das zweite Metalloenzym dieser Gruppe, ist eher wieder eine Endo- denn eine Exoprotease. Es ist ein Bakterienenzym, und von daher sollten sich zur Carboxypeptidase A ähnliche Bezüglichkeiten ergeben wie zwischen Subtilisin und den beiden Brüdern Trypsin und Chymotrypsin. Immerhin sind diese Ähnlichkeiten etwas variiert. So ist für die Thermolysin/Carboxypeptidase A-Relation eine größere strukturelle Konvergenz des Gesamtbaus und eher eine Divergenz des Funktionszentrums charakterisiert. War die weite „Tasche“ der Carboxypeptidase Indiz für ihre Exofunktion, so begegnen wir im Thermolysin wieder dem für die Endospaltung charakteristischen ausgedehnten Spaltbereich der Kettenerkennungszone. Thermolysin ist spezifisch für

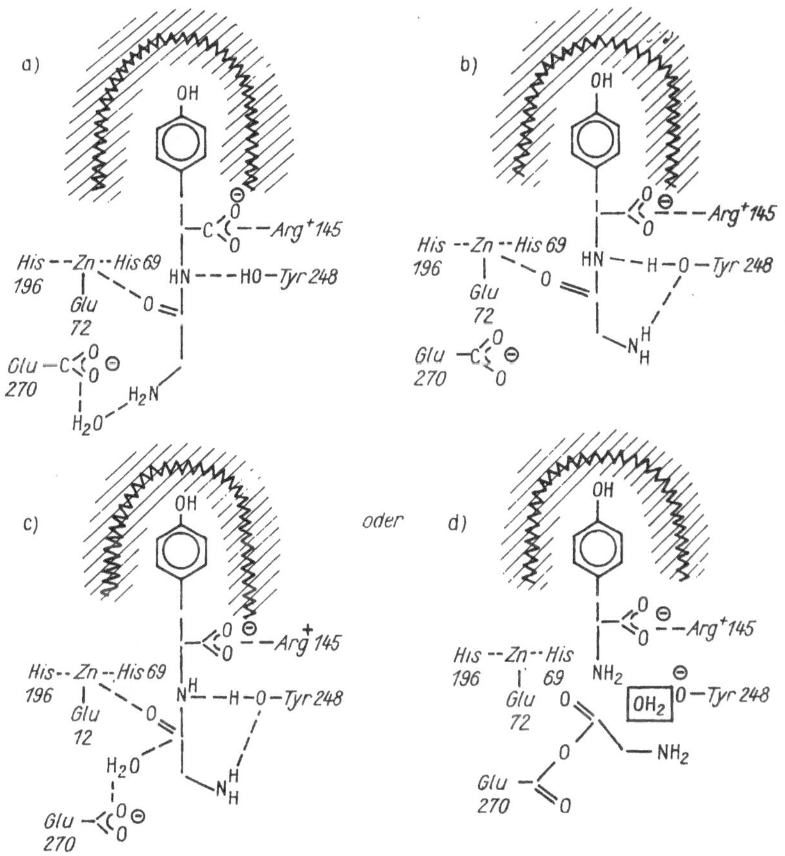

Fang- und Katalysemechanismus der Carboxypeptidase A nach W. N. Lipscomb [50].

a) Bindung von Gly-Tyr;

b) wahrscheinliche Bindungsveränderungen im Übergang vom nicht produktiven zum produktiven Komplex;

Alternativwege des Katalysevorgangs:

c) Indirekter Angriff von Glu 270, das den Angriff eines H_2O-Moleküls auf die Zn-polarisierte Carbonylgruppe der Substratamidfunktion dirigiert;

d) Direkter Angriff von Glu 270 auf die Carbonylgruppe, mit nachfolgender Hydrolyse des intermediären Anhydrids (bisher experimentell nicht nachgewiesen).

Detailausschnitte aus dem aktiven Zentrum der Carboxypeptidase A nach W. N. LIPSCOMB [59].

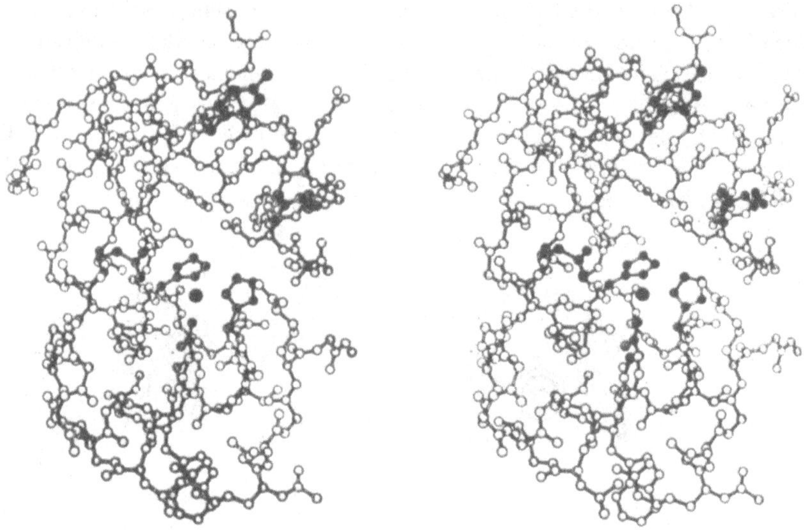

Ohne und

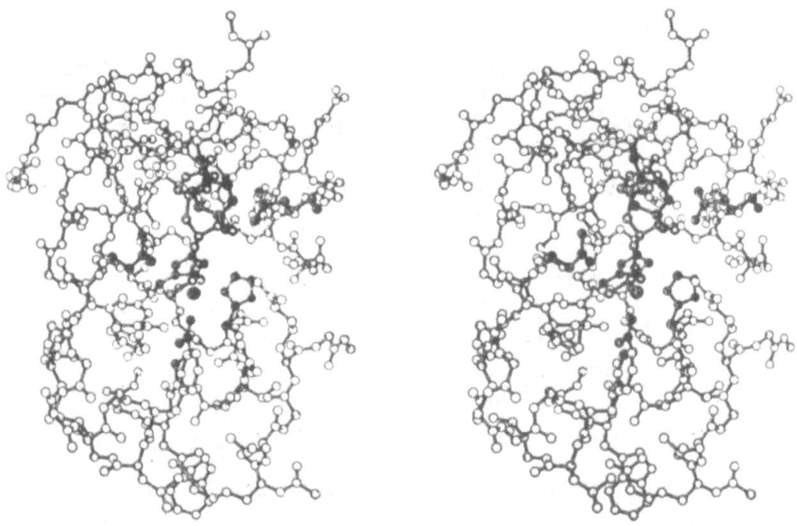

mit Gly-Tyr-Substrat.

Sämtliche Seitenketten sind ausgeführt.

Die Fanggruppen Tyr 248, Glu 270 und Arg 145 mit den größten Umorientierungen im kooperativen Katalysemechanismus, His 69 und 196 sowie Glu 72, die Koordinationspartner des Zn, sind dunkel wiedergegeben. Das Substrat ist dick umrandet gezeichnet.

Man erkennt insbesondere den beeindruckend großen Schwenk von Tyr 248 zur Substratfixierung und Katalyseeinleitung.

Peptidbindungen auf der Aminoseite hydrophober Reste wie Ile, Leu und Phe. Von ähnlicher Größe, mit 34600 von ähnlichem Molgewicht wie Carboxypeptidase, von einem ähnlichen Zn-Katalysemechanismus ausgehend, ist Thermolysin als Endoprotease aber analog dem Chymotrypsin und seinen Homologen strukturiert. Die fast ideale Faltblattstruktur der Carboxypeptidase hat im diffizilen Aufbau und in ihrer gesamten Strukturdominanz keine Entsprechung beim Thermolysin. Statt dessen verfügt dies über eine N-terminale durch Zylinderrollungen in eine Kleeblatt-

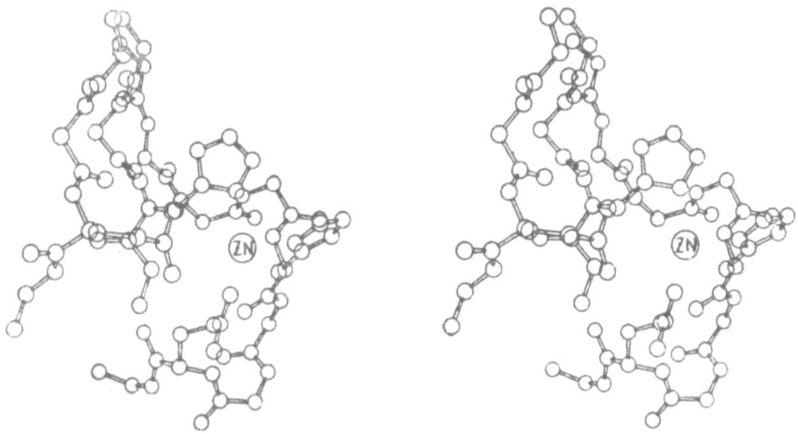

Die Zn-Koordination der Carboxypeptidase A nach W. N. LIPSCOMB [59]. Zn zwischen His 69, His 196 und Glu 72.

Carboxypeptidase A-Umgruppierungen am aktiven Zentrum nach W. N. LIPSCOMB [59].

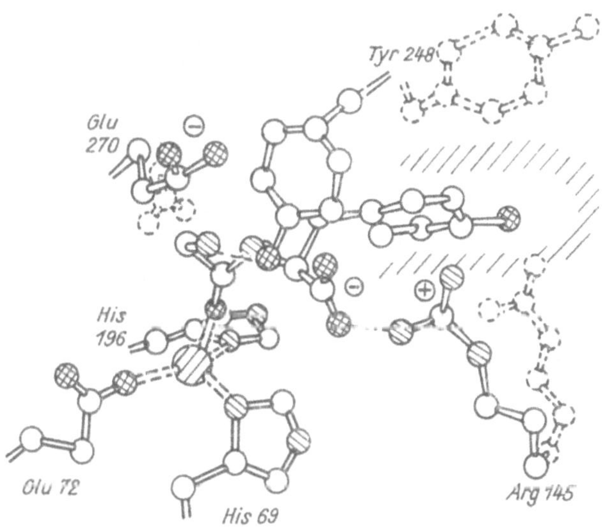

Arg 145, Glu 270 und Tyr 248 (gebrochen: ohne) ausgezeichnet: mit Substratfixierung (Gly-Tyr).

geometrie abgewandelte β-Struktur zwischen den Zentren 30, 41 und 55. Diese schon beim Chymotrypsin angeklungene charakteristische sphärische Variante einer Faltblattstruktur verleiht dem Protein Geometriemuster wie wir sie sonst nur in enger räumlicher Analogie bei den Polynucleotiden wiederfinden werden. Im Gegensatz zu diesem eher lockeren Flügel ist die Basishälfte des Moleküls weitgehend helical. Ihre Seitenketten bilden hier anstelle eines β-Faltblatts das hydrophobe core des Moleküls. Liegt das Zn-Atom in der Carboxypeptidase in einer großen Mulde, die in eine tiefe,

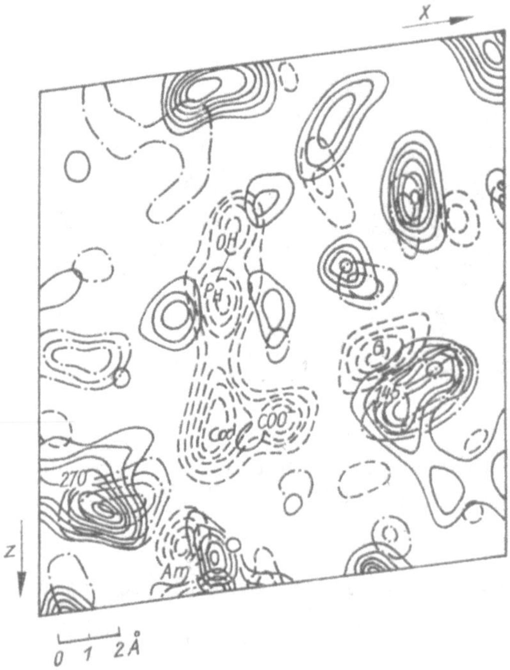

Ausschnitt aus den experimentellen Elektronendichten innerhalb der xy-Ebene durch Teile des Gly-Tyr-Substrats

———: Konturen ohne Substrat.

— · —: Negativkonturen bei Substratfixierung. Indizierung der Umorientierung von Glu 270 und Arg 145!

— — —: Substrat- bzw. Substratfixierungskonturen. Phe-OH, α-C- und Carboxygruppe des Substrats sind — markiert — teilweise in der Ausschnittsebene. Arg 145 hat sich während des Substratfixierungsprozesses nach G bewegt.

ins Innere führende Tasche ausläuft, so sitzt es im Thermolysin in einer an beiden Enden offenen tiefen Kluft. Die drei in eher linearer Sequenz angeordneten Carboxypeptidase-Zn-Liganden His 69, His 196 und Glu 72 finden im Thermolysin eine Entsprechung in den allerdings stärker gruppierten His 142, His 146 und Glu 166. Glu 270, das in der Carboxypeptidase den nucleophilen Angriff direkt oder indirekt einleitet, steht in ähnlicher Entfernung zum Substrat wie im Thermolysin Glu 143. Arg 145 in der Carboxypeptidase findet sein Thermolysin — Gegenstück in Arg 203. Carboxypeptidase-Tyr 248 könnte im Thermolysin durch Tyr 157 simuliert werden, doch besonders für die letzten

beiden Seitenketten ist höchst ungewiß, inwieweit solche Funktionsanalogiebetrachtungen über die reinen Geometriespiele hinaus berechtigt sind. Etwa 8 Å vom Zn entfernt, eingefaßt von den hydrophoben Resten Phe 130, Leu 133, Val 139, Ile 188, Gly 189, Val 192 und Leu 202, ist in der großen Thermolysinkluft zusätzlich eine Art hydrophober Tasche eingelassen.
Ähnlich dem Trypsin und dem Chymotrypsin weist Thermolysin recht interessante Stabilitätsabhängigkeiten von gebundenen Ca^{++}-Ionen auf. Diese scheinen zwar nicht direkt im katalytischen Mechanismus involviert, jedoch für die außerordentlich hohe Thermo-

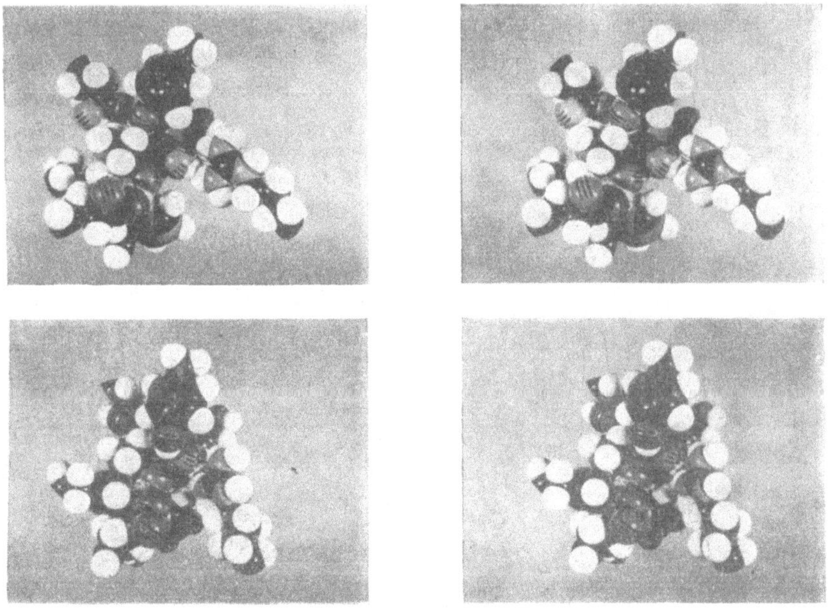

CPK-Modelle der Fixierungs- und Katalysegruppen der Carboxypeptides A im aktiven Zentrum mit Gly-Tyr-Substrat.
Zwei ähnliche Ansichten.
Tyr 248 bindet von oben herein. Arg 145 schiebt sich von rechts heran. Glu 72 ist im Vordergrund zu erkennen. His 69 befindet sich rechts unterhalb des koordinierenden Zn, teilweise durch dieses verdeckt. His 196 liegt hinter dem Metall, Glu 270 greift vom Hintergrund links oben das Substratcarbonyl an.

stabilität — Thermolysin zeigt bis 66 °C praktisch keinen Aktivitätsverlust — entscheidend zu sein. Auch im Thermolysin kommen diese Ca^{++}-Ionen sicherlich mithin wieder Tertiärstrukturstabilisierungsfunktionen zu. Zwei der insgesamt vier Ca^{++} liegen in einer Entfernung von nur 3,8 Å dicht zusammen, umgeben von einem cluster geordneter Wassermoleküle im Stabilisierungsgleichgewicht mit Peptidcarbonylgruppen sowie den negativen Ladungen von Asp 138, Glu 177, Asp 185, Glu 190 und Asp 191, insgesamt ein Netzwerk von Salzbindungen, Ion/Dipol-Beziehungen usw. Die Koordination beider Ca^{++}-Ionen scheint oktaedrisch zu sein. Die Komplexe liegen teilweise im Inneren, und zumindest eines der beiden Ca^{++}-Ionen ist nicht Wasser-zugänglich. Das dritte

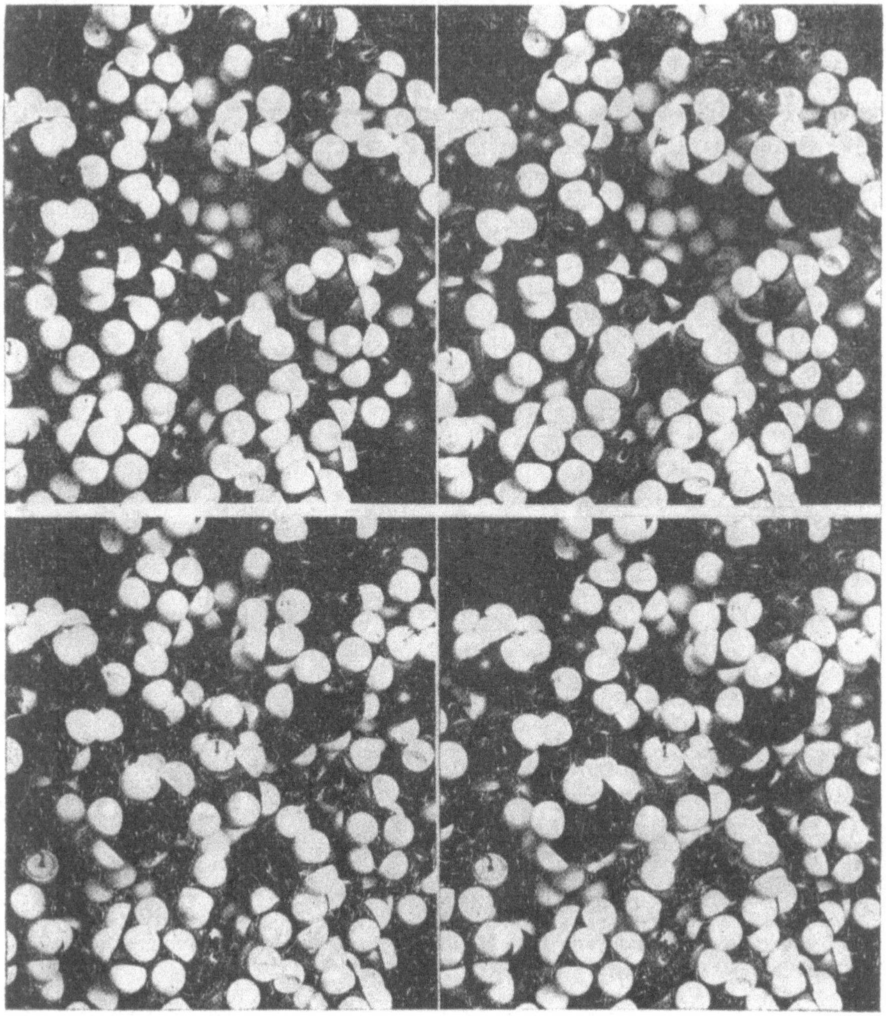

Das aktive Zentrum der Carboxypeptidase A nach W. N. Lipscomb [59].
CPK-Kalottenmodell

a) Blick in die tiefe Höhlung der hydrophoben Tasche. Zn liegt am linken unteren Rand der Höhlung. Tyr 248 ist am rechten oberen Rand nach außen in Empfangshaltung gedreht, darunter liegt Arg 145.
b) Die Enzymhand hat das Substrat Benzoxycarbonyl-Ala-Ala-Phe gefaßt. Der Daumen Tyr 248 blockiert heruntergedreht die Aromatenerkennungsstruktur des Substrats, die Höhlungspartien der Enzymhand haben sich enger an das Substrat geschmiegt. Arg 145 erscheint stärker in die ehemalige Höhlung hineingeschoben und hilft sie — unterstützt von Glu 270 — zudrücken.

Ein Enzym mit „menschlicher" Operationstechnik!

Ca^{++} ist in exponierter Lage an der Oberfläche situiert und trägt hier in Wechselwirkung mit Asp 57 und Asp 59 zur Stabilisierung des von fünf Strängen einer β-Struktur gebildeten zylinderartigen Gesamtaufbaus bei. Ein viertes Ca^{++}-Ion scheint wieder unterhalb der großen Spalte in Wechselwirkungen mit Asp 200 verwickelt zu sein, doch ist diese Lokalisation noch umstritten.

MATTHEWS — und das Thermolysin [279—281]
2,3-Å-Auflösung und Strukturinterpretation im Beginn: Metalloenzym und eher Endoprotease mit charakteristischer Spaltfixierungszone.

Schemazeichnung

Für das Thermolysin liegen noch keine Röntgenstrukturuntersuchungen mit Inhibitorkomplexen vor, so daß diese Überlegungen rein spekulativ sind, andererseits aber auch in der Überprüfung Kriterien schaffen könnten, inwieweit gestützt auf Einsichten bei ähnlichen Strukturen Extrapolationen hinsichtlich der Struktur-Wirkungsbeziehungen bei solchen Systemen möglich und zulässig sind [279—281].
Es war schon mehrmals darauf hingewiesen worden, daß die bisher untersuchten Strukturen mit wenigen Ausnahmen extrazelluläre Systeme darstellen. Es mag deshalb interessant sein, dieser Kurzvorstellung von Metallproteasen ein Enzym folgen zu lassen, daß — ebenfalls ein Zn-Enzym — nur ein kleines Substrat umsetzt — und das auch intrazellulär vorkommt!

Carboanhydrase — ein intrazelluläres Enzym: Carboanhydrasen sind im Tier- und Pflanzenreich, aber auch in gewissen Bakterien weit verbreitet. Drei Hauptformen „A, B und C" in Erythrocythen zeigen sehr weitgehende Homologien und stammen wahrscheinlich von einem gemeinsamen Vorläufer ab. Die Enzyme katalysieren die Hydratisierung von metabolischem CO_2 in den Geweben und die Dehydratisierung von HCO_3^- in den Lungen. Sie scheinen auch in Transfer- und Akkumulationsreaktionen von H^+ und HCO_3^- in Sekretionsorganen verwickelt zu sein. Schließlich weist einiges darauf hin, daß sie — im Cytoplasma und in den Chloroplasten von Pflanzen vorkommend — an der photosynthetischen Fixierung von CO_2 beteiligt sind [286—288, 555—556].

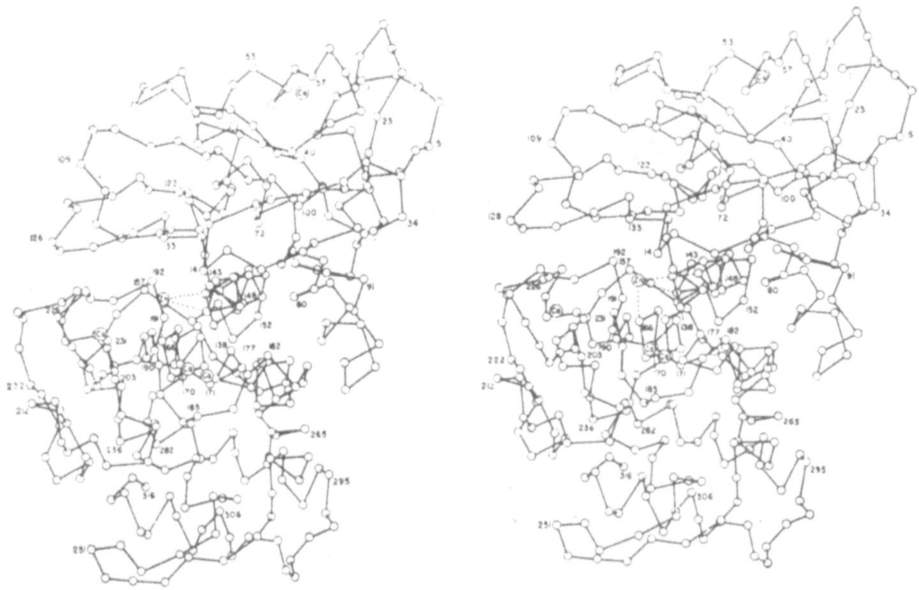

Der α-C-backbone-Verlauf von Thermolysin in Stereo nach P. M. Colman u. Mitarb. [281]. Ca-Bindung, Stabilisierungsfragen und viele andere kommende Probleme.

Die Carboanhydrase C — obwohl noch nicht eindeutig sequenziert — ist zuerst in einer 2 Å-Auflösung zugänglich geworden. Das aus 258 Aminosäuren aufgebaute Enzym ist ein ellipsoides Molekül, dessen core von einem umfangreichen β-Faltblatt aus insgesamt 10 Einzelsträngen gebildet wird. Ein Teil dieser leicht getwisteten β-Struktur formt eine ca. 15 Å tiefe Kavität, an deren Grund direkt zum β-Faltblatt gebunden ein Zn-Atom lokalisiert ist. Ein Teil der β-Faltblattstruktur dreht sich — dem Lösungsmittel zugewandt — zu einer trichterförmigen Maulregion des Katalysebereichs. An beiden Seiten der getwisteten β-Faltblattregion befinden sich Aromatentrauben in für uns bisher noch undurchsichtiger, eher irregulärer Anordnung. Zumindest der cluster hin zum N-terminaleren Ende im Anschluß an His 63 ist invariant. Zn ist zunächst in etwas irregulärer tetraedrischer Anordnung zu His 93, His 95 und His 117 koordiniert. Die freie variable Koordinationsstelle wird wahrscheinlich von einem Wassermolekül oder einen OH-Ion besetzt. Interessant erscheint ein Netzwerk von neun eisartig

assoziierten Wassermolekülen im aktiven Bereich. Zn-gebundene H_2O-Strukturen könnten als Elektronendonatoren bzw. Acceptoren eine entscheidende Rolle im katalytischen Prozeß spielen. Inwieweit sie überdies in die schnelle Hydratisierung von CO_2 verwickelt sind, muß weiteren Strukturstudien, insbesondere einer genauen Lokalisation der CO_2-Bindungsregion vorbehalten bleiben. Carboanhydrase ist eines der schnellsten Enzyme, bis zu 10^6 CO_2 Moleküle können in der Sekunde umgesetzt werden.
Fragen der proteolytischen Gegenregulation: Blickt man nach diesem kurzen Einschub einer Nichtcatenase, eines kleine Moleküle umsetzenden Metalloenzyms, noch einmal zu den proteolytischen extrazellulären Enzymen zurück, erinnert sich der raffinierten Taktiken und Strategien zum Schutz der Umwelt gegen diese Explosivstoffe in proteinfunktionsterminierten Organismen, so taucht unausweichlich noch einmal die große

KANNAN — und die Carboanhydrase [287, 288, 556].
Intrazelluläres Metalloenzym — 2-Å-Auflösung — noch ohne „Sequenz".

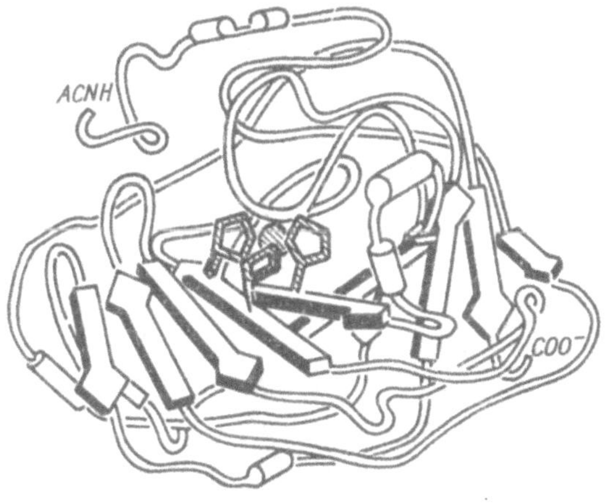

Schemadarstellung des Enzyms. Im Mittelpunkt das von His 93, 95 und 117 umgebene Zn. Darunter das aus 10 getwisteten Lagen von β-sheets bestehende core; die kleinen Zylinderpartien markieren helicale Abschnitte.

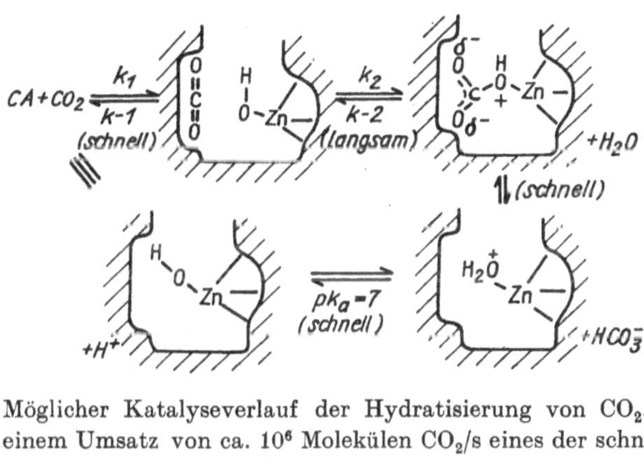

Möglicher Katalyseverlauf der Hydratisierung von CO_2. Carboanhydrase ist mit einem Umsatz von ca. 10^6 Molekülen CO_2/s eines der schnellsten Enzyme.

Frage nach Sinn, Strategie, Regulation und Gegenregulation des Abbaus auf, die Frage nach der großen Interdependenz von Proteinbiosynthese und -abbau [289—294].
Und wir stellen hier mit Bestürzung fest, daß den immerhin doch beachtlichen Einblikken, die wir inzwischen in die Proteinbiosynthese erzielten, ein nahezu vollständiges Nichtwissen auf der Seite eines gezielten, zufälligen, abhängigen — ja was nun eigentlich? — Abbaus gegenübersteht. Wir sind weit von der Lösung so simpler Fragen entfernt, wie z. B. im nicht mehr wachsenden Organismus der stationäre Zustandslevel

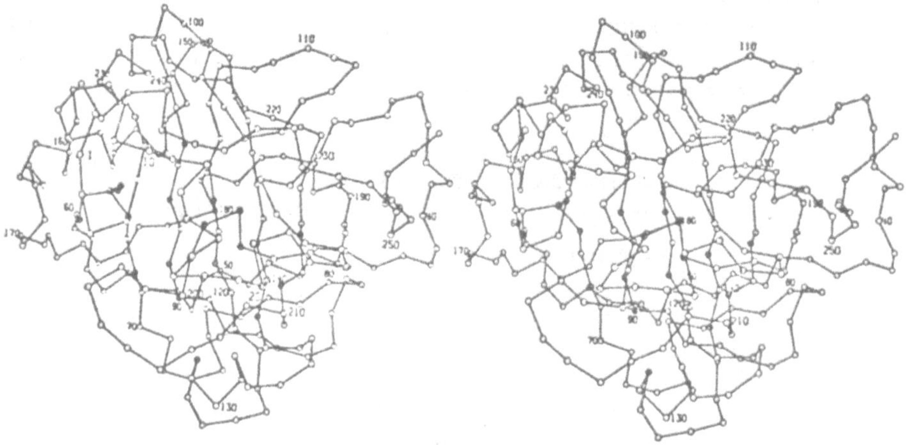

Carboanhydrase — α-C-Stereodarstellung des Gesamtmoleküls.

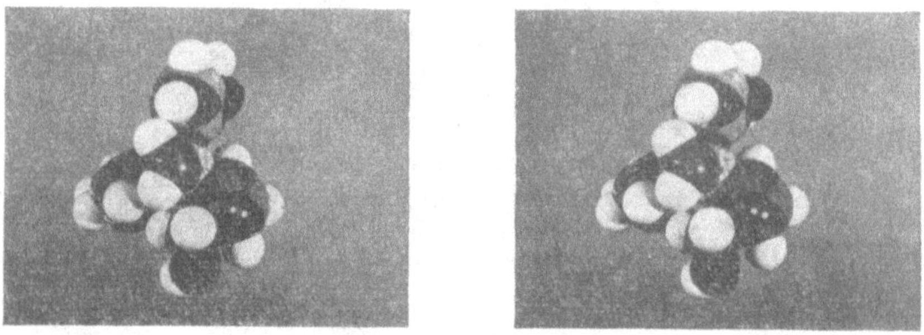

Aktives Zentrum: Zn in tetraedrischer Koordination zu H_2O, His 93, 95 und 117 in CPK-Kalottendarstellung.

von Proteinen angesichts eines konstanten turnovers aufrechterhalten wird. Wir kennen nicht das chemische Korrelat, das die Geschwindigkeit von Synthese und Abbau zu integrieren vermag. Und da wir einmal bei derartigen Betrachtungen sind, erscheint schließlich auch die Frage erlaubt, warum werden Proteine und Nucleinsäuren überhaupt abgebaut? Werden sie mit der Zeit schlechter? Altern sie? Ist es nützlich, verschleißende Systeme durch neue, frische Strukturen zu ersetzen? Spiegeln sich individuell schmerzliche Züge der höheren Organismenwelt auf molekularer Ebene auch in dieser Form wider?

Die Anwort ist zunächst eher banal. Doch sie ist indirekt und nur teilweise verbindlich. Jeder Abbau scheint erster Ordnung zu sein. Damit sollte die Kinetik für ihn ein Zufallsschema nahelegen. Enzyme würden abgebaut, nicht weil sie alt und dadurch proteolysesensitiver geworden sind, sondern zufällig. Doch was verbirgt sich tatsächlich hinter diesen „Zufälligkeiten"?

Es gibt für gewisse Proteine unterschiedliche Abbauraten. Wie sind diese nun zu erklären? Sind die „Zufälligkeiten" doch keine Zufälligkeiten im absoluten Sinn? Gibt es da irgendwelche Diskriminierungsmuster? Sind sie beispielsweise umgebungsbedingt?

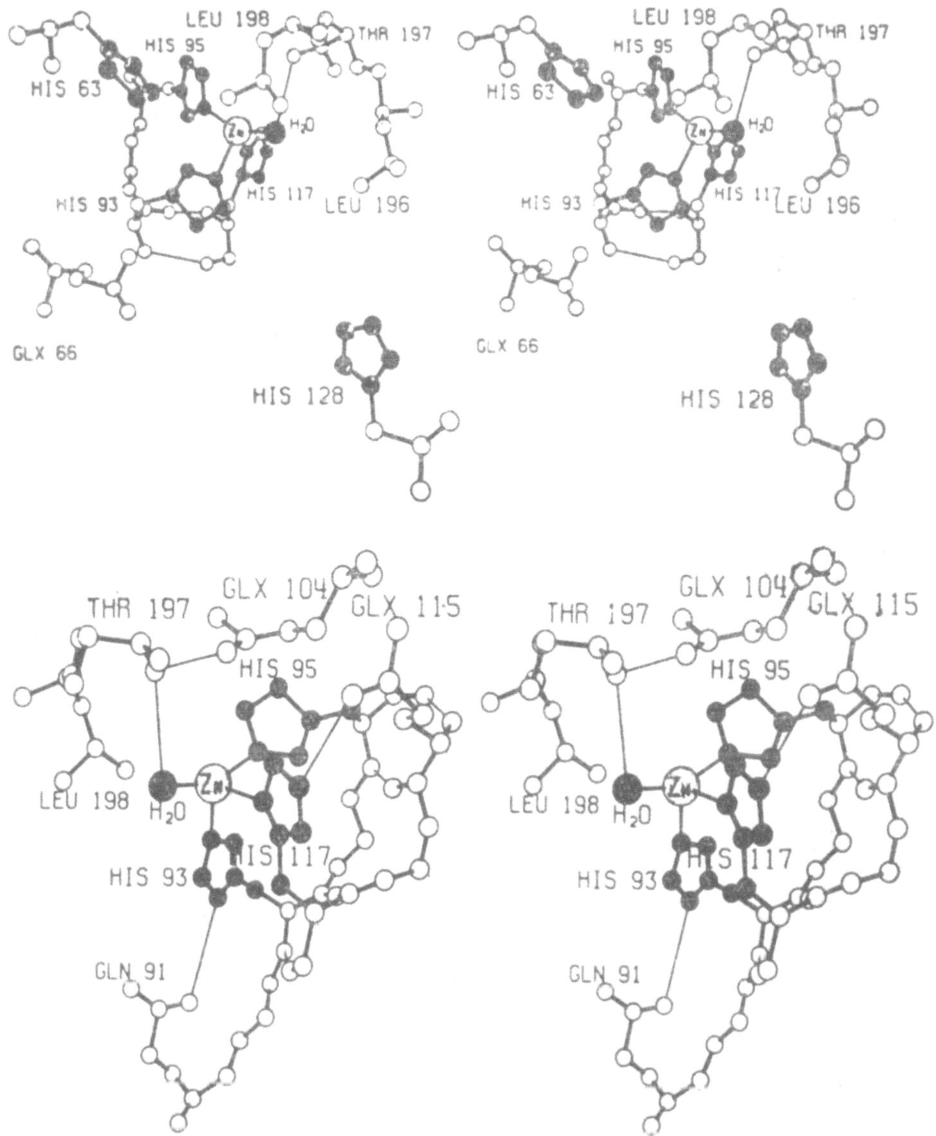

Carboanhydrase und die Rätsel seines aktiven Zentrums:
Aktives Zentrum in zwei Ausschnittsansichten [288].

Werden Membranproteine etwa schneller abgebaut, so lange sie sich außerhalb des Funktionsverbandes aufhalten? Gibt es systembedingte Förderungen? Ist ein großes Enzym vielleicht dem proteolytischen Abbau nach den Gesetzen der Wahrscheinlichkeit eher unterworfen als eine kleine Struktur. Ist ein Enzym-Substrat-Komplex geschützter als das Enzym allein? Werden Enzyme, die Fehlmuster — sei es durch ungenaue Informationsübermittlung während der Synthese oder im Zuge eines Abnutzungsprozesses — erlitten haben, vor anderen in der Proteolyse bevorzugt oder vielleicht sogar eher benachteiligt — einiges deutet auf den ersten Fall hin —, ist über diesen

Carboanhydrase C:

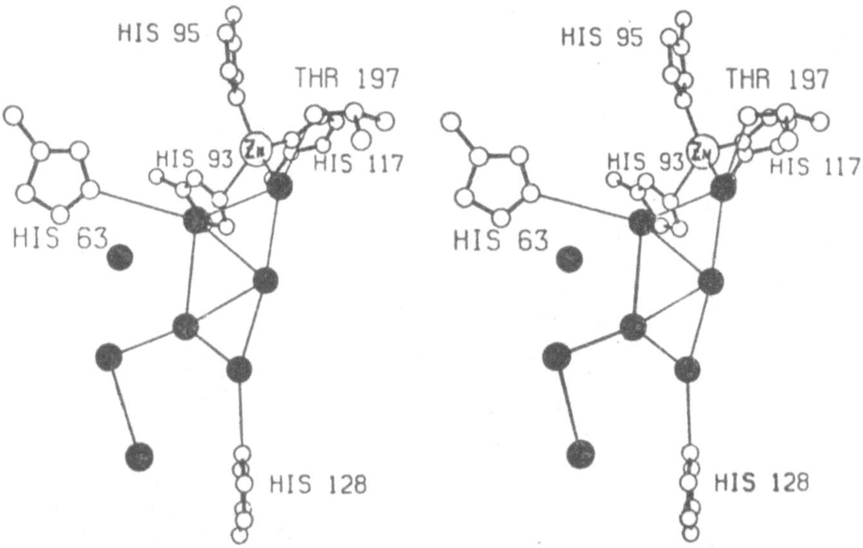

9 Wassermoleküle bilden eine geordnete His-1-Modifikation unmittelbar am aktiven Zentrum [288].

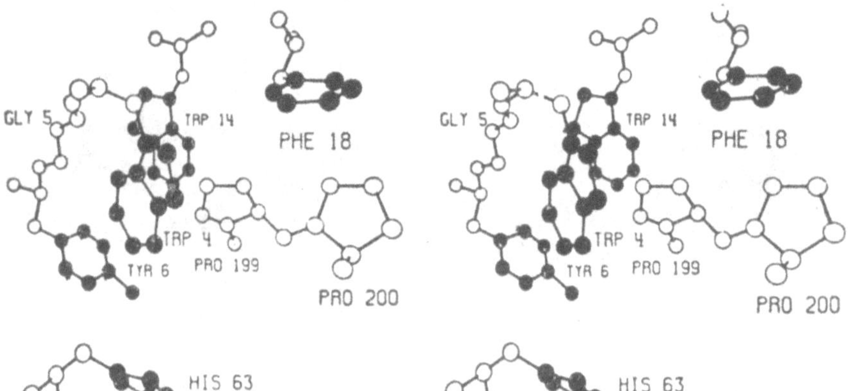

Irregulärer dicker Aromaten-cluster oberhalb des aktiven Zentrums. His 63 unten links leitet über zur Zn-Bindungszone. Doch was tun die Aromaten? [288]

Umweg doch wieder das „Alter“ mit im Spiel, oder gibt es da noch diffizilere Regelungen?
Kennzeichnend für den Proteinturnover ist die Konstanz der Proteinkonzentration — ein stationärer Zustand unter den Bedingungen eines dynamischen Fließgleichgewichtes. Irgendwie muß die Zelle die Konzentration eines spezifischen Proteins regeln, seine Syntheserate und Degradationsgeschwindigkeit koppeln können.
Wechsel in der Proteinkonzentration könnten von der Synthesegeschwindigkeit, von der Abbaurate oder von beiden abhängen. Jede dieser Möglichkeiten wäre denkbar. Jede dieser Möglichkeiten würde über den turnover der proteolytischen Enzyme selbst nochmals eine zusätzliche Regulationsgröße beinhalten.

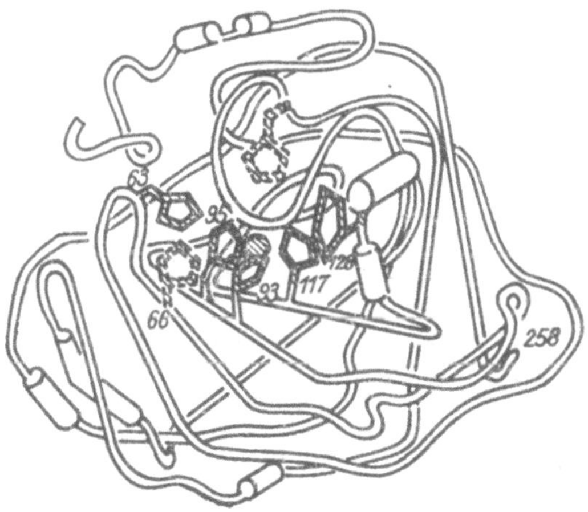

Carboanhydrase-Rätsel.
His-Gruppierungen in näherer und weiterer Umgebung vom aktiven Zentrum nach vorausgegangenen Abbildungen von K. K. Kannan u. Mitarb. [287–288, 556].

Wäre ein Direktionsschema als Gegenstück zum Jacob-Monodschen Repressormodell der Regelung der Proteinbiosynthese für die Einbindung des Abbaus denkbar? Die Zelle sollte es wissen, sie sollte ein Signal bekommen, wenn ein bestimmtes Enzym, ein bestimmtes Protein fehlt. Wäre es nicht das einfachste, dieses Signal würde aus dem Abbauprozeß eben dieses Proteins stammen. Vielleicht werden Proteinmuster jeweils mit solchen Signalen produziert, deren Entfernung im Abbauprozeß irgendwo auf der Stufe der Ribosomalen-Synthese die Produktion eben jener Proteine neu zu initiieren vermag. Oder gehen sie von der Translation weg noch eine Stufe tiefer in der Hierarchie der Genprodukte. Könnten sie die Synthese spezifischer mRNA's induzieren und regeln? Enthält vielleicht eben dieser messenger die Zusatzinformation für ein solches Peptidsignal das — im Abbauprozeß gelöst — das Signal seiner eigenen Resynthese wird. Was sind das für Peptide, die in der Regulation der Zymogen-Enzym-Strecke bei den extrazellulären Proteasen erzeugt werden. Verschwinden sie nutzlos in einem großen Aufarbeitungspool oder sind es bereits Signale im Sinne der angedeuteten Vorstellungen?

Bei alledem darf nicht vergessen werden, daß Kopplung zwischen Synthese und Abbau Kopplung zwischen einer Reaktion nullter und erster Ordnung bedeutet. Da die letztere Substratkonzentrationen beinhaltet, wäre es schließlich möglich, daß die Produktakkumulation durch Synthese die einzige Bindung zwischen Synthese und Abbau bildet. Die Reaktion des Abbaus muß ja auf Wechsel in der Konzentration, hervorgerufen durch Unterschiede in der Synthesegeschwindigkeit, reagieren. Doch dies braucht nicht die einzige Erklärung zu sein. Alle vorhin aufgeführten wären gleichfalls denkbar.

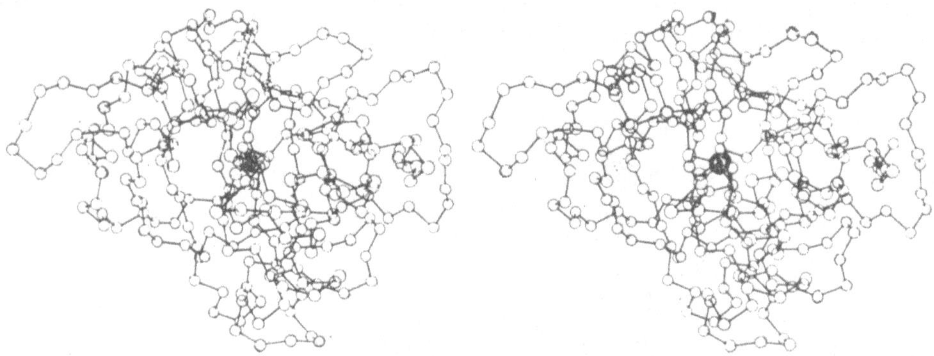

α-C-Atom-Stereodarstellung von Carboanhydrase B (ca. 2-Å-Auflösung) nach K. K. KANNAN u. Mitarb. [556].

Nach der „Hochaktivitätsform" C wurde auch die „Niederaktivitätsvariante" B in Hochauflösung zugänglich. KANNAN u. Mitarb. ermöglichten damit erstmals Einblicke in die Strukturbezüglichkeiten von Isoenzymen.

Ähnlich der Primärstruktur zeigt auch die Tertiärausbildung der beiden Isoenzyme breite Homologiebereiche. Alle Helices, β-Faltblätter und die meisten turns sind homolog lokalisiert, obwohl die zugrunde liegenden Sequenzen nicht einmal immer homolog sind. Auch die Aromatencluster zeigen gleichartige Strukturierung. Geringe Differenzen ergeben sich lediglich im aktiven Bereich in unmittelbarer Nähe des Metalls. Hier ist die hydrophobe Natur des hydrophoben Teils der Kavität in C besser ausgebildet als in B.

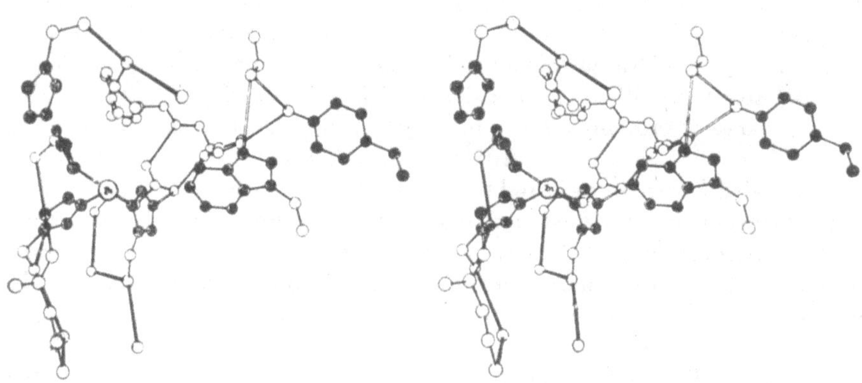

Stereodarstellung der Sekundärstrukturierungen im aktiven Bereich von menschlicher Erythrocyten-Carboanhydrase B nach K. K. KANNAN u. Mitarb. [556].

Fragt man weiterhin grundsätzlich nach dem Sinn eines konstanten turnovers, so bieten sich auch hier mehrere Antworten an. Schon aus evolutionären Gesichtspunkten läßt sich herleiten, daß Zellen die mit wechselnden Enzymmustern auf variable Umweltparameter reagieren müssen, dies am optimalsten mit einem konstanten Proteinturnover unter sinnreicher Kopplung von Proteinsynthese und Abbau zu tun vermögen. Hinsichtlich der Abbaurate könnte man vielleicht zwei Enzymklassen postulieren. Solche, deren Konzentration geschwindigkeitsbestimmend für eine biochemische Schlüsselreaktion ist. Sie würden einen schnellen turnover besitzen müssen, um schnell reagieren zu können. Andere, deren Aktivität durch Rückkopplungsinhibierung kontrolliert wird, würden für ihre langsamere Anpassung mit einem zögernden turnover auskommen. Proteinabbau wäre damit eine Teilkomponente des Gesamtintermediärmetabolismus der Zelle.

Repetitive Sequenzen in den DNA's der Eukaryoten wären vielleicht als ein Hinweis zu betrachten, daß Zellen mit angepaßten Mechanismen für spezifische Protein-turnovers diese sowohl über Transscription wie Translation kontrollieren können. Und sicher trifft der Satz von WOESE, "that these is more to the DNA-mRNA-Protein-triad that meets the eye" hier und in vielen terris incognitis unserer Erkenntnislandschaft noch zu.

Eine nicht zu unterschätzende Komponente könnte schließlich noch die Steigerung der Effizienz der Energieverwertung durch die Zelle sein. Diese ist zunächst, wie man meinen sollte paradoxerweise, umso ausgeprägter, je größer der Protein- und Nucleinsäureumschlag innerhalb der Zelle ist. Eine einmalige Proteinsynthese würde die Unterhaltung des Fließbandsystems, das zu ihrer Darstellung erforderlich ist, nicht lohnen. Nur ein vielfacher Gebrauch macht eine ebenso effiziente Informations- wie Energieausnutzung möglich. Die Proteinsynthesemaschinerie muß sich im Zellgebrauch „amortisieren".

Manche zunächst etwas unverständliche Verfahrensweise, wie etwa die Simultanübersetzung des messengers durch Polysomenverbände wären unter diesem Verfahrensdruck erklärbar. Die repetitive Auskleidung des gesamten Informationsleitungskanals könnte neben der Rauschunterdrückung gleichzeitig eine Verwertungsoptimierung darstellen, angepaßt dem dynamischen Flußwechsel unterschiedlicher Anforderungen und Einordnungsnotwendigkeiten [294].

Aus dem Nebel unserer Unwissenheit schälen sich recht interessante Abhängigkeitskonturen des Protein- und Nucleinsäureturnover von Informations- und Funktionsverbänden der Proteinsynthesemaschinerie heraus, die mit der Lebensdauer ihrer Produkte auch hier Ausdrucksformen einer großen übergeordneten Regulation bildet, die sich für uns allerorten zu manifestieren scheint, von deren Erkenntnis wir aber augenblicklich noch ein Stück Weges entfernt zu sein scheinen.

Eine Regulation, die dazu dient, innerhalb fließender Mechanismen genetische Individualität bei gleichzeitiger funktioneller Kontinuität aufrechtzuerhalten, offene Fließsysteme unter dem Zwang ständiger Entropieproduktion — fernab vom thermodynamischen Gleichgewicht, in Entropieaufnahme und Unordnungsabgabe in ihren Umgebungsstrukturen verhaftet.

Mag das alles nun mit Repression und feedback allein regelbar sein, mögen Gegenregulationen des Abbaus das Netzwerk feinmaschiger gestalten, mögen die Eukaryoten uns angesichts der noch nicht einmal voll durchschauten Prokaryoten vor bisher noch ungeahnte Rätsel stellen, die Natur ist unter dem Zwang von Regelhierarchien schon früh

den Weg zu sinnvoller Strukturierung und damit Optimierung von Informationsweitergabe und Funktionalität gegangen.
Die komplizierten Ordnungsmuster von Eukaryotenzellen im Vergleich zu den eher primitiven — in sich aber schon äußerst komplexen und schwer durchschaubaren — Organellen der Prokaryoten markieren sichtbare Stufen dieser Entwicklungen. Weit eher, als wir es nacherfanden, erspielte die Natur die Vorteile der Fertigteilkonstruktion, die Ökonomien von Baukastensystemen. Und weit eher, als der Mensch mit seiner Hand einen Faustkeil aufnahm, benutzen die Enzymhände molekularer Dimensionen kleine Werkzeuge für Tätigkeiten, die die „Hände" selbst schlecht oder nur unvollkommen zu leisten imstande waren, „Co-Hände"-„Coenzyme": Kooperationspartner gemeinsamer Funktionsprinzipien.
Der Aufbau von Kompartimentierungsmustern, sei es in primitiven Paar-subunitsystemen, sei es in gegenseitigen kooperativen Einflußnahmen und Vernetzungen bis hin zu optimierten Organellenverbänden, brachte von Anfang an wesentliche Vorteile in Schnelligkeit und Multivalenz.
Enzymkomplexe: Eine Mittelstufe des langen Weges von einfachen Enzymmolekülen bis hin zu hoch komplex optimierten Organisationsmustern könnten die heute noch im langsam durchsichtiger werdenden Niemandsland zwischen Röntgenstrukturanalyse und Elektronenmikroskopie angesiedelten Multienzymkomplexe darstellen. Zu groß, um gegenwärtig unseren Computer-gesteuerten Röntgenanlagen mühelos zugänglich zu sein, zu klein, als daß die vertraute Sichtbarmachung über die Brücke des Elektronenmikroskops wesentlich mehr als Grobübersichten liefern könnte, weisen sie in ihren funktionellen Anlagen sicher schon einige der Optimierungsansätze auf, die den Weiterweg zu komplizierten Organisationssystemen bestimmen könnten [300—330, 557—573].
Die einfachen Aktionsvorteile über „Symmetrie" und „induced fit", wie sie die kleinen kooperierenden Partnerstrukturen aus zwei, drei oder vielleicht auch noch vier Partnerstrukturen auszeichnen, machen mit der wachsenden Zahl der zum Kollektiv zusammengeschmolzenen Individuen weiterreichenden Vorteilen Platz.
Es erweist sich als besonders nützlich, wenn derartige Multienzymkomplexe aufeinanderfolgende Reaktionen bestimmter Stoffwechselvorgänge zu katalysieren vermögen. Hierdurch werden die Zwischenprodukte der komplexen Prozesse innerhalb des Verbandes an den Partner weitergereicht. Diffusion und Fremdmilieueinwirkung spielen eine immer untergeordnetere Rolle. Die Funktion gewordene Informationsweitergabe wird in geeigneter Weise „kanalisiert". Vielfach erweisen sich proteinfremde Partner als nützlich, die gewisse, den Enzymen nicht apriori zugängliche Funktions- und Aktionsmuster aufweisen. Sie werden als Partner akzeptiert und bilden die ersten wahrscheinlich ziemlich fossilen Beispiele jener Zusammenarbeitsformen, die schließlich im dialektischen Wechselverhältnis von Nucleoproteinsystemen und Membrankompartimentierungen erste große Höhepunkte erreichen. Der Vergleich zum „Werkzeug" wird bisweilen auch optisch überdeutlich, wenn einige dieser Coenzyme — nach unseren Funktionsbegriffen gewissermaßen flexible Arme, die ganz, wie wir das im Makrokosmus unserer Aktionen gewöhnt sind, in molekularen Dimensionen Substratmoleküle auf den unterschiedlichen dimensionierten Fließbändern molekularer Funktionalität weiterreichen. Auch bei diesen Kanalisierungen wird zur „Schnellmachung" der Reaktionen wieder ein altbewährtes Prinzip angesteuert: die Reduzierung der Dimension.
Multienzymkomplexe können aber nicht nur auf diese Weise schnell und komplex im Zusammenspiel der aktiven Zentren ihrer geordneten Architekturhierarchien agieren,

sie vermögen auch infolge eben dieser engen Kooperationsverhältnisse nach qualitativ neuartigen Gesichtspunkten zu reagieren, fast möchte man sagen: „reagiert zu werden“. Allosterische Regelungen können in gezielter Weise die gesamten subunit-Batterien des Komplexes zwischen „Symmetrie“ und „induced fit“ zur augenblicklichen Antwort auf bestimmte Signale oder Signalmuster veranlassen.
Es erweist sich schließlich als nützlich, derartige Komplexe schon bei ihrer Synthese in einem geordneten Zusammenhang aufzubauen. In heutigen Prokaryoteninformations-

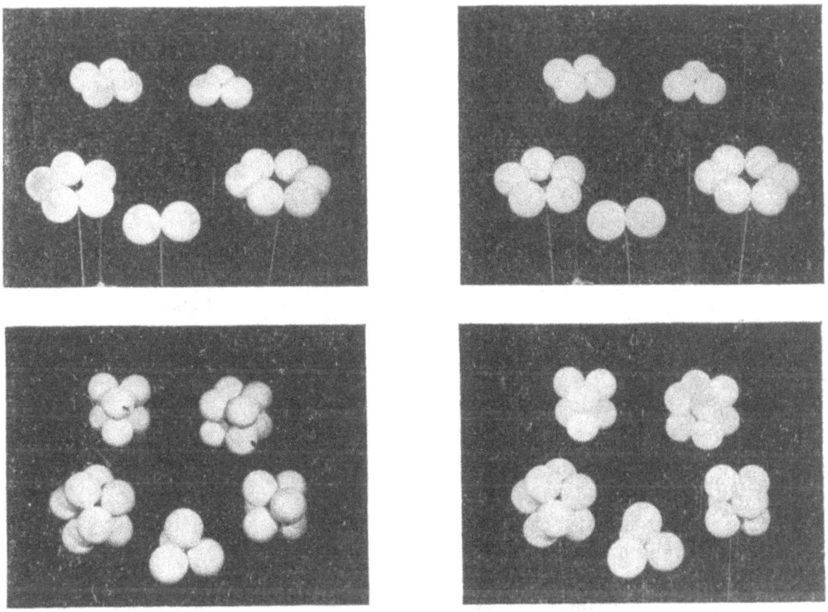

Protein-subunits, mögliche Oligomerenassoziationsformen (vgl. auch 300).
Reihen von oben nach unten und links nach rechts:
Tetramer (C_4 Quadrat) Trimer (C_3 Dreieck)
Pentamer (C_5 Pentagon) Dimer (C_2 linear) Hexamer (C_6 Hexagon)
Hexamer (D_3 Trigonales Prisma) Octamer (D_4 Würfel)
Octamer (D_4 Antiprisma) Tetramer (D_2 Tetraeder) Hexamer (D_3 Octaeder)

speichern liegen die Strukturgene der subunit-Strukturen eines zusammenhängenden Multienzymkomplexes meist gekoppelt auf dem Genom vor, wenn nicht, wie bei der Fettsäuresynthese, durch zwei unabhängig voneinander regulierbare Genloci, die jeweils bestimmte Teilbereiche des Gesamtkomplexes codieren, noch komplexere Regulationsschemata beabsichtigt sind. Da derartige Kopplungen bei Prokaryoten relativ häufig anzutreffen sind, ist ihre Verwendung für die Codierung eng zusammenhängender Enzymmuster nicht so sehr verwunderlich. Eher muß es überraschen, daß auch die Eukaryotenzellen — entgegen den bei ihnen sonst gebräuchlichen Prinzipien — von dieser Regelungsart Gebrauch zu machen scheinen. Gerade bei den Eukaryoten deutet allerdings einiges darauf hin, daß hier möglicherweise noch andere Operationsweisen eine Rolle spielen. Die Kopplung funktionell verwandter Gene könnte hier durch Genverschmelzungen – beispielsweise infolge Deletion von Stop- und Start-Signalbereichen – zu einer noch weitgehenderen Genproduktassoziation geführt haben. An diesen Genclustern würden dann möglicherweise anstelle von mehreren monofunktionellen Einzelenzymen große polyfunktionelle Polypeptidketten synthetisiert werden. Die gemeinsame Synthese und Verwendung von netzwerkartig ineinandergefügten Polypeptidketten, die über mehrere aktive Zentren und Signalbereiche verfügen und dementsprechend zu multivalenten Operationsmustern fähig sind, könnte ein besonders effizienter Weg einer Enzym-Komplex-Biosynthese sein.

Dehydrogenasen (Oxidoreductasen)

Enzyme	E_0'	Vorkommen	Coenzyme
Nicotinamid-Systeme	ca. −0,32 V		
Alkoholdehydrogenase		meiste Arten	NAD
L-Lactatdehydrogenase		meiste Arten	NAD
L-Malatdehydrogenase		meiste Arten	NAD
L-Glutamatdehydrogenase		Pflanzen	NAD
		Hefe	NADP
		Leber	NADP
D-Glucose-6-phosphat-dehydrogenase		Hefe und Tiere	NADP
Flavo- und Metalloflavoproteine	ca. −0,3 – 0 V		
D-Aminosäureoxidase		Säugetiere	FAD (O_2)*)
Glucoseoxidase		Weichtiere	FAD (O_2)
L-Aminosäureoxidase		Säugetiere	FMN (O_2)
Lipoyldehydrogenase		Säugetiere	FAD (NAD)
Xanthinoxidase		Säugetiere	FAD/Fe/Mo (O_2)
NADH-Dehydrogenase		Säugetiere	FMN/Fe (Cytochrom)
Succinatdehydrogenase		Säugetiere und Hefe	FAD/Fe (Cytochrom)
Cu-Proteine	ca. +0,3 – 0,55 V		
Tyrosinase		Pflanzen	Cu/34000
Ascorbatoxidase		Pflanzen	6Cu/160000
Cytochromoxidase		Säugetiere	Cu/25000

*) Elektronenacceptoren

Dehydrogenasen, Einteilungsversuch nach [7].

Von den eher noch individuellen Einzelenzymen beispielsweise der Fettsäuresynthetase in *E. Coli*, über die Synthese eines schon recht stabilen Enzymkomplexes in der Codierung zweier Genloci in Hefe würde eine evolutionäre Folge hinführen zu multifunktionellen Polypeptidketten, Produkten einer weitvernetzt koordinierten Synthese aller Teilsysteme in den Zellen komplizierter Eukaryotenverbände.

Beispiel für eher einfache Kooperationsmuster kleiner subunit-Einheiten sind die Dehydrogenasen. Meist aus 2 bis 4 subunits mit Molgewichten zwischen 30000 und 45000 aufgebaut, sind sie Teil des großen Nahrungsverwertungs-Energiegewinnungssystems, welches unter Speicherung von ATP in vielen kleinen aufeinander abgestimmten Schritten eine allmähliche perfekte Oxidation der Substrate ermöglicht. Sie bedienen sich dabei kontinuierlich regenerierbarer Kooperationspartner, Coenzyme, die sicher Fossilien eines langen Weges — in ihren Funktionsmustern und im Enzymzusammenspiel inzwischen weiter optimiert — in ihren Grundzügen doch die Anfänge derartiger Energieverwertungssysteme noch getreulich widerspiegeln.

Malat- und Lactat-dehydrogenase — die Isoenzyme: Sie sind die Vertreter jener Gattung, für die die Hochauflösung trotz aller methodischen Beschränkungen schon am weitesten vorangetrieben werden konnten. In ihnen begegnen wir wieder zwei Vetternsystemen mit weitgehenden strukturellen und funktionellen Analogien [301—310, 557—561].

MDH — ein Dimer aus 2 Untereinheiten vom Molgewicht ca. 35000 — oxidiert im Citronensäurecyclus Äpfelsäure zu Oxalessigsäure. LDH — ein Tetramer mit vier Untereinheiten etwa gleicher Größe wie MDH — katalysiert das NADH/NAD-ver-

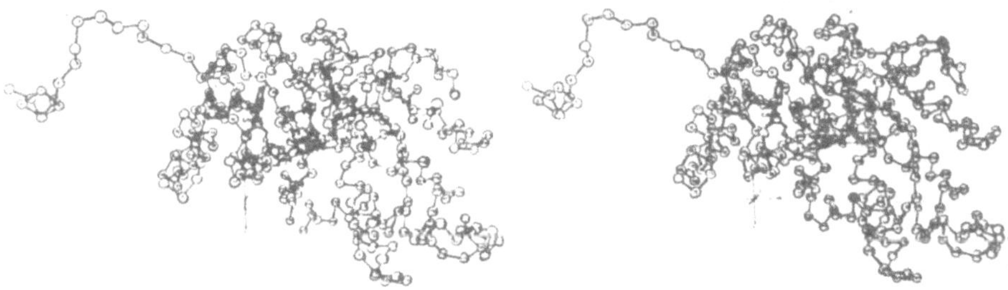

ROSSMANN — und die Lactatdehydrogenase (LDH) [303—305].
α-C-Atom-Darstellung einer Apoenzym-subunit.
in 2,5 Å-Auflösung nach [303].
Der gestreckte Bereich von 20 Aminosäuren am N-terminus liegt im Tetrameren in einer Furche zwischen zwei weiteren Untereinheiten und dient so zur Fixierung des subunit-Verbandes.

mittelte Gleichgewicht zwischen Brenztraubensäure und Milchsäure. Sie reduziert beispielweise im Muskel Brenztraubensäure zu Milchsäure, wenn unmittelbar vor dem Citronensäurecyclus Sauerstoff für die anschließende Oxidationsreaktion fehlt.

Beide Enzyme verfügen über ein aktives Zentrum pro subunit, beide machen von NAD als Coenzym Gebrauch. Substrat- und Coenzymbindung werden in raffinierter Weise zugunsten einer optimalen Ausnutzung beider gekoppelt.

LDH bildet leicht asymmetrische subunits, die in einer Art kubischen Anordnung die Ecken eines Quadrats besetzen. LDH ist ein Vertreter der Gattung der Isoenzyme, die hinwiederum eine besondere Sparte der Heteroenzyme darstellen. Während per definitionem mit dem letzten Ausdruck alle die isodynamischen Enzyme belegt werden, die unterschiedlichen species entstammen, versteht man unter Isoenzymen solche isodynamischen Enzyme, die in ihrer Funktion austauschbar, vom gleichen Organismus in verschiedenen Geometrie- und zum Teil auch Funktions-Ausfertigung produziert werden. Für LDH lassen sich zwei verschiedene Subunitpolypeptidkettenmuster bei gleicher Grundoperation der Katalyseausführung zu insgesamt fünf verschiedenen Verbänden koordinieren: α_4, $\alpha_3\beta$, $\alpha_2\beta_2$, $\alpha\beta_3$, β_4, die anhand physikalischer und immunologischer Unterschiedlichkeiten auch inzwischen nachgewiesen werden konnten.

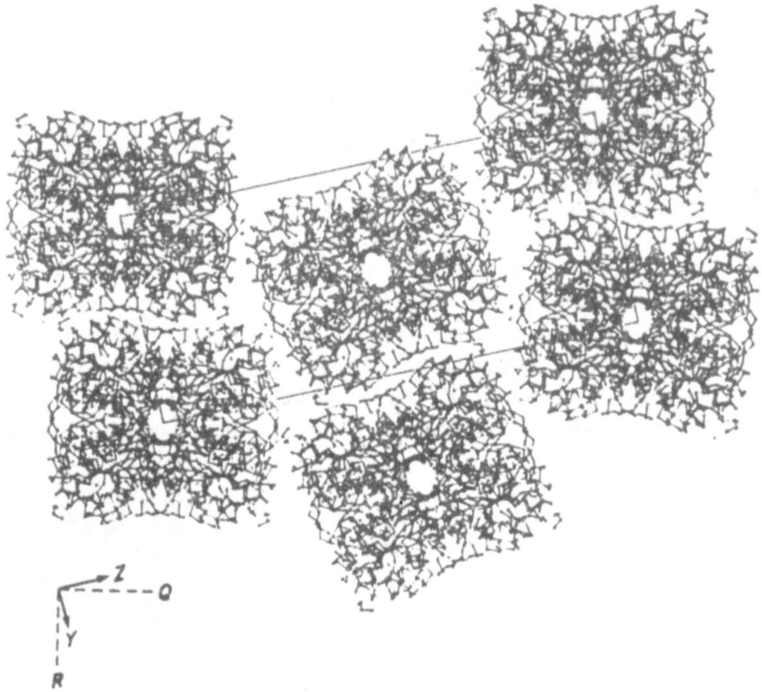

ROSSMANN — und die LDH.
Computerdarstellung der Tetrameren-Packung von Schweine-M_4-LDH innerhalb der Elementarzelle nach M. L. HACKERT u. Mitarb. [305].

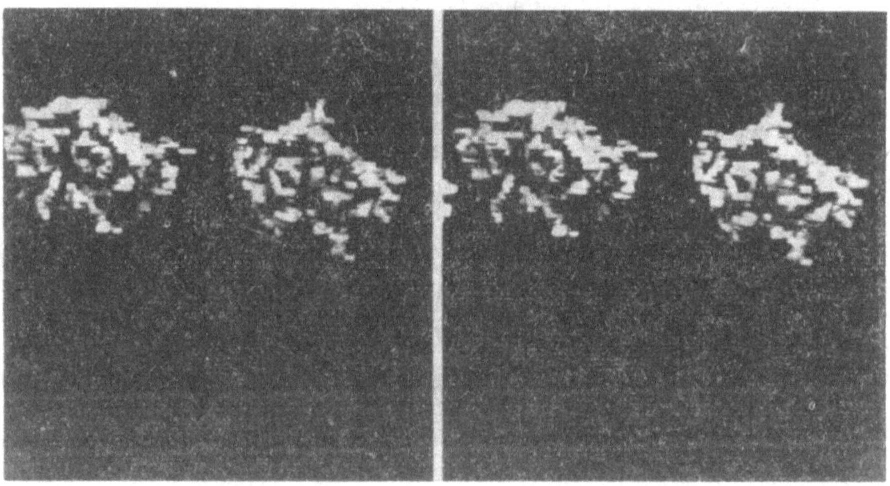

5-Å-Elektronendichte-Modelle des LDH-NAD^+-Pyruvat-Komplexes (links) und des Apoenzym (rechts) nach M. G. ROSSMANN und Mitarb. [303].
Die Abbildung zeigt die aus der Bewegung des großen loops von Aminosäure 100—120 resultierenden Differenzen im oberen Bereich der beiden Strukturen.

Die Auffassung der zwei subunit-Typen als zwei Genprodukte ist naheliegend. Damit ist gleichzeitig bewiesen, daß in den hier wie in vielen anderen subunit-Assoziationsformen nicht kovalenten Verknüpfungen die verklebenden subunit-Seiten identisch sein müssen, da sonst die Isomerenzahl noch weit höher sein müßte.
MDH und LHD sind bezüglich ihrer subunit-Geometrien zunächst in erster Näherung kugelförmige Strukturen von $64 \times 64 \times 45$ Å Abmessung. Beide haben sehr ähnliche

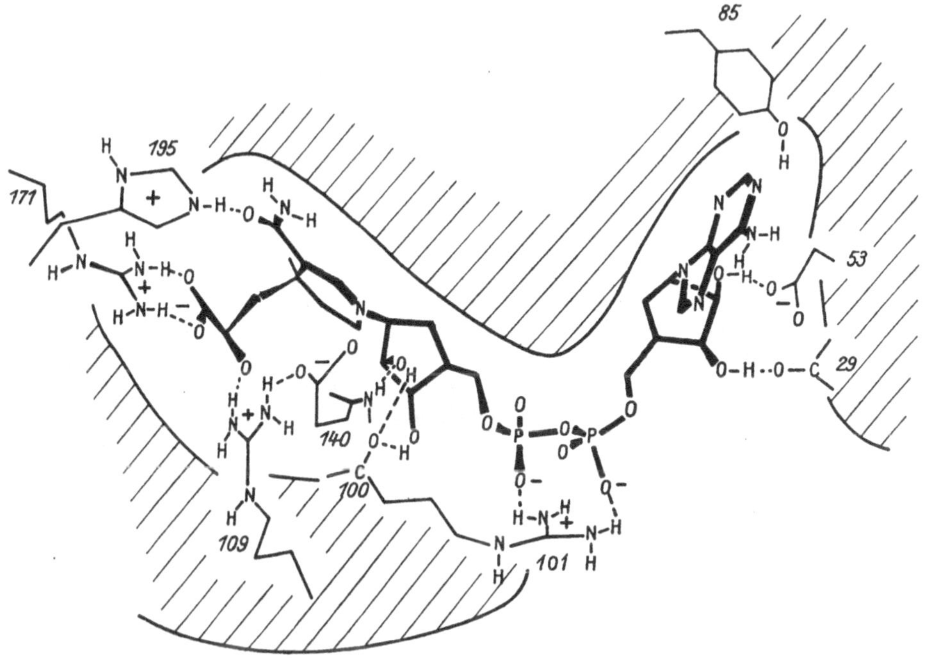

Fixierung der „offenen"! Form des NAD^+ in einem LDH-NAD^+-Pyruvatkomplex nach M. J. Adams u. Mitarb. [304].

Das Adenin ist rechts oben in eine hydrophobe Tasche des Enzyms geschoben. Im binären Co/Apoenzymcomplex scheint eine zusätzliche Fixierung durch eine H-Brücke vom Hydroxyl des Tyr 85 zum N 1 des Adenin gegeben, sie fehlt im ternären Holoenzym/Substrat-Komplex. Die beiden Coenzymphosphate werden durch polare Wechselwirkungen mit dem Protein festgelegt. Hierzu schwingt Arg 101 etwa 13 A von seiner loop-Position im Apoenzym gegen die Pyrophosphatgruppierung, Arg 109 bewegt sich sogar über eine Strecke von 23 A!, um im aktiven Bereich in Wechselwirkung mit dem schräg links unter dem Nicotinamid durch His 195 und Arg 171 zusätzlich fixierten Substrat zu gelangen. His 195 hat sich, um dieser Aufgabe gerecht zu werden, ca. 1—2 Å von seiner Apoenzymposition verschoben. Die Umorientierung der großen loops — Teilausschnitt links unten — drückt das aktive Zentrum des Enzyms zu und schiebt in dieser Bewegung die nichtreaktive B-Seite des Nicotinamids gegen eine im wesentlichen hydrophobe Proteinumgebung. Der loop-Kollaps vermehrt gleichzeitig die Zahl der geladenen Gruppierungen in der Umgebung der Substratbindungs-site. Das Substrat selbst liegt wahrscheinlich zwischen den als Protonen-„source and sink" der Reaktion fungierenden His 195 und der C 1 Position des Nicotinamidrings — weiterhin ausgerichtet durch die Wechselwirkung mit Arg 109 und 171. Das Raummuster dieses Arrangements könnte die Spezifität für die L-Form bedingen.

und nahezu vergleichbare Sekundärstrukturen. In der N-terminalen Hälfte herrschen Helixbereiche und parallele β-Faltblattstrukturen vor, während der etwas aufgelockerte C-terminale Teil Helixanteile und antiparallele β-Faltblätter kombiniert. Die parallel orientierten β-Faltblätter des N-Terminus bilden ein „getwistetes sheet", welches teilweise in die aktiven Bereiche hineinreicht. Im mittleren Bezirk, etwa zwischen Amino-

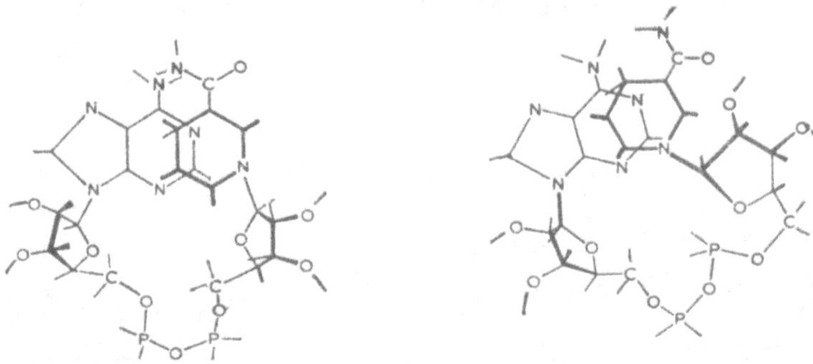

Nicotinsäureamid/Adenin-stack- und H-Brückenbindungsmöglichkeiten förderten Spekulationen über das Auftreten derartiger Wechselwirkungsspiele im NAD [306, 307].
Die Röntgenstrukturanalyse lieferte bisher jedoch lediglich eine offene Form ohne! H-Brücken- und stack-Wechselwirkungen.

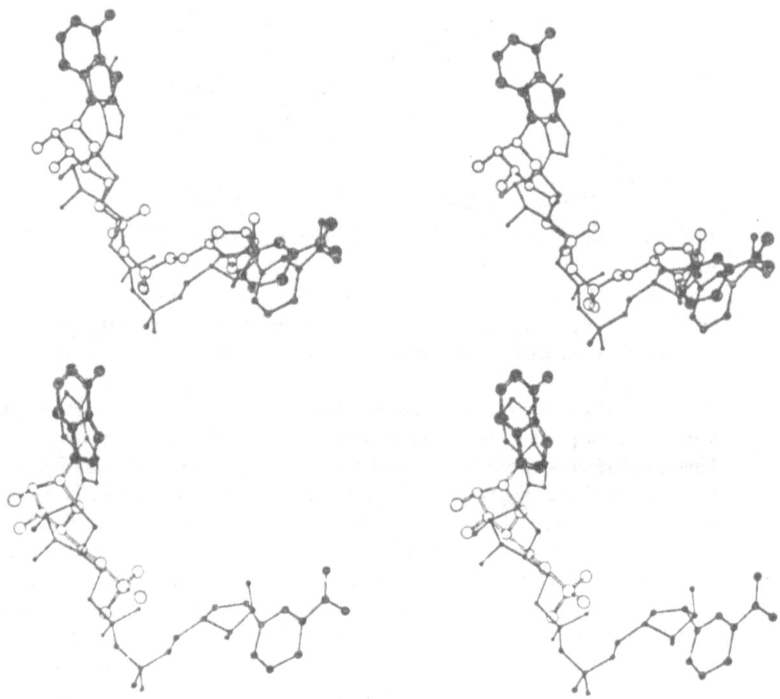

Coenzym des LDH nach M. J. ADAMS u. Mitarb. [304].
Orientierungsunterschiede von NAD+ (kleine Kreise) im ternären Komplex und oben: NAD+ bzw. unten: AMP (große Kreise) im binären Komplex — gebildet durch Eindiffusion in ausgebildete Apoenzymkristalle.

säure 160 und 180 befinden sich Helixstrukturen und parallele Faltblätter eines essentiellen Thiolpeptides. Die Verleimungszonen der subunits bestehen aus drei helicalen Regionen jeder subunit und — dies ist der einzige größere Unterschied zwischen MDH und LDH — einen Verankerungskopf für die Tetramerenanordnung im Falle des LDH. Die ersten N-terminalen 20 „Kopf-Hals"-Aminosäuren des LDH finden im MDH keine Entsprechung. Sie umfassen mit 2—6 einen einzigen α-Helixloop und daran anschließend eine gestreckte β-Struktur. Die lange Hals-Kopf-Zone des LDH zieht vom kugelförmigen Gesamtmolekül weg. Die lange ausgedehnte β-Struktur bildet mit den Resten 302—303 in einer Furche an der Ecke einer Kontaktregion zwischen zwei Nachbarsubunits ein antiparalleles β-Faltblatt, während sich der Helix-loop des Kopfes in einer

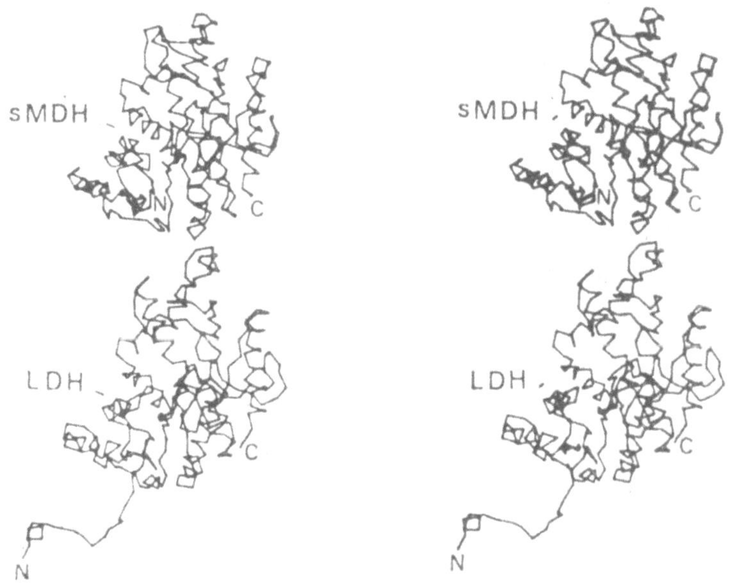

MDH/LDH-Familienähnlichkeiten nach E. Hill u. Mitarb. [308].
Subunits von MDH und LDH in der α-C-Atom-Darstellung zum Vergleich. Bis auf die charakteristische LDH-Halsregion am N-terminal könnte man fast von Zwillingsstrukturen sprechen. (LDH-Koordinaten aus einer 2-Å-Auflösung von M. Rossmann und Mitarb.).

Kavität der Partner-subunit verankert. Die Röntgenstrukturanalyse des MDH legt in Übereinstimmung mit chemischen Befunden die Anwesenheit nur eines NAD pro subunit-Paar nahe. Möglicherweise verursacht die Aufnahme eines NAD im gesamten Komplex eine Konformationsumwandlung, die in negativer Kooperativität die Assoziation weiterer Coenzympartner blockiert. LDH scheint dagegen für jede subunit ein NAD-Molekül zu bevorzugen.
Bei im übrigen annähernd gleichen Konformationen zwischen Apoenzym und Coenzym-Substratkomplex resultieren im LDH für die Helixstruktur 100—130 Unterschiede. Die Auflösung konnte noch nicht so weit vorangetrieben werden, daß in Kombination aller Einzelfakten ähnlich genaue Einblicke in den Katalysemechanismus möglich wären, wie in den bisher besprochenen Enzymen. Immerhin gelang es, sowohl den Coenzym- wie

auch den Substratbindungsbereich annähernd zu lokalisieren und erste Hinweise für mögliche Operationsweisen zu erhalten.

Die Anordnung des NAD bietet sich nach Röntgenbefunden in einer offenen Form dar, wie sie ebenfalls durch Fluoreszensuntersuchungen, nicht aber durch NMR-Befunde nahegelegt wurde.

Die Aminogruppe des Adenins bindet zum Kettencarbonyl von Aminosäure 118, seine N 1-Position zur Aminogruppe von 122, beide Kontakte könnten für die loop-Bewegung von 100—108 in die Position oberhalb der Kavität des aktiven Zentrums mit verantwortlich sein. Die Adenin-Ribose ist mit ihren beiden OHs gegen Aminosäure 53, möglicherweise ein His, gerichtet, die Sauerstoffe der Phosphatgruppen tendieren in Richtung 30—32 mit H-Brücken zur Peptidkette. Für das Phosphat des Nicotinsäureamids ist kein definierter Partner zu erkennen. Der Heteroaromatenring selbst liegt parallel zur Fläche eines 5-strängigen parallelen β-Faltblatts. Die OH-Gruppen der

Hill — die und Malatdehydrogenase in 3-Å-Auflösung. Beispiel für Dehydrogenase-Familienähnlichkeiten [308].

α-C-Atom-Darstellung eines MDH-Dimeren. In der Mitte des Subunitverbandes ist die zweizählige Achse zu erkennen.

Nicotinamid-Ribose knüpfen mit H-Brücken Kontakte zu den Seitenketten von 102 und 103. Das Substrat dürfte im verbleibenden freien Raum unterhalb des Pyridinrings so lokalisiert sein, daß ein Hydridtransfer zum C 4 möglich wird. Das Carboxyl des Substrats könnte dabei mit H-Brücken einmal in Richtung auf die Carbonamidgruppierung des Nicotinamids, zum anderen gegen 140 und 250 — wahrscheinlich Lys-Seitenketten — fixiert sein. Setzt man für das asymmetrische C-Atom der Lactatgruppierung eine Stellung voraus, die einen reibungslosen transfer des auszutauschenden Wasserstoffs zum C 4 ermöglicht, dann weist die OH-Funktion am Asymmetriezentrum des Moleküls in Richtung auf His 195. Dieses ist gegen das core des Moleküls zu mit einem Asp 168 sowie dem essentiellen Cys 165 des Thiolpeptids verbunden. Damit könnte auch hier — ähnlich den proteolytischen Serienenzymen — ein charge-relay-System installiert sein, welches die Elektronegativität des His 195-Imidazols beträchtlich steigern würde.

Was jetzt noch an Interpretationen offenbleibt, sind reine Spekulationen. Spekulationen, wie sie hier bei den einfachsten Nucleoproteinen — wenn man so will — den LDH- und MDH-Enzymen mit ihren schon am längsten bekannten NAD-Coenzympartnern beginnen, und wie sie bei den komplizierten Nucleoproteinwechselwirkungen in Replication, Transcription und Translation enden.

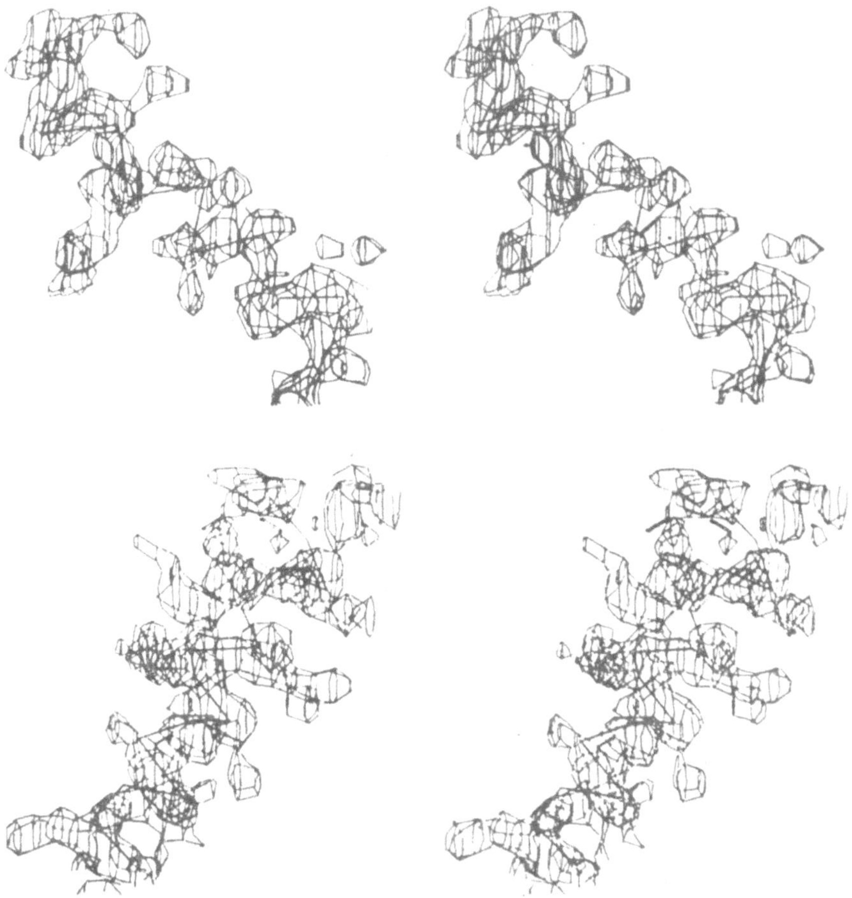

MDH wurde auch Anlaß eines neuen Verfahrens der Computer-Simulation von Elektronendichten.
Zwei Helixausschnitte aus subunit 1 oben bzw. subunit 2 unten nach T. H. JACOBI u. Mitarb. [308].

Wir wissen wenig über die Funktionsspiele des Coenzyms und wenig über seine Kooperation mit dem Enzym. Horizontale H-Brückenzuordnungen und vertikale stack-Anordnungen — entscheidend für den Aufbau von Nucleinsäuren, beide auch für die NAD-Systeme möglich — könnten im Katalysevorgang eine Rolle spielen. Manches deutet auf solche Gleichgewichte zwischen geschlossenen und offenen Formen hin. Wie es tatsächlich ist, wird die Zukunft lehren müssen [301, 307, 309, 310, 557—568].

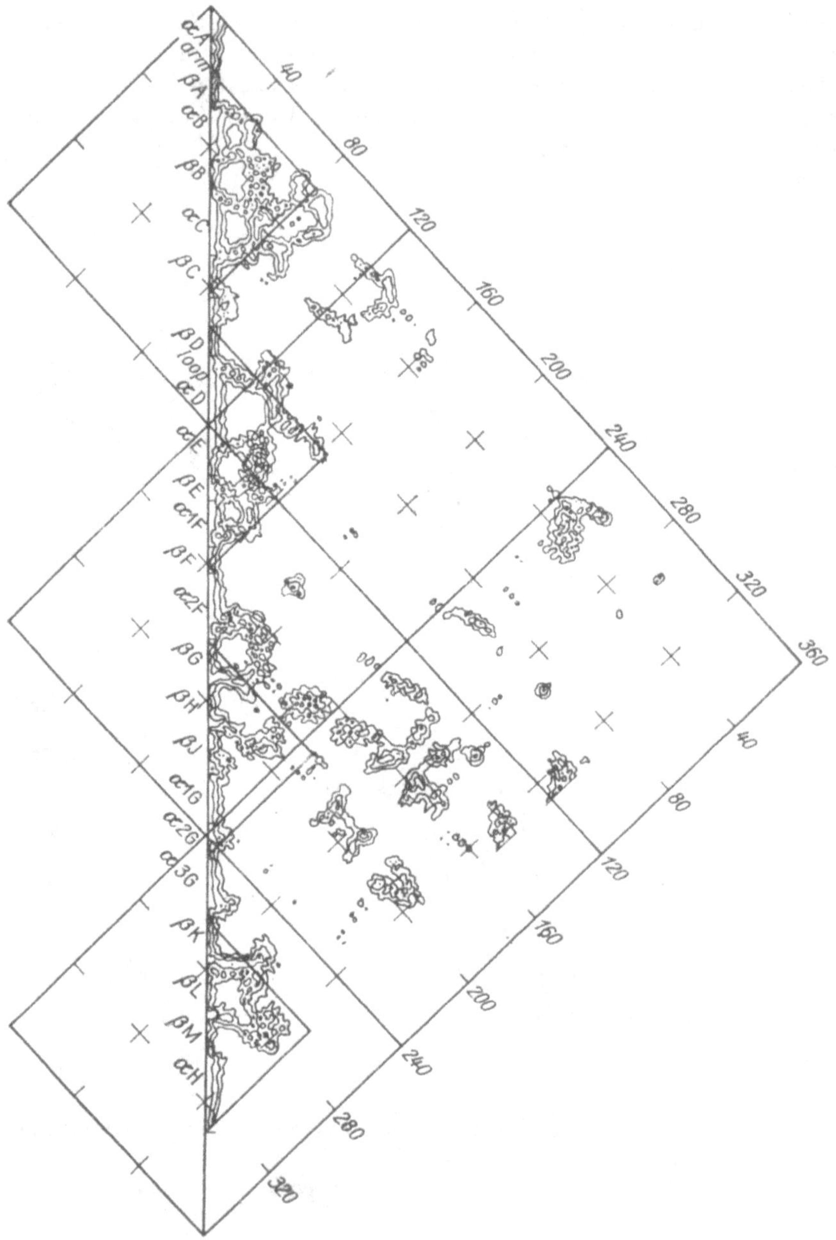

Evolutions- und Funktionshomologien von Dehydrogenasen, Kinasen und Flavodoxinen – ein Streifzug durch primär-, sekundär- und tertiär-isostrukturierte Nukleotid-Bindungs-Domänenmuster nach M. G. ROSSMANN u. Mitarb. [559–564]. Die Erkennung und der Vergleich struktureller Domänen liefert nicht nur aufschlußreiche Sichtungen für die Spurenfindung evolutionärer Abstammungsmuster, sie sind darüber hinaus auch eine unentbehrliche Hilfe für die Aufdeckung und Abschätzung bestimmter Proteinfunktionsmuster geworden.

Ein Vergleich der Domänen in Lactatdehydrogenase (LDH) – im Bild sind die

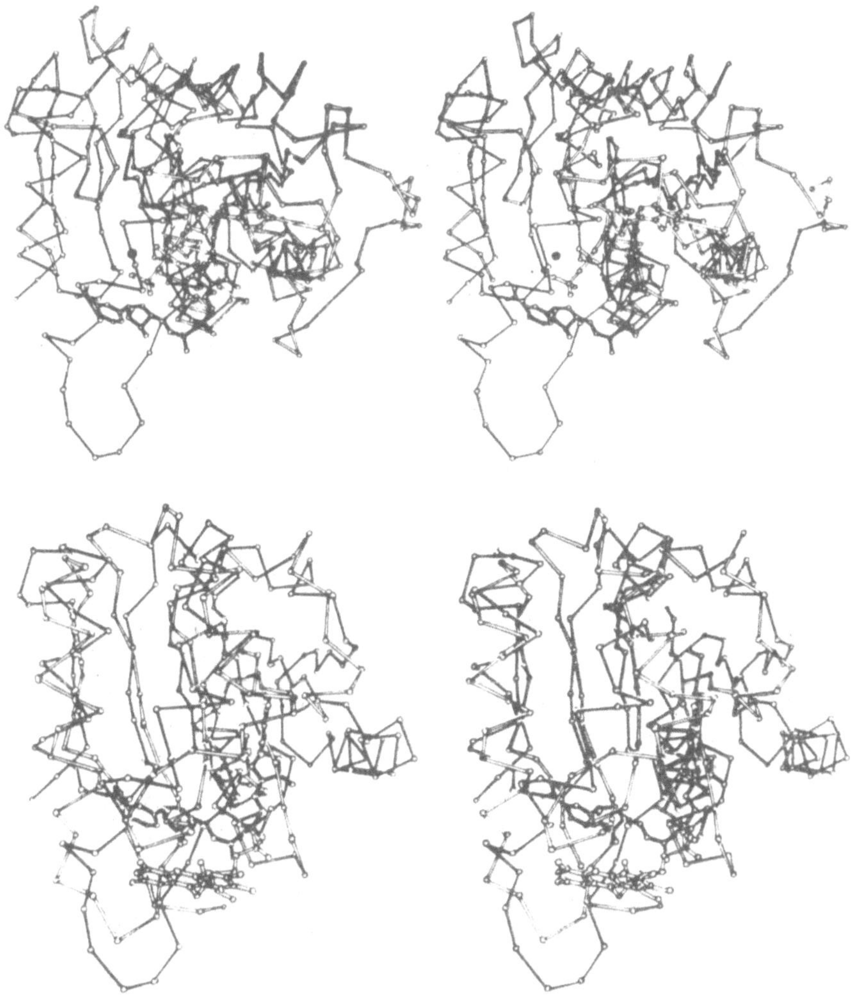

Die nahezu deckungsgleichen Muster:
Übereinanderprojektion des α-C-Verlaufs der Nucleotid-Bindungsdomäne von LDH (schwarz) im Vergleich mit denen von (von oben nach unten) Leber-Alkoholdehydrogenase (LADH), Glyceraldehyd-3-phosphat-dehydrogenase (GAPDH) und —

r_{ij}-Werte der α-C-Atome für 0,4...16 Å aufgetragen läßt vier Hauptstrukturierungen erkennen [560]). Die beiden oberen Domänen sind in sich ähnlich und in die Nucleotidbindung verwickelt. Die beiden unteren Domänen besitzen gleichfalls ähnliche Prägungen der distance-map, ohne daß diesen Isostrukturierungen bisher definitive Basisbezüglichkeiten unterlegt werden könnten.
Insgesamt erarbeiteten Rossmann u. Mitarb. ein ganzes Spektrum interessanter Strukturhomologien der Nucleotidbindenden Domänenbereiche in Dehydrogenasen, Kinasen und Flavodoxinen. (Die letztere Verwandtschaft war im übrigen schon durch Vergleiche der Redoxpotentiale und Untersuchungen über die Evolution des Elektronentransports nahegelegt worden).

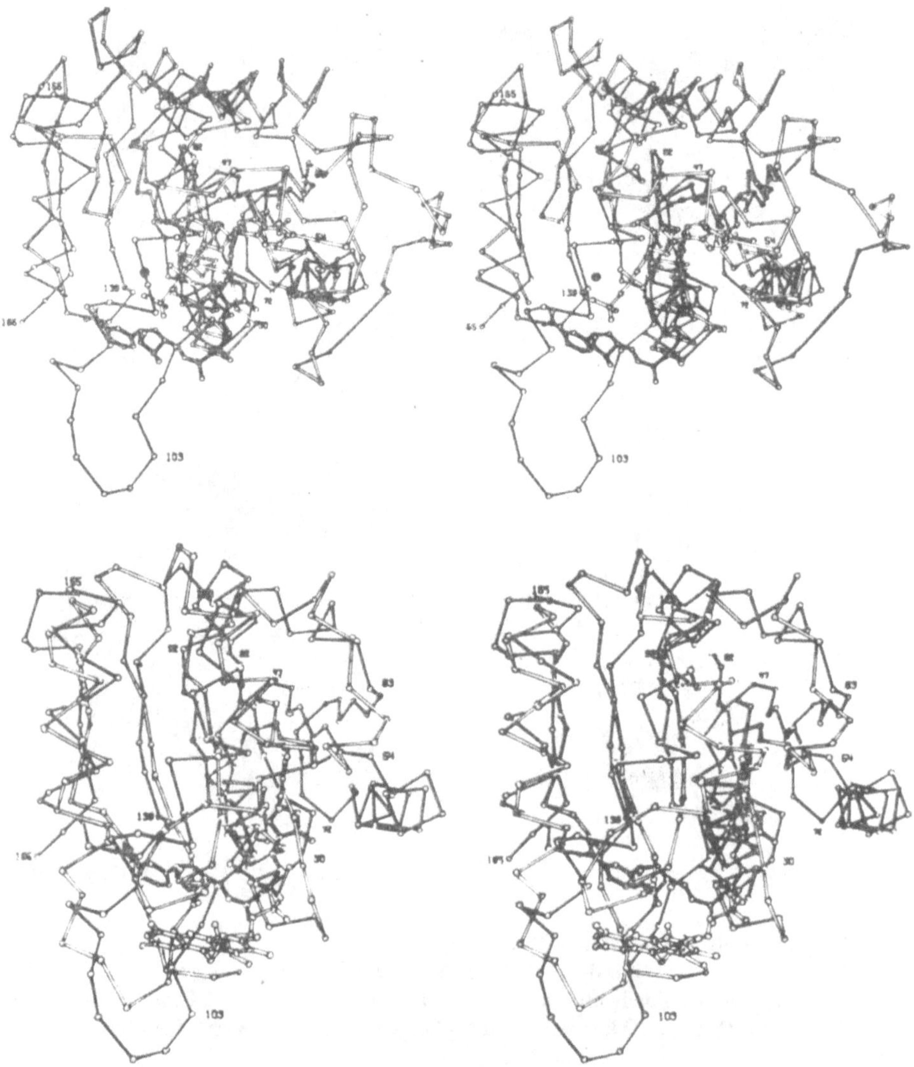

– Phosphoglyceratkinase (PGK) und Flavodoxin nach M. G. ROSSMANN u. Mitarb. [560].

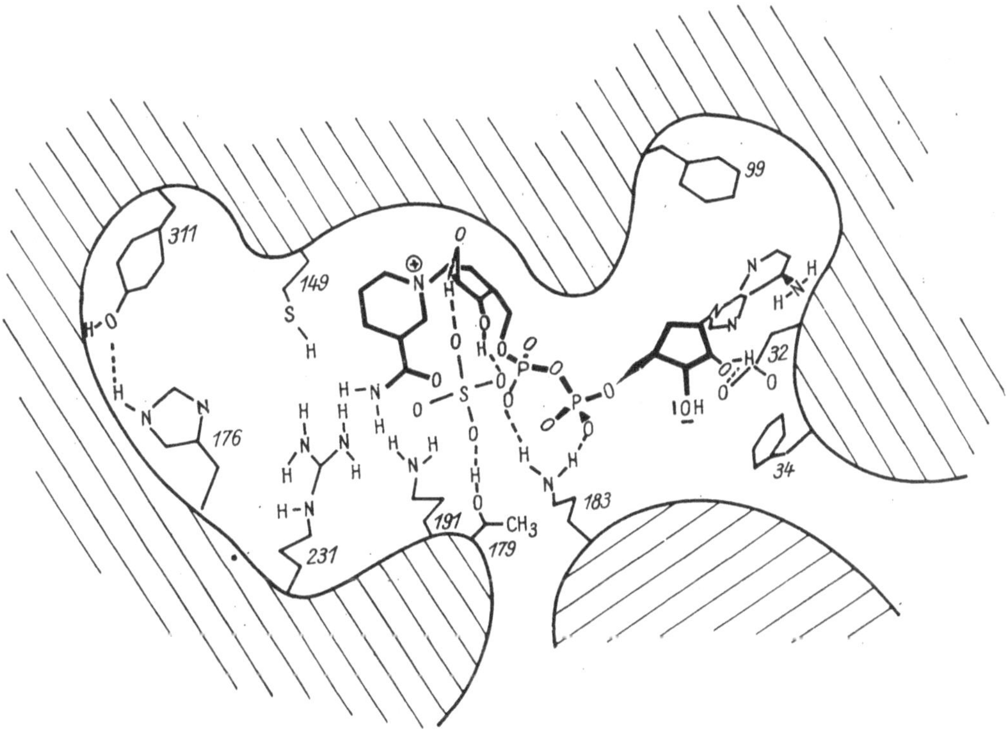

Die NAD+-Bindung in GAPDH ist bis auf eine 180°-Rotation um die Ribose-Nicotinsäureamid-Glycosidbindung mit der in LDH identisch:
Schemadarstellung und

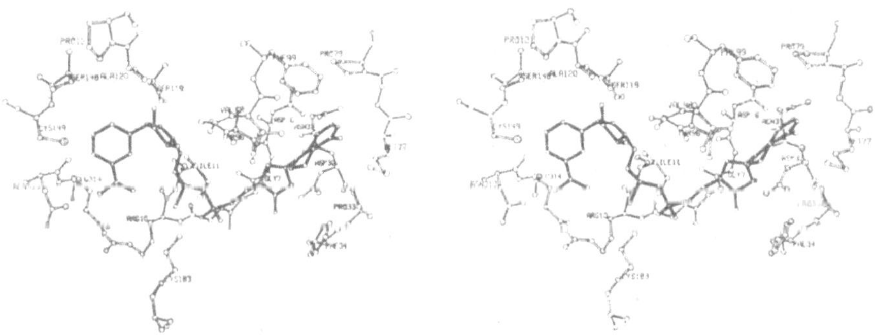

Stereorepräsentation nach M. Buehner u. Mitarb. [563].
Adenin liegt in hydrophober und π-Leitungspackung zwischen Phe 34 und 99.
Asp 32 und Gly 7 — dicht an der Adenin-Ribose — üben ihre Funktionen in allen Dehydrogenasen aus.

Bleiben wir vorerst noch im wesentlichen bei Proteinkooperativitäten und erklimmen noch von der LDH/MDH-Ebene ausgehend die nächste Stufe von Proteinregelhierarchien in subunit-Komplexverbänden.

Pyruvatdehydrogenase — ein Multienzymkomplex: Sie ist das Musterbeispiel eines Multienzymkomplexes. In sie sind in definierten Architekturhierarchien etwa 88 Polypeptidketten hineinkonstruiert. Das System umfaßt mit NAD, FAD Coenzym A, TPP und Liponsäure fünf verschiedene Coenzymmuster. Der Komplex offenbart bemerkenswerte Selbstorganisationsfähigkeiten und reassoziiert beim Mischen seiner Bestandteile in hohen Ausbeuten. Bei ca. 4400000 MGW besitzt das System eine annähernd würfelförmige Gestalt.

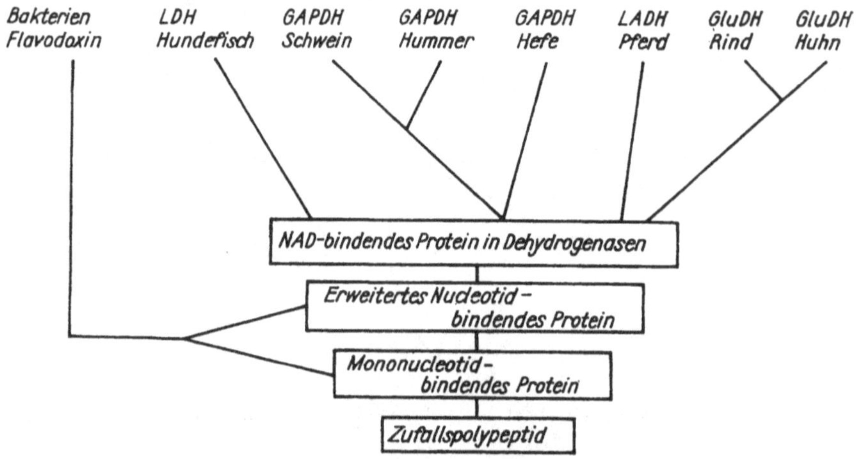

Divergenz der Nucleotidbindungs-Domänenmuster aus einem gemeinsamen Nucleotidbindungs-Ahnen nach M. G. Rossmann u. Mitarb. [560].

Der Multienzymkomplex katalysiert die letzten Vorbereitungsreaktionen, bevor ein Metabolit als Acetylcoenzym A in den Citronensäurecyclus eintritt [311—324, 569]. Die Reaktion wird mittels drei verschiedener Einzelenzymsysteme in drei aufeinanderfolgenden Reaktionsschritten durchgeführt. Zunächst vermittelt Pyruvatdecarboxylase (E 1) mit TPP als Coenzym die Decarboxylierung von Brenztraubensäure. Der verbleibende Rest wird als Hydroxyäthylgruppe in die 2-Stellung der Thiazolkomponente des Thiamins gebunden. Dieses Thiaminpyrophosphat — ein Coenzym nahezu universellen Vorkommens — katalysiert im wesentlichen drei Typen von Reaktionen: die nichtoxidative Decarboxylierung von Ketosäuren, die oxidativen Decarboxylierungen und die Acyloinbildung. Sie hatte für die hallesche organische Chemie und Biochemie insofern eine gewisse Bedeutung, als Langenbeck [319] schon sehr früh mit gewöhnlichen Aminen Verbindungen fand, die die Decarboxylierung von Brenztraubensäure erleichtern. Es war für ihn eine „Sternstunde", als sich eben diese Aminofunktion in der Pyrimidinkomponente des Thiamins wiederfand. Ein Grundmuster bionischer Nachempfindungen von Enzymen auf der Ebene niedermolekularer Analoger schien vorgegeben, noch lange ehe man Einblicke in die verwickelte Strukturierung und Funktio-

E. coli-Pyruvathydrodegenase-Komplex –
noch die Domäne der Elektronenmikroskopie.
Übersichten ohne Detailverbindlichkeiten nach L. J. REED u. R. M. OLIVER [314].
Die Zusammensetzung:
E_1: Pyruvatdecarboxylase,
E_2: Dihydrolipoyltransacetylase;
E_3: Dihydrolipoyldehydrogenase.
Strukturelle und funktionelle Mittel- und Mittler-Position: der E_2-Würfel aus acht Trimeren.

Jede Kugel symbolisiert drei subunits. ($E_2 = 8 \cdot 3 = 24$ subunits).

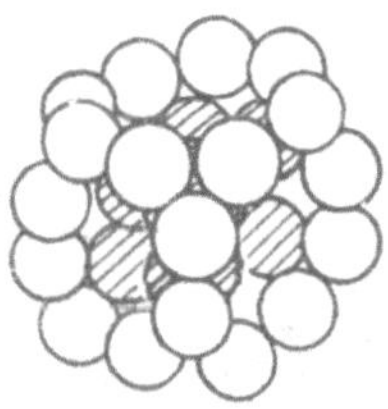

E_2-core mit 24 E_1-subunits. Jede E_1-Einheit besteht aus einem α, β-Dimeren. ($E_1 = 24 \cdot 2 = 48$ subunits).

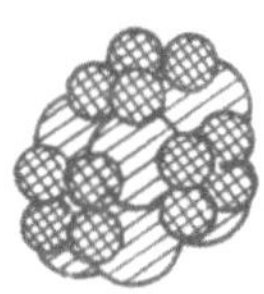

E_2-core mit 24 E_3-subunits.

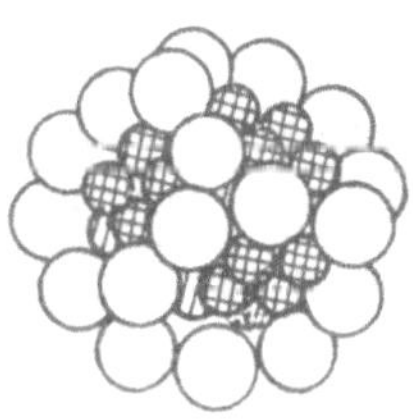

Der „Multienzymkomplex" (MGW ca. 4440000!)
Das E_2-core startet den Aufbau des Komplexes. E_3 bindet an E_2 und nicht aneinander. Ein Trimeres E_2 (eine Würfelecke) kann ebenfalls E_1 und E_3 anlagern und so einen funktionsfähigen Subkomplex mit 1/8 der Größe des Gesamtkomplexes bilden.

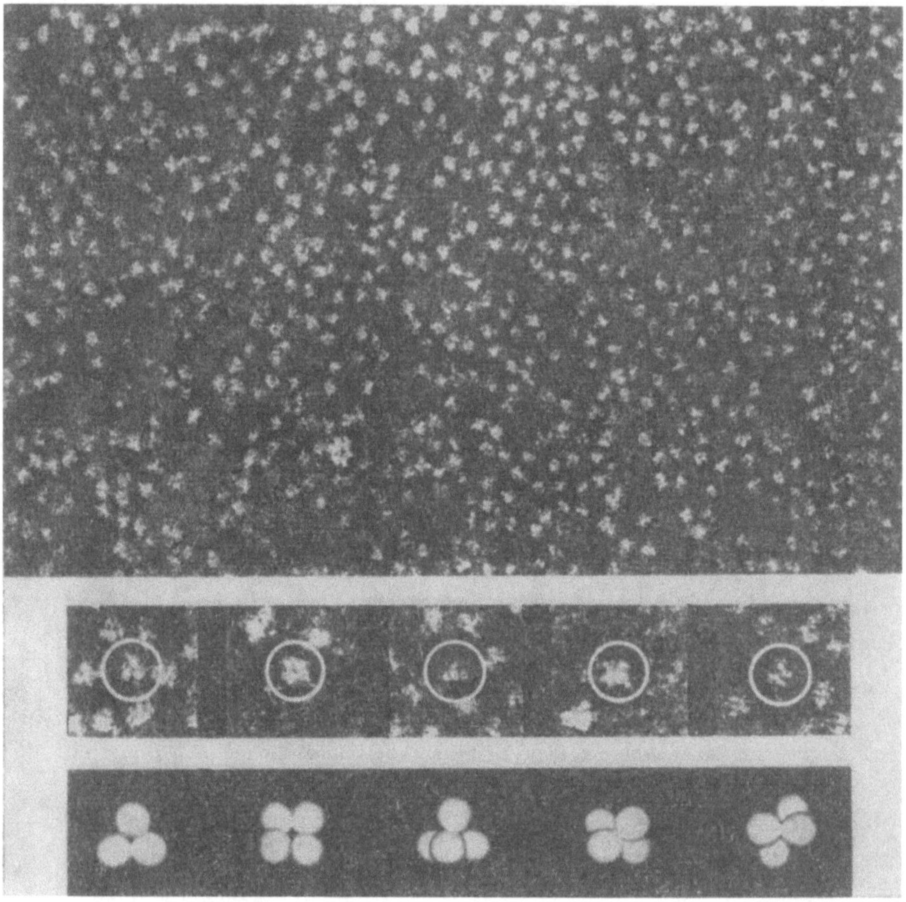

E. coli-Pyruvatdehydrogenase:
Elektronenmikroskopie-Folge nach L. J. REED u. R. M. OLIVER [314].
Tetramere Aggregate der Pyruvatdecarboxylase (Pyruvatdehydrogenase) E_1.

nalität der Proteinsysteme gewonnen hatte. Es tat dem Arbeitsgebiet einer Enzymanalogen-Chemie, der „Katalatoren", zunächst auch keinen entscheidenden Abbruch, als verschiedene Arbeitsgruppen die Aminogruppe zunächst mehr oder minder zu molekularer Untätigkeit und Nutzlosigkeit verurteilten und nur die reaktive 2-Stellung am Thiazol für katalytische Zwecke als verbindlich betrachten wollten. In umfangreichen Untersuchungen gelang der Schule um SCHELLENBERGER, von LANGENBECK herkommend, schließlich die „Ehrenrettung" der alten LANGENBECKschen These. In einem intramolekularen Synchronmechanismus wurde auch die Aminofunktion des Pyrimidins wieder inthronisiert und damit einmal mehr bewiesen, daß in der Natur nach einer Evolution von über 3 Milliarden Jahren nichts mehr ganz zufällig ist, schon gar nicht eine reaktive Aminogruppe [317—320].

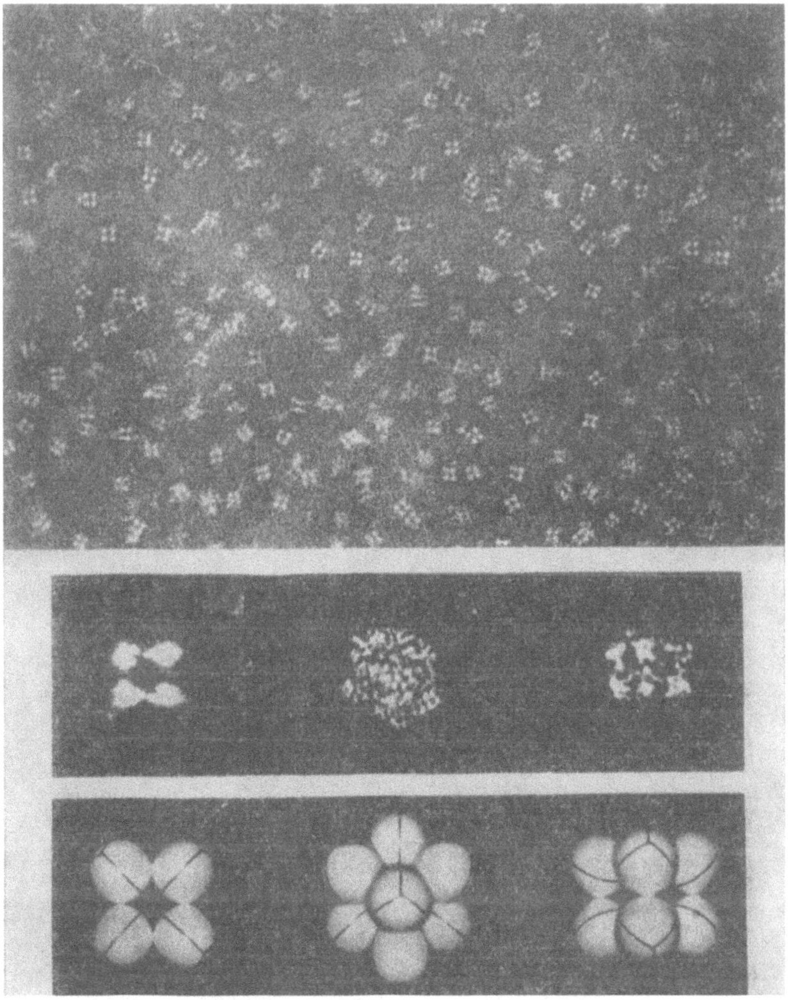

Octamere Aggregate des Struktur- und Funktions-cores des Gesamtverbandes, der Dihydrolipoyltransacetylase E_2.

Doch zurück zum Dehydrogenase-Komplex. Ein zweites Enzym, die Lipoyl-transacetylase E 2, mit dem beweglichen Redoxarm der Liponsäure als Coferment ausgerüstet, übernimmt unter partieller Eigenreduktion und Aufoxidation des Substrats zur Acetylgruppe einer Thioestergrupplerung die Hydroxyäthylgruppe vom TPP-E 1. Die Beweglichkeit der Liponsäure wird durch eine Amidbindung des Moleküls an einen langen beweglichen Lysinarm von E 2 noch verstärkt. Sie ist jedoch auch derart extrem erforderlich, da diese Liponsäure noch zwei andere Enzym-Partner bedienen muß. Zunächst wird von der Liponsäurebindung die Acetylgruppe auf Coenzym A übertragen und damit in den Citronensäurecyclus entlassen. Zurück bleibt ein E 2 mit einer Dihydroliponsäurestruktur, die, um erneut einen E 1-E 2-Acetyltransfer bewerkstelligen zu können, reoxidiert werden muß. Sie erreicht das, indem sie ihren langen flexiblen Arm zum dritten Enzym der Dihydrolipoyldehydrogenase E 3 dreht und dort das am E 2 gebundene Coenzym FAD reduziert. Dieses FAD besitzt mit der die Erkennungsregion von Uracil imitierenden Flavinkomponenten dem NAD ähnliche H-Brücken- und

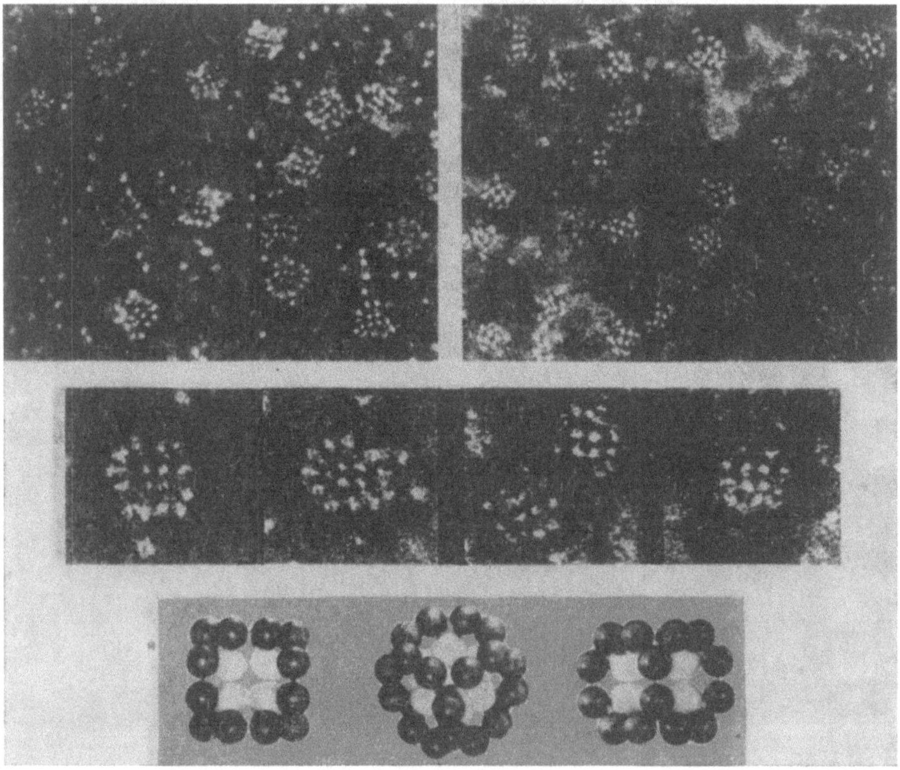

Transacetylase/Decarboxylase-Subkomplex E_2/E_1.

stack-Voraussetzungen. Für seinen noch unaufgeklärten Wirkungsmechanismus dürften ähnliche Spekulationen, wie beim NAD angestellt, verbindlich sein. Unter Reduktion eines zweiten Coenzyms NAD bildet E 3 schließlich sein FAD zurück. Der Kreislauf ist damit geschlossen. Der Multienzymkomplex für einen weiteren Fließbanddurchgang wieder offen [314—324].

Die Architektur des Komplexes, soweit sie sich uns heute generell durch Elektronenmikroskopie und zum Teil speziell anhand einer 18 Å Röntgenanalyse der Lipoyltranssuccinylase offenbart, spiegelt das differenzierte Kooperations-Funktionsmuster ge-

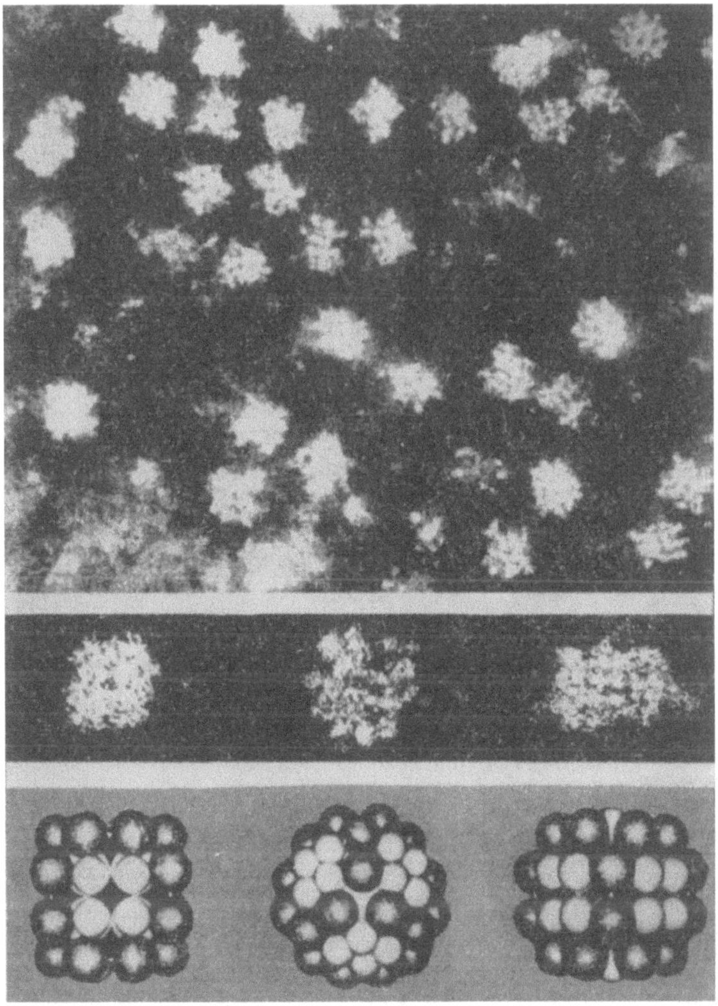

Pyruvatdehydrogenase-Gesamtkomplex $E_2/E_3/E_1$.
Dihydrolipoyltransacetylase-core, daran assoziiert Pyruvatdecarboxylase und Dihydrolipoyldehydrogenase.

treulich wieder. Das Herzstück des Verbandes spielt E 2, für das somit auch die höchsten sterischen Anforderungen bestehen. Das Coferment von E 2 muß sich E 1 soweit nähern können, daß es von dort die Hydroxyäthylgruppe abziehen kann. Es muß weiterhin eine Coenzym-Bindungs-site im eigenen Enzymkomplex bedienen und schließlich in der Lage sein, sich am FAD-Coferment von E 3 wieder regenerieren zu lassen. E 2 bildet ein würfelförmiges Grundgerüst mit je drei E 2-Ketten vom Molgewicht 40000 je Einzelkette in den Ecken eines Kubus. Die Aggregation dieses Kubus bildet das Signal für E 1 und E 3, die beide nicht untereinander assoziieren, jetzt an das core dieses Komplexes

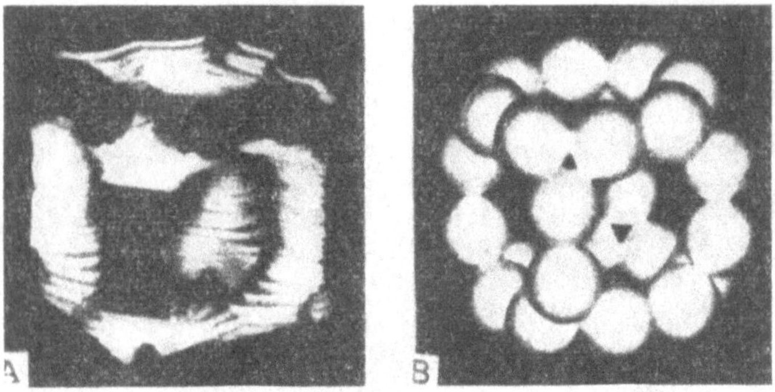

Multienzymkomplexverwandtschaften.
Lipoyltranssuccinylase als core des Ketoglutaratdehydrogenase-Komplexes.
18-Å-Auflösung durch Kombination von Elektronenmikroskopie und Röntgenspektroskopie.
Elektronendichteverteilung nach Elektronenmikrographien und abgeleitetes Modell (entsprechend Dihydrolipoyltransacetylase) nach D. J. DeRosier u. R. M. Oliver [315].

E. coli-Pyruvatdehydrogenase-Komplex

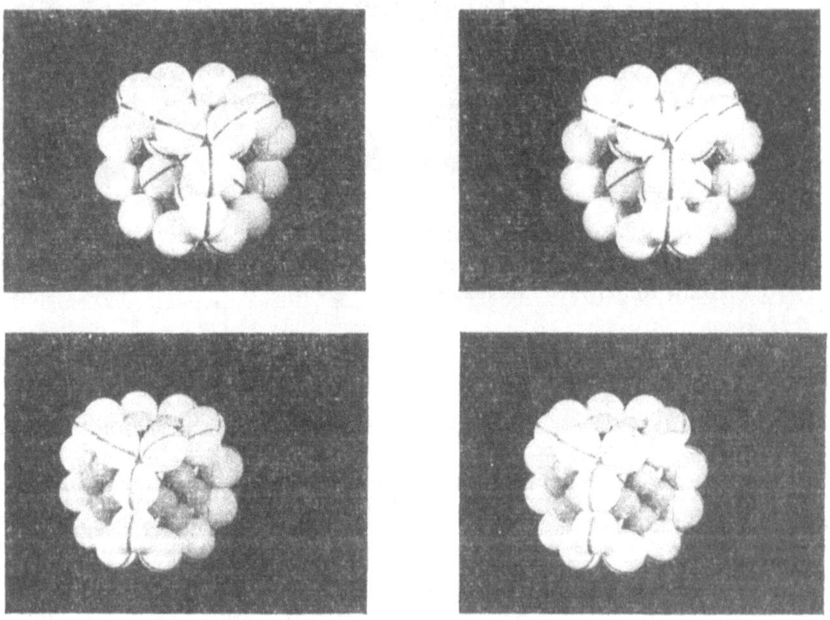

Stereodarstellungen E_2/E_1 (oben) und $E_2/E_1/E_3$-Komplex (unten).

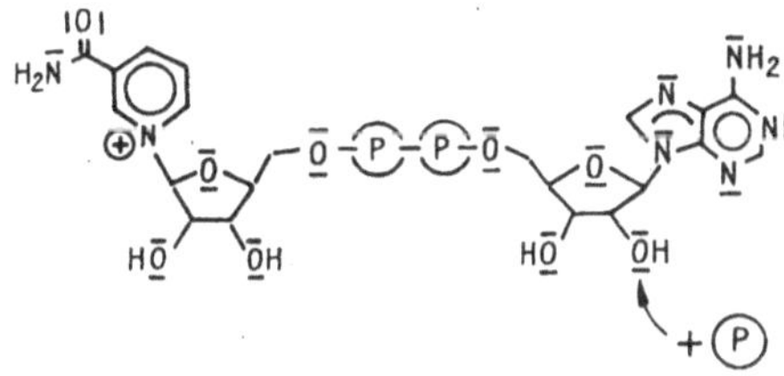

NAD ⊕

NADD ⊕

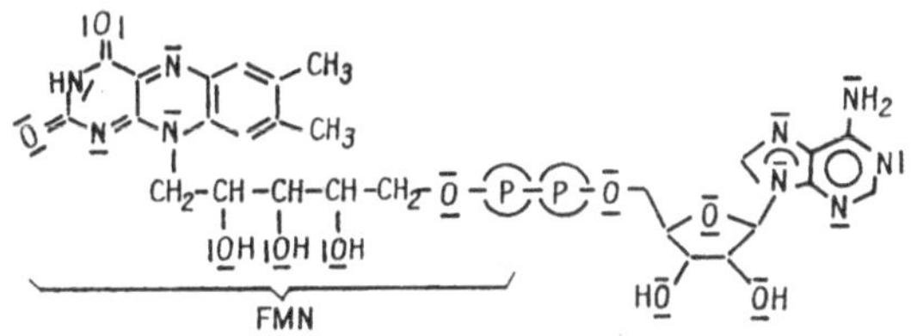

FAD

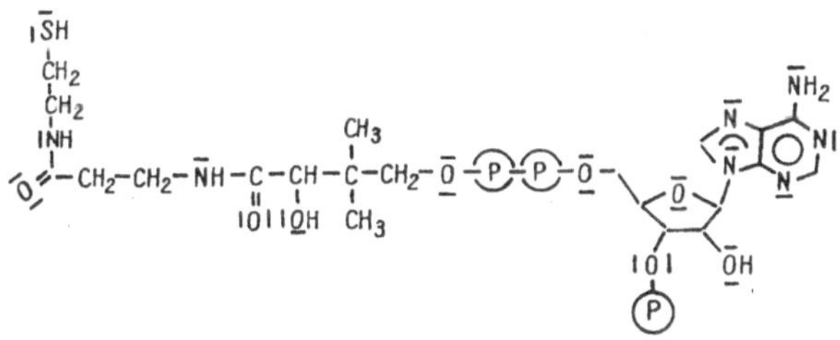

Coenzym A

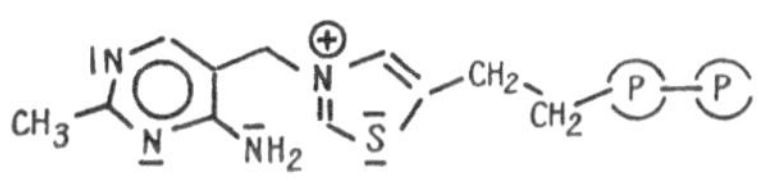

TPP

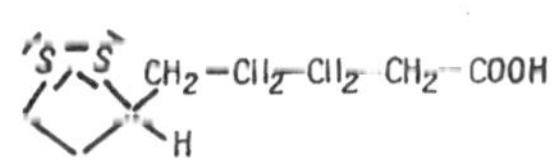

Liponsäure

Einige Coenzyme — eine Art Enzymwerkzeuge.

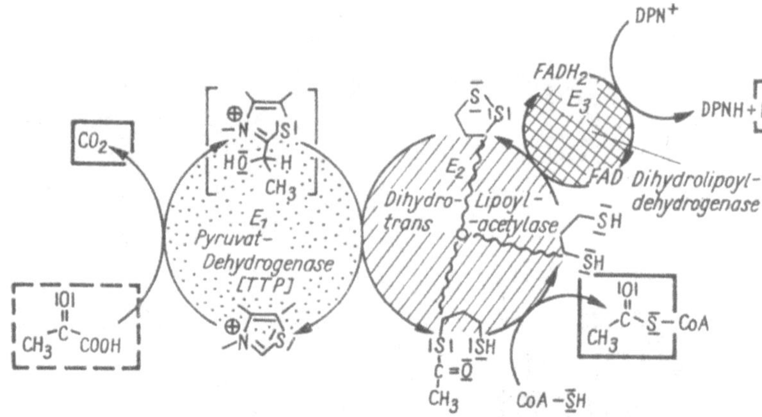

Schemadarstellung des Operationsverfahrens unter Markierung der einzelnen Coenzympartner, (modifiziert nach F. Lynen [311]).

Thiaminpyrophosphat (TPP) – Coenzym der Pyruvatdecarboxylase [317–320].

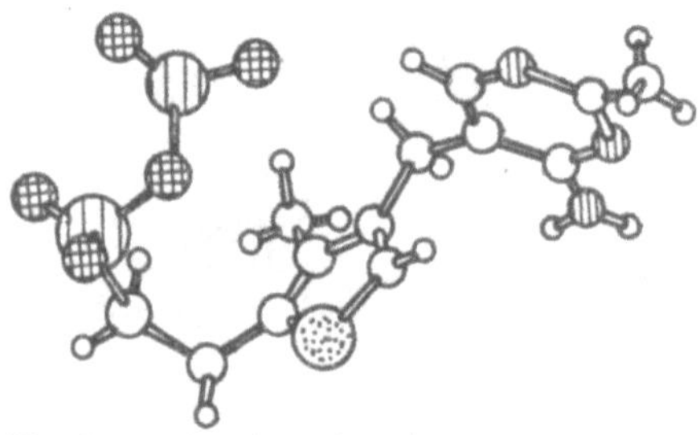

Konformative Anordnung nach J. Pletcher u. M. Sax [317].

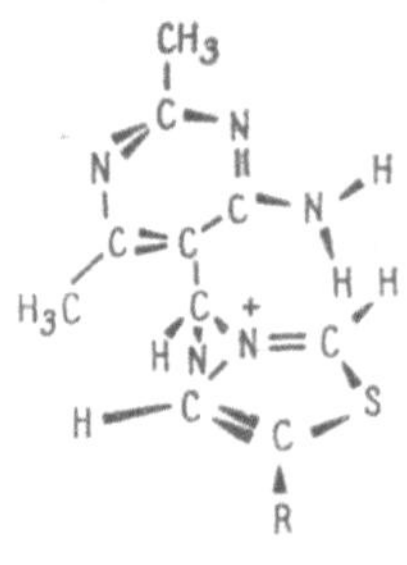

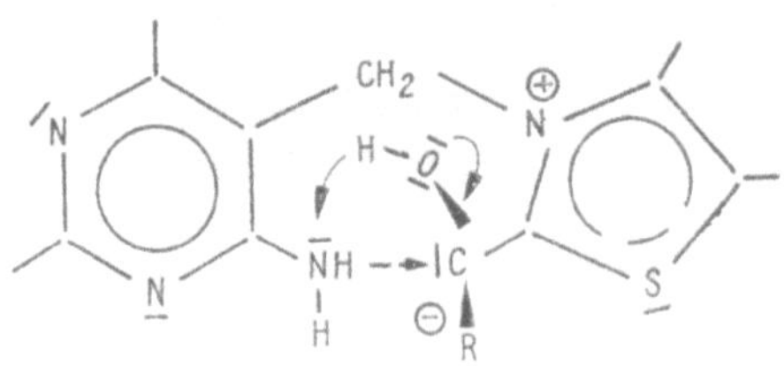

Die Aminogruppe am Pyrimidinsystem war Langenbeck Anlaß zur Entwicklung einer Chemie bionischer Enzymnachempfindungen auf der Basis niedermolekularer Analoger [319].

Sehr viel später erst fand die „Ehrenrettung" der zwischenzeitlich völlig unbeachtet gebliebenen Gruppierung im Mehrzentrenmechanismus nach A. Schellenberger statt [318, 320].

heranzubinden. Dabei werden die sechs Würfelflächen mit je vier Peptidketten von E 3 belegt, jede einzelne Kette mit einem MGW von 55000. An die zwölf core-Kanten des E 2 aggregieren jeweils zwei — nochmals in α/β-Untereinheiten gespaltene E 1-Dimere mit einem Dimer-MGW von 90000. Sicherlich kommen den Erkennungsregionen und Bindungszonen in diesen Aggregaten wichtige Direktionsfunktionen zu, und es dürfte verlockend sein, sie analytischen Untersuchungen zugänglich zu machen. Mit E 2 als Zwischenhändler des Gesamtaustausches hat der große Symplex insgesamt für die um-

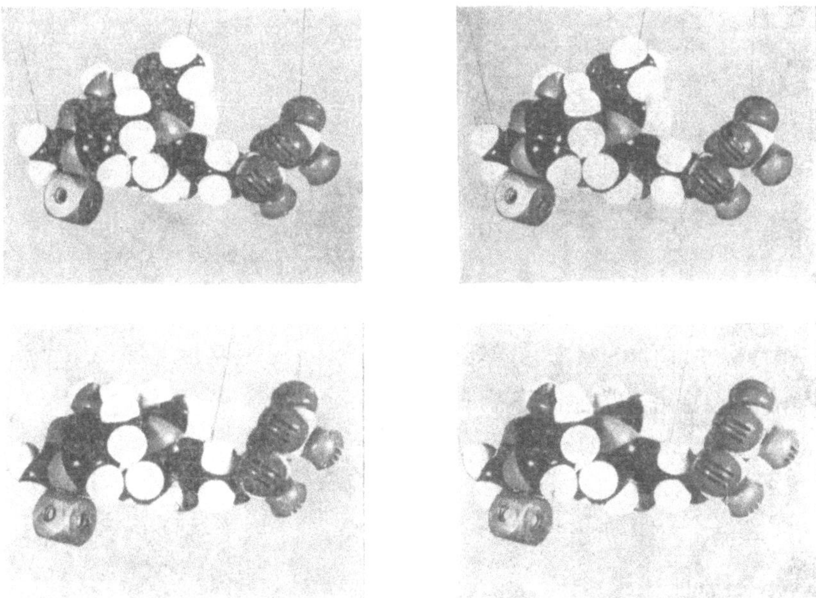

CPK-Kalotteninterpretation der Aktivierungsschritte im Pyruvatdecarboxylasemechanismus nach A. SCHELLENBERGER [318].
TPP in der Anordnung nach J. PLETCHER u. M. SAX [317], (Koordinative Metallbindung am N 1 des Pyrimidins).
„Aktiver Acetaldehyd" (α-Carbanion) in der 2-Stellung des Thiazoliumsystems gebunden — in Wechselwirkung mit der Pyrimidin-Aminogruppe — in der dem Protein zugewendeten Seite.

zusetzenden Substrate eine perfekte Kanalisierung unter Ausschluß informationsverrauschter und funktionsbeeinträchtigter Diffusionsvorgänge geschaffen. Er ist damit durchaus mehr, als die Summe seiner Einzelteile ausmacht.
Der Multienzymkomplex demonstriert daneben auch das Beispiel höherer Enzymkooperativitätsmuster durch Enzymmodulationen zwischen aktiven und inaktiven Species. So konnte gezeigt werden, daß tierische Pyruvatdehydrogenase in einer aktiven „a"- und inaktiven „b"-Form existiert; Modifikationen, die durch Phosphorylierung mittels einer ATP-abhängigen Kinase und Dephosphorylierungen mittels einer Phosphatase ineinander übergeführt werden können. Die phosphorylierte Struktur ist hier die inaktive — eine Ähnlichkeit zur Glykogensynthetase. Da der Multienzymkomplex

dissoziierbar ist, hat man auch die Angriffspunkte der Phospho- bzw. Dephosphorylierung lokalisieren können. Es ist auch hier wieder die Transacetylase, die — selbst ein Enzymsubstrat zweier Enzymeffektoren — an sie assoziiert isoliert werden kann.
Der Multienzymkomplex ist damit nicht nur ein Beispiel für Kooperativität von Enzymsystemen — vermittelt durch niedermolekulare Effektoren, sondern für die Eukaryoten-

FAD — ähnlich dem NAD provoziert auch dieses Coenzym wieder Spekulationen über Konformationsspiele in den Operativorgängen [306, 307, 309, 310, 322—324]:

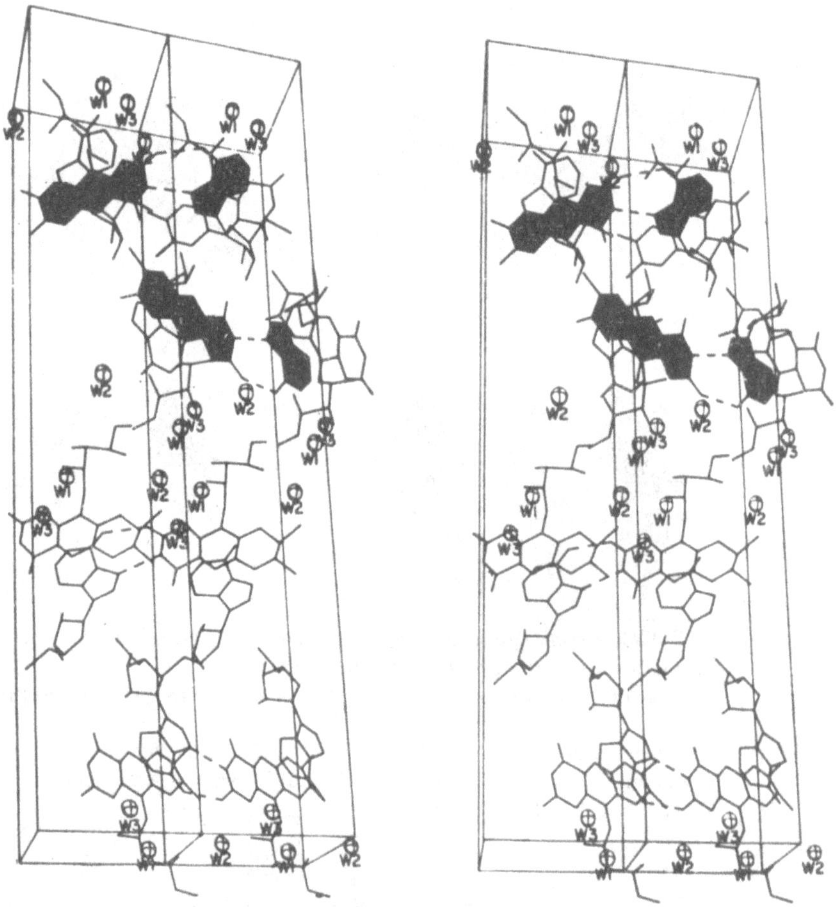

Packung innerhalb der Elementarzelle.
Die Basenpaarungen ähneln denen des Hoogsteen-Typs. Der Isalloxazinring agiert mit seinem Uracil-analogen Bereich.

species auch einer übergeordneten Regelweise von Enzymaktivitäten durch Modulationsenzyme, den Gegenstand folgender Betrachtungen. Ein erstes für uns etwas durchsichtiger gewordenes einfaches Beispiel, wie individuelle Enzyme in einer Leistungsstrecke zusammen kooperieren, ein erster Schritt auf dem Wege zu einem Verständnis, wie Enzyme invivo tatsächlich funktionieren [300—381, 569—577].

Und auch FMN besitzt in den Flavodoxinen stack-Gelüste.
Clostridium MP-Flavodoxin in 3,25-Å-Auflösung nach R. D. ANDERSEN u. Mitarb. [324]:

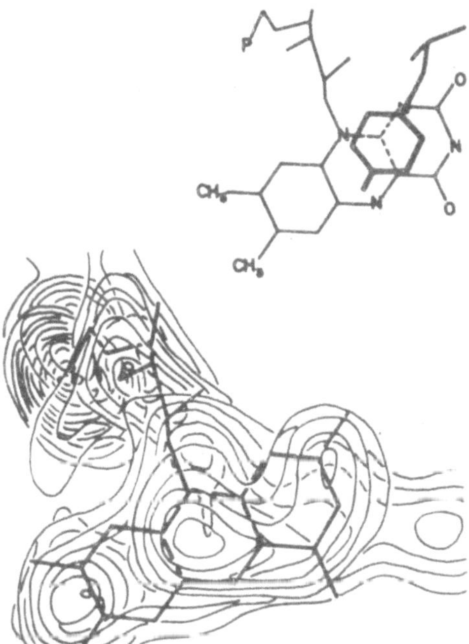

Stack zwischen dem Flavinmononucleotid und einer benachbarten Aromatenseitenkette des Proteins.

1.2.2.3. „Enzym-Enzyme“ – die Regulationsproteine

Wir kommen in Regionen, in denen Netzwerke von kooperativen Funktionsmustern in einigen wenigen Zügen bereits etwas deutlicher wurden, sich aber in vielen Aspekten doch noch mehr, als uns lieb sein kann, unseren Blicken entziehen.
Das meiste, was unter dem großen Begriff Regulationsproteine anzuführen wäre, muß hier unerwähnt bleiben, zu vielschichtig sind die Bezüge, zu diffus das Bild, kaum in Kürze aufzuzählen, geschweige denn abzuhandeln die Fragen und Probleme.

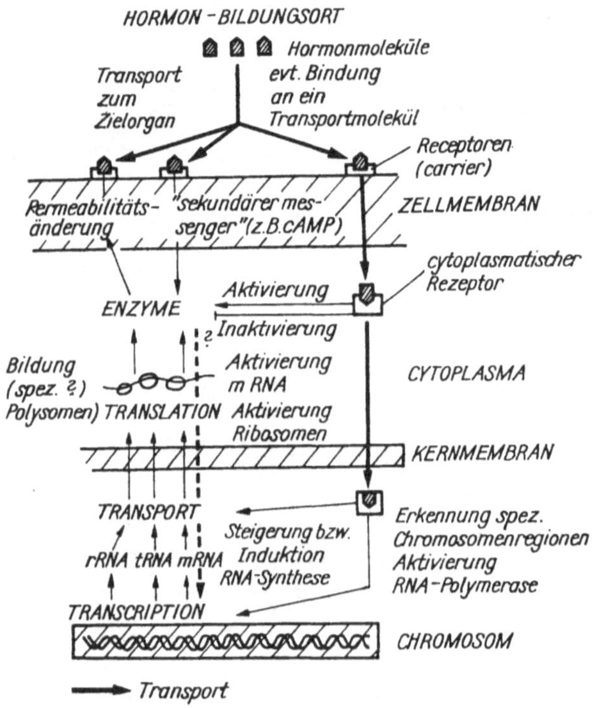

Hormone – der Versuch einer Effektordarstellung entlang von Wirkwegen, auf Wirkebenen und an Wirkorten nach U. Wobus [332].
1970 formuliert, heute in vielen Aspekten schon wieder in Frage gestellt, in manchen überholt – und doch, ein sehr viel besseres Schema malt auch heute noch niemand.
Die drei großen Angriffsebenen von Hormonen in Transcription und Translation, an Permeabilitätspassagen von Membranen und in hormonsensitiven Enzymregelhierarchien zerfallen in immer weiter wuchernde Mosaikmuster.

Möchte man aber wenigstens etwas zu Regulationsproteinen sagen, so sollte man sicherlich eine Subkategorie hier nicht vergessen: die Hormone [331–376, 577–586].
Hormone zwischen Hypothalamus und cAMP-System: Schon relativ früh in ihrer Wichtigkeit erkannt, in ihren Mechanismen schon bald wieder umstritten, hinsichtlich ihrer Definition zunächst relativ eindeutig, dann verwaschen, unsicher, als Sammelbegriff

bisweilen schon überflüssig geglaubt, haben molekularbiologische Einsichten sie auf ihren ehemals exponierten Platz zurückgebracht.
Mag auch einiges ihrer Wirkungsmechanismen inzwischen deutlicher geworden sein, unübersichtlich und vielschichtig sind die Orte ihres Angriffs geblieben. So verwandelte sich das Bild diffuser Wirkorte schon bald in ein solches diffuser Wirkwege und auch dieser Begriff scheint an Dimensionalität eher zuzunehmen. Kommt die Prokaryotenzelle hinsichtlich ihrer Stoffwechselregulation mit der Variabilität induzierbarer und reprimierbarer Systeme, variiert über vielgestaltige Mechanismen der feed-back-Kontrolle und der Abbaugegenregulation aus, so stellt sich für die Zellverbände der Eukaryoten das Problem, die Einzelzelle den Erfordernissen einer übergeordneten hierarchischen Ordnung anzupassen. Die intrazelluläre Regulation ist in eine zentrale interzelluläre variabel einzufügen.

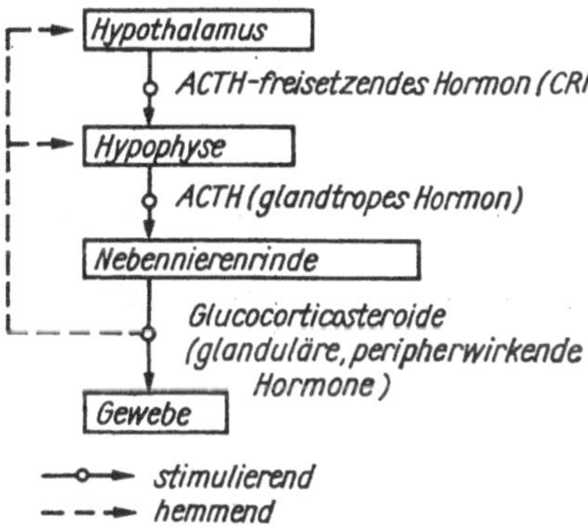

Hormone zwischen Hypothalamus und Zielgewebe.
Hormonkaskade mit Rückkopplungsmechanismen am Beispiel der Nebennierenrindenhormone nach R. Schauer [331].

Signale und Boten übergeordneter Befehlszentralen sind in ein System von Effektormolekülen, eben jenen Hormonen, von denen Peptide eine dominante Klasse bilden, aufdifferenziert. Leitzentrale eines ebenso schnellen wie anpassungsfähigen Signalsystems ist für uns der Hypothalamus, ein Teil des Zwischenhirns. Selbst unter dem Einfluß von Verhaltensmustern aus höher koordinierenden Zentren der Großhirnrinde, informiert er mittels in Ganglienzellen erzeugten Neurohormonen, der sogenannten RHs (releasing hormones) über kurze Venenwege den Steuerstand der Hypophyse. Hier regen seine Signale die Bildung von glandonotropen- oder Glykopeptid-Hormonen an. Die Signalbotschaft wird von Peptidhormonen in ein breites Spektrum weiterer Peptidboten übersetzt, das seinerseits die Signalbotschaft auf die Hormondrüsen der Peripherie des Körpers auffächert. Erneut wird übersetzt, vielfach auch in Nichtproteinsysteme hinein, und mit dieser letzten extrazellulären Kaskade werden jetzt Rezeptorstellen an den spezifischen Erfolgsorganen erreicht, die nun die Information verarbeiten und zweckentsprechend beantworten. Gleichzeitig stoppen die von diesen peripheren Hormondrüsen, Schilddrüse, Ovarien, Hoden, Nebennieren usw. erzeugten Signalstoffe mit hemmenden Einfluß auf Hypophyse und Hypothalamus in rückkoppelnder Antwort die Signalwelle der Hierarchiespitze.

Mit dem letzten Fächer in die Verästelungen der Erfolgsorgane verlor sich jedoch für lange Zeit die Spur der peripheren Signalebene in einen diffusen Nebelschleier. Das Ende des Wegs zu den Zellen und in die Zellen hinein war eine Strecke der Rätsel und Widersprüchlichkeiten.
Inzwischen haben sich jedoch einige Stellen dieser Nebellandschaft etwas gelichtet. Weit davon entfernt, hierin die letzte aller Wahrheiten zu entdecken, eher als Schritt auf einen noch sehr langen Weg des Verständnisses möchten wir heute die Wirksamkeit der letzten Abgesandten der hormonalen Zentralregulation auf zwei generellen Wirkwegen sehen, wobei wir jedoch noch immer nicht ganz genau wissen, ob wir nicht anstelle des „sowohl als auch“ nicht bisweilen ein „weder noch“ oder „entweder oder“ zu diskutieren haben.

Freisetzende Hormone (Faktoren) „releasing hormones“			
1. Thyrotropin-freisetzendes Hormon (Thyrotropin releasing hormone)	TRH	TRF	
2. Hormon, welches das luteinisierende Hormon freisetzt. (Luteinizing hormone releasing hormone)	LRH	LHRH	LRF
3. Hormon, welches das Follikel-stimulierende Hormon freisetzt. (Follicle stimulating hormone releasing hormone)	FRH	FSHRH	FRF
4. Corticotropin-freisetzendes Hormon (Corticotropin releasing hormone)	CRH	CRF	
5. Wachstumshormon-freisetzendes Hormon (Growth hormone releasing hormone)	GRH	GHRH	GRF
6. Prolactin-freisetzendes Hormon (Prolactin releasing hormone)	PRH	PRF	
7. Hormon, welches das Melanocyten-stimulierende Hormon freisetzt. (Melanocyte stimulating hormone releasing hormone)	MRH	MSHRH	MRF

Hemmende Hormone (Faktoren) „inhibiting hormones“			
1. Hormon, welches die Freisetzung des Wachstumshormons hemmt. (Growth hormone inhibiting factor)	GIF		
2. Hormon, welches die Prolactin-Freisetzung hemmt. (Prolactin inhibiting factor)	PIF		
3. Hormon, welches die Freisetzung des Melanocyten-stimulierenden Hormons hemmt. (Melanocyte inhibiting factor.)	MRIF	MIF	MRIH

„releasing“ und „inhibiting“ hormones des Hypothalamus nach K. Folkers u. Mitarb. [336]. Vom Hypothalamus ausgehende Nervenfasern enden im Gewebe zwischen Hypothalamus und Hypophyse in der Nähe von Kapillaren, die mit den Blutgefäßen des Hypophysenvorderlappens in Verbindung stehen. Es ist der Weg obiger „freisetzender und hemmender“ Hormone.

"releasing hormones"

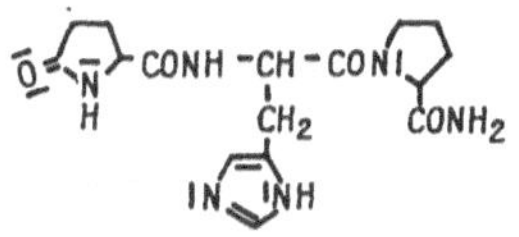

TRH

P – Glu – His – Pro – NH_2

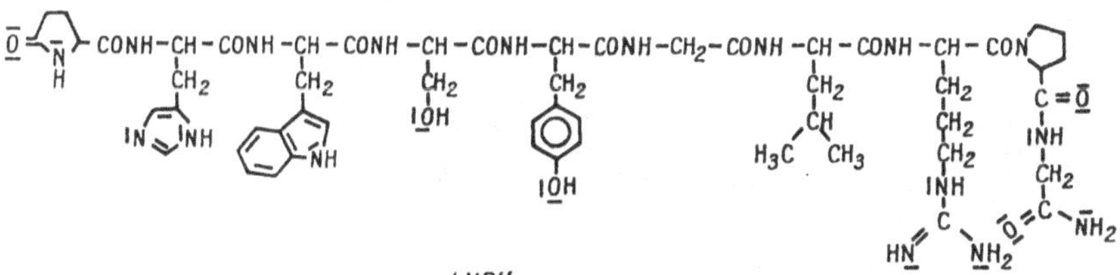

LHRH

P – Glu – His – Trp – Ser – Tyr – Gly – Leu – Arg – Pro – Gly – NH_2

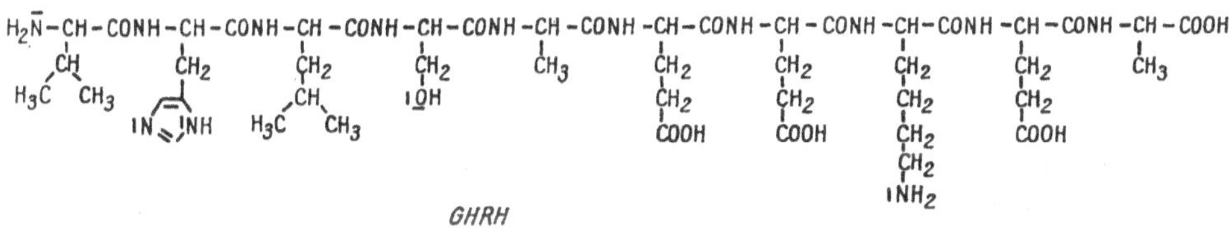

GHRH

Val – His – Leu – Ser – Ala – Glu – Glu – Lys – Glu – Ala

2.) "inhibiting hormones"

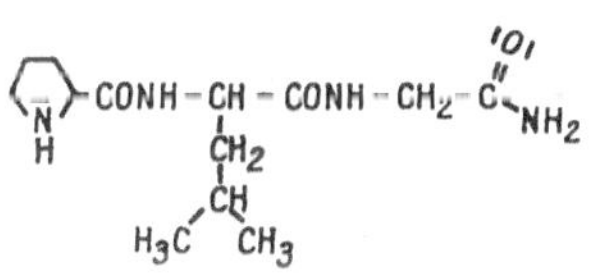

MRIH

Pro – Leu – Gly – NH_2

Einige in ihren Sequenzen inzwischen aufgeklärte „releasing und inhibiting hormones" nach K. FOLKERS u. Mitarb. [336] modifiziert.
Noch sind es Sequenzen — zumeist ohne Konfigurationsvorstellungen.
Struktur und abzulesende Funktionalität — eine der vielen anstehenden Aufgaben.

Der erste Spekulativweg führt die last messenger des langen Weges der Signalmodulation und die first messenger der Zellbegegnung mittels einer bisher noch weitgehend ungeklärten Zellmembranpassage durch die Sperre in das Cytoplasma und evtl. auch durch die letzte tabu-Region der Zellkernmembran in die direkte Wechselwirkung mit dem Genom der Zelle. Ein Weg aus der zentralen Informationsbehörde in das Heiligtum der genetischen Expression des kleinsten kompartimentierten Individiums.
Der zweite Hypotheseweg endet zunächst an der Zellmembran, genauer an spezifischen Erkennungszonen eines universellen Zellenzymsystems: der Adenylcyclase, welches die Signalbotschaft der interzellulären Zellregulation in das altbewährte, fast ein wenig fossile cAMP-Signalsystem der individuellen Zelle übersetzt [340, 341, 348—361, 580, 581].

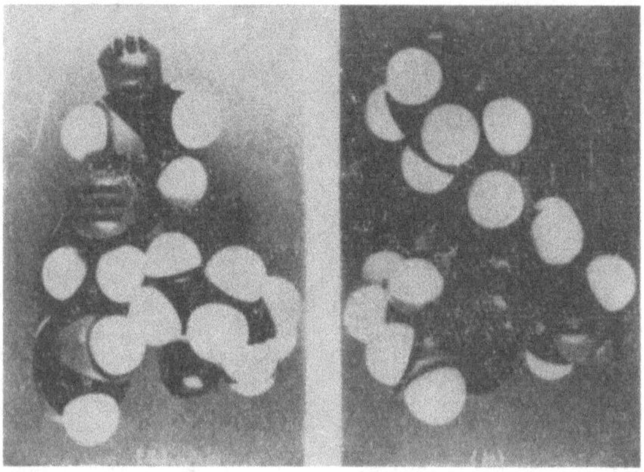

MO-theoretische Berechnungen versuchen inzwischen Pfadfinderdienste zu leisten.
Drei Heterocyclenreste im einem Tripeptid zwingen dem „thyrotropin-releasing hormone" (TRH) eine Vorzugskonformation auf. Hier nach J. M. George u. L. B. Kier [337].
Strukturen noch ohne Sinnerfassung vielleicht eher in ihrer Dynamik zu „begreifen".

Sicher nicht das einzige, ist das cAMP-System doch bisher das am besten untersuchte. Vieles spricht dafür, daß das cAMP-System die Zelle durch die Stadien der Evolution begleitete. Nicht membrangebunden wirkt der Sendbote des Adenylcyclase-Systems in den Prokaryoten noch als „first messenger". In Bakterien spielt cAMP eine Rolle bei der Genexpression. In Amöben scheint es chemotaktisches Startsignal für Aggregationen zu sein. Bei *E. coli* läßt es sich funktionell in der Enzymsynthese-Initiierung durch das analoge cGMP vertreten.
Phylogenetisch älter als das hormonale Regulationssystem wurde erst im Verlaufe des Zelldifferenzierungsprozesses der „first messenger" der individuellen Einzelzelle zum „second messenger" der Verbandsregulation.
Stimulationsort mußte die wechselseitige Barriere für den ersten und zweiten Boten, die Zellmembran werden. Wahrscheinlich als Lipoprotein in der Zelle angesiedelt, besitzt das z. T. lipidabhängige Adenylcyclasesystem exponierte Fühler für die „first messenger" der hormonalen Regulation. Adenylcyclase-System und spezifische Kompetenz-Rezeptor-Positionen wirken gemeinsam als Diskriminatoren und Modulatoren der

Glandotrope Hormone des Hypophysen-Vorderlappens			
Corticotropin (Adrenocorticotropes Hormon)	ACTH	Stimulierung Synthese Nebennierenrindenhormone	
Thyreotropin (Thyreoidea-stimulierendes Hormon)	TSH	Stimulierung Synthese Schilddrüsenhormone	
Luteinisierendes Homon (Zwischenzell-stimulierendes Hormon)	ISCH bzw. LH	Stimulierung Synthese Sexualhormone	gonadotrope Hormone
Follikel-stimulierendes Hormon	FSH	Stimulierung bzw. Reifung Keimzellen	
Prolactin (Lactotropin) (Luteomammotropes Hormon)	LTH	Stimulation Ovar-Gelb-Körper bzw. Brustdrüse	
Wachstumshormon	GH	Wachstumsregulation	
Melanocyten-stimulierendes Hormon	MH	Melanocyten-Stimulation)	

Hormone des Hypophysenhinterlappens	Kontraktion glatte Muskulatur (Uterus)
Oxytocin	Kontraktion glatte Muskulatur (Uterus)
Vasopressin	Kontraktion Gefäßmuskulatur. Rückresorption von Wasser in Nierenkanälen

Die zweite Kaskade:
Hypophysenhormone übernehmen den Staffelstab der Hypothalamus-Signale. Modifiziert nach K. Folkers u. Mitarb. [336].
Neben den schon erwähnten Vorderlappenhormonen wirken beispielsweise Vasopressin und Oxytocin – von Nervenzellen am Hypothalamus sezerniert – am Hypophysenhinterlappen.

ankommenden Hormonsignale. Vom Genom der Zelle in ihrer Musteraustattung synthetisiert, informiert und reguliert, sind sie die nach außen gerichteten Antennen mit deren Hilfe der zelluläre Stoffwechsel mit der interzellulären Umgebung kommunizieren kann. Über die molekulare Feinausstattung bestehen noch große Unklarheiten. So vermutet man sowohl hormon- wie organspezifische Adenylcyclasen. Vielleicht existiert aber auch nur eine einzige Adenylcyclase, die im Organ mit spezifischen Hormonrezeptoren räumlich und funktionell eng korreliert ist. Die Zelloberfläche verschiedener Organe könnten sich mithin durch eine charakteristische Musteranordnung differenzierter und differenzierender Rezeptoren unterscheiden. Muster, in denen Kompartimentierungsstrategien und Zuordnungen wahrscheinlich eine recht große Rolle in der Selektion und Aufarbeitung des Eingangssignals für die Zellinformation besitzen und unterschiedliche cAMP-Regulationsstrategien insgesamt eine Verfeinerung der hormonalen Grobsteuerung für die Zellperipherie ermöglichen. Anormale Zustände, auf Grund derer Zellen hormonale Signale falsch empfangen und/oder falsch beantworten, müßten zu totalen Entgleisungen nicht nur des intrazellulären, sondern in der Rückantwort auch der interzellulären Regulation führen. Die metabolisch entartete Zelle könnte zur Tumorzelle werden. Voraussetzung hierfür ist allerdings die noch etwas dubiose und mysteriöse genetische Kontrolle der Abnormitäten, da das Fehlverhalten in die Tochter-

Auch hier geben uns wieder teilweise recht einfache Peptidstrukturen Rätsel ihrer Struktur-Wirkungs-Beziehungen auf.
Eine der am meisten diskutierten, theoretisch am besten durchgerechneten und experimentell am eingehendsten untersuchten ist das Oxytocin.

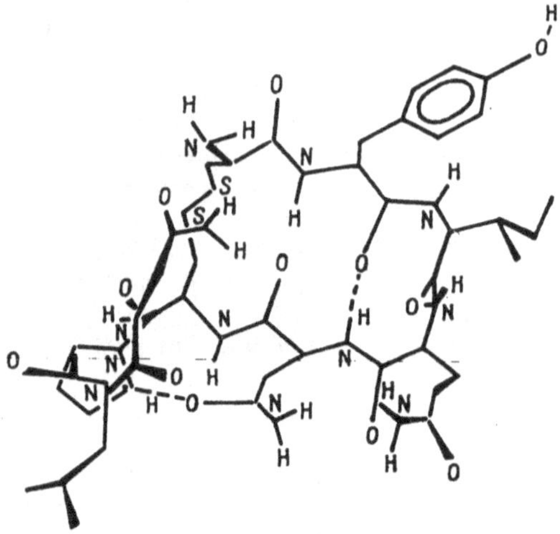

Vorgeschlagene Oxytocin-Konformation in DMSO nach D. Kotelchuck u. Mitarb. [125].

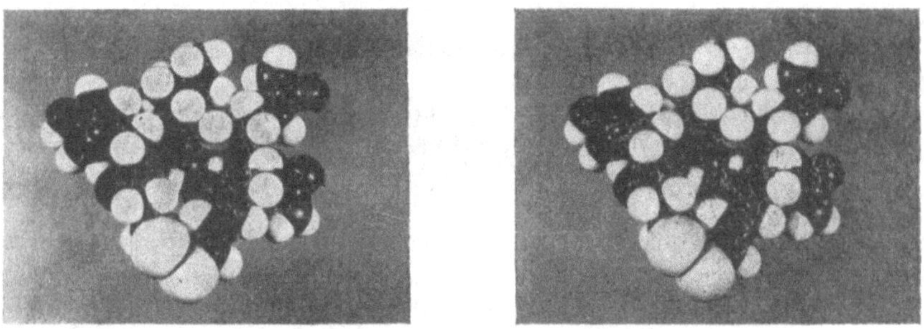

Das gleiche noch einmal als Ringtorso in CPK-Verdeutlichung.

Oxytocin

Cys-Tyr-Ile-Gln-Asn-Cys-Pro-Leu-Gly-NH_2

Tocinsäure

Cys-Tyr-Ile-Gln-Asn-Cys-OH

Pro-Leu-Gly-NH_2

MRIH?

Sequenzteilübereinstimmungen zwischen Oxytocin und MRIH — erste Anzeichen eines komplexen Hormon-processings — viele Fragen — und noch sehr wenig Antworten.

generationen weitergegeben wird. In diese Richtung scheint aber zu deuten, daß generell übermäßige und lang andauernde Hormonreize verstärkt zu Säugetiertumoren führen, und speziell hohe intrazelluläre cAMP-Konzentrationen die Tumorentstehung promovieren. Paradoxerweise läßt sich andererseits durch exogene Zufuhr — vielleicht eine

Weit unten dann — an der Schelle zwischen Verband und Individuum: SUTHERLANDS cAMP-Kaskade: [340, 341], (vgl. auch [331—361]).

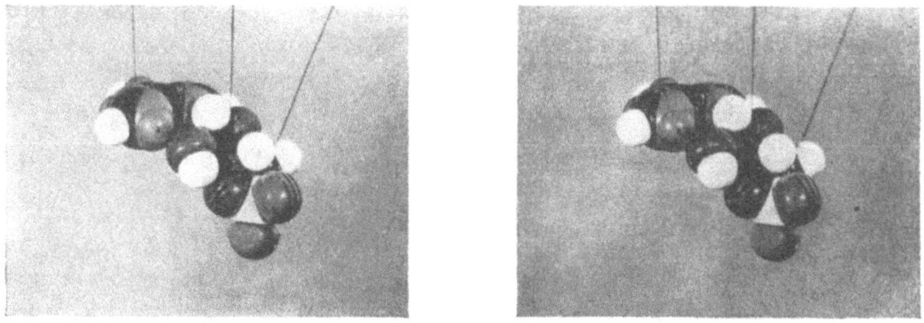

cAMP, SUTHERLANDS „second messenger" am Ende einer komplexen Großverbandshierarchie, „first messenger" eigener Innenzell-Kaskaden.
So etwas wie der Urtyp einer Nucleinsäure: Base, Zucker und in sich „kurzgeschlossenes" Phosphat.

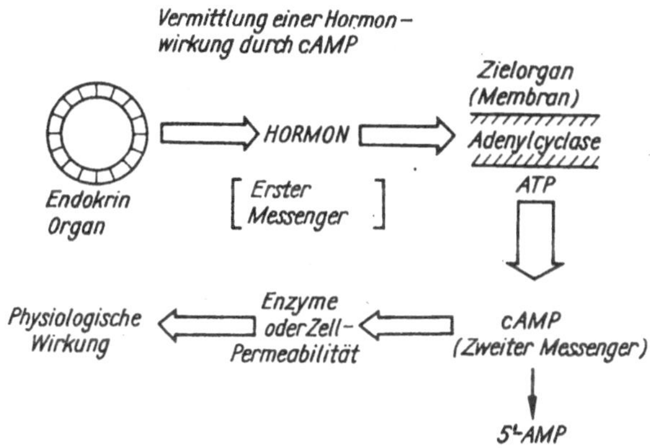

Erstes Übersetzungssignal der Zentralbotschaft in der Zellmembranpassage. Eine kleine Struktur zwischen Hydrophilie und -phobie mit zunächst ungeahnten Potenzen im eingespielten System komplexer Effektor/Receptor-Muster. Unter Einbeziehung der Zeitkoordinate ließe sich mit einer Art cAMP-Pulslinguistik der Informationsreichtum noch bedeutend erweitern.

Art Endprodukthemmung des Adenylcyclasesystems? — diese Tendenz wieder unterdrücken. Berücksichtigt man all die Befunde, nach denen das cAMP-System — worauf gleich noch einzugehen sein wird — wahrscheinlich direkt in die Genexpression involviert ist, andererseits wahrscheinlich Vorgänge der Zelldifferenzierung wie auch der Lymphozytentransformation mitkontrolliert und Nervenleitungsvorgänge mitgesteuert werden, dann reißt das cAMP-Regulationssystem von einer zentralen Position die

Gesamtproblematik der großen Triade heutiger Zellregulationsprobleme zwischen Virologie-Onkologie und Immunologie auf und führt uns bis an die noch komplexeren Regelschwellen unseres ZNS [331–473, 577–601].

Blackburn formulierte es so:
"cAMP may not merely control our microbes but also constrain our mood, if the apparent correlation between mental state and the urinary level of cAMP holds up to further investigations. Normal patients excrete between 1.4 and 3.2 μmol per day. Excretion above 3.4 μmol daily, the result manic mood, excretion less than 1.0 μmol daily, the result depression. And Micawber thought it was money!" [342]

Zahllos sind inzwischen die Schemata, die cAMP-Wirkungen verdeutlichen sollen. Vielleicht auch hier einige Ansichten des Problems.

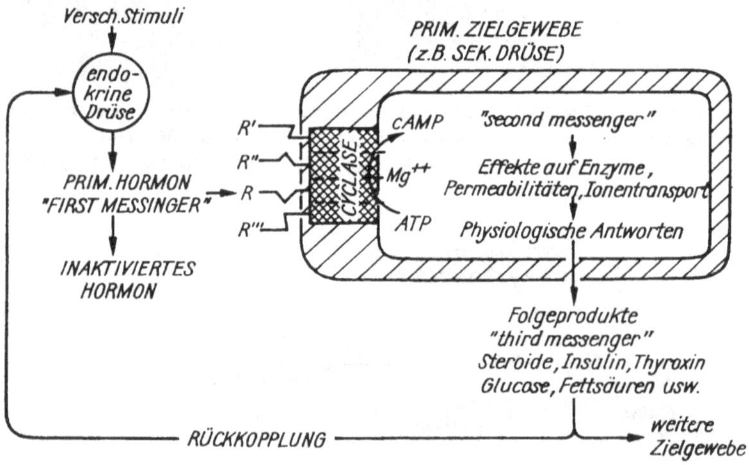

Sutherlands nun schon gewohntes „second messenger"-Schema.

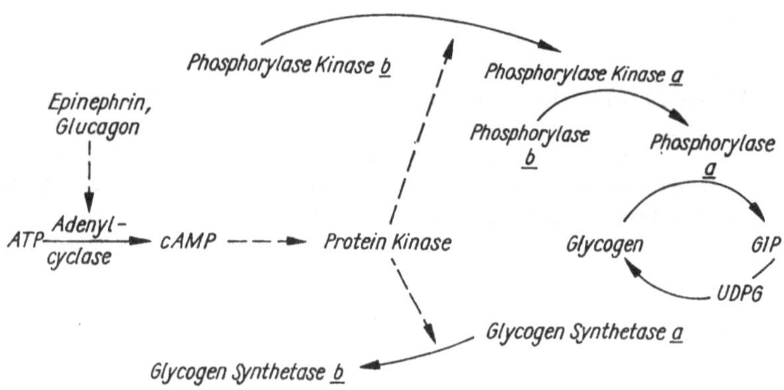

cAMP- und die enzymatische Interconversion aktiver und inaktiver Formen von Regulationsproteinen – ein Schema nach H. L. Segal [335].

Innerhalb der intrazellulären Regulation eröffneten die Einsichten in die cAMP-Strategien Einblicke in völlig neue Enzymregulationsformen, bei denen Enzyme nicht länger die Funktion von allosterisch regulierten Syntheseblöcken innerhalb wichtiger metabolischer Stoffwechselcyclen spielen, sondern eine neue Art von Enzymen eben jene katalytischen Enzymsysteme zu ihren Substraten macht und über ein Netz aktiver und inaktiver Zustandsformen in gezielten Relaismechanismen eines schnell an Komplexität anwachsenden Regulationssystems gezielte Modulationen durch komplizierte An- und Abschaltvorgänge bewältigt. Als erstem Erfolgssystem des cAMP scheint dabei dem Relaissystem einer wechselseitig aktivierbaren und inaktivierbaren Proteinkinase eine zentrale Mittlerfunktion zuzukommen. Diese von cAMP aktivierte Proteinkinase katalysiert in primärer Verstärkung des Signals mittels einer ersten angeschalteten Kaskade verschiedene Regulationsenzyme, die nun ihrerseits in wechselnden und optimal abgestimmten Aktivierungs- und Desaktivierungs-Schritten, kaskadenmäßig verstärkt, vielschichtige Stoffwechselvorgänge auslösen, unterhalten, fördern und bei Bedarf wieder abschalten.

Eine der interessantesten und sicher fundamentalsten Potenzen dieses Prinzips besteht darin, durch wechselseitige Phosphorylierungs- und Dephosphorylierungs-Schritte Histone zur Genexpression an- und abzuschalten.

Eine andere führt zwecks schneller Energiegewinnung nach einem Stimulationsreiz von Adrenalin als „first messenger“ über die Kaskade der Phosphorylasekinasen und Phosphorylasen zur Anschaltung des Glykogenabbaus und, um einen energetischen Kurzschluß in dieser Notsituation zu unterbinden, gleichzeitig durch Hemmung der Glykogensynthetase zur Abschaltung des Glykogenaufbaus. Ein ähnliches Prinzip der Vermeidung eines Energiekurzschlusses ist die cAMP-Aktivierung der Phosphofructokinase bei gleichzeitiger Hemmung der Fructosediphosphatase. In beiden Fällen wird eine Kurzschlußreaktion, die zum summarischen Hydrolyseabbau wertvoller energiereicher Phosphate (UTP und ATP) führen würde, durch diesen sinnreichen Mechanismus verhindert. Das Signal für die früher erwähnte Pyruvatdehydrogenase scheinen Fettsäuren zu sein, die die Zelle vom Carbohydrat- zum Fettsäuremetabolismus umstellen.

Hormone könnten damit als Signale von Situationen außerhalb der antwortenden Zelle definiert werden, die den Metabolismus der Zelle auf Wünsche übergeordneter Instanzen und Strategien einstimmen. Der Effekt der Prozesse ist darin zu suchen, das intrazelluläre Eigenleben der Zelle unter sinnvoller Überspielung individueller intrazellulärer Wunschformen, den Notwendigkeiten des Verbandes zu unterwerfen. Neben der Kontrolle der Enzymsynthese und des Enzymabbaus, beides Einflußnahme auf den Enzymspiegel, bedient sich der Organismus damit noch weiterer Regulationsmechanismen durch Modulation und Interkonversion aktiver und inaktiver Formen auf der Ebene der Enzymaktivitäten.

Diese zusätzlichen Kontrollelemente terminieren nicht nur das Ausmaß sondern auch die Richtung metabolischer Ströme. Die Modulationsmechanismen durch Enzym/Enzym-Ligandenbindung wirken in einigen Fällen komplementär und wechselseitig verstärkend, in anderen gegenläufig unter gezielten Schwächungen. Gemeinsam ist ihnen die Schnelligkeit der Antwort und die Fähigkeit für direkte multi-site-Integrationseffekte. Die Interkonversionskontrolle erlaubt die gezielte An- und Abschaltung ohne Wechsel in der intrazellulären Metabolitenkonzentration. Kleine cAMP-Akkumulationen stellen unter schneller Umkehr des Flusses des Glucosemetabolismus Phosphorylase a und damit Glykogensynthetase an, das gleiche chemische Signal akti-

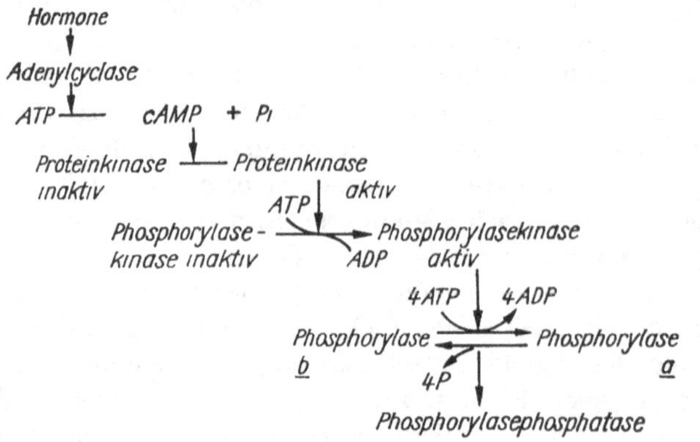

Kaskadenmechanismus des cAMP am Beispiel der Glykogen-Phosphorylase-Aktivierung in der Muskulatur nach H. Förster [348–349].

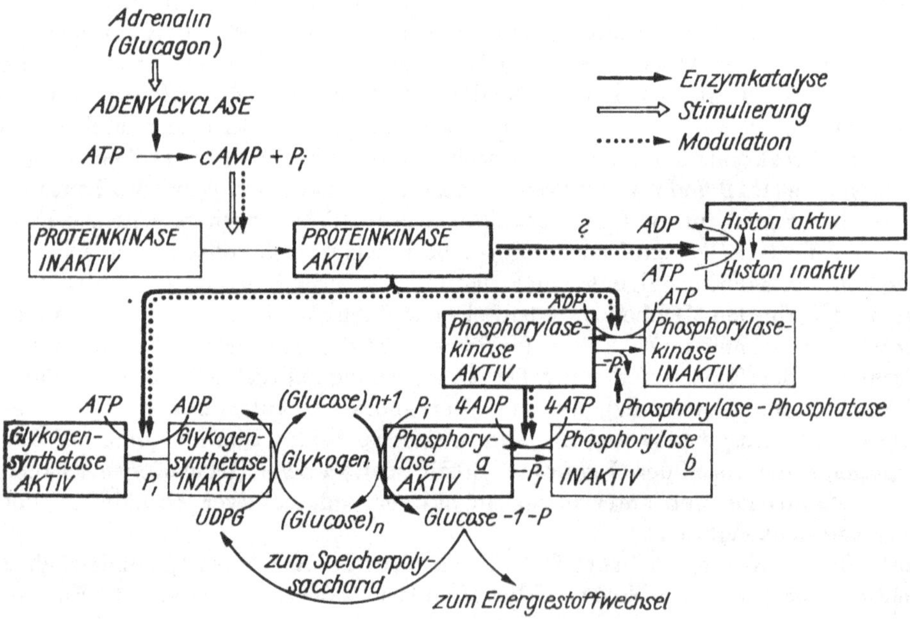

Das am besten untersuchte Beispiel der cAMP-Steuerung komplexer Regulationsproteinmuster in der Amplifizierung und adäquaten Ausbalancierung übergeordneter Befehlsmuster:
Die Regulation des Glykogenstoffwechsels.

viert Triglyceridlipase in den Adipocyten zu simultaner Fettsäureabgabe. Diese hinwiederum sind Signale für die Pyruvatdehydrogenase, die Zelle vom Carbohydrat- zum Fettsäuremetabolismus umzustellen.

War der Weg unserer Erkenntnis bisher eher von der aufgefundenen Struktur ausgegangen, mit dem Ziel daraus die dynamische Funktion zusammenzuraten, das statische Puzzle zur dynamischen Operation zusammenzuschauen, so sind wir jetzt auf einem Feld angelangt, wo unsere Struktur-Funktionsfolgerungen weit hinter den aus indirekten molekularen Indizien und eher makroskopischen Phänomenen zugrundeliegenden Regulationen abstrahierten Kenntnissen zurückgeblieben sind.

Es hat trotzdem und vielleicht gerade deshalb etwas ebenso Verlockendes, Erregendes wie Stimulierendes an sich, die Gewohnheiten unserer abstrakten Simulationsspiele — orientiert an ebenso abstrakten Regel- und Netzwerkhierarchien — hinunter in die molekularen Bereiche zu legen und in der möglichen Deckungsgleichheit unsere gleichsam gemeinsame molekulare Grundlage zu finden, zu sehen, wie sehr die Produkte unserer abstrakten Denkschemata — entstanden und kreiert in ähnlichen molekularen Mechanismen, wie wir sie jetzt zu enträtseln versuchen — sich wechselseitig als von „gleichem Geist“ oder sollte man besser sagen: „gleicher molekularer Grundlage“ erweisen, getrennt einzig und allein durch die qualitative Stufe der abstrakten Simulationsfähigkeit, losgelöst von der strengen komplementären Informationsbindung molekularer kooperativer Matrizensysteme. Handlungsschemata, wie sie einer göttlichen Fügung entsprungen gedacht wurden, in konkreten einfachen molekularen Mechanismen vor uns ablaufen und wirken zu sehen, in die Konkretheit von Nucleoproteinsystemen und einer Anzahl diffiziler Kooperationspartner im großen Prozeß gegossen.

Und doch — je mehr wir die Muster zur Deckung zu bringen vermögen, um so mehr wächst das Verlangen, nicht nur die Netzwerke der übergeordneten Strategien zu erahnen, zu enträtseln und endlich experimentell bestätigt zu wissen, sondern auch der Wunsch, herauszufinden, wie jene Systeme es denn nun eigentlich „molekular“ machen, wie GOETHES „Gedankenfabrik“, die Mephisto im Faust witzelnd analogisierte, tatsächlich existiert, kooperiert, agiert, angefangen von den Regelmechanismen intra- und interzellulärer Natur bis hin zur Sphäre jenes immer noch geheimnisvollen Zentralnervensystems, das auf der Grundlage gleicher Ausgangsoperationen lediglich durch weitere, in vielen Stufen quantitativ ineinandergezogener Komplexierungen qualitativ Operationsfähigkeit, Simulationsfähigkeit, Denkfähigkeit, Bewußtsein und kreative Aktivität entwickeln könnte.

Betrachten wir gegen dieses überwältigende Wunschmuster unsere Ambitionen, die Realität der uns in Hochauflösung zugänglichen Strukturen — eigentlich bisher nur im Falle des Insulins gelungen — so ist dies ein Rückfall in einen frühen Ausgangsstand unserer allgemeinen Erkenntnis, Anreiz allerdings, hier doch sehr schnell Boden gut zu machen.

Insulin — Hormon zwischen Strukturkenntnis und Funktionsspekulation: Insulin wird von den β-Zellen der Pankreasinseln synthetisiert und im Unterschied zu den in seiner Nachbarschaft synthetisierten proteolytischen Hormonen in die Blutbahn sezerniert.

Das Hormon war hinsichtlich seiner Historie in vieler Hinsicht ein Erstling. Es war eines der ersten Hormone, das nach Wirkungsweise und Substanz charakterisiert und schließlich isoliert wurde (BANTING und BEST). Es war das erste Protein, dessen Primärstruktur aufgeklärt werden konnte (SANGER), und das erste Proteinhormon, für das man eine hochaufgelöste Röntgenstrukturanalyse erhielt (HODGKIN) [362—364].

Insulin — abonnierter Erstling:
Isolierung/Banting und Best
Sequenz/Sanger
Röntgenanalyse des ersten Proteinhormons in
Hochauflösung: D. C. Hodgkin [362—364].
2,8-Å-Auflösung — und doch keine „ersichtlichen" Funktionalitäten.
Insulin — Hormon zwischen Induzierung von Enzymsynthesen und Wirkung auf das cAMP-System.

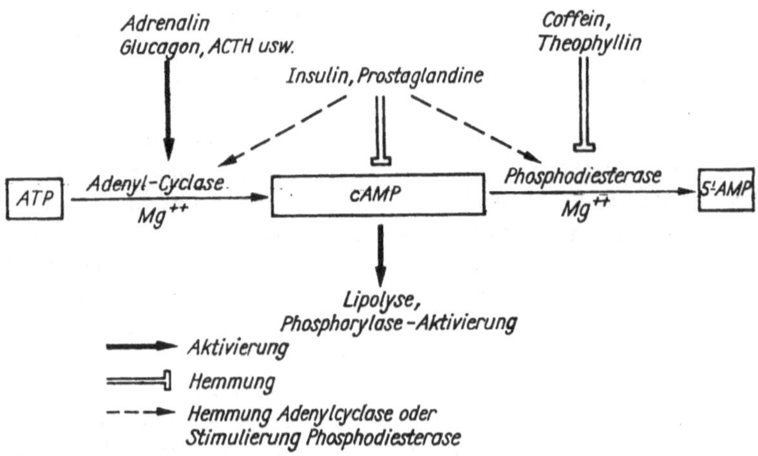

Insulin und das cAMP-System.
Einfluß auf das cAMP-Processing und damit auf Lipase- und Phosphorylaseaktivität in Fettzellen des Ratten-Nebenhodens nach R. Schauer [331].

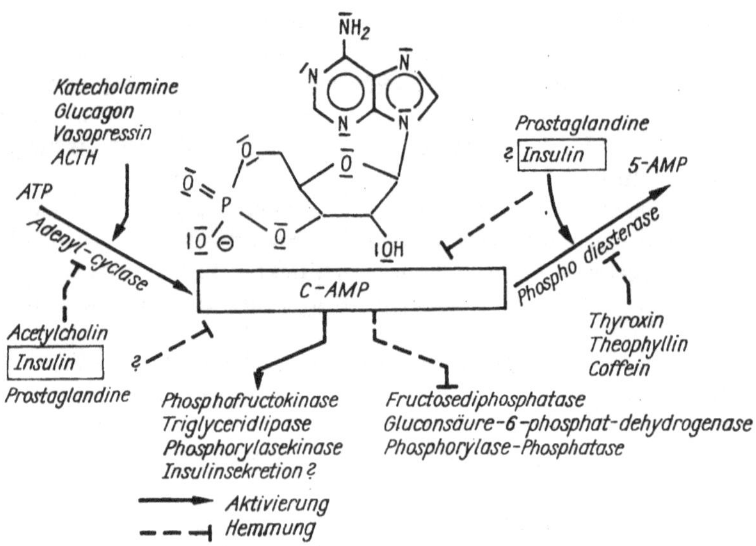

Insulin im System des cAMP nach H. Förster [348, 349].

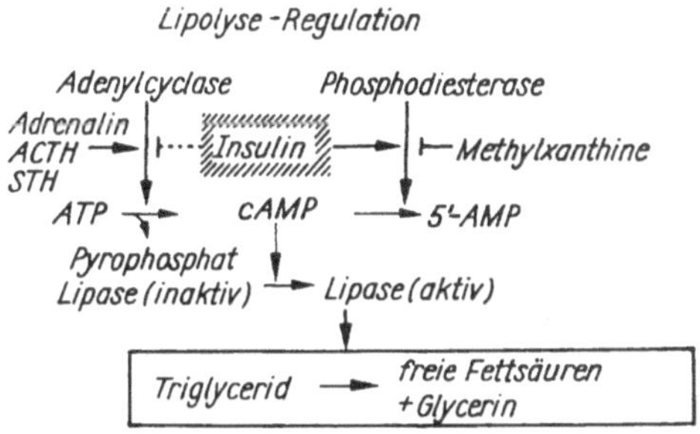

Insulin innerhalb der cAMP-Regulation der Lipolyse nach H. FÖRSTER [348, 349] modifiziert.

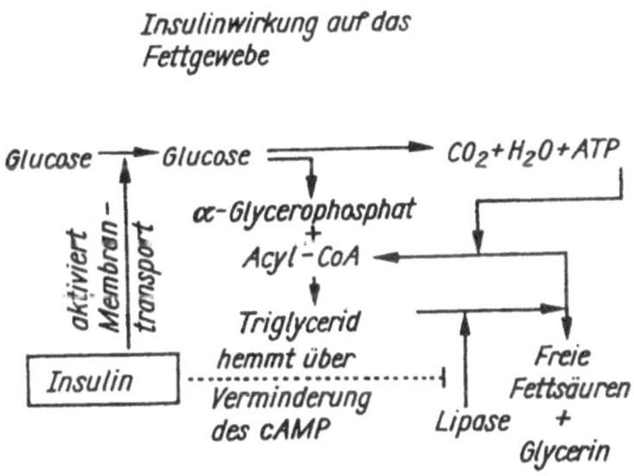

Insulinwirkung auf das Fettgewebe nach H. FÖRSTER [348, 349].

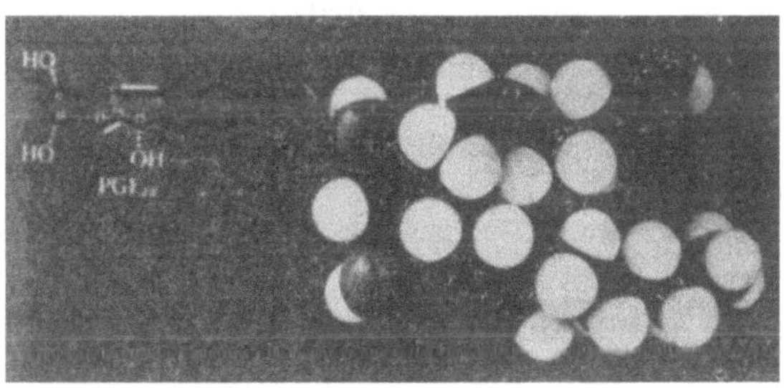

Insulin in teilweise Funktionskonkurrenz mit so unähnlichen Substanzen wie den Prostaglandinen [353–355].
Auch hier mehr Fragen als sichere Antworten.

Ähnlich den proteolytischen Enzymen wird Insulin über mehrere Vorstufen synthetisiert. Das thermodynamisch stabile Proinsulin weist zwischen A- und B-Kette ein Bindepeptid von 33 Aminosäuren auf, das proteolytisch herausgespalten wird und damit Insulin liefert. Das Proinsulin zeigt nach Reduktion und kontrollierter Reassoziation eine Ausbeute von ca. 100% aktiver Form. Insulin selber liefert bei einer analogen Operation nicht mehr als den statistischen Prozentsatz.
Insulin ist eines jener Hormone, von denen man augenblicklich noch annimmt, daß sie sowohl über das cAMP-System wie auch direkt ihre Wirkungen entfalten können. Über das cAMP-System bremst Insulin, das einem Anstieg der Blutzuckerkonzentration entgegenwirkt, den Adrenalin-stimulierten, Phosphorylierungs-induzierten Glykogen-

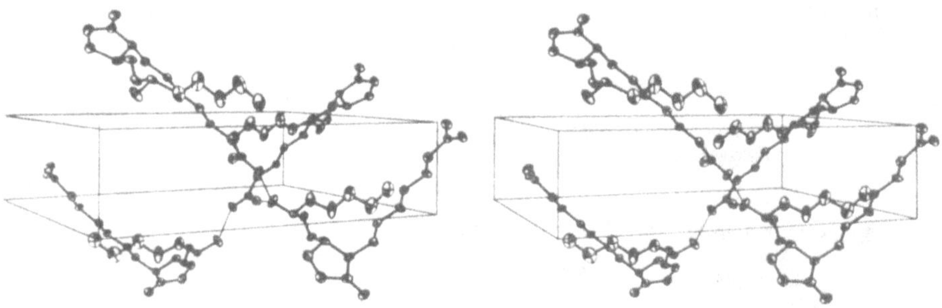

Packung von (orthorhombischem) Prostaglandin A_1 nach J. W. Edmonds u. W. L. Duax [585].

abbau durch Senkung des cAMP-Spiegels. Weitgehend ungeklärt ist dabei, ob Insulin die Adenylcyclase hemmt oder den Gegenspieler, die Phosphodiesterase, aktiviert, oder aber auch beide Effekte kombiniert. Insulin hemmt weiterhin die Lipolyse über eine Inaktivierung der Triglyceridlipase und fördert andererseits den Glukosetransport durch die Zellmembran. Während diese Membranwirkung innerhalb von Minuten nachweisbar ist, läßt sich eine ebenfalls anzutreffende Beeinflussung der Proteinbiosynthese — unabhängig davon, ob hier ein direkter und/oder ein Kaskadenumweg beschritten wird — erst nach etwa 24 Stunden nachweisen. Die Fähigkeit der Lipolysehemmung — ein bei Hormonen im allgemeinen eher gegenläufig anzutreffender Effekt — teilt Insulin übrigens mit den strukturfernen Prostaglandinen [580—586], Fettsäureabkömmlingen, die ähnliche Signalwirkungen wie das Insulin besitzen.
Versucht man nun aus der Struktur der Röntgen-Hochauflösung Rückschlüsse auf die verschiedenartigen geschilderten Effekte zu ziehen, so wird man enttäuscht. Die Struktur läßt sich auch spekulativ nur in ein ungewisses Nirwana extrapolieren.
Insulin besitzt zwei Ketten, die sogenannten A- (21 Aminosäuren) und die B-Kette (30 Aminosäuren). Beide Ketten sind kovalent durch zwei Disulfidbrücken verbunden. Die A-Kette besitzt darüberhinaus noch eine intra-chain-Disulfidbrücke. In Gegenwart von Zn^{++} assoziiert Insulin bevorzugt zu Hexameren, die aus drei Dimeren aufgebaut werden. Das Monomere ist eine geometrisch schwer analogisierbare asymmetrische Struktur, bei der eine eher kompakte, etwas aufgerollt wirkende A-Kette in die auseinandergezogene B-Kette hineingehängt ist. Die B-Kette umfaßt drei α-helicale Bereiche, daneben gestreckte Regionen. Die A-Kette tendiert in ihren zwei helicalen Bereichen von der α- zur 3_{10}-Helix. Das Dimer ist durch eine annähernd zweizählige Sym-

metrie gekennzeichnet. Die entsprechenden Kontaktflächen der Monomeren zum Dimer sind weitgehend invariant. Der Kontakt erfolgt sowohl durch hydrophobe Wechselwirkungen wie auch durch H-Brücken und stark polare Kontakte. Im Hexamer endlich finden sich die Dimeren zu einem recht symmetrischen Gebilde, einer oben und unten abgeplatteten Kugel zusammen, die in ihrem Innern noch von Lösungsmittel-zugäng-

Relative Aktivität in %

Proinsulin $\xrightarrow{\text{Trypsin}}$ Insulin 100

Proinsulin $(S-S)_3$ $\xrightarrow{\text{Reduktion}}$ Proinsulin $(SH)_3(SH)_3$ $\xrightarrow{\text{Oxidation}}$ $\xrightarrow{\text{Trypsin}}$ Insulin ∼ 80

Insulin $(S-S)_3$ $\xrightarrow{\text{Reduktion}}$ Insulin A $(SH)_4$ / Insulin B $(SH)_2$ $\xrightarrow{\text{Oxidation}}$ Insulin ∼ 2

Auch Insulin besitzt schwache Proteaseaktivitäten und dementsprechend ein Zymogen-processing.

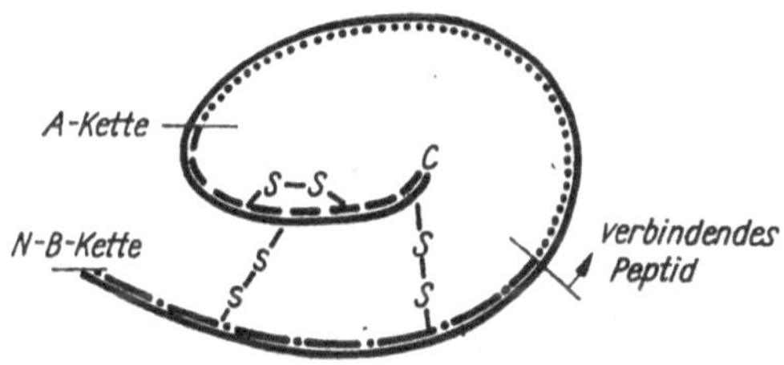

Während sich Proinsulin nach Hydrierung und Reoxydation wieder „selbst zusammenfindet", gelingt dies dem Insulin nicht.
Nur Proinsulin liegt im „Anfinsen-Energietopf".

lichen Kanälen durchzogen wird. Auch hier sind die Dimer/Hexamer-Kontakte — durch eine breite Skala schwacher Wechselwirkungen bewerkstelligt — wieder weitgehend invariant. Der Zusammenhalt wird weiterhin durch eine His-Koordination der einzelnen Dimeren zu 2 Zn-Atomen fixiert. Beide Zn-Atome liegen auf einer dreizähligen Achse des Hexamers — etwa 8,5 Å voneinander entfernt. Die wahrscheinlich oktaedrische Koordination der Metallatome wird durch Lösungsmittelmoleküle vervollständigt. Die inneren Kanalregionen des Hexameren sind durch exponierte Säuregruppen angefüllt. Der mit polaren Seitenketten besetzte Äquator des Hexameren zeigt eine eher glatte Struktur, während die abgeplatteten Polkappen teilweise tiefe Furchenbereiche durchziehen. Relativ tiefe Taschen sind mit Lösungsmitteln und polaren Resten gefüllt. Einige dieser polaren Reste in Oberflächenstrukturen — den A-Ketten entstammend — sind wieder invariant. In den zerklüfteten Oberflächenregionen sind teilweise noch

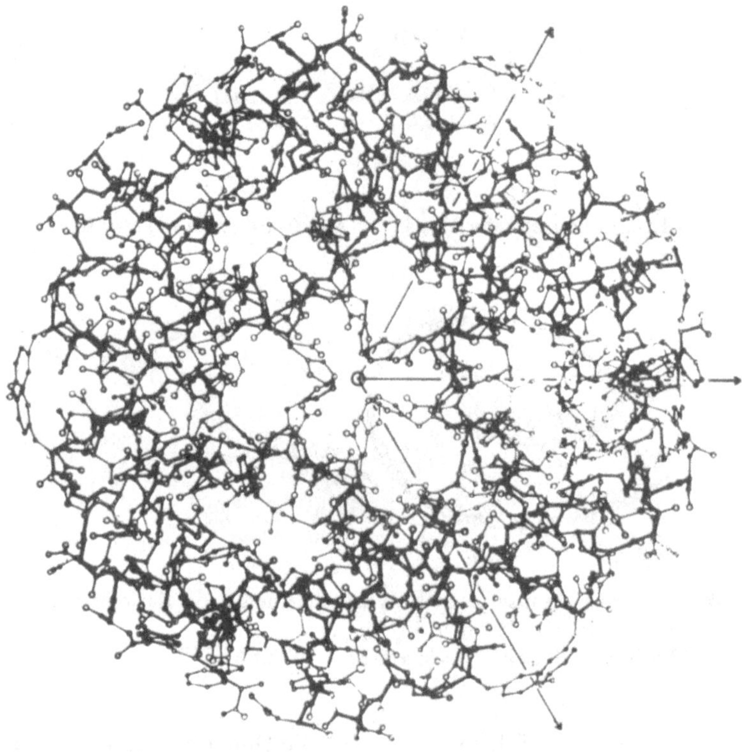

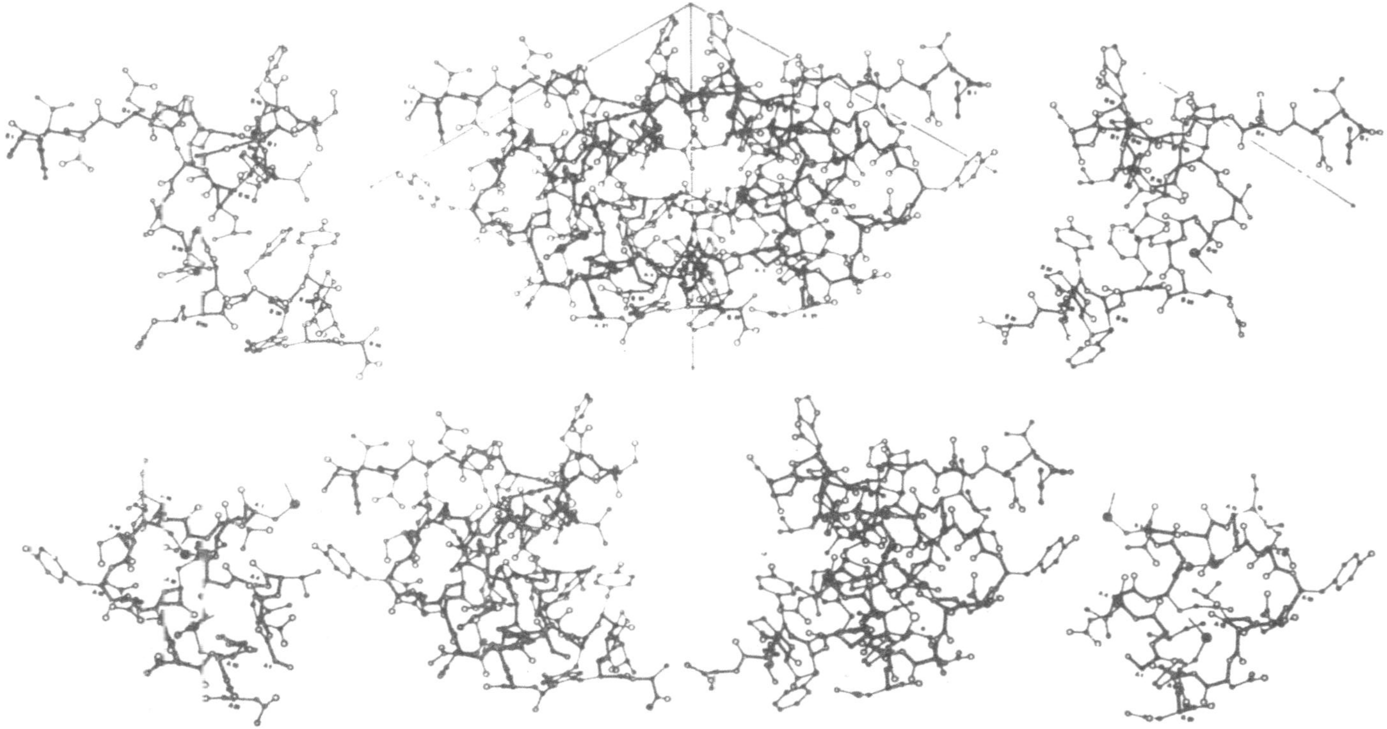

Insulin — verwirrende Irrgärten der Funktionalität — verwirrende Subunitspiele der Strukturierung, nach D. C. Hodgkin in 2,8-Å-Auflösung [362—364].

Eine Art „Explosions"darstellung des Hexameren:

a) Insulin-Hexamer; b) Insulin-Dimer; c) Insulin-Monomer; d) zwei A-Ketten; e) zwei B-Ketten.

nicht näher lokalisierbare Zn-Atome plaziert. Gewisse Zonen besitzen mit His/Ser-Wechselwirkungen ähnliche Elektronen-Relais, wie sie in proteolytischen Enzymsystemen anzutreffen sind. Möglicherweise erklärt sich hieraus die schwache proteolytische Aktivität des Insulins, die vielleicht auch für seine „Umwegssynthese" über eine Art Zymogenstufe verantwortlich sein könnte.

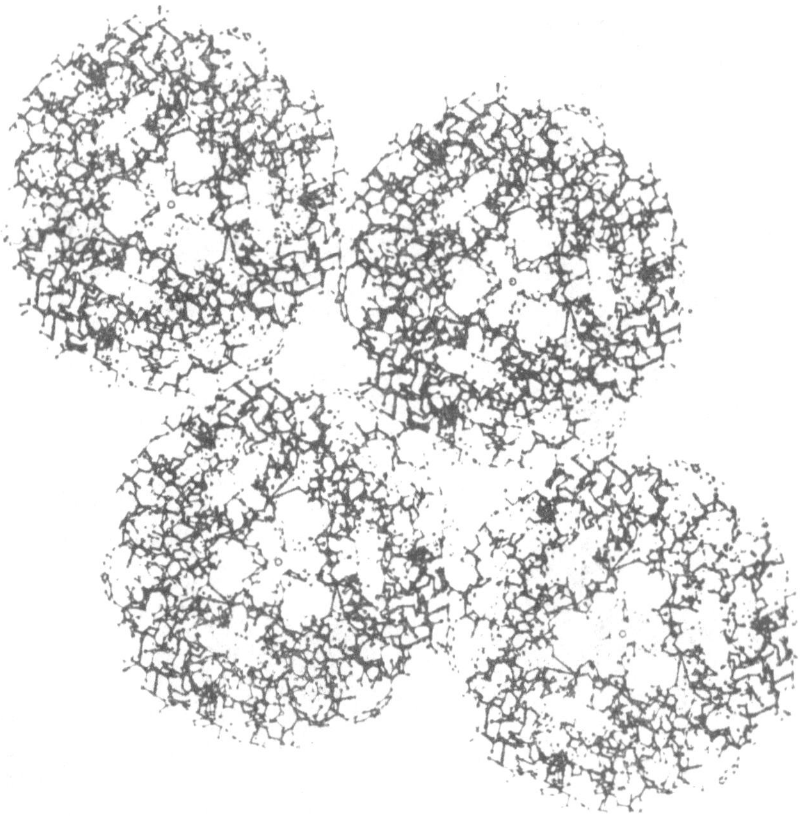

Insulin: Hexamerenpackung in rhomboedrischen Kristallen.
Blick in Richtung der dreizähligen Achse nach D. C. HODGKIN (vgl. oben).

Das sich in Lösung in Anwesenheit von Zn relativ schnell einstellende dynamische Gleichgewicht zwischen Mono-, Di-, Tetra-, Hexa- und sogar Oktameren vermag durch seine variablen Assoziationsformen sehr unterschiedliche Molekülbezirke wechselseitig zu exponieren und zur Funktion zu bringen. Größenordnungsmäßig besitzt das Dimer etwa ähnliche Abmessungen wie Lysozym und Ribonuclease, das Hexamer könnte eher mit größeren Enzymstrukturen wie Chymotrypsin und Carboxypeptidase A verglichen werden.
Während damit der strukturelle Aufbau der Monomeren gut übersehbar erscheint, invariante Regionen sich teilweise mit Stabilitätskriterien, teilweise mit noch unbekannten funktionellen Mechanismen in Zusammenhang bringen lassen, das ganze Molekül in seiner Abhängigkeit von der jeweiligen Assoziatstruktur unterschiedliche

Funktionsmuster aufweisen könnte, läßt sich mit unserem bisherigen Wissen der breite Graben, der zwischen strukturellen Voraussetzungen und den uns zum Teil bekannten funktionellen Wirkungen klafft, bisher nicht einmal ausloten. Viele interessante Fragen und Probleme harren hier noch ihrer Antwort.

Und immer wieder überraschen zunächst schwer vorhersehbare Querbeziehungen, wie etwa die strukturellen und funktionellen Ähnlichkeiten des Insulins mit dem Nerven-

Insulin kennt Struktur- und Funktionsverwandtschaften – und sei es mit dem „Nervenwachstumsfaktor der Maus!“
Nach R. Kleine [365].

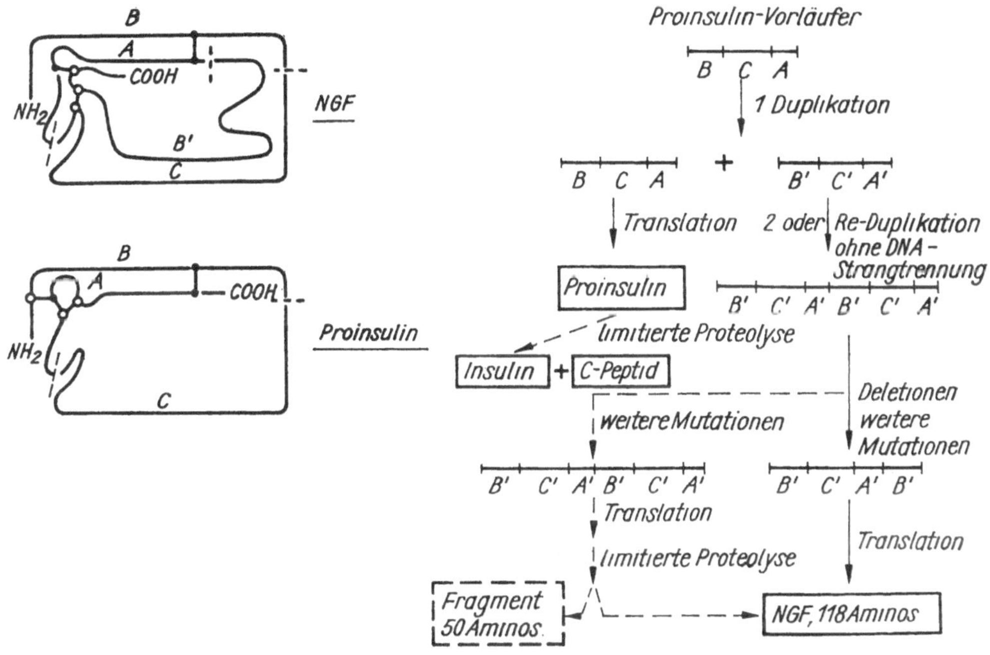

Strukturähnlichkeiten der beiden Systeme und Vorstellungen zu ihrer Evolution.

wachstumsfaktor der Maus. Mit dieser Bezüglichkeit wird die Serie divergenter Proteinentwicklungen, die in die Homologien der Cytochrome und Globine, der Fibrinopeptide, verschiedener Hypophysenhormone der Serinproteasen des Pankreas und der Lactatdehydrogenasen evolvierte, um eine weitere interessante Nuancierung bereichert. Insulin und der Maus-Nervenwachstumsfaktor, die einander in Primär-, Sekundär- und auch Tertiärstruktur sehr ähnlichen Enzymmuster, für deren Assoziationsverhalten ebenfalls Parallelen beobachtet wurden, entstanden wahrscheinlich aus einem ancestralen Proinsulin-Gen durch Duplikationen und Deletionen.

Die ähnlichen strukturellen Voraussetzungen ergeben vergleichbare funktionelle Wirkungen wie die Stimulation anaboler Prozesse ihrer jeweiligen Zielgewebe. Insulin stimuliert in hohen Konzentrationen sogar das Zielgewebe des Mausfaktors, das em-

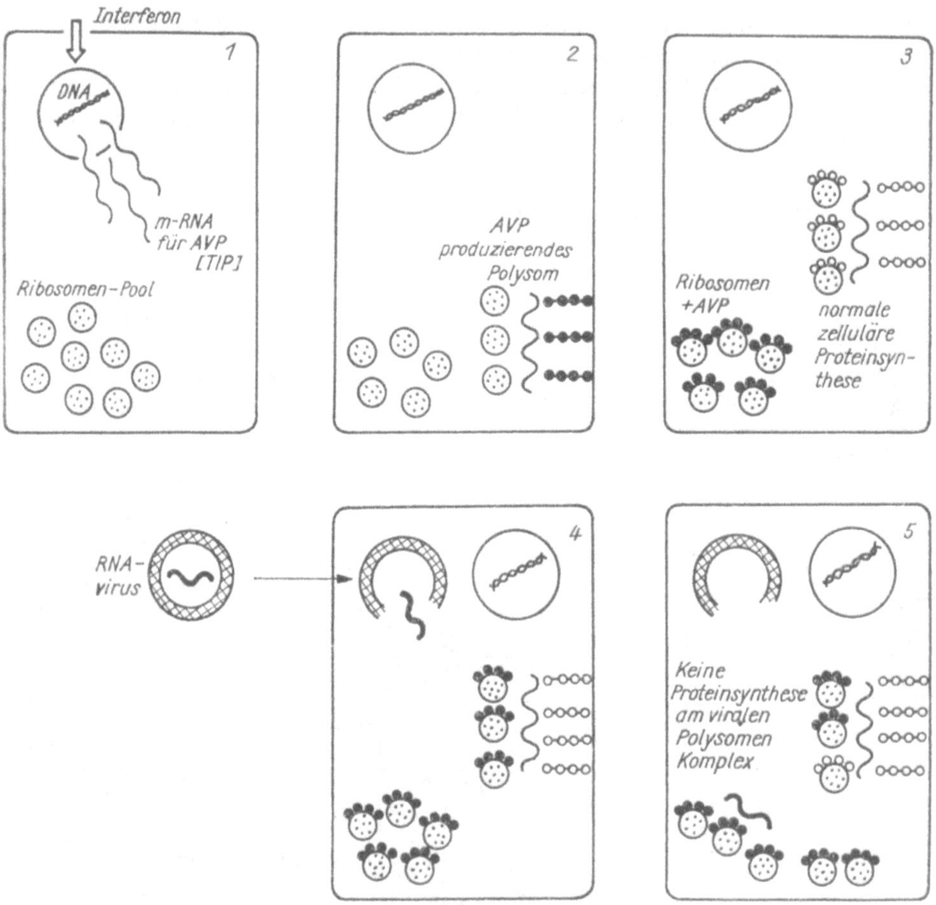

Interferon — Regulationsprotein unbekannter Primär-, Sekundär- und Quartärstruktur [366 bis 377].

Interferon — System im Zentrum der brennenden Triade von Virologie-Oncologie-Immunologie, in der sich ein wesentlicher Teil allgemeinen Menschheitsschicksals entscheiden wird. Interferon — deshalb auch noch ohne Strukturkenntnis. Beispiel für einen generellen Angriff auf das weite, von dieser Triade überdeckte Areal [366—436].

Ein allgemeines Wirkungskonzept nach Y. K. S. Murthy u. H.-P. Anders [366].

1. Interferon dringt in eine uninfizierte Zelle ein und induziert die Synthese eines „antiviral bzw. translation inhibiting protein". Zunächst Synthese des entsprechenden messengers, dann
2. mittels der mRNA Synthese von „AVP" bzw. „TIP".
3. AVP tritt mit den zellulären Ribosomen in Wechselwirkung, ohne die Proteinbiosynthese des zellulären Genoms zu beeinflussen.
4. In die Zelle dringt ein Virus ein,
5. doch die Zelle vermag unter dem AVP-Schutz zwischen viralem und zellulärem Genomausdruck zugunsten des letzteren zu diskriminieren. Der virale Angriff scheitert.

bryonale Nervengewebe. Beide Enzyme regen ferner die Glucoseaufnahme sowie die RNA-, Protein-, und Lipidsynthese an. Immunologische Versuche zeigten bei beiden Regelproteinen eine zellstabilisierende Wirkung für die Stützzellen des Nervengewebes.

Es mag in diesem sehr eingehend untersuchten Beispiel zweier auf den ersten Blick zunächst so wenig verwandter Strukturen zur Abrundung beitragen, daß zu strukturellen und funktionellen Bezüglichkeiten für beide Proteinpartner auch ein gemeinsamer biologischer Ursprung angenommen werden kann. Submaxillarisdrüse und Pankreas, die Bildungsorte beider Regelproteine sind embryologisch wie auch morphologisch homolog. Beide leiten sich vom Endoterm des embryonalen Darms ab, beide verfügen über einen exokrin stark vaskularisierten Tel [365].

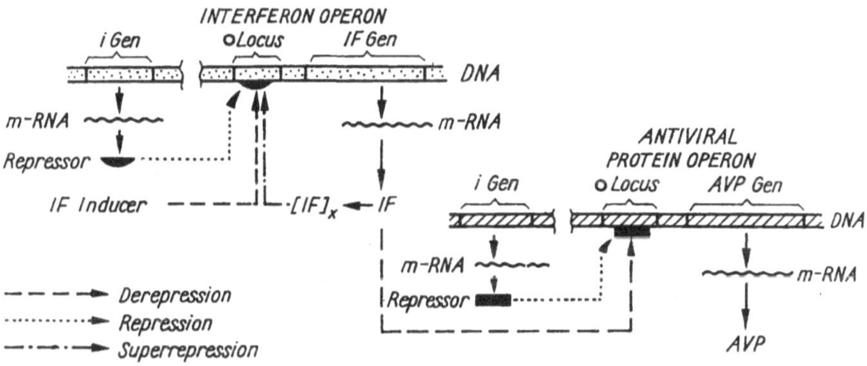

Interferon — und noch ein mehr molekularbiologisches Spekulationsschema nach W. J. Kleinschmidt [367, 368].
Interferon in einem insulinähnlichen Oligomeren-subunit-processing als „super-repressor" innerhalb eines komplexen Schemas einer Jacob-Monod-Regulation?
IF: Interferon
AVP: TIP (translation inhibiting protein) bzw.
AVP (antiviral protein)
Noch einmal: Fragen, Spekulationen — leider ganz wenige exakte Antworten — bis jetzt!

Interferon — die zelluläre virale Abwehr: Völlig anders als das Insulin — wahrscheinlich ihm in methodischer Hinsicht wieder ähnlich — soll hier noch ein Regelprotein Erwähnung finden, welches erst sehr spät — am Ende der 50er Jahre aufgefunden — heute in seinen Wirkungsaspekten ebenso wichtig wie in seinen strukturellen und funktionellen Voraussetzungen unbekannt oder zumindest mehrdeutig geblieben ist: das Interferon [366—368, 597, 598].

Hinsichtlich seiner Zusammensetzung trotz vieler einschlägiger Bemühungen noch weitgehend ungeklärt, wird es als Zellantwort auf den Angriff infektiöser Viren von jenen synthetisiert. Diese Synthesefähigkeit scheint nicht für alle Zellen gleich gut ausgeprägt zu sein. Wahrscheinlich kommt den Lymphozyten hier eine gewisse Zentralstellung zu. Interferon ist artspezifisch, aber nicht virusspezifisch, stellt mithin also das optimale virale Breitbandabwehrsystem dar.

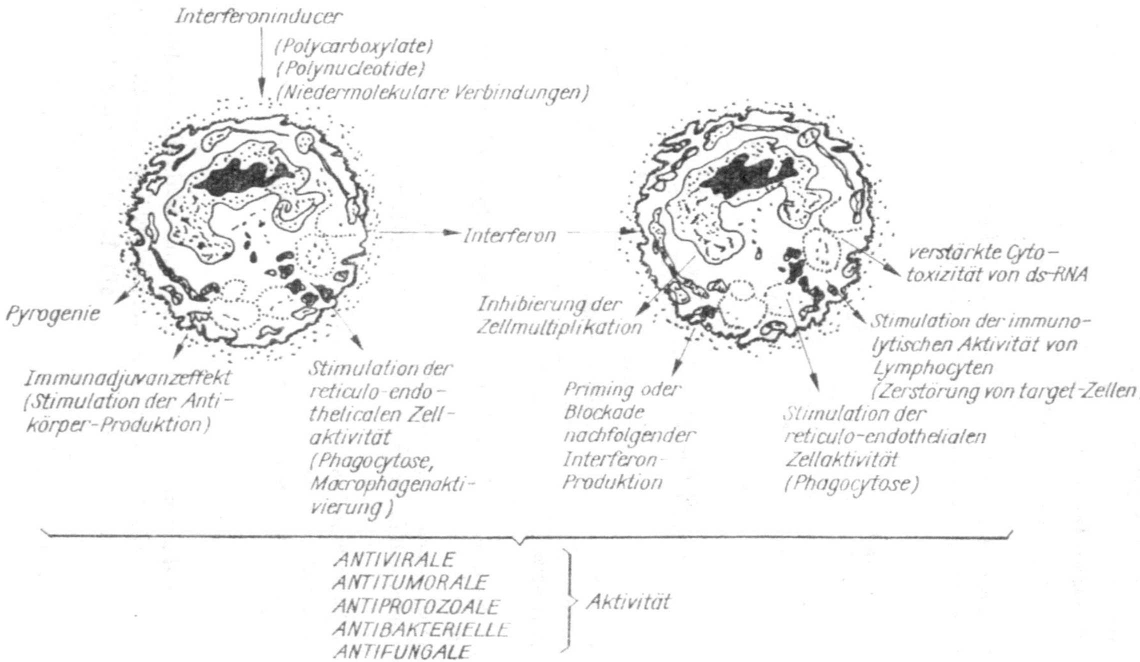

Interferon in den Netzwerken von Bioregulationen und Biorhythmen nach E. DECLERCQ [597].

Der Weg in die noch umfangreicheren subunit-Kooperationen ist ein Weg in noch größere Rätsel und — noch dringenderer Erfordernisse.

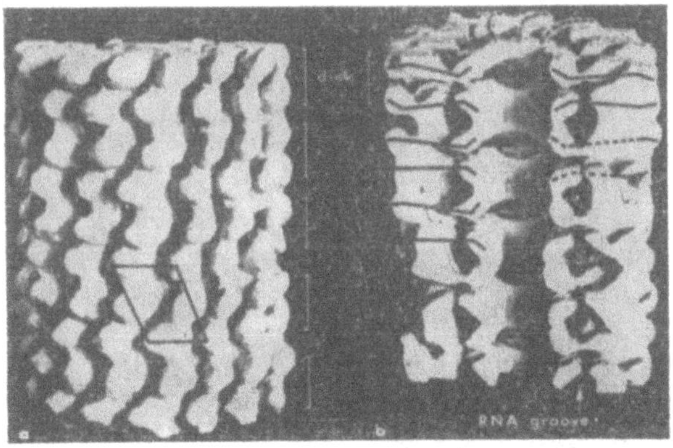

Schon wissen wir einiges über die bizarren Protein-subunit-Baumuster etwa der Viren: [325—327].
Stack-Aufbau des Tabakmosaikvirus (TMV) nach **A.** Klug und A. C. H. Durham [325—326].

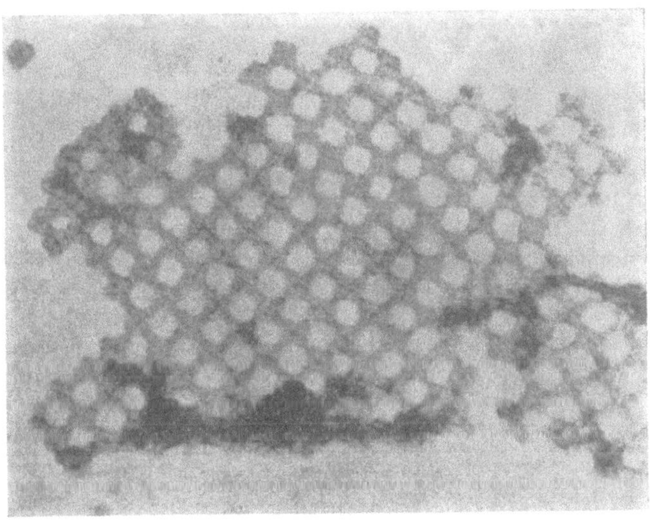

— Doch noch harren die Muster der Ribosomen zumindest ihrer Grobinterpretation [328—330].
Ribosomen„kristalle"! aus Hühnerembryonen nach M. Barbieri u. N. Maraldi [330].

Interferon schützt die Zellen nicht selbst, sondern über die zwischengeschaltete Synthese eines AVP-Proteins (Antiviralprotein), dessen Anwesenheit erst den Zellen einen antiviralen Status verleiht. Sie vermögen zugunsten ihrer eigenen Proteinbiosynthese zwischen dem zelleigenen und dem viralen Genom zu diskriminieren.

Ribosomen-Interpretationen — sind die weitgehenden Abstraktionen beispielsweise des Coxschen Modells nur ein wenig richtig?

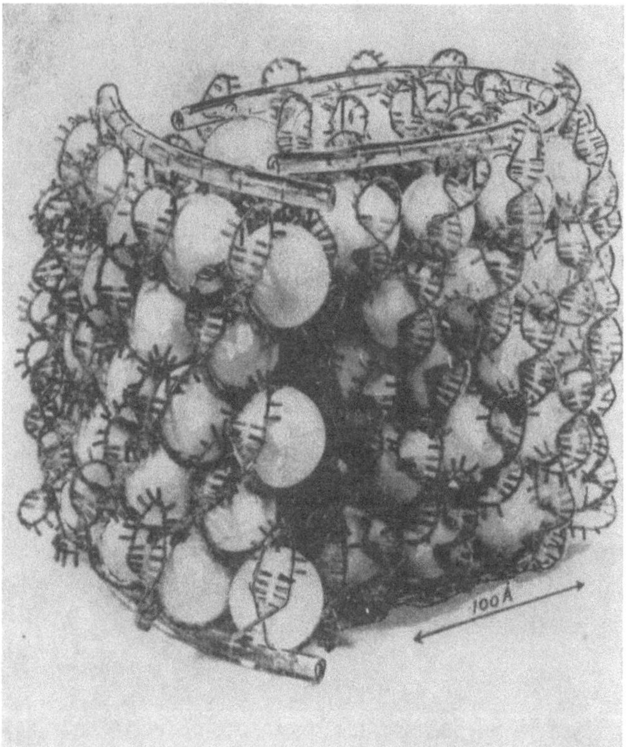

Ribosomenmodell nach R. A. Cox u. S. A. Bonanou [328] (links kleine, rechts große Untereinheit; läuft der messenger durch den langen lichten Tunnel?).

Vorläufige Hypothesen gehen davon aus, daß die Interferonsynthese wahrscheinlich durch Derepression eines das Interferon codierenden Gens eingeleitet wird. Das nun folgende ist ein Wechselspiel zweier genetischer Komplexe: der Codierung für Interferon und der für das AVP. Interferoinducer — Viren, doppelsträngige RNAs aber auch teil- und vollsynthetische Analoge, die eigentlich bisher nur die Voraussetzungen erfüllen müssen, mehrsträngige Polyelektrolytsysteme zu sein — könnten über einen Angriff auf den IF-Gen-Repressor die Exponierung des IF-Gens induzieren. Die entsprechende Übersetzung liefert Interferon. Dieses Interferon stimuliert nun selbst durch entsprechende Derepression das AVP-Gen zur entsprechenden AVP-Synthese.

Daneben scheint Interferon noch eine weitere Regelfunktion wahrzunehmen. Ähnlich wie Insulin vermag es sehr leicht in Multimere zu assoziieren und damit die Konformationsmuster der individuellen Monomeren zu variieren. Die neu geschaffene Geometrie könnte Interferon dazu befähigen, als Co-Repressor mit dem IF-Repressor zu kombinieren und damit als eine Art Super-Repressor eine besonders wirkungsvolle Repression zu bewirken.
Vieles bleibt aber weiterhin unklar. So müßte vielleicht ein sogenannter „priming-Effekt“, die Steigerung der Interferonsynthese durch eine Vorbehandlung der Zellen

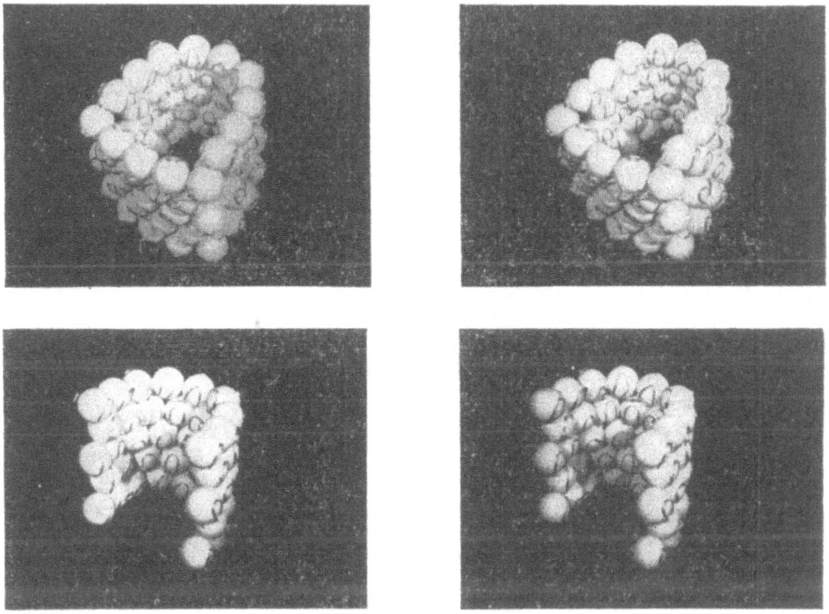

Zwei zusätzliche Stereointerpretationen, sehr, sehr simplifiziert — sicher übersimplifiziert!

mit Interferon in kleinen Konzentrationen, mit einem membranabhängigen Mechanismus erklärt werden, der zumindest zum Teil über das cAMP-System läuft.
Je weiter sich damit unser Pfad in die Komplexität inter- und intrazellulärer Kooperativität verliert, umso verwaschener werden die von uns formulierbaren Struktur/Wirkungs-Beziehungen. Die Wichtigkeit der anstehenden Fragen sollte jedoch gerade hier die weitere Arbeit stimulieren [331–436, 569–601].
War der Pyruvatdehydrogenasekomplex so etwas wie ein raffiniert ineinanderkomplexiertes Fließbandsystem, so deuten die Assoziationsspiele von Insulin und Interferon ein neues Prinzip an. Sie ähneln — zu einem Spektrum variabler Struktur/Funktionalitätsspiele aufgefächert — anpassungsfähigen Mosaiks unterschiedlicher Logikbausteinmuster. Relativ einfach codierbare „Monomeren“-Bestandteile entwickeln aus der gestalterischen Raffinesse ihrer inhärenten Matrizenbezüglichkeiten und deren quantitativen Komplexierungsstrategien qualitativ neue, ebenso breit wie anpassungsfähige

modellierte Funktionsmuster, ein bizarres Spiel servicefreundlich gestalteter Schaltblöcke in hierarchischen Netzwerken komplexer Regelstrategien. Strategien der Regulation, intra- und interzellulärer Aktivitäten, Strategien zur Regelung eigener Informatik und Funktion, Strategien zur Abwehr von Fremdinformationen, Strategien zur Abwehr von Fremdfunktionalität — als letztes Glied einer breiten Palette also:

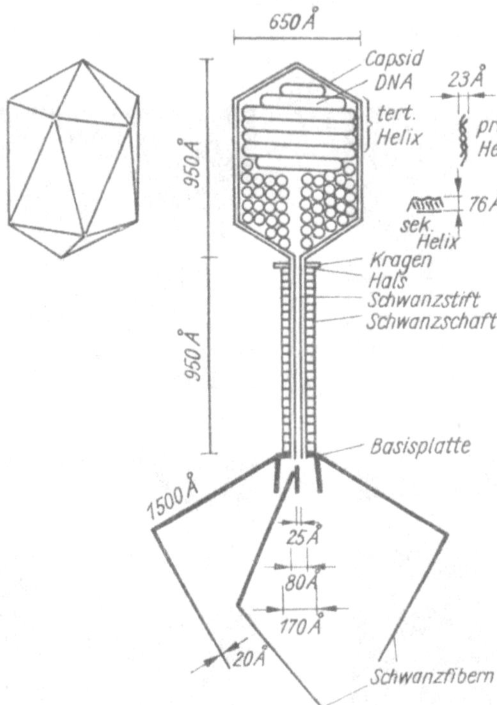

Phagen — komplexe hochspezialisierte kleine subunit-Verbände nach F. Lynen [32].

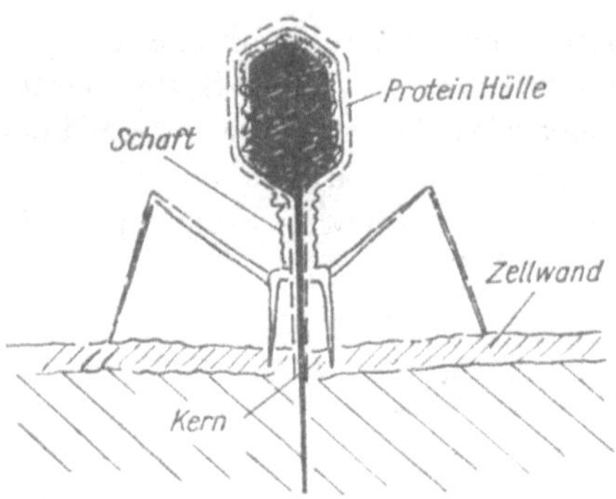

Beispiel einer Funktionskonvergenz über Milliarden Jahre? DNA-Landefähre auf der Bakterienoberfläche — menschliche Mondlandefähre —!

1.2.2.4. Erkennungs- und Fixierungsproteine — das Immunsystem

Abwehrmechanismen fremder und entarteter Eigen-Funktionalitäten müssen schon in einem sehr frühen Stadium der sich entwickelnden Organismenlandschaft vordringlich gewesen sein. Der evolvierte Mechanismus ist — wie phylogenetische Studien beweisen — auch entsprechend alt. So findet man in den Antikörpern, den Operatoren dieses

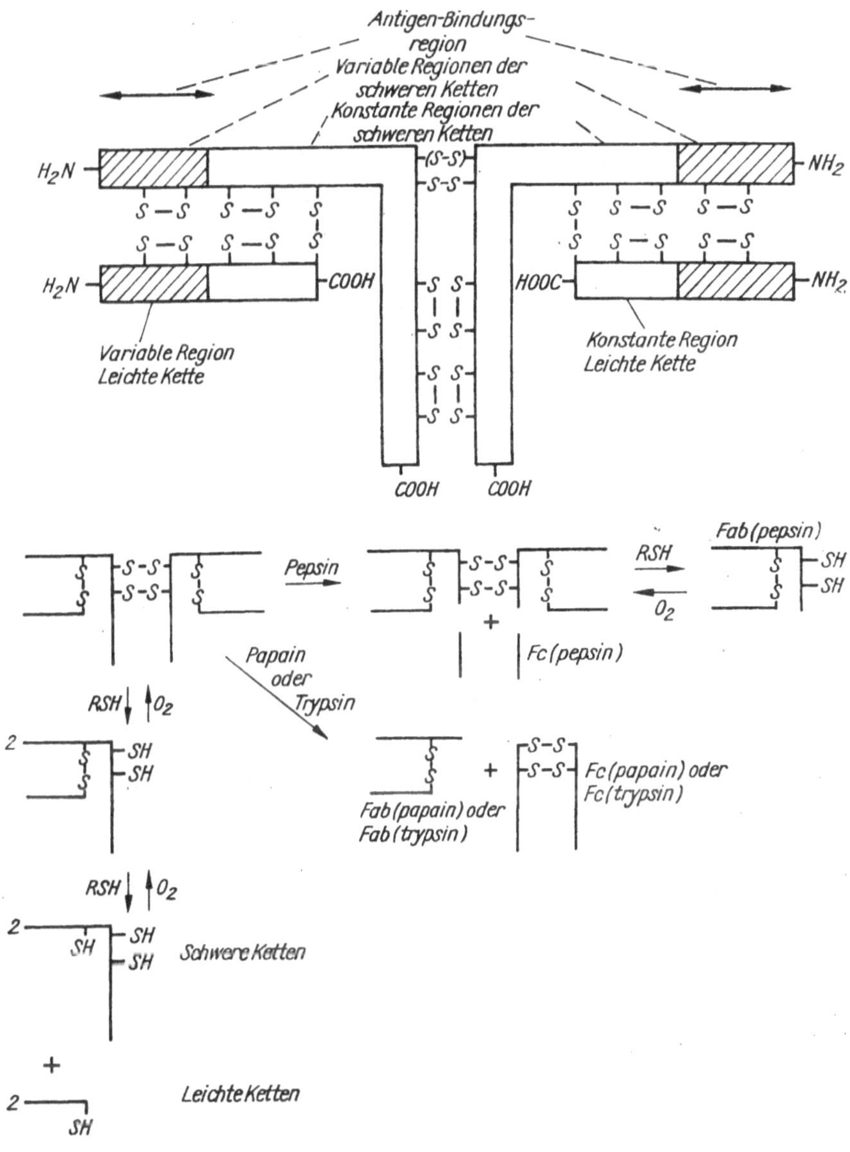

Immunoglobuline
Schema des bezüglich seiner vielgenannten Bruchstücke nun schon historischen Protease-processings von Immunoglobulinen. Schema nach F. WOLD [7].

Einteilungsmöglichkeiten und -unmöglichkeiten der Vielfalt struktureller Elemente des Immungedächtnisses.

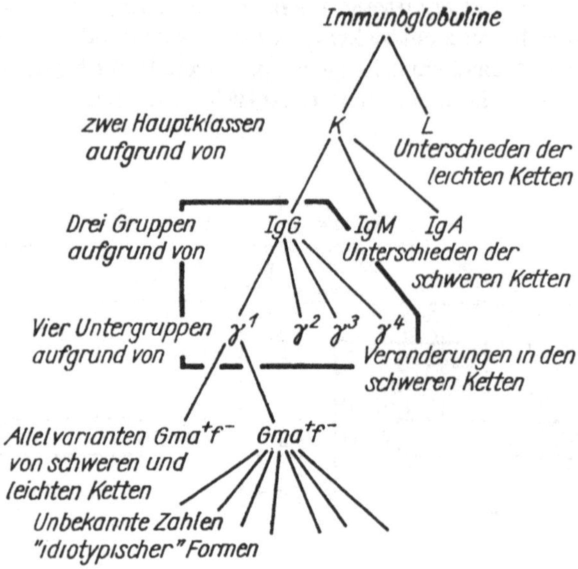

Schema nach F. Wold [7].

Human-Immunoglobulinklassen

Klasse	physiologische Eigenschaften	schwere Kette*)	leichte Kette*)	Molekülformel	Molekulargewicht · 10^3
IgG	Komplementfixierung placentaler Transfer	γ	$\varkappa$ oder λ	$(\gamma_2\varkappa_2)$ bzw. $(\gamma_2\lambda_2)$	143–149
IgA	Lokalisierter Schutz in externen Sekreten	α	$\varkappa$ oder λ	$(\alpha_2\varkappa_2)$**) bzw. $(\alpha_2\lambda_2)$	158–162
IgM	Komplementfixierung frühe Immunantwort	μ	$\varkappa$ oder λ	$(\mu_2\varkappa_2)_5$ bzw. $(\mu_2\lambda_2)_5$	800–950
IgD	unbekannt	δ	$\varkappa$ oder λ	$(\delta_2\varkappa_2)$ bzw. $(\delta_2\lambda_2)$	175–180
IgE	Reaginaktivität Mastzellenfixierung	ε	$\varkappa$ oder λ	$(\varepsilon_2\varkappa_2)$ bzw. $(\varepsilon_2\lambda_2)$	185–190

*) Klassenbestimmende Unterschiede in den konstanten Regionen.
**) IgA kann zusätzliche, nicht verwandte Ketten aufweisen. Gilt z. T. auch für IgM.

Humanimmunoglobulinklassen nach G. M. Edelman [388].

Systems, bisweilen ähnlichere interspecies- als intraspecies-Muster. Das vererbbare Variationsschema bestimmter Sequenzen muß damit schon vor der Säugetierspecies-Trennung entstanden sein [381—404, 587—596].
Die nach immer noch etwas hypothetischen Erkennungs- und Funktionsschemata von spezifischen Zellverbänden synthetisierten antigenspezifischen Antikörper weisen, wie man elektronenmikroskopisch, sequenz- und neuerdings auch röntgenstrukturanalytisch herausfand, ein relativ ähnliches Bauprinzip auf. Bei den höheren Säugetieren fand man bisher drei Hauptklassen von Antikörpern, die γG-, γA- und γM-Strukturen. A- und

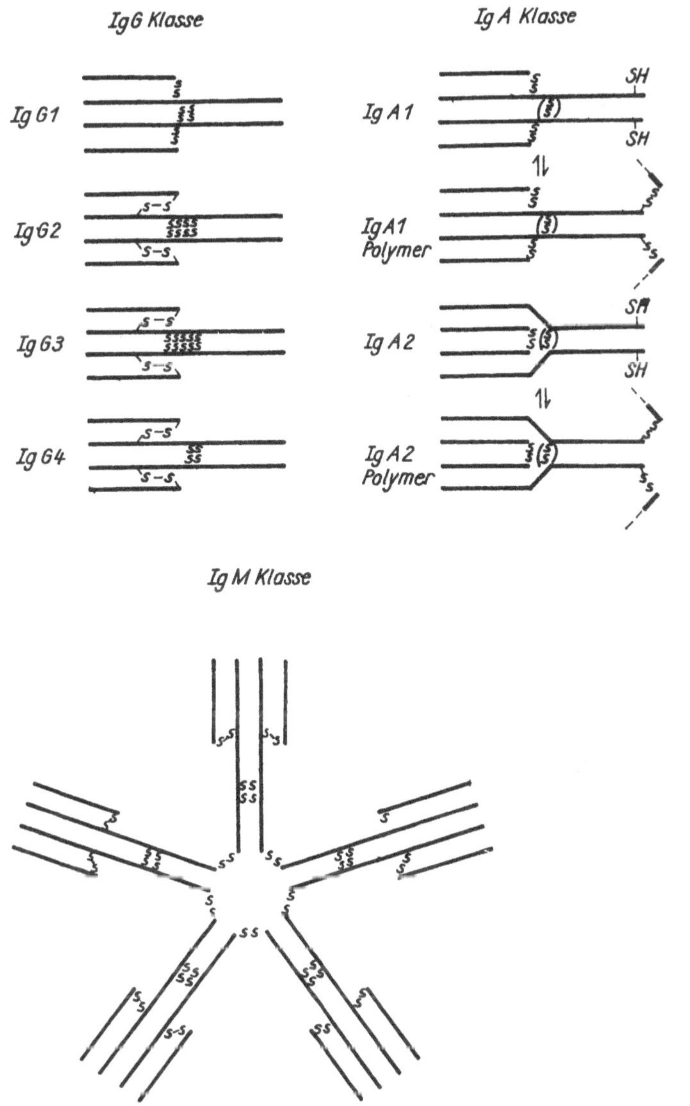

Strukturen einiger wichtiger Immunoglobulinklassen. Übersicht modifiziert nach [382].

G-Teile sind gemeinsam aus jeweils zwei schweren (MGW 52000) und zwei leichten (MGW 23000) Ketten aufgebaut. Die großen M-Strukturen besitzen fünf Untereinheiten.
Die hinsichtlich ihrer Antigen-Erkennungszonen „zweiwertigen“ Gammaglobuline, haben die Aufgabe, Fremdkörper, — zumeist makromolekularer Art — im Blutserum

Immunoglobuline — Andeutungen ihrer Wirksamkeiten:

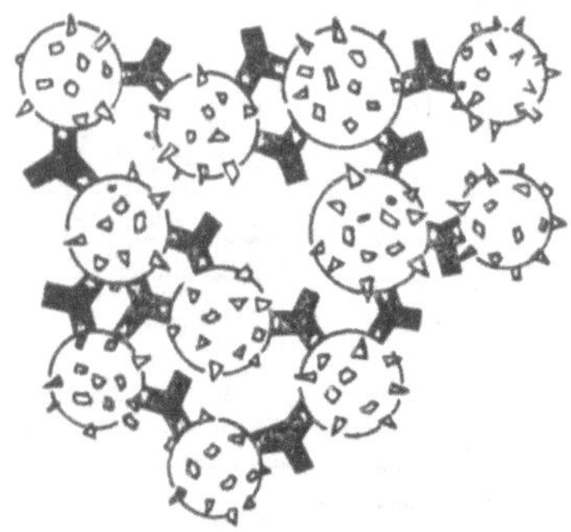

Agglutination von Viren durch unterschiedliche Antikörper, die spezifische Empfängerstrukturen auf der Wirtsoberfläche markieren. Schema modifiziert nach R. E. Dickerson u. I. Geis [12].

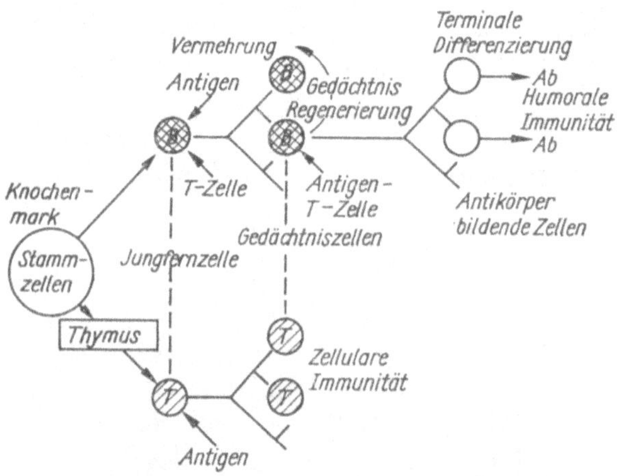

Schema einer sich entwickelnden Immunantwort nach A. R. Williamson [387].

und in den Körpersekreten zu erkennen und durch Ausfällen in Form eines dreidimensionalen Netzwerks unschädlich zu machen.
Es war nicht leicht, definierte Einblicke in die spezifischen Funktionsmechanismen zu erhalten. Die Antikörper/Antigen-Reaktion ist ebenso schnell wie in Anbetracht der Fülle möglicher Antigene unwahrscheinlich spezifisch. Die Antikörper-Erkennungszonen reagieren auf stereoelektronische Antigenmuster ähnlich spezifisch, wie die Erkennungsbereiche von Enzymen. Für die Untersuchungen besonders erschwerend wirkte

sich aus, daß die Präzipitate der Antigen/Antikörper-Reaktionen heterogene Antikörpermuster enthalten — ein Antigen scheint ganze Kolonien von Antikörpern zur Reaktion zu provozieren — die auch heute noch eine Auftrennung mit anschließender strukturanalytischer Untersuchung nahezu unmöglich machen.

Immunoglobuline — und die Schwierigkeiten ihrer Strukturaufklärung.

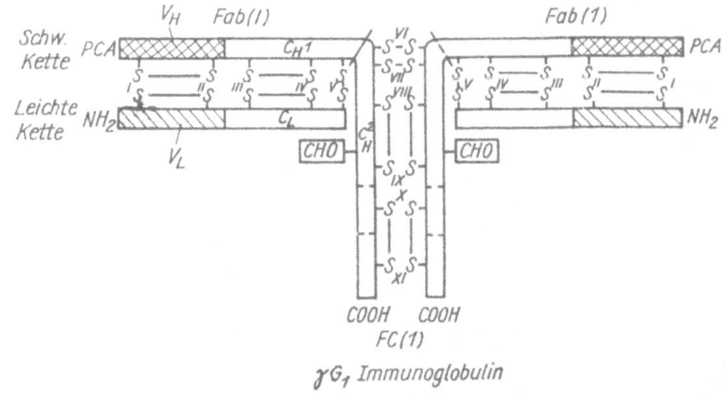

Übersichtsschema der Ketten und Disulfidbrücken eines Human-γ-G_1-Immunoglobulins nach G.M.Edelman [388] in konventioneller Wiedergabe.
CHO: Kohlenhydratrest
PCA: Oxopyrrolidincarbonyl
Variable Regionen V_H und V_L sind homolog.
C_{H1-3} sind einander und den C-Regionen der leichten Ketten ebenfalls homolog.
Die variablen Regionen erfüllen Antigenbindungsaufgaben, die konstanten beinhalten die Effektorfunktionen des Moleküls.

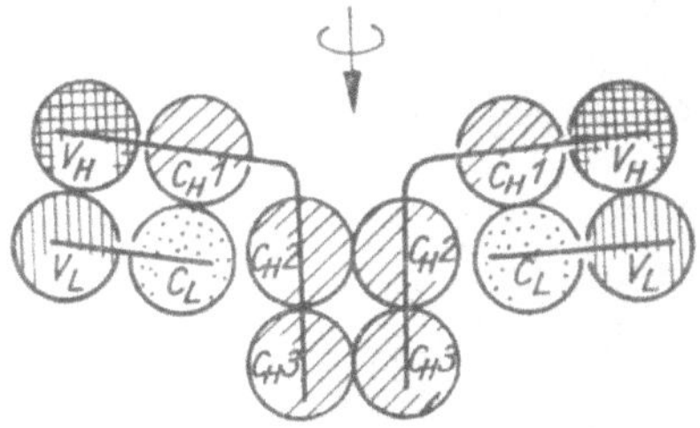

Die gleiche Struktur nach dem Schematismus der Domänenhypothese. Jede Domäne besteht aus einer Homologie-Region.
V_L, V_H = Domänen variabler Homologieregionen.
C_L, C_{H1-3} — Domänen konstanter Homologieregionen

Erst als es gelang, in etwas makabrer Weise „Unfälle" der Natur in den Dienst der Forschung zu stellen, hellte sich einiges in der Strukturuntersuchung derartiger Systeme auf. Tumore lymphoider Zellen — Myeloma genannt — produzieren homogene Serumproteine, die den normalen heterogenen Immunoglobulinen ähneln. Einige Patienten mit multiplen Myeloma scheiden im Urin Proteine aus, die mit den Immunoglobulinen antigenisch verwandt sind. Es schien, daß diese sogenannten Bence-Jones-Proteine

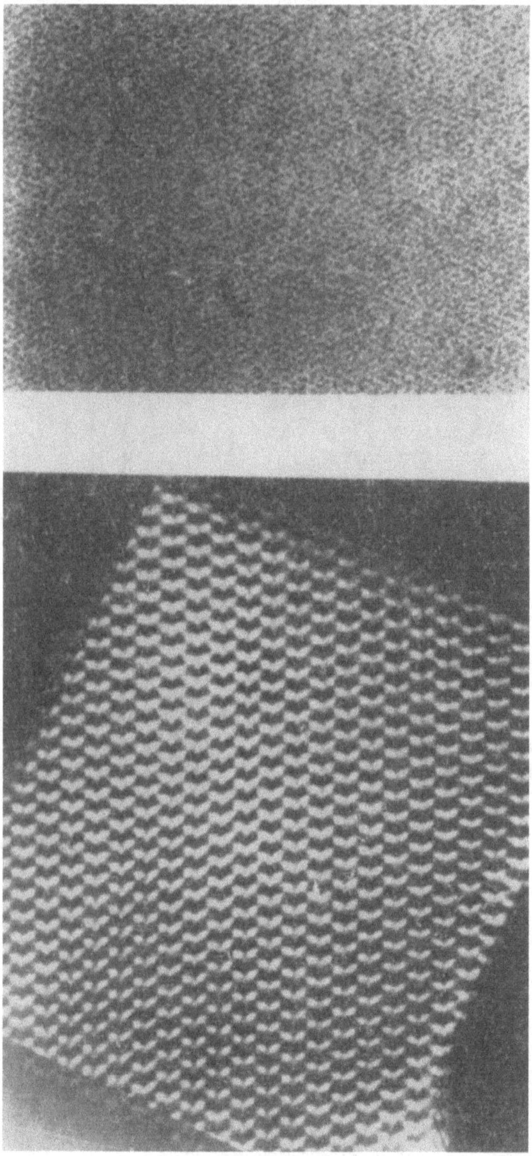

Immunoglobuline — Strukturaufklärung — die Schwierigkeiten der Einheitlichkeit, die Schwierigkeiten der schlechten Kristallisationsfähigkeit.
Wie immer: die Elektronenmikroskopie reicht nicht weit genug herunter.
Wiedergegeben nach V. R. SARMA u. Mitarb. [398, 399].
γG_1-Immunoglobulin (Mensch).
Immerhin die untere Abbildung läßt die In-etwa-Umrisse bereits ahnen.

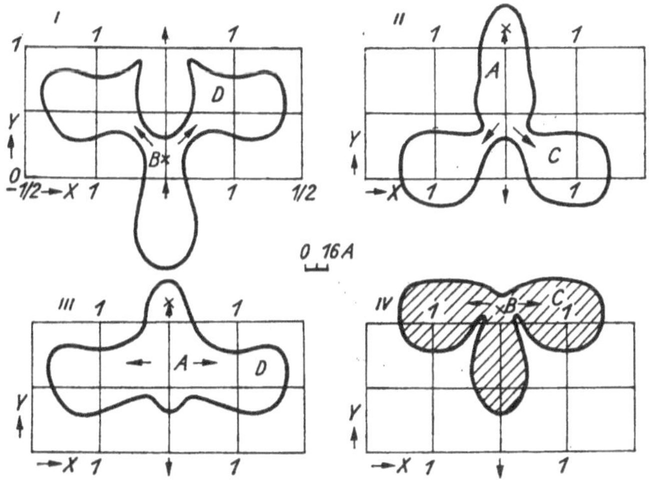

SARMA u. Mitarb. [399]: Ein theoretisches Schiebe-puzzle der Fab-Regionen macht Modellvorschläge.

Und dann gelingt es endlich, einen davon zu verifizieren. Die 6-Å-Auflösung eines Human-γG_1-Globulin gibt erstmals einen verbindlichen Gesamteindruck des Moleküls. Man meint, die Domänen bereits zu erkennen [300].

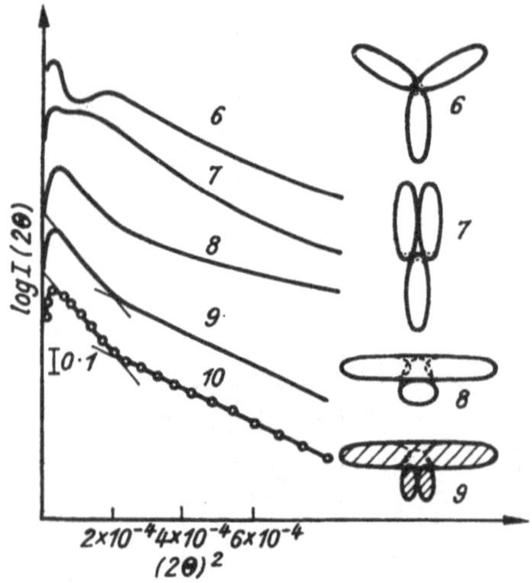

Nachträglich stellt sich heraus, daß die leistungsfähige Röntgenkleinwinkelstreuung auch hier wieder relativ „richtig lag".
Modellkurven und die Verifizierung durch die experimentellen Befunde für das schraffiert wiedergegebene Molekül, welches auch den 6 Å-Befunden von Sarma u. Mitarb. am besten gerecht wird. Nach I. Pilz u. Mitarb. [395, 396, 397].

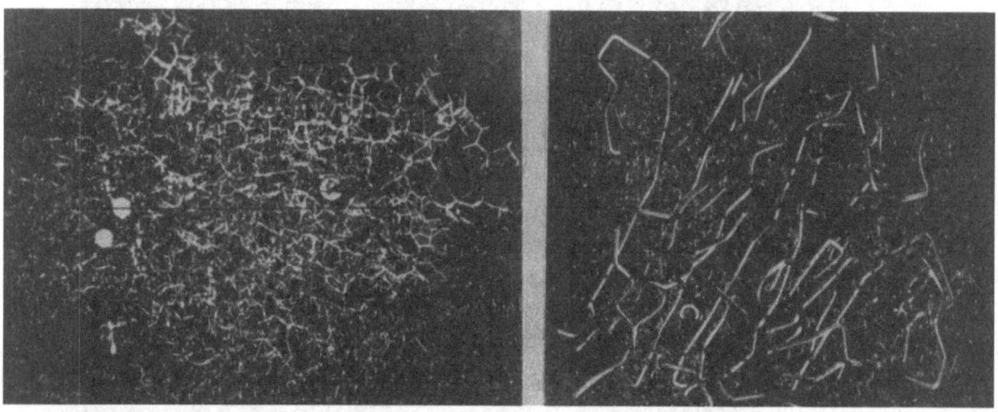

Die Schwierigkeiten in der Hochauflösung der Immunoglobuline stimulierten die Arbeiten an zugänglicheren funktionsverwandten und funktionskomplementären Strukturen.
Concanavalin A erregte Interesse.
Es gehört zu den Lektinen — Pflanzenproteinen, die wie Antigene Lymphocyten stimulieren können.
Concanavalin bindet an Saccharide, agglutiniert Zellen, induziert Zelltransformationen und Mitose.
Es unterliegt gewissen Metallregulationen. Mn und Ni induzieren die Bildung spezifische Ca-Bindungs-sites, die für eine Saccharidbindung aufgefüllt sein müssen.
Edelman und Hardman sowie ihre Arbeitsgruppen machten die Struktur hochaufgelöst zugänglich [388, 391].
Draht-Schema und komplettes Seitenkettenmodell nach G. M. Edelman [388].

eine der Ketten der von Myelomatumoren synthetisierten Immunoglobuline darstellten — später stellten sie sich als die entsprechenden leichten Ketten heraus — jedoch, ohne in das homogene Myelomaprotein inkorporiert zu werden, ausgeschieden wurden. Später entdeckt man auch im normalen Urin Gegenstücke zu den BJ-Proteinen, die aber chemisch homogen waren. Schließlich fanden sich auch homogene Gammaglobu-

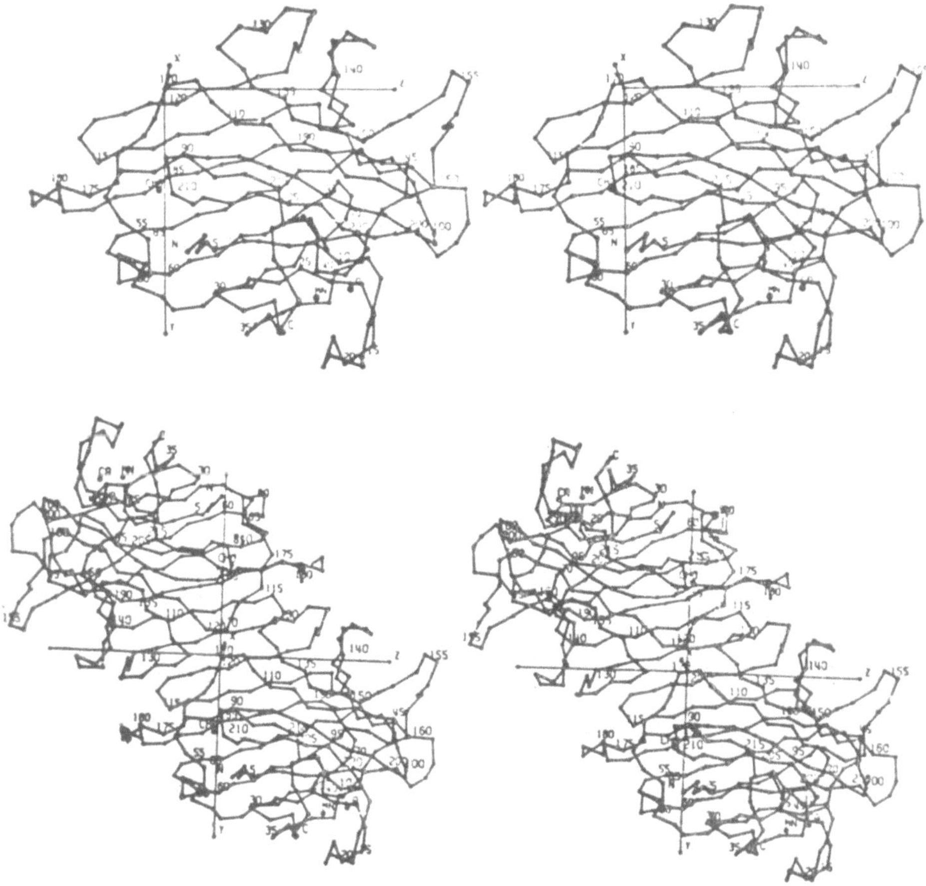

Concanavalin
2,4 Å-Auflösung nach K. D. Hardman u. C. F. Ainsworth [391].
Monomeren- und Dimeren-Struktur (und viele β-sheets!).

line im Serum von Myelomakranken. Obgleich nur bei einigen dieser Myelomaproteine Aktivitäten gegen spezifische Antigene festgestellt wurden, sind sie homogen und damit Sequenzierungen und röntgenanalytischen Strukturuntersuchungen zugänglich.

Sequenzanalysen, sich einander ergänzende proteolytische und reduktive Abbaumethoden führten zum folgenden Antikörpermodell: Die Strukturen setzen sich aus je zwei Kettensorten zusammen: den sogenannten leichten und schweren Ketten. L- und H-Ketten sind kovalent durch Disulfidbrücken miteinander verbunden. Zwei solcher

Monomeren werden durch ein bis drei Disulfidbrücken zu einem annähernd symmetrischen, Y-förmigen Aggregat vereinigt. Leichte und schwere Ketten können — ähnlich wie S-Peptid und -Protein der Ribonuclease — den funktionsfähigen Symplex in Lösung allerdings auch ohne die Unterstützung der kovalenten Disulfidverknüpfungen bilden. Innerhalb der einzelnen Strukturelemente von leichten und schweren Ketten kristallisiert sich immer mehr eine Art Domänenverband operierender und kooperierender Subdomänen heraus.

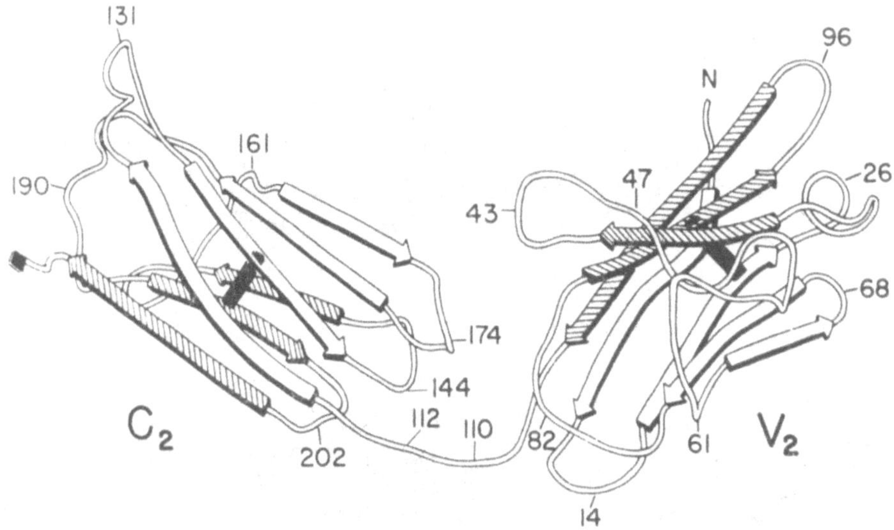

Doch dann endlich lüften sich auch die Schleier über den Kettenkonformationen der Antikörper. EDMUNSON u. Mitarb. machen eine spezifische L-Kette als Modell einer kompletten Antikörpererkennungsregion in 3,5 Å-Auflösung zugänglich (freundliche Überlassung von A. B. EDMUNSON u. N. HILSCHMANN [384, 400, 401].
C- und V-Domäne eines Mcg-Bence-Jones-Proteins.
Die geordneten β-sheets der C-Region und die ungeordneteren der V-Domäne, verbunden durch eine switch-Partie zwischen den beiden Domänenstrukturen.

Für ein γG 1-Molekül ergibt sich speziell das folgende Bild: H- und L-Kette besitzen am N-Terminus die variablen, zwischen den Ketten aber homologen Regionen VH und VL. Die konstante Region der schweren Kette ist in drei Domänen geteilt: CH 1, CH 2 und CH 3. Die drei Domänen sind sowohl untereinander wie auch mit der konstanten Region der leichten Kette CL homolog. Jede V- und C-Domäne enthält eine intra-Domänen-Disulfidbindung. Interketten-Disulfidverknüpfungen liegen alle in der Nähe der CH 1/CH 2-Interdomänenverknüpfung. Zwei von ihnen binden zwischen CH 2 die H-Ketten kovalent aneinander, die dritte fixiert zwischen den C-Termini von CH 1 und CL leichte und schwere Ketten miteinander. Innerhalb der einzelnen homologen Domänen wird eine sehr ähnliche Tertiärstruktur angenommen.
Während den variablen Regionen die Antigenbindungsfunktion obliegt, führen die konstanten Teile diffizile Effektorfunktionen aus. Noch ist hier das meiste unaufgeklärt, doch es scheint, daß z. B. CH 2 eine Rolle in der Komplementfixierung spielt —

EDMUNSON — und das λ-Typ-Bence-Jones-Protein in 3,5 Å-Auflösung.

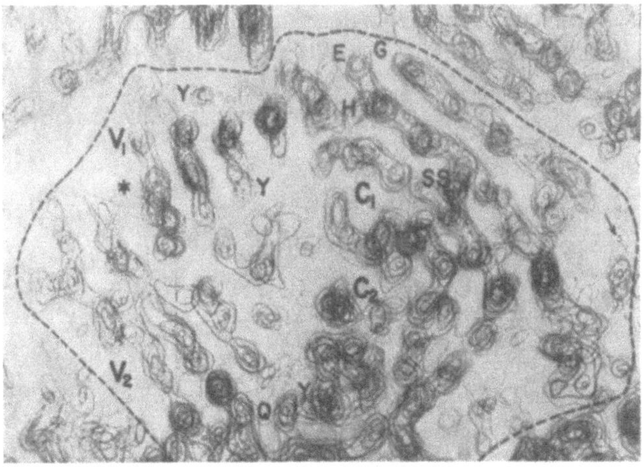

Elektronendichteverteilungsausschnitt der 3,5-Å-Auflösung. Die molekularen Konturen des Bence-Jones-Dimer sind eingezeichnet.

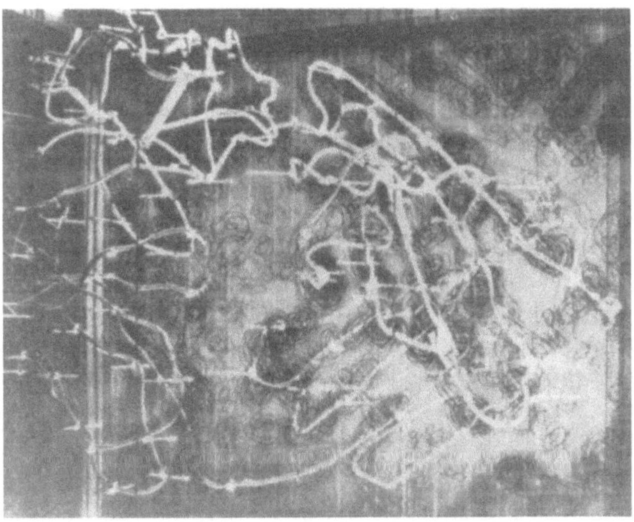

Die gleiche Anordnung wie oben — jetzt aber mit eingespiegeltem Kettenverlauf des Bence-Jones-Dimer — durch Draht verdeutlicht. Freundliche Überlassungen von A. B. EDMUNSON u. Mitarb. [400, 401]

eines Protein-Komplexsystems, welches für die immunologisch induzierte Zellyse verantwortlich ist. CH 3 scheint für die Bindung des Antikörpers zur Lymphozyten-Zellmembran verantwortlich zu sein, eine Funktion, die mit dem Lymphozyten-triggering nach Antigenbindung an der V-Region in Verbindung zu bringen ist. Von der CH 3-Domäne ist weiterhin bekannt, daß sie an Makrophagenmembranen bindet. Lymphozyten scheinen isolierte Strukturen von der Art der CH 3-Domäne synthetisieren zu können.

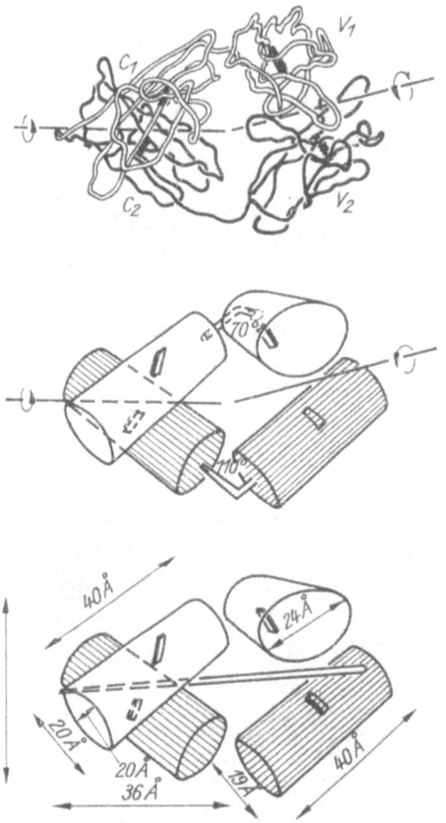

Zwei L-Ketten bilden eine C/C—V/V-geordnete Dimer-Domänen-Struktur [400, 401]. Kettenverlauf und Domänenschemaanordnungen um eine zweizählige Achse herum.

Die Grobstrukturen wurden durch schließlich zugänglich gewordene Röntgenstrukturanalysen niedriger Auflösung von 6 Å bestätigt. Lange Zeit waren alle diesbezüglichen Bemühungen an den großen Kristallisationsschwierigkeiten dieser Proteine gescheitert. Auch die Weiterführung der Untersuchungen schien lange problematisch. Die 6-Å-Auflösung eines menschlichen Cryoglobulins zeigt die charakteristische Y-Struktur. Die beiden Flügel sind das Fab-Stück bzw. VH-, VL-, CH 1- und C/L-Teile, der Stamm wird aus den CH 2- und CH 3-Domänen gebildet.

Jüngst nun wurde darüber hinaus für ein menschliches λ-Typ-Bence-Jones-Dimer „Mcg" — eines Patienten mit multipler Myeloma und Amyloidosis — eine relative Hochauflösung von 3,5 Å durch Edmunson u. Mitarb. zugänglich.

Das Dimer stellt sich in zwei Domänenkomplexen dar. Die größere umfaßt die beiden N-terminalen, die kleinere die C-terminalen Domänen. Beide sind innerhalb der Schaltregion (switch-regions) durch gedehnte Kettenstrukturen verbunden. Zwischen den jeweiligen Paaren der Einzeldomänen bestehen zweizählige Pseudodrehachsen, die einen Winkel von ca. 120° einschließen. Amino- und Carboxyteil haben strukturelle Ähnlichkeiten, die die Hypothese eines gemeinsamen Vorgänger-Proteins unterstützen. Die gegenwärtigen V- und C-Regionen sind unter Kontrolle verschiedener Gene, aber sie sollten aus einem gemeinsamen primordialen Vorläufer hergeleitet sein. Da nun die Sequenzen von L- und H-Ketten homolog sind, könnte das von EDMUNSON untersuchte Mcg-Bence-Jones-Dimer innerhalb seiner variablen Regionen Bindungsbereiche ausbilden, die denen eines Fab-Antigen-bindenden Fragments eines Antikörpermoleküls entsprechen.
Die hochaufgelöste Röntgenstrukturanalyse scheint dies zu stützen. Jede Einzeldomäne enthält zwei Schichtungen von antiparallelen β-Strukturen. Die eine Lage enthält vier, die andere drei Peptidketten. Jeweils ein paralleles Segment der übereinandergeschichteten layer-Strukturen ist im Zentrum der Domäne durch Intraketten-S-S-Disulfidbrücken verbunden. In der Carboxy-Domäne, die die konstanten Bereiche der L-Ketten umfaßt, bilden die vier β-Struktur-Ketten eine konkave Oberflächenstruktur aus, in die — diagonal-komplementäre Segmente des Partnermonomeren eingepaßt — das Ganze zu einem Domänenkomplex ergänzen. Die drei Parallellagen bilden dagegen Oberflächenstrukturen der Dimeren aus. Im Gegensatz zu dieser geordneten und in ihrer Dimeren-Gestalt kompakten Strukturierung erscheinen die β-Faltblätter der variablen N-Regionen — innerhalb jeder Species und Antikörperklasse sowohl in Sequenz wie in Länge variabel — stärker ineinander verschmolzen und insgesamt in ihrer Strukturierung eher irregulär. Im Gegensatz zur C-Domäne bilden hier die Vierer-Lagen Außenbereiche, während die Dreier-Kettenschichtungen einander gegenüberstehend eine große Interdomänen-Kavität formen, die sicher viele Ähnlichkeiten mit der typischen Antigenbindungszone eines kompletten Antikörpermoleküls besitzt. Die große Höhlung stellt sich als ein stumpfer Kegel dar, der — an seiner großen Basis ca. 15 Å im Durchmesser — ca. 10 Å in die beiden Subdomänenstrukturen hinabreicht. Die großen Seitenketten von Tyr 34 und Lys 52 ragen möglicherweise als Verhakungszone des Fangmechanismus in die Höhlung. Das invariante Tyr 37 scheint dagegen — abgewandt — nicht unmittelbar im Bindungsbereich engagiert. Die Kavität wird von jeweils drei Hypervariablenbereichen [23—36, 51—55, 91—100] der beiden V-Domänen ausgepolstert. Den Grund des Kegels bilden die quadratischen Anordnungen jeweils zweier Aromatenstrukturen — nämlich Tyr 38 und Phe 99 der beiden Monomeren.
Damit lassen die räumlichen Anordnungen der N- und C-Domänenkomplexe im Dimeren drastische Unterschiede erkennen. Augenscheinlich simuliert in der Dimerenstruktur — wie auch durch unmittelbare Antigenreaktionsergebnisse indiziert — eine der L-Ketten die H-Kette eines antigenbindenden Fab-Fragments, so daß uns in dieser 3,5 Å-Auflösung zum erstenmal so etwas wie der in seiner Strukturierung durchschaubare Fangbereich eines Antikörpers entgegentritt.
Auch hier wird anscheinend wieder neben polaren Bindungsstrukturen (Lys?) hauptsächlich mit hydrophoben Verklebungen gearbeitet, daneben aber auch, wie die Verwendung von Aromatenstrukturen anzudeuten scheint, über Systeme mit der Fähigkeit zu π-Elektronenwechselwirkungen.
Weit mehr Untersuchungsmaterial wird nötig sein, um hier nur allererste Struktur/

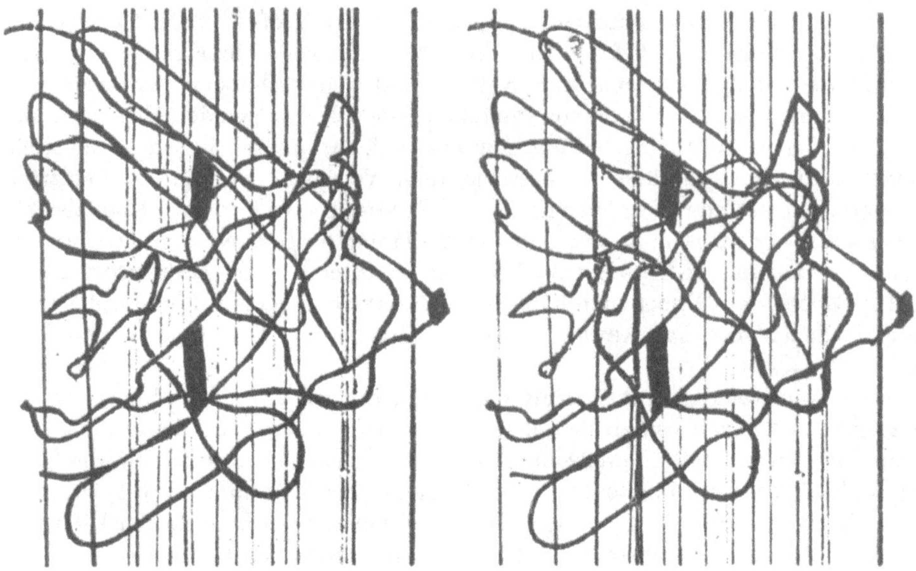

In der Blickrichtung der zweizähligen Achse offenbaren die beiden C-Regionen der Dimerenanordnung eine recht kompakte und geschlossene Struktur.

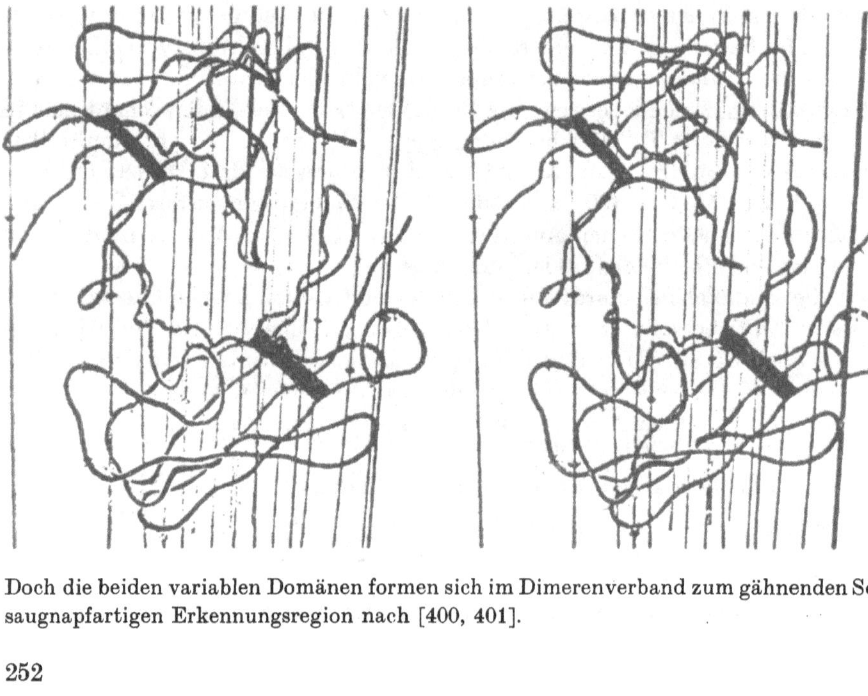

Doch die beiden variablen Domänen formen sich im Dimerenverband zum gähnenden Schlund einer saugnapfartigen Erkennungsregion nach [400, 401].

Funktions-Relationen sichtbar werden zu lassen, doch der Anfang ist damit auch auf diesem komplexen und komplizierten Gebiet gemacht, vieles ist gegenwärtig schon in Arbeit und z. T. bereits zu ersten Ergebnissen gereift. Und dieser erste Einblick verrät, daß die Operationsbasis hier der bisher in allen Funktionsproteinen variierten durchaus analog ist. Das gleiche Instrumentarium nur in besonderer Strukturierung wieder für eine Spezialaufgabe abgewandelt.

Differenzen in der konstanten Region der schweren Ketten, sehr viel weniger der leichten, führte zu einer Aufteilung der Antikörper in verschiedenen Klassen.

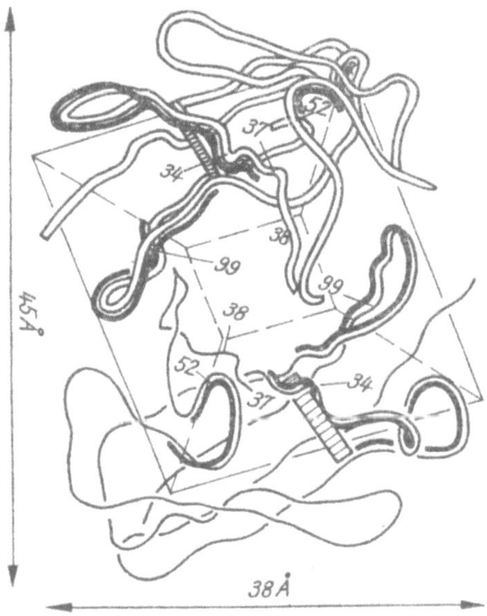

Die eine V-Region simuliert die V-Domäne einer schweren Kette!
Die große Kavität zwischen den V-Domänen der beiden L-Ketten in der Dimerenanordnung ist von hypervariablen Regionen gesäumt (verstärkte Markierung der Seitenketten [23–36, 51–55 und 91–100!]). Die in die Höhlung ragenden Seitenketten von Tyr 34 und Lys 52 bilden polare und hydrophobe/π-leitende Verhakungszonen. Am Boden begrenzen die ebenfalls hydrophoben/π-leitenden Tyr 38 und Phe 99 den ca. 10 Å tiefen Kegelstumpf der Erkennungs- und Fanggeometrie der beiden L-Ketten-V-Domänen.
Ein erstes detailliertes Bild der molekularen Passung der Immunantwort nach [400, 401]! Seither trugen zahlreiche andere Autorengruppen [590–596] ein breites Vergleichsmaterial zusammen.

Innerhalb einer bestimmten Klasse haben die Antikörper ähnliche Molgewichte, vergleichbaren Kohlenhydratanteil, ähnliche Aminosäurekomposition und physiologisch ähnliche Funktionen. Sie unterscheiden sich in „Wertigkeit“ und Antigenbindungsaffinität. Die verschiedenen Klassen entstanden offensichtlich während der Evolution, als sich in Ergänzung der Antigenbindungsfunktion komplexere weiterführende Effektormuster entwickelten. Unterschiedliche Kombinationen der hypervariablen Regionen schwerer und leichter Ketten erlauben die Ausbildung einer sehr großen Zahl von

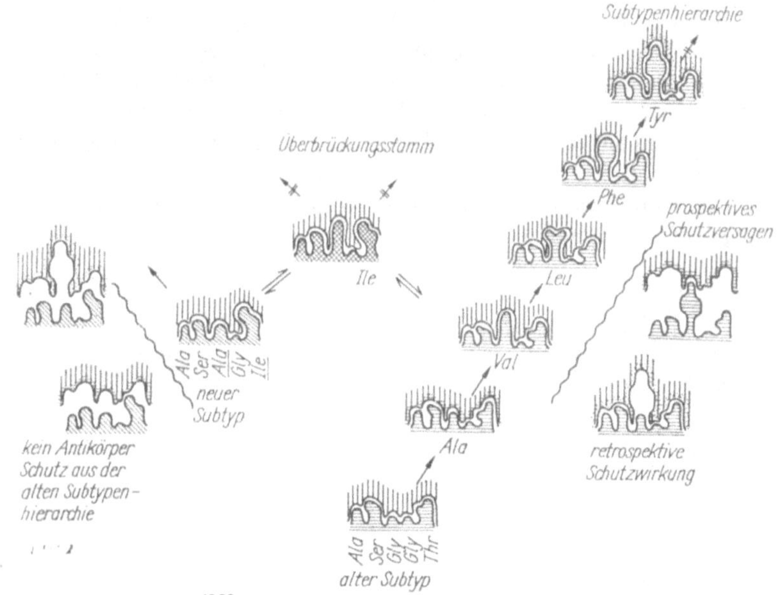

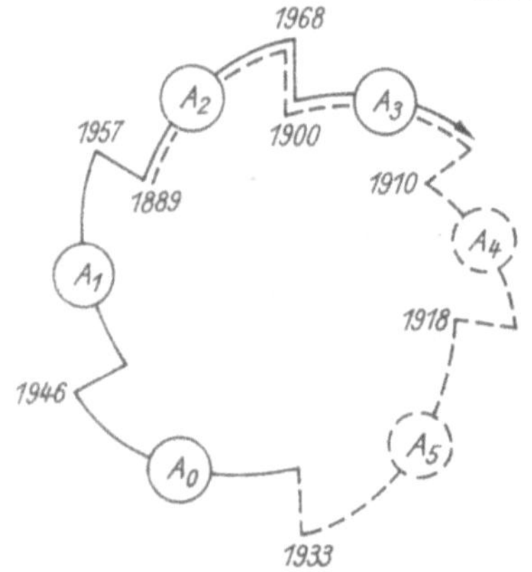

Für den konkreten Fall der Auseinandersetzung des Influenza-Virus mit unserem Immunsystem könnte sich nach Th. Staehelin bzw. Fazekas u. Mitarb. (Chimia 30 (1976) 14) das folgende Bild ergeben.

Nur ein verhältnismäßig schmaler hydrophober Antigenbereich des Influenza-Virus scheint primär für die Erkennung durch unser Immunsystem verantwortlich. Das Virus entkommt evolutionär der Ausrottung durch die sich einspielenden Immunantworten mittels mutationsbedingter shifts zu sterisch immer aufwendigeren Aminosäuresubstitutionen einer bestimmten Position des Erkennungsbereiches innerhalb einer hierarchischen Subtypenreihe. Während damit retrospektiv dem Immunsystem gewisse Erfolgsaussichten verbleiben, ist es prospektiv chancenlos.

Zusätzliche, für den Wirt meist gefährliche Irreführungen des Immunsystems sind durch die Entstehung neuer Subtypenreihen aus untergeordneten Stämmen alter Subtypen via Überbrückungsstämme gegeben.

Die Überlagerungen dieser molekularbiologischen räumlichen Passungen durch zeitliche Rhythmenhierarchien der Gast/Wirts-Beziehungen scheinen sich überdies in einer cyclischen, mit 70 Jahren der menschlichen Generationsfolge adaptierten Revolution des Influenza-A-Virus unter Ausbildung sich wiederholender Subtypenhierarchien anzudeuten.

Damit scheint aber auch die Möglichkeit gegeben, diese Auseinandersetzung bei der Entwicklung von prospektiven Vakzinen durch partielle in-vitro-Schritte evolutionär zu überholen.

Antigenbindungsbereichen in der Lymphozytenexpression. Die Zahl möglicher Antikörper könnte so groß sein, wie das Produkt der Anzahl verschiedenartiger VL- und VH-Regionen [382, 384, 387—389, 587—598].

Man nimmt heute an, daß Immunoglobuline durch drei nicht verbundene Gencluster — „sogenannte Translocons" — codiert werden. Ein solches Translocon sollte auch die Basis der Immunoglobulinevolution gewesen sein. Verschiedene Gruppen von Immunoglobulinen wären danach durch Duplikationen und andere chromosomale Umlagerungs- und Verschmelzungsprozesse ausgehend von einem Precursor-Gencluster entstanden.

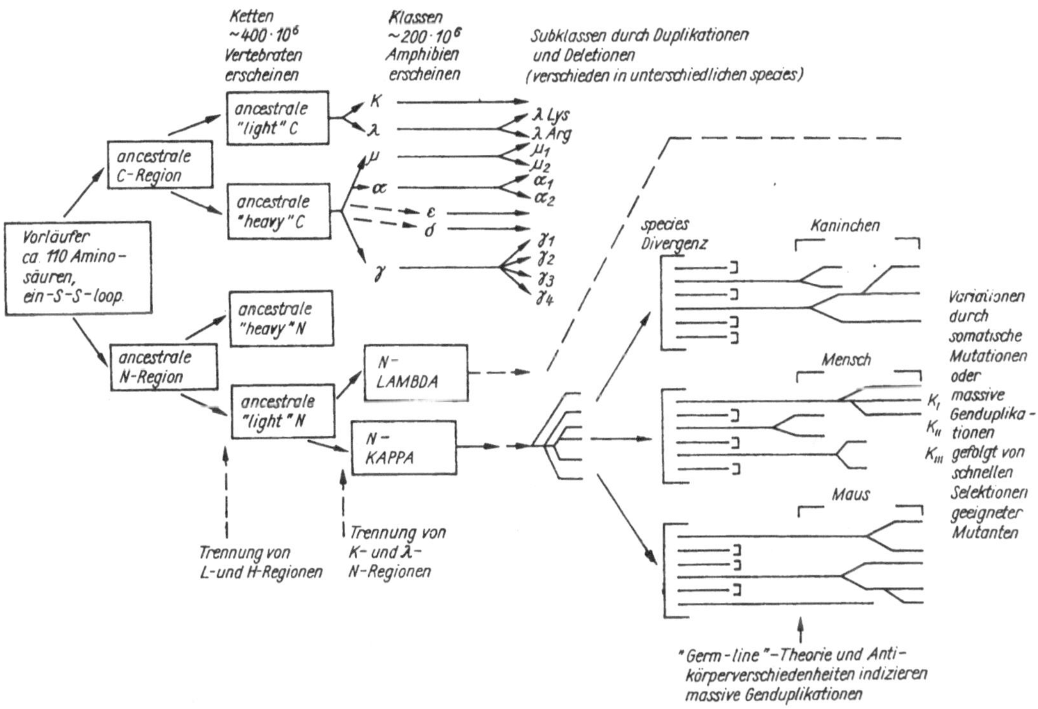

Meditationen zur Evolution der Antikörper.
Ein schon wieder etwas zurückliegendes Spekulationsschema nach C. MILSTEIN u. J. R. L. PINK [382].

Die Genduplikationen führten zum Auftreten von V-Domänensubgruppen innerhalb des Translocons. Die Triade der Translocone wurde gewählt, um einem Mechanismus zu genügen, der die Informationsverarbeitung der genetisch codierten V- und C-Regionen zu kompletten V—C-Strukturgenen ermöglicht. Es sollte vielleicht abschließend noch darauf hingewiesen werden, daß lange Zeit ein tiefes Unverständnis dafür herrschte, wie eine Immunantwort auf eine beliebig große Zahl von möglichen Antigenen überhaupt möglich sein könne. Man hielt die Zahl möglicher Antigene weit oberhalb der genetisch codierbaren Antworten und war bereit, eine Art Vielzweckantikörper zu postulieren, der seine Gestalt matrizenartig im Erkennungsschritt ändert und irgendwie in der Lage ist, diese Eingangsstruktur in die Produktion von Generationen dieser Geometrien hineinzuinformieren.

Andere Theorien gehen davon aus, daß das genetische Material des Wirts Cods für eine begrenzte Anzahl von Grundsequenzen enthält, die im Zellteilungsschritt durch Mutation oder Kombination das breite Antikörperspektrum erzeugen können.
Während hier Hypothesen und Spekulationen noch immer exaktes Wissen dominieren, existiert für die Antikörperauswahl in der Zwischenzeit so etwas wie ein Dogma der Immunologie. Danach erfolgt die molekulare Erkennung von Antigenen durch Selektion von Zellklonen, die bereits für die Produktion geeigneter Antikörper von bestimmten, für das jeweilige Antigen matrizenartig passenden Antikörpergeometrien spezialisiert sind. Die Wechselwirkung eines Antigens mit einem Rezeptorantikörper an der Zelloberfläche stimuliert Zellteilung und Antikörpersynthese eines bestimmten Zellklons, der in seinen Tochtergenerationen das gleiche Antikörpermuster wiederholt. Die

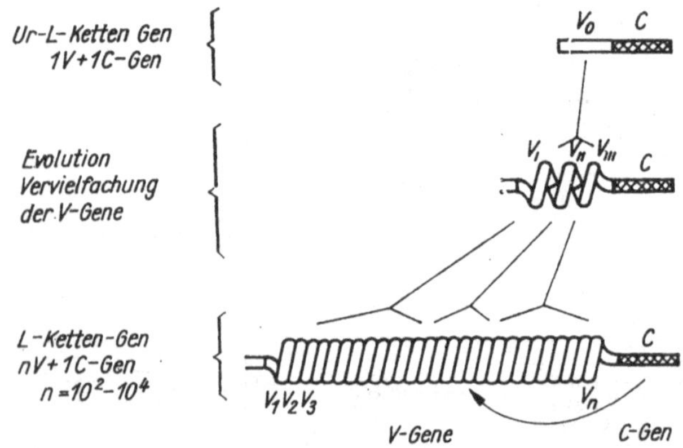

Modell der „polycystronalen genetischen Kontrolle der Immunglobulinstruktur (multiple Keimbahn) nach N. HILSCHMANN [383–386].
Erklärung der homologen Struktur der V-Gene durch Evolution. $V_{I/II/III usw.}$-Gene bilden die Hauptäste, die V-Gene die Endverzweigungen eines phylogenetischen Stammbaumes. Die unterschiedlichen Homologien der variablen Teile der Immunglobuline (Untergruppen) sind Indiz dieser Entwicklung.
Das vollständige L-Ketten-Gen entsteht durch somatische (außerhalb der Keimbahn erfolgende) Genfusion eines C-Gens mit einem der V-Gene. Die Multipotenz der Keimbahn wird dadurch auf die Unipotenz der Plasmazelle reduziert.

potentielle Information für Ausmaß und Spezifität der „Immunantwort" liegt bereits vor Erscheinen irgendeines Antigens im Organismus vor. Ein spezielles Antigen provoziert und bewirkt lediglich die massive Vermehrung jener Antikörper-produzierenden Zellen, die an ihrer Oberfläche eine für dieses Antigen spezifischen Bindungsstelle tragen.
Der Anriß eines hochdiskriminierenden molekularen Erkennungssystems auf der Grundlage komplexer intra- und interzellulärer Regulations- und Kooperationsmuster muß in dieser hier dargestellten Primitivität den Cyclus der eingangs erwähnten großen Triade zwischen Virologie, Onkologie nun mit der Immunologie schließen. Den Domänen der Antikörper entsprechen augenblicklich vereinzelte Domänen unserer Erkenntnis. Wir sind dabei, einiges an allgemeinen Zusammenhängen zu erahnen, doch wir wissen wenig über die großen Bindungsmuster innerhalb dieser Triade.

Immer aber spielte in die letzten Erörterungen die große Kooperation der Proteine mit „der" Partnerstruktur, den Nucleinsäuren, hinein. Auch bei ihnen werden wir den gleichen Weg gehen können: die sich abzeichnenden primitiven Strukturelemente, die Variationen der komplexen Systeme, die Unsicherheiten und schließlich unser vorläufiges Unwissen über die großen Kooperationsmuster, Weiser auf den noch langen Weg unserer Bemühungen um Klärungen in diesen Fragen [437—478].
Doch schon taucht der eigentlich letzte große Aspekt von Nucleoproteinwechselwirkungen auf: das Individualgedächtnis des ZNS.

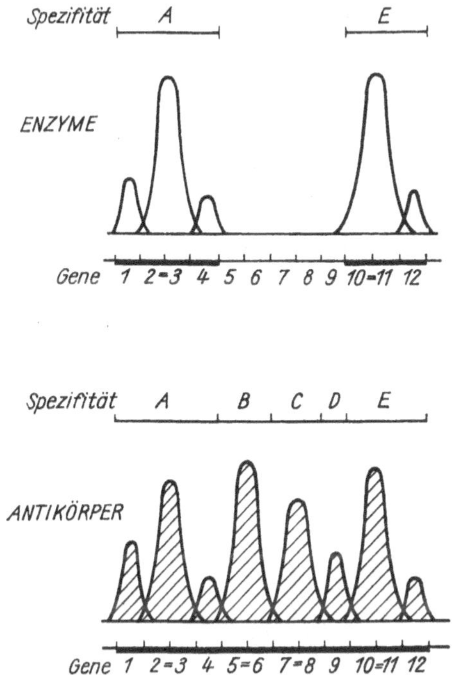

Enzym- und Antikörperspezifitäten als Ausdruck des gleichen Evolutionsprinzips nach N. Hilschmann [383].
Für beide gilt das gleiche Prinzip: Abwandlung einer gemeinsamen ancestralen Primärstruktur durch die Evolution.
Das Erfolgsmuster des divergierenden Genduplikationsprozesses wird durch die Selektion diskriminiert.

1.2.2.5. Scotophobin — der Gedächtniscode

Der kurze Streifzug durch Struktur- und Funktionshierarchien, durch DNA-Artgedächtnis und Immunindividualgedächtnis endet in einem Mirakel: Scotophobin. Die andressierte „Dunkelfurcht" der Ratten in die Strukturen eines Hexadekapeptids gegossen? Der angelernte Bewußtseinsinhalt eines schon relativ hoch entwickelten Säugers in die Muster eines Peptidcodes noch unübersehbarer Vielfalt entwickelt, von denen eben jenes „Molekül der Dunkelfurcht" ein erster von uns auszubauender Fingerzeig ist? UNGAR brachte mit seinem Artikel „Isolation identification and synthesis of a specific — behaviour inducing brain peptide“ „Nature“ in nicht geringe Verlegenheiten. War dies einer der größten Trugschlüsse, denen die Wissenschaft je erlag, oder das Startsymbol einer neuen Wissenschaftsrichtung, ähnliches Fanal für das Individualgedächtnis wie damals die DNA für das Artgedächtnis, war es von beiden etwas oder von beiden nichts? Es ist wiederum typisch für die Unschärfe, die sich bei der Beschäftigung mit der Molekularbiologie von Lebensvorgängen auch über ernsthafte, seriöse wissenschaftliche Unternehmungen legt. „Nature“, die einstmals vor dem Krebsschen Citronensäurecyclus zurückschreckte — eine ihrer ganz wenigen Fehlleistungen — brachte — vielleicht von damals her gewarnt — die Wiedergabe der Arbeiten UNGARS

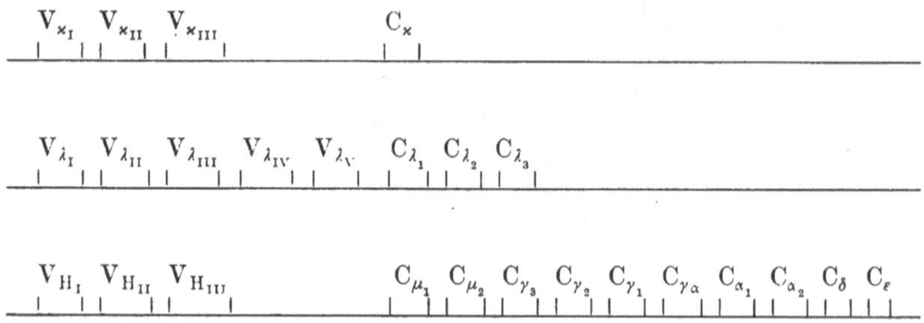

Ein weiteres Modell:
Die Translocon-Codierung von Antikörpern in Säugetierkeimzellen nach G. M. EDELMAN [388].
Anordnung der Antikörpergene in drei unverbundenen clustern (Translocons).
$\varkappa$- und λ-Ketten werden jeweils durch verschiedene Translocone spezifiziert, die schweren Ketten durch ein drittes.
Die Verbindung der Information eines V- und eines C-Gens benötigt jeweils einen besonderen Vorgang.

zusammen mit einem seitenlangen Gegenkommentar des Rezensenten, die Leserschaft eigenen Standpunkten und Schwierigkeiten überlassend [469—473, 478, 599—601].
Dabei steht UNGARS Scotophobin eigentlich nur am vorläufigen Ende einer schon recht langen historischen Reihe von postulierten „Gedächtnismolekülen“, die mit ihren jeweiligen Struktur/Funktionsspielen — angefangen von der DNA über die RNA bis hin zu eben jenen Proteinen — nicht nur die hypothetischen Individualitäten der Organisationsformen sondern auch die Funktionsmuster ihrer daraus gefolgerten Kooperativitäten veränderten.
Ein umfangreiches experimentelles Material hinsichtlich Speicher- und Zugriffszeiten, Prägung und Löschung von Gedächtnisinhalten in den Ultrakurz- bis Langzeitspeichern des Gehirns hat bis jetzt noch kein tragfähiges Fundament einer allgemeingültigen, allgemein zumindest acceptierbaren Ausgangsposition für ein theoretisches Gedankengebäude dieser Problematik schaffen können.
Zwei Theorien des Gedächtnisses sind es bisher gewesen, die von unterschiedlichen Ausgangspunkten herkommend den Versuch eines theoretischen Ansatzes machten.

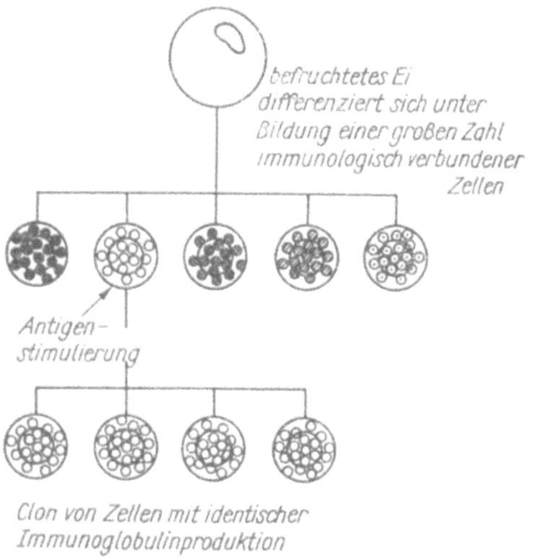

Klonselektionstheorie nach G. M. Edelman [388].
Schema der Grundzüge der Theorie:
Verschiedenartige Zellen besitzen Antikörperrezeptoren unterschiedliche Spezifität. Alle Rezeptoren einer gegebenen Zelle besitzen dagegen die gleiche Spezifität. Stimulation durch ein Antigen bewirkt mit Reifung, Mitose und Antikörperproduktion derjenigen Zellen, die dem Antikörper komplementäre Rezeptoren haben eine Klonexpansion dieser Zellen.

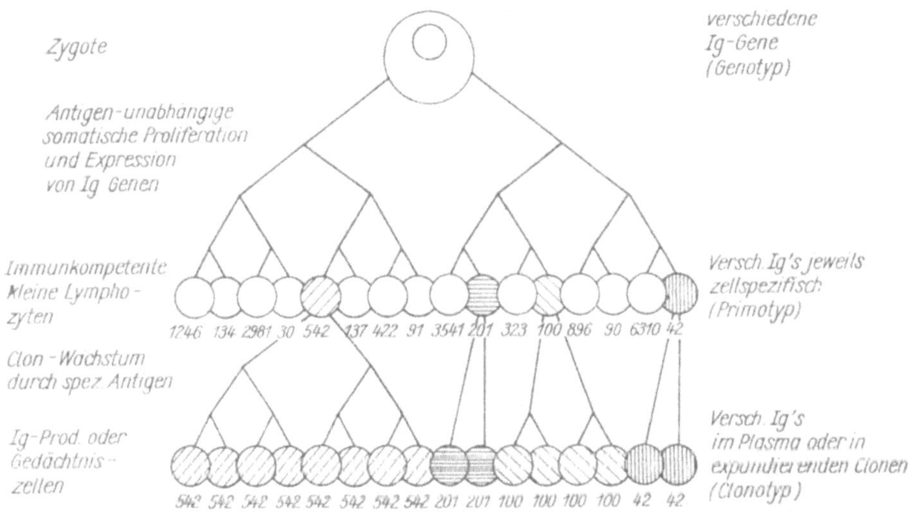

Modell der somatischen Differenzierung der Antikörper produzierenden Zellen entsprechend der Klonselektionstheorie: Die Zahl der Immunoglobulingene kann während des somatischen Wachstums zunehmen. Im immunologisch reifen Tier werden unterschiedliche Lymphoidzellen gebildet. Jede von ihnen ist für die Synthese eines strukturell andersartigen Antikörpers verantwortlich (Zahlensymbole!). Ein Teil dieser Zellen proliferiert bei antigener Stimulation und bildet in der Immunantwort verschiedene Zellklone, wobei jeder Klon einen spezifischen Antikörper produziert. Das Schema ist aus der Immunantwort der B-Zellen abgeleitet, gilt aber mit Modifikationen auch für T-Zellen.

Scotophobin — die Dunkelfurcht der Ratten, nach UNGAR [469—473, 478].

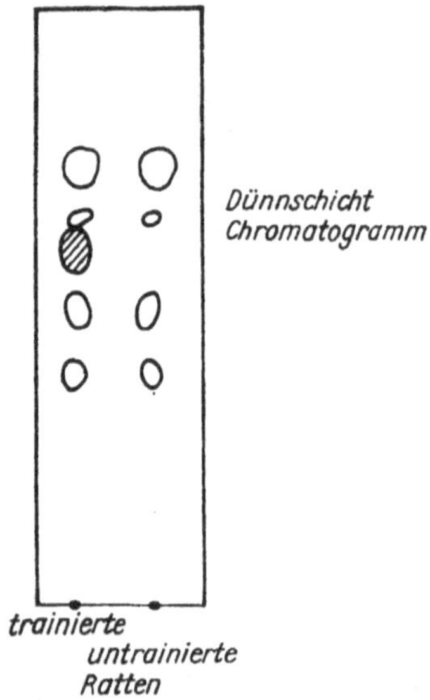

Markiert der schraffierte Fleck eines Pentadekapeptids im Dünnschichtchromatogramm von Ratten, die auf die Vermeidung der artspezifisch eigentlich so sehr geliebten Dunkelheit trainiert wurden, den Anbruch einer neuen Ära der Molekularbiologie des ZNS?
Dünnschichtchromatogramm „dunkelfurchttrainierter und -untrainierter Ratten nach G. UNGAR [473].

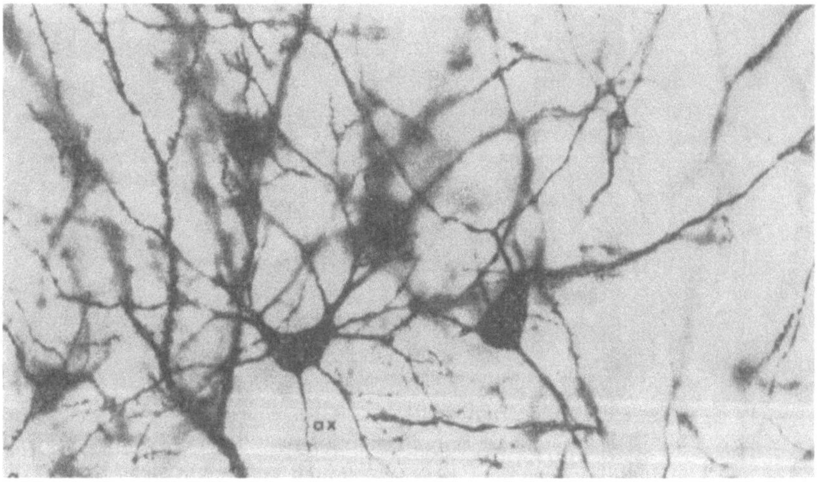

Agieren die rätselhaften Neuronen (Abbildung nach F. SANIDES [439]) und ihre Vernetzungen nach den Regeln eines Peptidcodes? Die angelernte Verhaltensweise der Ratten-Dunkelfurcht in die Strukturen eines recht einfachen Peptids gegossen, aus ihnen und ihren noch mysteriösen Funktionalitäten regenerierbar, „wieder ablesbar"?

Die eine — von der Elektrophysiologie stimuliert und geprägt — ist eine Art zellulär konnektionistische Theorie. Sie billigt der Synapse eine Schlüsselstellung bei der Informationsspeicherung zu, wobei eine Interpretation der Schaltelemente nach eher physikalischen oder chemischen Schaltern offen bleibt. Gedächtnis und Bewußtsein sind Phänomene ungemein differenzierter und in ihren wechselseitigen Bezüglichkeiten kaum zu erahnender Schaltnetze von Milliarden von Neuronen.

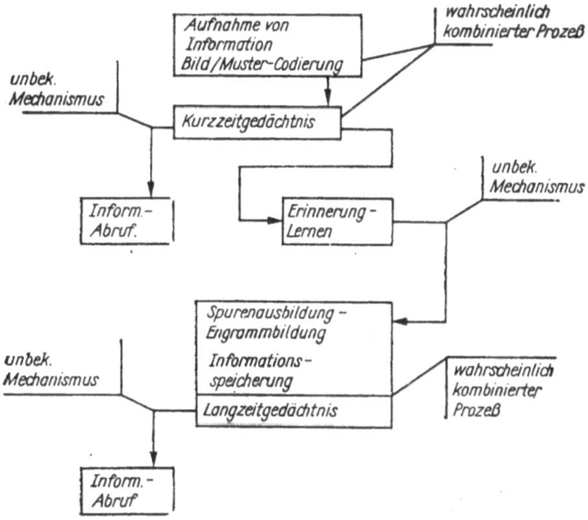

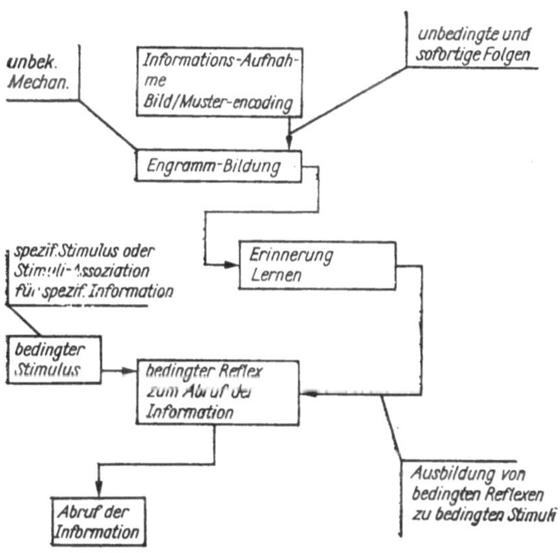

Spekulationen, Hypothesen, Theorien, Fakten im noch immer nebulösen Bereich noch inadäquater Beschreibungsformen des ZNS.
Meditationen zur Funktionalität des Gedächtnisses von I. E. Mikhaltsev [441].
Ein „commonly accepted concept“ und eine neuer Vorschlag.

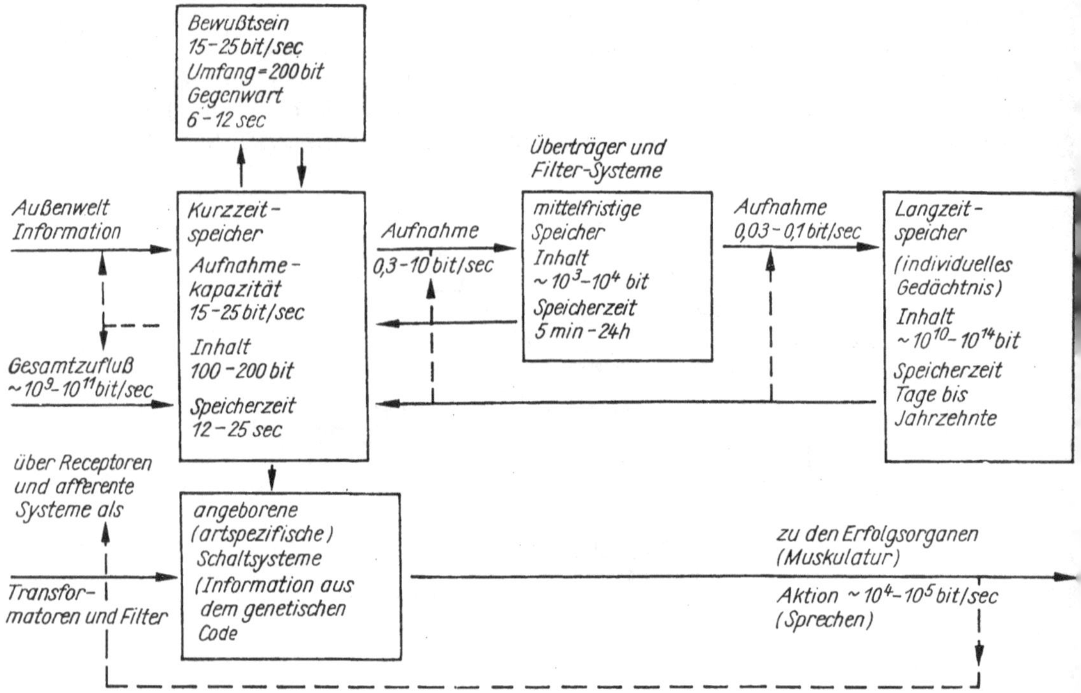

Drischels Darstellung des Informations-processings im eher „commonly accepted concept". Informationsspeicher- und -Flußschema nach H. Drischel [437, 438].

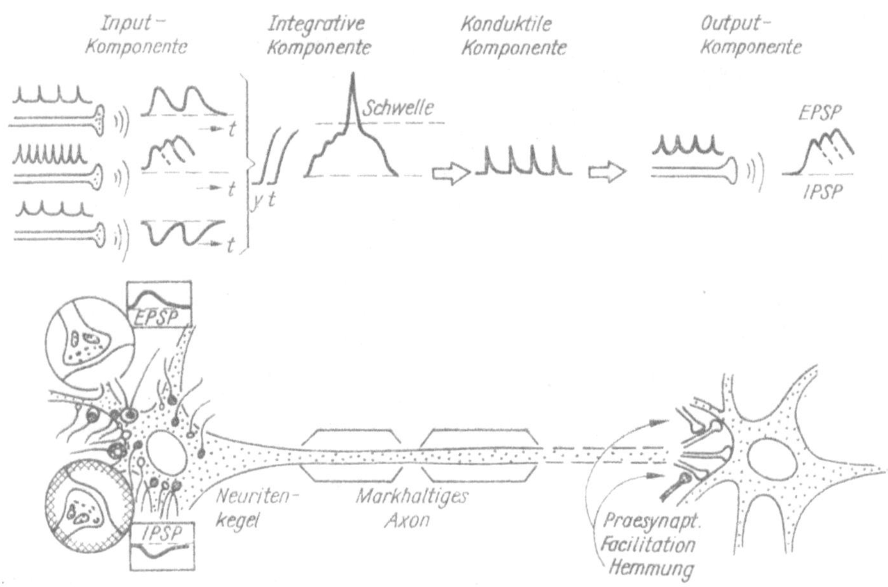

Detaillierte Neuronen-Modellbeschreibung nach H. Drischel [437—438]. Funktionalitäten der einzelnen Neuronenbereiche (oben) mit den entsprechenden morphologischen Verhältnissen einschließlich der elektrophysiologischen Elementarprozesse an der subsynaptischen Membran korreliert.

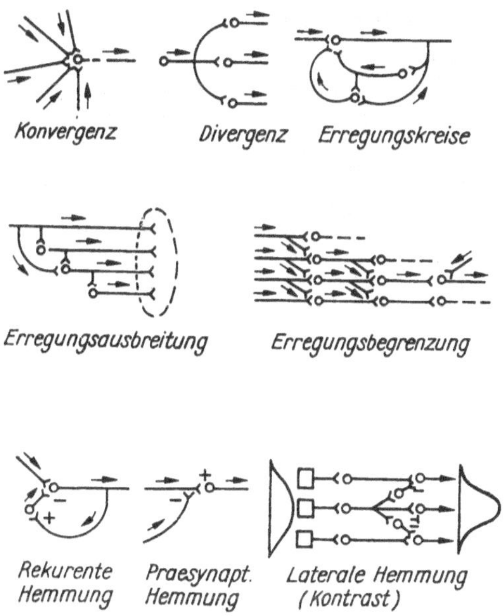

Einige „Neuronenschaltungsarten“ im ZNS nach H. Drischel [437, 438].
Doch wie richtig sind derartige mechanistische Abstraktionen? Ist ein Computermodell — beliebig kompliziert — überhaupt eine angemessene Beschreibung? Oder ist Determinismus im ZNS nur der kleinere Teil der Wahrheit?

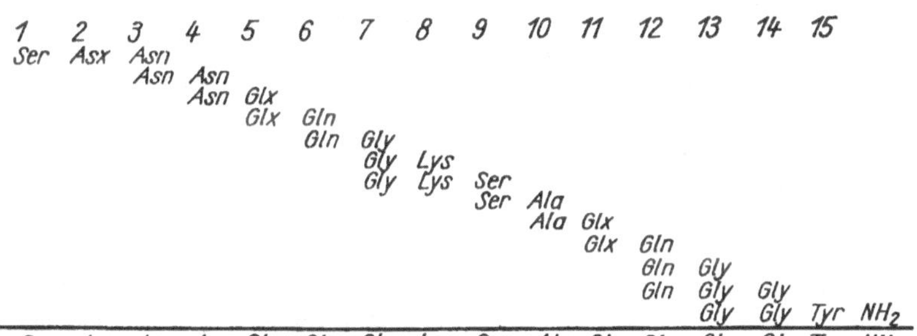

	1	2	3	4	5	6	7	8	9	10	11	12	13	14	15
A	Ser	Asx	Asn	Asn	Glx	Gln	Gly	Lys	Ser.	Ala	Gly	Gln	Gly	Gly	Tyr NH_2
B	—·—	Asp	—·—		Gln		—·—				Gln		—·—		
C	—·—	Asn	—·—		Gln		—·—				Gln		—·—		
D	—·—	Asp	—·—		Gln		—·—				Gln		—·—		
	Ser	Asp	Asn	Asn	Gln	Gln	Gly	Lys	Ser	Ala	Gln	Gln	Gly	Gly	Tyr NH_2

Wird Scotophobin uns einer Lösung der Rätsel näher bringen, ist es schon ein Teil der Lösung?
Ungars erstes Wort eines unübersehbaren Peptidcodes: Scotophobin!
Die Sequenzermittlung: Die Zusammenschau massenspektrometrischer Bruchstücke lieferte die Sequenz A. Zur Klärung von Unsicherheiten in den Positionen 2,5 und 11 wurden die Sequenzen B, C und D synthetisiert.
Die biologischen und chemischen Eigenschaften von D erwiesen sich identisch mit dem „natürlichen“ Scotophobin.

Der zweite, eher biochemische Ansatz, führt zu einer Art Aggregat/Feld-Theorie. Eher von Arealprägungen seinen Ausgang nehmend, billigt er einer Art von Ensembletätigkeit von Neuronenpopulationen das Primat zu. Geometrien und Hierarchien von elektrischen Feldmustern erscheinen hier wichtiger als das einzelne Neuron und seine Kommunikationspotenzen.

Vergegenwärtigt man sich nun noch, daß beide Theorien hinsichtlich der Bewußtseinmuster sowohl deterministischer wie auch probalistischer Auslegungen fähig sind, hat man in sehr groben, angenäherten Konturen eine Skizze heutiger Ideenansätze in diesem hochgestecktesten Bereich menschlich-wissenschaftlicher Ambitionen.

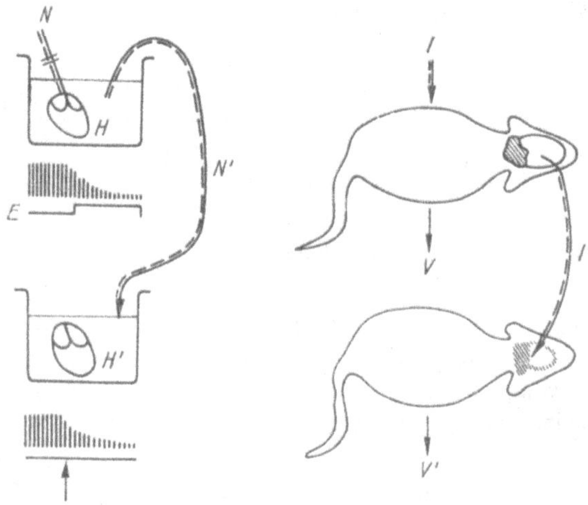

Scotophobin — Funktionsinterpretationen nach G. Ungar [469—473, 478].
Prinzip des physiologischen Tests und Verhaltenstests in Ungars Worten:
„Reizt man über den Vagus (N) ein Herz (H), so tritt als Effekt (E) eine Frequenzdämpfung ein. O. Loewi zeigte, daß dieser Reizeffekt über ein Lösungsbad auf ein anderes Herz (H') übertragen werden kann. (N': chemische Übertragung, E' übertragener Effekt.) ...
In analoger Weise wird im Verhaltenstest eine Information (I) einem Spendertier durch Dressur vermittelt. Sie resultiert im Auftreten eines neuen Verhaltens (V).
Die Information, welche in der molekularen Struktur (I') verschlüsselt liegt, kann vom Gehirn des Spenders auf ein Empfängertier chemisch übertragen und anhand des veränderten Verhaltens (V') des Empfängertiers (das jetzt dem Verhalten des Spendertiers ähnelt) erkannt werden.

Möglicherweise gilt aber auch in diesem Fall für die Entwicklung beider Ansätze eher ein „sowohl als auch", denn ein „entweder oder". Kurz- und Langzeitgedächtnisformen könnten durchaus unterschiedliche Operationsgrundlagen besitzen, und sowohl die eher elektrophysiologische Interpretation wie eine mehr molekulartheoretisch unterlegte Deutung sollten vorerst im weiten Bewußtseinsfeld zwischen Ultrakurz- und Langzeitgedächtnis ein zugemessenes und verbindliches Arbeitsfeld finden. Ungars Theorie des Peptidcodes versucht mit der Interpretation des Peptid-Molekularcodes als Basis von Gedächtnisleistungen und Bewußtseinsinhalten innerhalb des Langzeitgedächtnisses ohnehin schon so etwas wie einen Weg zwischen den Fronten.

Er geht bei seiner Interpretation der von ihm festgestellten biologischen Aktivitäten niedermolekularer Peptide davon aus, daß das Gehirn der Säuger bei der Geburt — genetisch in einer Art Vorprogrammierung terminiert — bereits zu einem wesentlichen Teil fertig ausgebildet ist. Zahlreiche angeborene Verhaltensweisen dürften durch vorgebahnte Funktionsmuster des Zentralnervensystems schon angelegt sein. „Lernen" im Sinne von UNGAR bestünde dann nicht in der Schaffung neuer Strukturen, sondern

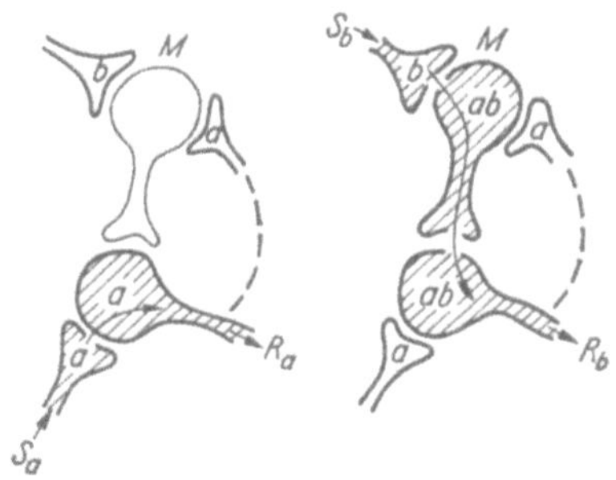

Scotophobin — und UNGARS eher molekulartheoretische Deutung [469—473, 478].
Nochmals in UNGARS Worten:
Ein möglicher Mechanismus für die Verschlüsselung erworbener Information dargestellt am Beispiel des bedingten Reflexes.
Die angeborene Bahn, markiert durch die Substanz a, vermittelt die Impulse, die die unbedingte Reaktion auslösen. $S_a—R_a$ (Speichelfluß bei der Präsentation von Futter).
Die Bahn, die durch die Substanz b markiert ist, vermittelt den bedingten Reiz (Glockenton) und ist ursprünglich nicht mit der Bahn a verknüpft. Infolgedessen reagiert das Tier auf den Glockenton nicht mit einer Speichelsekretion.
Nach wiederholter Präsentation des bedingten und unbedingten Reizes in adäquater Reihenfolge reagiert das Tier auf den Glockenton allein mit Speichelfluß. $S_b—R_b$.
Dies geschieht durch die Schaffung neuer Verbindungen zwischen beiden Bahnen, durch die die Verschmelzungen der Markierungen a und b gefestigt werden (daneben bleibt selbstverständlich die ursprüngliche Bahn der unbedingten Reaktion erhalten). In diese Prozesse sind möglicherweise „Modifikations"- oder „Gedächtnisneurone" (M) eingeschaltet. Viele tausend solcher neuen synaptischen Verbindungen entstehen im ganzen Gehirn."
Scotophobin — die Zukunft hat das Wort.

in der Schaffung neuer Verbindungen zwischen schon vorhandenen Strukturelementen. Nach UNGAR sollten bei jedem spezifischen Lernvorgang geeignete Peptide synthetisiert werden, die zwischen den Synapsen eine Art Transmitter- oder in seinem Wortgebrauch „Connector"-Funktionen übernehmen. Bestimmte Informationsmuster könnten nur dann „durchgeschaltet" werden, wenn die betreffenden Orte durch entsprechende Connectoren besetzt sind. Hier sollten sie nach UNGAR gewissermaßen als „Wegweise in einem Netz von Landstraßen" fungieren. UNGAR möchte damit das bisher eher auf frequenzmodulierte Impulsmuster von Aktionspotentialen gerichtete Interesse stärker auf die Möglichkeiten lenken, daß Informationen in bestimmten „Kanälen" laufen. Ein Verhaltens- oder Bewußtseinsinhalt wäre danach eher durch eine Ensembleleistung

„neuronaler Kanäle“ codiert, die als Nachrichtenübermittlungsmuster simultan oder auch successive „feuern“.
In einer Kurzform präzisiert würde der Anspruch UNGARS — von ihm selbst formuliert — lauten:

A code is a system of signals into which the data of the universe are converted to be conveniently handled by information processing machines.
The four letter alphabet of the DNA code forms three letter words, which after transcription into the similar RNA-code, are translated into one of the twenty amino acids. These represent another alphabet that can form a practically infinite number of different proteins, each with a distinctive "meaning" representing different enzyme actions, structures characteristic of the species and even of the individual, and perhaps ... records of specific neural information.
Neural information is most likely recorded in an structural code, that is, in terms of the pathways that conduct the corresponding impulses. The electrical patterns of these impulses may represent only the quantitative elements of information. It is within this framework that the molecular hypothesis will now be discussed" [471, 473].

Die molekularen Hypothesen — an den „Funktionsstrukturen“ der Proteine von den Bindegewebsmustern bis zu den Aktionsfeldern des ZNS durchgespielt — bedürfen ihrer kontrastierenden Ergänzung durch Struktur/Funktions-Ambitionen der großen „Informationsstrukturen“: der Nucleinsäuren.

1.3. Literatur*)

[1] ENGELS, F., Anti-Dühring, Dietz Verlag, Berlin 1948
[2] PAULING, L., The Nature of the Chemical Bond, Cornell University-Press, Ithaca, New York 1960
[3] FLORKIN, M., u. E. H. STOTZ (eds.). Biochemistry Vol. 2, 3, 7 und 8, Elsevier, New York 1963ff.
[4] PERUTZ, M. F., Proteins and Nucleic Acids, Elsevier, London 1962
[5] RICH, A., u. N. DAVISON, Structural Chemistry and Molecular Biology, Freeman, San Francisco 1968
[6] FLORY, P., Statistical Mechanics of Chain Molecules, Wiley, New York 1969
[7] WOLD, F., Macromolecules, Prentice Hall, New Jersey 1971
[8] MAHLER, H. R., u. E. H. CORDES, Biological Chemistry, Harper & Row, New York 1971
[9] TRÄGER, L., Einführung in die Molekularbiologie, Fischer, Jena 1969
[10] GEISSLER, E., ed., Desoxyribonucleinsäure, Akademie-Verlag, Berlin 1972
[11] BIELKA, H., ed., Molekulare Biologie der Zelle, Fischer Verlag, Jena 1973
[12] DICKERSON, R. E., u. I. GEIS, Struktur und Funktion der Proteine, Verlag Chemie, Weinheim 1971
The Structure and Action of Proteins, Harper & Row, New York 1960
[13] FASOLD, H., Die Struktur der Proteine, Verlag Chemie, Weinheim 1972
[14] JAKUBKE, H.-D., u. H. JESCHKEIT, Aminosäuren, Peptide, Proteine, Akademie-Verlag, Berlin 1973
[15] WATSON, J. D., u. F. H. C. CRICK, Nature 177, 964 (1953)
[16] WATSON, J. D., The Molecular Biology of the Gene, Benjamin Inc., New York 1970
[17] CRICK, F. H. C., Cold Spring Harbor Symp. Exp. Biol. 12, 138 (1958)

*) Literatur bis Anfang 1975 berücksichtigt

[18] Crick, F. H. C., The Genetic Code, Scientific American 1962
[19] Temin, H. M., Nat.-Cancer Inst. Monograph. **17**, 557 (1964)
[20] Temin, H. M., Virology **23**, 486 (1964)
[21] Baltimore, D., Nature **226**, 1209 (1970)
[22] Temin, H. M., u. S. Mizutani, Nature **226**, 1211 (1970)
[23] Crick, F. H. C., Nature **227**, 561 (1970)
[24] Edit., Nature **226**, 1198 (1970)
[25] Lewin, B., Nature **227**, 1009 (1970)
[26] Crick, F. H. C., Nature New Biol. **234**, 25 (1971)
[27] Haurowitz, F., Nova acta Leopoldina **36**, 23 (1971)
[28] Temin, H. M., Annu. Rev. Microbiol. **25**, 609 (1971)
[29] Gallo, R. C., Nature **234**, 194 (1971)
[30] Temin, H. M., Proc. Nat. Acad. Sci. U. S. **69**, 1016 (1972)
[31] Edlin, G., BioScience **1972**, 77
[32] Lynen, F., Biochemische Strukturen in der lebendigen Substanz, Jahrbuch Max-Planck-Gesellschaft **1969**, 46
[33] Meselson, M., u. F. W. Stahl, Cold Spring Harbor Symp. Quant. Biol. **23**, 10 (1958)
[34] Cox, R. A., Quart. Rev. Chem. Soc. **22**, 499 (1968)
[35] Rzepka, P., u. L. Rensing, Naturwiss. Rdsch. **23**, 467 (1970)
[36] Ochoa, S., Naturwissenschaften **55**, 505 (1968)
[37] Ochoa, S., Naturwiss. Rdsch. **26**, 1 (1973)
[38] Matthaei, H., G. Sander, D. Swan, T. Kreuzer, H. Caffier u. A. Parmeggiani, Naturwiss. **55**, 281 (1968) bzw. Matthaei, H., Zentralbl. Bakteriol. Orig. **198**, 65 (1965)
[39] Feix, G., Naturwiss. Rdsch., **24**, 369 (1971)
[40] Wilkins, M. H. F., u. S. Arnott, J. Mol. Biol. **11**, 391 (1965)
[41] Fuller, W., u. A. Hodgson, Nature **215**, 817 (1967)
[42] Garrett, R. A., u. H.-G. Wittmann, Endeavour **22**, 8 (1973)
[43] Britten, R. L., u. E. H. Davidson, Science **165**, 349 (1969)
[44] Mc Lachlan, A. D., Annu. Rev. Phys. Chem. **23**, 165 (1972)
[45] Jacob, F., u. J. Monod, J. Mol. Biol. **3**, 318 (1961)
[46] Monod, J., J. Wyman u. J. P. Changeux, J. Mol. Biol. **12**, 88 (1965)
[47] Monod, J., Angew. Chem. **78**, 694 (1966)
[48] Lwoff, A., Angew. Chem. **78**, 689 (1966)
[49] Jacob, F., Angew. Chem. **78**, 704 (1966)
[50] Szybalski, W., Karl-August-Forster-Lectures, Akademie der Wiss. u. der Literatur, Mainz 1971
[51] Koshland, D. E., u. K. E. Neet, Annu. Rev. Biochem. **37**, 359 (1968)
[52] Hartman, P. E., u. S. R. Suskind, Die Wirkungsweise der Gene, Fischer-Verlag, Jena 1972
[53] Richards, F. M., H. W. Wyckoff u. N. Allewell, The Origin of Specifity in Binding. Neurosciences Rockefeller University Press, New York **1970**, 901
[54] Storm, D. R., u. D. E. Koshland jr., Proc. Nat. Acad. Sci. U. S. **66**, 445 (1970)
[55] Dafforn, A., u. D. E. Koshland jr., Proc. Nat. Acad. Sci. U. S. **68**, 2463 (1971)
[56] Bruice, T. C., Cold Spring Harbor Symp. Quant. Biol., **26**, 21 (1971)
[57] Hammes, G. G., u. C.-W. Wu, Science **172**, 1205 (1971)
[58] Borriss, R., Biol. Rdsch. **10**, 103 (1972)
[59] Lipscomb, W. N., Chem. Soc. Reviews **1**, 319 (1972)
[60] Lienhard, G. E., Science **180**, 149 (1973)
[61] Lumry, R., u. R. Biltonen in S. Timasheff u. G. Fasman: Structure and Stability of Biological Macromolecules, Dekker, New York 1969
[62] Brookhaven Symposia in Biology, Structure, Function and Evolution in Proteins **21** (1968)

[63] DAYHOFF, M. O., Atlas of Protein Sequence and Structure, Nat. Biomed. Res. Foundation 1969 u. ff.
[64] BLOW, D. M., u. T. A. STEITZ, Annu. Rev. Biochem. **39**, 63 (1970)
[65] BOYER, P. D., (ed.), The Enzymes 1–4, Academic Press 1971
[66] ENGEL, J., u. G. SCHWARZ, Angew. Chem., **82**, 468 (1970)
[67] SCHWARZ, G., Umschau Wiss. Techn. **1971**, 147
[68] KENDREW, J. C., R. E. DICKERSON, B. E. STRANDBERG, R.-G. HART, D. R. DAVIES, D. C. PHILLIPS u. V. C. SHORE, Nature **185**, 422 (1960)
[69] PERUTZ, M. F., M. G. ROSSMANN, A. F. CULLIS, H. MUIRHEAD, G. WILL u. A. T. C. NORTH, Nature **185**, 416 (1960)
[70] HAMILTON, W. C., Science **169**, 133 (1970)
[71] PHILLIPS, D. C., Cold Spring Harbor Symp. Quant. Biol. **26**, 589 (1971)
[72] NORTH, A. C. T., u. D. C. PHILLIPS, Progr. Biophys. **19**, 1 (1969)
[73] GRIGORIEV, A. I., L. A. VOLKOVA u. O. B. PTITSYN, FEBS Letters **15**, 217 (1971)
[74] HOPPE, W., Israel J. Chem. **10**, 321 (1972)
[75] HOLMES, K. C., u. D. M. BLOW, The Use of X-ray Diffraction in the Study of Proteins and Nucleic Acid Strukture, Wiley, New York 1966
[76] KRATKY, O., u. I. PILZ, Quart. Rev. Biophys. **5**, 481 (1972)
[77] SCHOENBORN, B. P., A. C. NUNES, u. R. NATHANS, Ber. Bunsenges. Phys. Chem. **74**, 1202 (1970)
[78] WILL, G., Naturwiss. **58**, 444 (1971)
[79] TIMASHEFF, N. S., in The Enzymes (P. D. BOYER ed.), Academic Press, New York **2**, 371 (1970)
[80] LORD, R. C., u. N. T. YU, J. Mol. Biol. **51**, 203 (1970)
[81] STRYER, L., Science **162**, 526 (1968)
[82] BRAND, L., u. J. R. GOHLKE, Annu. Rev. Biochem. **41**, 843 (1972)
[83] ALLERHAND, A., u. E. A. TRULL, Science **154**, 1288 (1966)
[84] WÜTHRICH, K., Chimia **24**, 409 (1970)
[85] SYKES, B. D., u. M. D. SCOTT, Annu. Rev. Biophys. Biogenineering **1**, 27 (1972)
[86] ROBERTS, G. C. K., u. O. JARDETZKY, Advanc. Protein Chem. **24**, 448 (1970)
[87] JARDETZKY, O., u. N. G. WADE-JARDETZKY, Annu. Rev. Biochem. **40**, 605 (1971)
[88] WÜTHRICH, K., Naturwiss. **60**, 221 (1973)
[89] FREEDMAN, M. H., J. R. LYERLA, I. M. CHAIKEN, u. J. S. COHEN, Eur. J. Biochem. **32**, 215 (1973)
[90] MC CONNELL, H. M., Annu. Rev. Biochem. **40**, 227 (1971)
[91] STARK, G. R., Adv. Protein Chem. **24**, 261 (1970)
[92] FASOLD, H., J. KLAPPENBERGER, C. MAYER u. H. REMOLD, Angew. Chem. **83**, 875 (1971)
[93] MERRIFIELD, R. B., Adv. Enzymol. **32**, 221 (1969)
[94] EIGEN, M., Angew. Chem. **80**, 892 (1968)
[95] HAMMES, G. G., u. P. R. SCHIMMEL, in The Enzymes, Academic Press, New York 1970
[96] SINGER, S. J., Adv. Protein Chem. **22**, 1 (1967)
[97] MARGLIN, A., u. R. B. MERRIFIELD, Annu. Rev. Biochem. **39**, 841 (1970)
[98] SCHECHTER, A. N., Science **170**, 273 (1970)
[99] ENGLANDER, S. W., N. W. DOWNER u. H. TEITELBAUM, Annu. Rev. Biochem. **41**, 903 (1972)
[100] EISENBERG, D., u. W. KAUZMANN, The Structure and Properties of Water, Oxford University Press, London 1969
[101] KAYNSHIN, L. P., Water in Biological Systems, Plenum Publ. Corp., New York 1969
[102] FRANK, H. S., u. W. Y. WEN, Disc. Faraday Soc. **24**, 133 (1957)
[103] KAUZMANN, W., Adv. Protein. Chem. **14**, 1 (1962)
[104] NEMETHY, G., u. H. A. SCHERAGA, J. chem. Phys. **36**, 3401 (1962)

[105] NEMETHY, G., u. H. A. SCHERAGA, J. chem. Phys. **41**, 680 (1964)
[106] DICKERSON, R. E., J. Mol. Biol. **57**, 1 (1971)
[107] Structure and Function of Proteins at the Three Dimensional Level, Vol. XXVI, Cold Spring Harbor Symp. Quant. Biol., vgl. auch E. MUTSCHLER, Naturwiss. Rdsch., **25**, 486 (1972)
[108] TIMASHEFF, S. N., u. M. J. GORBUNOFF, Annu. Rev. Biochem. **36**, 13 (1967)
[109] VENTAKACHALAM, C. M., u. G. N. RAMACHANDRAN, Annu. Rev. Biochem. **38**, 45 (1969)
[110] URRY, D. W., Biomolecular Conformation in Chemical Dynamics (HIRSCHFELDER Ed.), Wiley 1971
[111] LOTAN, N., A. BERGER, u. E. KATCHALSKY, Annu. Rev. Biochem. **41**, 869 (1972)
[112] POHL, F. M., Angew. Chem. **84**, 931 (1972)
[113] JAENICKE, L., Chem. Lab. Betr. **24**, 49 (1973)
[114] ANFINSEN, C. B., Angew. Chem. **85**, 1065 (1973)
[115] WETLAUFER, D. B., u. S. RISTOW, Annu. Rev. Biochem. **42**, 135 (1973)
[116] PAULING, L., R. B. COREY u. H. R. BRANSON, Proc. Nat. Acad. Sci. US. **37**, 205 (1951)
[117] PAULING, L., u. R. B. COREY. Proc. Nat. Acad. Sci. US. **37**, 735 (1951)
[118] RAMACHANDRAN, G. N., u. V. SASISEKHARAN, Adv. Protein Chem. **23**, 283 (1968)
[119] PERUTZ, M. F., Nature **167**, 1053 (1951)
[120] PERAHIA, D., u. B. PULLMAN, Biochem. Biophys. Res. Commun. **34**, 65 (1971)
[121] YAN, J. F., F. A. MOMANY, R. HOFFMANN u. H. A. SCHERAGA, J. Phys. Chem. **74**, 420 (1970)
[122] YAN, J. F., F. A. MOMANY u. H. A. SCHERAGA, J. Amer. chem. Soc. **92**, 1009 (1970)
[123] CRIPPEN, G. M., u. H. A. SCHERAGA, Arch. Biochem. Biophys. **144**, 462 (1971)
[124] SCHERAGA, H. A., Chem. Rev. **1971**, 195
[125] KOTELSCHUCK, D., H. A. SCHERAGA u. R. WALTER, Proc. Nat. Acad. Sci. US **69**, 3629 (1972)
[126] PULLMAN, B., Aspects de la Chimie quantique contemporaire, Colloque Internat. du CNRS, Paris **1971**
[127] CRAWFORD, J. L., W. N. LIPSCOMB u. C. G. SCHELLMAN, Proc. Nat. Acad. Sci. US. **70**, 538 (1973)
[128] RAMACHANDRAN, G. W., u. A. S. KOLASKAR, Biochem. Biophys. Acta **303**, 385 (1973)
[129] RAMACHANDRAN, G. W., A. V. LAKSHMINARAYANAN u. A. S. KOLASKAR, Biochem. Biophys. Acta **303**, 8 (1973)
[130] CHANDRASEKARAN, R., A. V. LAKSHMINARAYANAN, U. V. PANDYA u. G. N. RAMACHANDRAN, Biochem. Biophys. Acta **303**, 14 (1973)
[131] NEMETHY, G., u. M. P. PRINTZ, Macromolecules **5**, 755 (1972)
[132] PRINTZ, M. P., G. NEMETHY u. H. BLEICH, Nature New Biol. **237**, 135 (1972)
[133] BLEICH, H. E., R. E. GALARDY u. M. P. PRINTZ, J. Amer. chem. Soc. **95**, 2041 (1973)
[134] ERICKSON, R. O., Science **181**, 705 (1973)
[135] RICHARDS, F. M., J. Mol. Biol. **37**, 225 (1968)
[136] LEVINTHAL, C., Scientific American **214**, 42 (1966)
[137] TRAUB, A. C., Appl. Opt. **6**, 1085 (1967)
[138] LEVINTHAL, C., C. D. BARRY, S. A. WARD u. M. ZWICK, Computer Graphics in Macromolecules Chemistry in Emerging Concepts in Computer Graphics (J. NIEVERGELT u. D. SECREST, eds.), W. A. BENJAMIN, New York 1968
[139] MEYER, E., J. Appl. Cryst. **3**, 392 (1970)
[140] BARRY, C. D., u. A. C. T. NORTH, Cold Spring Harbor Symp. Quant. Biol. **26**, 577 (1971)
[141] MEYER, E. F., jr., Nature **232**, 255 (1971)
[142] BOND, P. J., Interactive Computer Graphics and Macromolecular Structure in Computer Graphics", Ass. Computing Maschinery, New York 1972
[143] TAYLOR, E. W., Annu. Rev. Biochem. **41**, 577 (1972)
[144] GALLOP, P. M., O. O. BLUMENFELD u. S. SEIFTER, Annu. Rev. Biochem. **41**, 617 (1972)
[145] RAMACHANDRAN, G. N., in Aspects of Protein Structure. Int. Symp. Protein Structure Madras 1963, Academic Press, New York 1964

[146] Rich, A., u. F. H. C. Crick, J. Mol. Biol. **3**, 483 (1961)
[147] Crick, F. H. C., u. A. Rich, Nature **176**, 780 (1955)
[148] Tanzer, M. L., Science **180**, 561 (1973)
[149] Kühn, K., Umschau Wiss. Techn. **73**, 197 (1973)
[150] Hosemann, R., Endeavour **32**, 99 (1973)
[151] Huxley, A. F., Science **164**, 1356 (1969) sowie Chem. in Brit. **6**, 477 (1970)
[152] Huxley, A. F., The Actomyosin-Structure in Struktur und Funktion (J.-H. Scharf ed.), Nova Acta Leopoldina **35**, 143 (1970)
[153] Lowey, S., in Polymerization in Biological Systems. Ciba Foundation Symp. 1972, 217, Elsevier Amsterdam
[154] Squire, J. M., Nature **233**, 457 (1971)
[155] Cohen, C., D. L. D. Caspar, D. A. D. Parry u. R. M. Lucas, Cold Spring Harbor Symp. Quant. Biol. **26**, 205 (1971)
[156] Mc Clare, C. W. F., J. theor. Biol. **35**, 569 (1972)
[157] Sodek, J., R. S. Hodges, L. B. Smillie u. L. Jurasek, Proc. Nat. Acad. Sci. US **69**, 3800 (1972)
[158] Walz, F. G. jr., J. theor. Biol. **41**, 357 (1973)
[159] Oplatka, A., Chem. in u. Z. **7**, 90 (1973)
[160] Dickerson, R. E., Annu. Rev. Biochem. **41**, 815 (1972)
[161] Castro, C. E., J. theor. Biol. **33** 475 (1971)
[162] Hoard, J. L., in Structural Chemistry and Molecular Biology (A. Rich u. M. N. Davidson eds.), Freeman, San Francisco sowie J. L. Hoard, Science **174**, 1295 (1971)
[163] Watson, H. C., Progr. Biochem. Pergamon Press, London 1969
[164] Dickerson, R. E., in H. Neurath (ed.), The Proteins, Academic Press, New York 1964, Vol. **2**, 603
[165] Schoenborn, B. P., Cold Spring Harbor Symp. Quant. Biol. **26**, 569 (1971)
[166] Yankeelov, J. A. jr., u. J. R. Coggins, Biopolymers **11**, 707 (1972)
[167] Perutz, M. F., H. Muirhead, J. M. Cox u. L. C. G. Goaman, Nature **219**, 131 (1968)
[168] Buse, G., Angew. Chem. **83**, 735 (1971)
[169] Braunitzer, G., Naturwissenschaften **54**, 407 (1967)
[170] Halton, M. P., Theoret. Chim. Acta **23**, 208 (1971)
[171] Harcourt, R. D., Biopolymers **11**, 1551 (1972)
[172] Perutz, M. F., Nature **228**, 726 (1970)
[173] Perutz, M. F., u. L. F. Ten Eyck, Cold Spring Harbor Symp. Quant. Biol. **26**, 295 (1971)
[174] Hewitt, J. A., J. V. Kilmartin, L. F. Ten Eyck u. M. F. Perutz, Proc. Nat. Acad. Sci. US **69**, 203 (1972)
[175] Perutz, M. F., P. D. Pulsinelli u. H. M. Ranney, Nature New Biol. **237**, 259 (1972)
[176] Lindstrom, T. R., Chien Ho u. A. V. Pisciotta, Nature New Biol. **237**, 495 (1972)
[177] Perutz, M. F., Nature New Biol. **237**, 497 (1972)
[178] Perutz, M. F.. Bild d. Wiss. **1972**, 351
[179] Jänig, G.-R., Pharmazie **27**, 87 (1972)
[180] Arnone, A., Nature **237**, 146 (1972)
[181] Saroff, H. A., u. W. T. Yap, Biopolymers **11**, 957 (1972)
[182] Perutz, M. F., Biochem. Soc. Transact. **1973**, 42
[183] Love, W. E., P. A. Klock, E. E. Lattman, E. A. Padlan, u. K. B. Ward jr., Cold Spring Harbor Symp. Quant. Biol. **26**, 349 (1971)
[184] Kamen, M. D., u. T. Horio, Annu. Rev. Biochem. **39**, 673 (1970)
[185] Chance, B., R. W. Estabrook u. T. Yonetani (eds.), Hemes and Hemoproteins. Academic Press, New York 1966
[186] Estabrook, R. W., u. M. E. Pullman (eds.), Oxidation and Phosphorylation in Methods in Enzymology, Academic Press, New York 1967

[187] FLORKIN, M., u. E. H. STOTZ (eds.), Biological Oxidation in Comprechensive Biochemistry 14. Elsevier, New York 1966
[188] IKAI, A., u. C. TANFORD, J. Mol. Biol. **73**, 145 (1973)
[189] IKAI, A., u. C. TANFORD, J. Mol. Biol. **73**, 165 (1973)
[190] DICKERSON, E. R., T. TAKANO, D. EISENBERG, O. B. KALLAI, L. SAMSON, A. COOPER u. E. MARGOLIASH, J. Biol. Chem. **246**, 1511 (1971)
[191] TAKANO, T., R. SWANSON, O. B. KALLAI u. R. E. DICKERSON, Cold Spring Harbor Symp. Quant. Biol. **26**, 397 (1971)
[192] ASHIDA, T., N. TANAKA, T. YAMANE, T. TSUKIHARA u. M. KAKUDO, J. Biochem. **73**, 463 (1973)
[193] TAKANO, T., O. B. KALLAI, R. SWANSON u. R. E. DICKERSON, Preprint/pers. Mitteilung R. E. DICKERSON
[194] MATHEWS, F. S., M. LEVINE u. P. ARGONS, J. Mol. Biol. **64**, 449 (1972)
[195] MATHEWS, F. S., P. ARGOS u. M. LEVINE, Cold Spring Harbor Symp. Quant. Biol. **26**, 387 (1971)
[196] LLINÁS, M., M. P. KLEIN u. J. B. NEILANDS, J. Mol. Biol. **68**, 265 (1972)
[197] LLINÁS, M., M. P. KLEIN u. J. B. NEILANDS, Int. J. Pept. Prot. Res. **4**, 157 (1972)
[198] LOEW, G. H., u. D. A. STEINBERG, Theoret. Chim. Acta **23**, 239 (1971); **26**, 107 (1972)
[199] WATENPAUGH, K. T., L. C. SIEKER, J. R. HERRIOTT u. L. H. JENSEN, Cold Spring Harbor Symp. Quant. Biol. **26**, 359 (1971)
[200] MARGOLIASH, E., Harvey Lectures **66**, 177 (1972) Academic Press, New York
[201] CROWSON, R. A., J. Mol. Evol. **2**, 28 (1972)
[202] TIMKOVICH, R., u. R. E. DICKERSON, J. Mol. Biol. **72**, 199 (1972)
[203] TIMKOVICH, R., u. R. E. DICKERSON, J. Mol. Biol. **79**, 39 (1973)
[204] OHTA, T., u. M. KIMURA, Science **174**, 150 (1971)
[205] HARRIS, C. E., u. D. C. TELLER, J. theoret. Biol. **38**, 347 (1973)
[206] CHANCE, B., FEBS Letters **23**, 3 (1972)
[207] SHEMYAKIN, M. M., u. YU. A. OVCHINNIKOV, Recent Developments in the Chemistry of Natural Carbon Compounds, Vol. 2, Hungarian Academy of Sciences, Budapest 1967
[208] SHEMYAKIN, M. M., in Struktur und Funktion (J.-H. SCHARF ed.). Nova Acta Leopoldina **35**, 289 (1970) sowie YU. A. OVCHINNIKOV Structure and Membrane Activity of Peptide Ionophores, FEBS 8th Symp. North Holland Publ., Elsevier Vol. **28**, 279, Amsterdam 1973
[209] URRY, D. W., u. M. OHNISHI, Spectroscopic Approaches to Biomolecular Conformation (D. W. URRY ed.), American Medical Association, Chicago 1970
[210] HASSALL, C. H., u. W. A. THOMAS, Chem. in Brit. **7**, 145 (1971)
[211] EIGEN, M., edit., Naturwiss. Rdsch. **24**, 109 (1971)
[212] LÄUGER, P., Science **178**, 24 (1972)
[213] HÖFER, M., Umschau Wiss. Techn. **72**, 591 (1972)
[214] GRELL, E., F. EGGERS u. T. FUNCK, Chimia **26**, 632 (1972)
[215] FUNCK, T., F. EGGERS u. E. GRELL, Chimia **26**, 637 (1972)
[216] EISENMAN, G., u. S. KRASNE, IV. Int. Biophys. Congr. Moscow 1972
[217] MAIER, W., u. D. GRÖGER, Pharmazie **27**, 491 (1972)
[218] URRY, D. W., Research Development **24**, 20, 30 (1973)
[219] MORF, W. E., u. W. SIMON, Helv. chim. Acta **54**, 2683 (1971)
[220] LUTZ, W. K., P. U. FRÜN u. W. SIMON, Helv. chim. Acta **54**, 2767 (1971)
[221] SHIRO, M., u. H. KOYANA, J. chem. Soc. B. **1970**, 243
[222] PINKERTON, M., u. L. K. STEINRAUF, J. Mol. Biol. **49**, 533 (1970)
[223] DOBLER, M., Helv. chim. Acta **55**, 1371 (1972)
[224] TRUTER, M. R., u. C. J. PEDERSEN, Endeavour **1071**, 142
[225] BUSH, M. A., u. M. R. TRUTER, J. chem. Soc. PT. **1971**, 1440, **1972**, 341, 342
[226] SHCHORI, E., J. JAGUR-GRODZINSKI, Z. LUZ u. M. SHPORER, J. Amer. chem. Soc. **93**, 7133 (1971)

[227] Chock, P. B., Proc. Nat. Acad. Sci. US **69**, 1939 (1972)
[228] Pedersen, C. J., u. H. K. Frensdorff, Angew. Chem. **84**, 16 (1972)
[229] Shemyakin, M. M., Yu. A. Ovchinnikov u. V. T. Ivanov, Angew. Chem. **81**, 523 (1969)
[230] Ovchinnikov, Yu. A., V. T. Ivanov, A. V. Evstratov, V. F. Bystrov, N. D. Abdullayev, E. M. Popov, G. M. Lipkind, S. F. Arkhipova, E. S. Efremov u. M. M. Shemyakin, Biochem. Biophys. Research Commun. **37**, 668 (1969)
[231] Ivanov, W. T., I. A. Laine, N. D. Abdullayev, W. S. Pletnev, G. M. Lipkind, S. F. Archinova, L. B. Senyavina, E. N. Mecheryakova, E. M. Popov, W. F. Bystrov u. Yu. A. Ovchinnikov, Chim. Prirod. Soed. **3**, 221 (1971)
[232] Duax, W. L., H. Hauptman, C. M. Weeks u. D. A. Norton, Science **176**, 912 (1972)
[233] Max, N. L., Biopolymers **12**, 1565 (1973)
[234] Maigret, B., u. B. Pullman, Biochem. Biophys. Res. Commun. **50**, 908 (1973)
[235] Ivanov, V. T., A. I. Miroshnikov, N. D. Abdullayev, L. B. Senyarina, S. F. Arkhipova, N. N. Uvarova, K. K. Khalilulina, V. F. Bystrov u. Yu. A. Ovchinnikov, Biochem. Biophys. Res. Commun. **42**, 654 (1971)
[236] Wieland, Th., in Struktur und Funktion (J.-H. Scharf, ed.), Nova Acta Leopoldina **35**, 315 (1970)
[237] Wieland, Th., Naturwissenschaften **59**, 225 (1972)
[238] Faulstich, H., W. Burgermeister u. Th. Wieland, Biochem. Biophys. Res. Commun. **47**, 975 (1972)
[239] Wieland, Th., H. Faulstich u. W. Burgermeister, Biochem. Biophys. Res. Commun. **47**, 984 (1972)
[240] Patel, D. J., A. E. Tonelli, P. Pfaender, H. Faulstich u. Th. Wieland, J. Mol. Biol. **79**, 185 (1973)
[241] Urry, D. W., in Conformation of Biological Molecules and Polymers, Jerusalem Symp. Quant. Chem. and Biochem. Israel, Acad. Sci., Jerusalem, 1973, 723
[242] Urry, D. W., Biochim. Biophys. Acta **265**, 115 (1972)
[243] Urry, D. W., Proc. Nat. Acad. Sci. US **69**, 1610 (1972) sowie D. W. Urry u. M. Ohnishi, Nuclear Magnetic Resonance and the Conformation of Cyclic Polypeptides and Antibiotics, (Preprint, pers. Mitteilung)
[244] Goodall, M. C., Arch. Biochem. Biophys. **147**, 129 (1971); **157**, 514 (1973)
[245] Neurath, N., The Proteins, Vol. 1, Academic Press, New York 1963
[246] Nemethy, G., u. H. A. Scheraga, J. Chem. Phys. **66**, 1773 (1962)
[247] Brümmer, W., Chem. Lab. Betr. **1973**, 347
[248] Ram, J. S., J. Scient. Ind. Res. **30**, 493 (1973)
[249] Goldsack, D. E., u. R. C. Chalifoux, J. theor. Biol. **39**, 645 (1973)
[250] Blake, C. C. F., D. F. Koenig, G. A. Mair, A. C. T. North, D. C. Phillips u. V. R. Sarma, Nature **206**, 757 (1965)
[251] Phillips, D. C., Proc. Nat. Acad. Sci. US **57**, 493 (1967)
[252] Jollès, P., Angew. Chem. **81**, **244** (1969)
[253] Sykes, B. D., u. D. Dolphin, Nature **233**, 421 (1971)
[254] Tanford, C., K. C. Aune u. A. Ikai, J. Mol. Biol. **73**, 185 (1973)
[255] Epstein, C. J., R. F. Goldberger u. C. B. Anfinsen, Cold Spring Harbor Symp. Quant. Biol. **18**, 439 (1963)
[256] Richards, F. M., Structure and Activity of Ribonuclease in Structure and Activity of Enzymes (T. W. Goodwin, J. I. Harris u. B. S. Hartley, eds.), Academic Press, London 1964
[257] Wyckoff, H. M., K. D. Hardmann, N. M. Allewell, T. Inagami, L. N. Johnson u. F. M. Richards, J. Biol. Chem. **242**, 3984 (1967)
[258] Wyckoff, H. W., D. Tsernoglou, A. W. Hanson, J. R. Knox, B. Lee u. F. M. Richards, J. Biol. Chem. **245**, 305 (1970)

[259] RICHARDS, F. M., H. W. WYCKOFF, W. D. CARLSON, N. M. ALLEWELL, B. LEE u. Y. MITSUI, Cold Spring Harbor Symp. Quant. Biol. **26**, 35 (1971)
[260] ISENBERG, N., u. M. GRDINIC, J. chem. Ed. **49**, 392 (1972)
[261] MOORE, S., u. W. H. STEIN, Angew. Chem. **85**, 1074 (1973)
[262] KASSELL, B., u. J. KAY, Science **180**, 1022 (1973)
[263] STROUD, R. M., L. M. KAY u. R. E. DICKERSON, Cold Spring Harbor Symp. Quant. Biol. **26**, 125 (1971)
[264] NEURATH, H., Scientific American **211**, 68 (1964)
[265] SIGLER, B. P., B. W. MATTHEWS, R. HENDERSON u. D. M. BLOW, J. Mol. Biol. **35**, 143 (1968)
[266] BLOW, D. M., J. J. BIRKTOFF u. B. S. HARLEY, Nature **221**, 337 (1969)
[267] COHEN, G. H., B. W. MATTHEWS u. D. R. DAVIES, Acta Crystallogr. B **26**, 1062 (1970)
[268] SEGAL, D. M., G. H. COHEN, D. R. DAVIES, J. C. POWERS u. P. E. WILCOX, Cold Spring Harbor Symp. Quant. Biol. **26**, 85 (1971)
[269] SHOTTON, D. M., u. B. S. HARTLEY, Nature **225**, 802 (1970)
[270] WATSON, H. C., D. M. SHOTTON, J. M. COX u. H. MUIRHEAD, Nature **225**, 806 (1970)
[271] SHOTTON, D. M., u. H. C. WATSON, Nature **225**, 811 (1970)
[272] HARTLEY, B. S., u. D. M. SHOTTON in The Enzymes (L. BOYER ed.), Vol. III, Dekker, New York 1971
[273] DRENTH, J., W. G. J. HOL, J. N. JANSONIUS u. R. KOEKOEK, Cold Spring Harbor Symp. Quant. Biol. **26**, 107 (1971)
[274] WRIGHT, C. S., R. A. ALDEN u. J. KRAUT, J. Mol. Biol. **66**, 283 (1972)
[275] DRENTH, J., J. N. JANSONIUS, R. KOEKOEK u. B. G. WOLTHERS, Adv. Protein Chem. **25**, 79 (1971)
[276] FLORANTE, A., F. A. QUIOCHO u. W. N. LIPSCOMB, Adv. Protein Chem. (J. T. EDSALL, C. B. ANFINSEN u. F. M. RICHARDS, eds.), Academic Press, New York, Vol. **25**, 1 (1971)
[277] QUIOCHO, F. A., C. H. MC MURRAY u. W. N. LIPSCOMB, Proc. Nat. Acad. Sci. US **69**, 2850 (1972)
[278] NEURATH, A. H., Federation Proc. **23**, 1 (1964)
[279] MATTHEWS, B. W., J. N. JANSONIUS, P. M. COLMAN, B. P. SCHOENBORN u. D. DUPOURQUE, Nature New Biol. **238**, 37 (1972)
[280] MATTHEWS, B. W., P. M. COLMAN, J. N. JANSONIUS, K. TITANI, K. A. WALSH u. H. NEURATH, Nature New Biol. **238**, 41 (1972)
[281] COLMAN, P. M., J. N. JANSONIUS u. B. W. MATTHEWS, J. Mol. Biol. **70**, 701 (1972)
[282] HUBER, R., D. KUKLA, A. RÜHLMANN u. W. STEIGEMANN, Cold Spring Harbor Symp. Quant. Biol. **26**, 142 (1971)
[283] HUBER, R., Umschau Wiss. Techn. **1971**, 534
[284] TSCHECHE, H., Angew. Chem. **85**, 545 (1973)
[285] TSCHECHE, H., Angew. Chem. **86**, 21 (1974)
[286] PRINCE, R. H., u. P. R. WOOLLEY, Angew. Chem. **84**, 461 (1972)
[287] KANNAN, K. K., A. LILJAS, I. WAARA, P.-C. BERGSTEN, S. LÖVGREN, B. STRANDBERG, U. BENGTSSON, U. CARLBOM, K. FRIDBORG, L. JÄRUP u. M. PETEF, Cold Spring Harbor Symp. Quant. Biol. **26**, 221 (1971)
[288] LILJAS, A., K. K. KANNAN, P.-C. BERGSTEN, I. WAARA, K. FRIDBORG, B. STRANDBERG, C. CARLBOM, L. JÄRUP, S. LÖVGREN u. M. PETEF, Nature New Biol. **235**, 131 (1972)
[289] SPICKETT, R. G. W., Chem. and Ind. **1971**, 83
[290] LIPMANN, F., Molecular Evolution (D. L. ROHLFING u. A. I. OPARIN eds.), Plenum Publ. Corp., New York 1971
[291] LIPMANN, F., Science **173**, 875 (1971)
[292] PFLEIDERER, G., u. R. ZWILLING, Naturwissenschaften **59**, 306 (1972)
[293] HENNRICH, N., Kontakte **1**, 8 (1973); **2**, 3 (1973)
[294] SIEKEVITZ, P., J. theor. Biol. **37**, 321 (1972)

[295] DOONAN, S., C. A. VERNON u. B. E. C. BANKS, Mechanism of Enzyme Action, Progr. Biophys. Mol. Biol. **20**, **247** (1970)
[296] SCHERAGA, H. A., Calculations of Conformations of Polypeptides from Amino Acid Sequences in Symmetry and Function of Biological Systems at the Macromolecular Level (A. ENGSTRÖM u. B. STRANDBERG, eds.), Interscience Wiley, New York **1969**, **43**
[297] RAMACHANDRAN, C. N., Stereochemistry of Biopolymer Conformation, ibid 79
[298] LIQUORI, A. M., Stereochemical Code of Amino Acid Residues in Polypeptides and Proteins ibid, 101
[299] BROWN, B. L., u. B. R. JENNINGS, Biopolymers **9**, 1119 (1970)
[300] KLOTZ, I. M., N. R. LANGERMAN u. D. W. DARNALL, Annu. Rev. Biochem. **39**, 26 (1970)
[301] COLOWICK, S. P., J. VAN EYS u. J. H. PARK, Dehydrogenation in Comprechensive Biochemistry (M. FLORKIN u. E. H. STOTZ eds.), Biological Oxidation Vol. **14**, 1, Elsevier, New York 1966
[302] ADAMS, M. J., D. J. HAAS, R. A. JEFFERY, A. MC PHERSON, H. L. MERMAL, M. G. ROSSMAN, R. W. SCHEVITZ u. A. J. WONACOTT, Alterations in the Symmetry and Structure of M_4 Lactate Dehydrogenase, when Complexed to its Coenzyme and Substrate in Symmetry and Function of Biological Systems at the Macromolecular Level (A. ENGSTRÖM u. B. STRANDBERG, eds.), Interscience Wiley, **1969**, 125, New York
[303] ROSSMANN, M. G., M. J. ADAMS, M. BUEHNER, G. C. FORD, M. L. HACKERT, P. J. LENTZ, jr., A. MC PHERSON jr., R. W. SCHEVITZ u. I. E. SMILEY, Cold Spring Harbor Symp. Quant. Biol. **26**, 179 (1971)
[304] ADAMS, M. J., M. BUEHNER, K. CHANDRASEKHAR, G. C. FORD, M. L. HACKERT, A. LILJAS, M. G. ROSSMANN, I. E. SMILEY, W. S. ALLISON, J. EVERSE, N. O. KAPLAN u. S. S. TAYLOR, Proc. Nat. Acad. Sci. US **70**, 1968 (1973)
[305] HACKERT, M. L., G. C. FORD u. M. G. ROSSMANN, J. Mol. Biol. **78**, 665 (1973)
[306] SARMA, R. H., V. ROSS u. N. O. KAPLAN, Biochemistry **7**, 3052 (1968)
[307] VELICK, S. F., in Light and Life (W. D. MC ELROY u. H. B. GLASS eds.), Hopkins, Baltimore 1961
[308] HILL, E., D. TSERNOGLOU, L. WEBB u. L. J. BANASZAK, und Appendix: T. H. JACOBI, R. A. ELLIS u. J. M. FRITSCH, J. Mol. Biol. **72**, 577 (1972)
[309] LONG, K. R., u. J. H. GOLDSTEIN, Theoret. Chim. Acta **27**, 75 (1972)
[310] OPPENHEIMER, N. J., L. J. ARNOLD u. N. O. KAPLAN, Proc. Nat. Acad. Sci. US **68**, 3200 (1971)
[311] LYNEN, F., in Struktur und Funktion (J.-H. SCHARF, Ed.), Nova Acta Leopoldina **35**, 167 (1970)
[312] SCHWEIZER, E., Chem. i. u. Zeit **7**, 25 (1973)
[313] BORRISS, R., Biol. Rdsch. **10**, 163 (1972)
[314] REED, L. J., u. R. M. OLIVER, in Structure, Function and Evolution in Proteins, Brookhaven Symp. Biol. 21 (1968)
[315] DE ROSIER, D. J., u. R. M. OLIVER, Cold Spring Harbor Symp. Quant. Biol. **26**, 199 (1971)
[316] REED, L. J., Cold Spring Harbor Symp. Quant. Biol. **26** (1971)
[317] PLETCHER, J., u. M. SAX, J. Amer. chem. Soc. **94**, 3998 (1972)
[318] SCHELLENBERGER, A., Nova Acta Leopoldina **36**, 9 (1971)
[319] LANGENBECK, W., Z. Elektrochem. **54**, 393 (1950)
[320] LEHMANN, H., G. FISCHER, G. HÜBNER, K.-D. KOHNERT u. A. SCHELLENBERGER, Eur. J. Biochem. **32**, 83 (1973)
[321] PILZ, I., u. J. ULLRICH, Eur. J. Biochem. **34**, 256 (1973)
[322] SCHLEE, D., u. K. ZURNIEDEN, Pharmazie **25**, 651 (1970)
[323] VOET, D., u. A. RICH, Proc. Nat. Acad. Sci. US **68**, 1151 (1971)
[324] ANDERSEN, R. D., P. A. APGAR, R. M. BURNETT, G. D. DARLING, M. E. LEQUESNE, S. G. MAYHEW u. M. L. LUDWIG, Proc. Nat. Acad. Sci. US **69**, 3189 (1972)

[325] KLUG, A., u. A. C. H. DURHAM, Cold Spring Harbor Symp. Quant. Biol. **26**, 433 (1971)
[326] BARRETT, A. N., J. B. LEIGH, K. C. HOLMES, R. LEBERMAN, E. MANDELKOW u. P. v. SENGBUSCH, Cold Spring Harbor Symp. Quant. Biol. **26**, 433 (1971)
[327] EISERLING, F. A., R. C. DICKSON, Annu. Rev. Biochem. **41**, 467 (1972)
[328] COX, R. A., u. S. A. BONANOU, Biochem. J. **114**, 769 (1969)
[329] NONOMURA, Y., G. BLOBEL u. D. SABATINI, J. Mol. Biol. **60**, 303 (1971)
[330] BARBIERI, M., u. N. MARALDI, nach R. A. GARRETT u. H.-G. WITTMANN, Endeavour **32**, 8 (1973)
[331] SCHAUER, R., Angew. Chem. **84**, 41 (1972)
[332] WOBUS, U., Biol. Rdsch. **9**, 155 (1971)
[333] WHITEHEAD, E., Regulation of Coenzyme Activity and Allosteric Transition, Progr. Biophys. Mol. Biol. **21**, 321 (1970)
[334] DIKSTEIN, S., Naturwiss. **58**, 439 (1971)
[335] SEGAL, H. L., Science **180**, 25 (1973)
[336] FOLKERS, K., N.-G. JOHANSSON, F. HOOPER, B. CURRIE, H. SIEVERTSSON, J.-K. CHANG u. C. Y. BOWERS, Angew. Chem. **85**, 271 (1973)
[337] GEORGE, J. M., u. L. B. KIER, J. theoret. Biol. **40**, 393 (1973)
[338] PRINTZ, H. P., G. NEMETHY u. H. BLEICH, Nature New Biol. **237**, 135 (1972)
[339] KENNER, G. W., Chem. Ind. **1972**, 791
[340] SUTHERLAND, E. W., Science **177**, 401 (1972)
[341] SUTHERLAND, E. W., Angew. Chem. **84**, 1117 (1972)
[342] BLACKBURN, G. M., Annu. Rep. Chem. Soc. **67**, 489 (1970)
[343] HUANG, P. C., DNA, RNA and Protein Interactions in Progr. Biophys. Mol. Biol. **23**, 103 (1971) (J. A. V. BUTLER u. D. NOBLE eds.), Pergamon, New York
[344] CANTOR, C. R., u. L. KATZ, Annu. Rev. Phys. Chem. **1971**, 25
[345] HIPPEL, P. H. v., u. J. D. MC GHEE, Annu. Rev. Biochem. **41**, 231 (1972)
[346] WALKER, R. T., Annu. Rep. B. Chem. Soc. **68**, 419 (1971)
[347] WALKER, R. T., Annu. Rep. B. Chem. Soc. **69**, 531 (1972)
[348] FÖRSTER, H., Deutsch. Med. Wochenschrift **96**, 251 (1971)
[349] FÖRSTER, H., Umschau Wiss. Techn. **72**, 227 (1972)
[350] BÄR, H.-P., Chemie i. u. Zeit **6**, (1972)
[351] NELBOECK, M., Naturwissenschaften **59**, 209 (1972)
[352] LOSERT, W., Pharmazie **28**, 351 (1973)
[353] WEEKS, J. R., Annu. Rev. Pharmacol. **12**, 317 (1972)
[354] MAGLIULO, Y., J. chem. Ed. **50**, 602 (1973)
[355] BINDER, M., u. C. TAMM, Angew. Chem. **85**, 369 (1973)
[356] MILLER, W. H., R. E. GORMAN u. M. W. BITENSKY, Science **174**, 295 (1971)
[357] ISHIZUKA, M., W. BRAUN u. T. MATSUMOTO, J. Immunology **107**, 1027 (1971)
[358] BRAUN, W., u. M. ISHIZUKA, J. Immunology **107**, 1036 (1971)
[359] RUBIN, R. P., S. D. JAANUS u. R. A. CARCHMAN, Nature New Biol. **240**, 150 (1972)
[360] KEBABIAN, J. W., u. P. GREENGARD, Science **174**, 1346 (1972)
[361] BURGER, M. M., B. M. BOMBIK, B. M. BRECKENRIDGE u. J. R. SHEPPARD, Nature New Biol. **239**, 161 (1972)
[362] BLUNDELL, T. L., J. F. CUTFIELD, E. J. DODSON, G. G. DODSON, D. C. HODGKIN u. D. A. MERCOLA, Cold Spring Harbor Symp. Quant. Biol. **26**, 233 (1971)
[363] HODGKIN, D. C., mit T. L. BLUNDELL, J. F. CUTFIELD, S. M. CUTFIELD, G. G. DODSON, E. J. DODSON, D. A. MERCOLA u. M. VIJAYAN, Insulin Action, Academic Press, New York 1972
[364] HODGKIN, D. C., u. D. MERCOLA, Handbook of Physiol. and Endocrinology **1972**, 139
[365] KLEINE, R., Naturwiss. Rdsch. **26**, 254 (1973)
[366] MURTHY, Y. K. S., u. H.-P. ANDERS, Angew. Chem. **82**, 489 (1970)

[367] Kleinschmidt, W. J., J. C. Cline u. E. B. Murphy, Proc. Nat. Acad. Sci. US **52**, **741** (**1964**)
[368] Kleinschmidt, W. J., Annu. Rev. Biochem. **41**, 517 (1972)
[369] Dorner, F., M. Scriba u. R. Weil, Proc. Nat. Acad. Sci. US **70**, **1981** (**1973**)
[370] Merigan, T. C., Nature **214**, 416 (1967)
[371] Harris, M., Science **170**, **1068** (**1970**)
[372] Lodemann, E., u. A. Wacker, Naturwissenschaften **57**, 673 (1970)
[373] Carter, W. A., P. M. Pitha, L. W. Marshall, I. Tazawa, S. Tazawa u. P. O. P. Ts'o, J. Mol. Biol. **70**, 367 (1972)
[374] Mohr, S. J., D. G. Brown u. D. S. Coffey, Nature New Biol. **240**, 250 (1972)
[375] De Clercq, E., u. P. De Somer, Science **173**, 260 (1971)
[376] Stewart, W. E., E. De Clercq, A. Billiau, J. Desmyter u. P. De Somer, Proc. Nat. Acad. Sci. US **69**, 1851 (1972)
[377] Morahan, P. S., W. Regelson u. A. E. Munson, Antimicrob. Agents and Chemotherapy **2**, 16 (1972)
[378] Krueger, R. F., u. G. D. Mayer, Science **169**, 1213 (1970)
[379] Chandra, P., F. Zunino, V. P. Gaur, A. Zaccara, M. Woltersdorf, G. Luoni u. A. Götz, FEBS Letters **28**, 5 (1972)
[380] Sidwell, R. W., J. H. Huffman, G. P. Khare, L. B. Allen, J. T. Witkowski u. R. K. Robins, Science **177**, 705 (1972)
[381] Höpner, T., Chem. i. u. Zeit **3**, 65 (1969)
[382] Milstein, C., u. J. R. L. Pink, Structure and Evolution of Immunoglobulins, Progr. Biophys. Mol. Biol. **21**, 209 (1970)
[383] Hilschmann, N., Naturwissenschaften **56**, 195 (1969)
[384] Hilschmann, N., in Evolution (H.-J. Scharf eds.), Nova Acta Leopoldina **39**, (1973)
[385] Laure, C. J., S. Watanabe u. N. Hilschmann, Hoppe-Seyler's, Z. Physiol. Chem. **354**, 1503 (1973)
[386] Watanabe, S., H. V. Barnikol, J. Horn, J. Bertram u. N. Hilschmann, Hoppe-Seyler's Z. Physiol. Chem. **354**, 1505 (1973)
[387] Williamson, A. R., Endeavour **1972**, 118
[388] Edelman, Angew. Chem. **85**, 1083 (1973)
[389] Porter, R. R., Angew. Chem. **85**, 1097 (1973)
[390] Fehrenbach, F., Umschau Wiss. Techn. **73**, 522 (1973)
[391] Hardman, K. D., u. C. F. Ainsworth, Biochemistry **11**, 4910 (1972)
[392] Heide, K., Chem. Lab. Betr. **24**, 97 (1973)
[393] Lamm, M. E., G. C. Koo, C. W. Stackpole u. U. Hämmerling, Proc. Nat. Acad. Sci. US **69**, 3732 (1972)
[394] Sela, M., Naturwiss. **56**, 206 (1969)
[395] Kratky, O., G. Porod, A. Sekora u. B. Paletta, J. Polymer Sci. **16**, 163 (1955)
[396] Pilz, I., Pure Appl. Chem. **21**, 21 (1970)
[397] Pilz, I., G. Puchwein, O. Kratky, M. Herbst, O. Haager, W. E. Gall u. G. M. Edelman, Biochemistry **9**, 211 (1970)
[398] Sarma, R., E. W. Silverson, D. R. Davies u. W. D. Terry, J. Biol. Chem. **246**, 3753 (1971)
[399] Sarma, V. R., D. R. Davies, L. W. Labaw, E. W. Silverton u. W. D. Terry, Cold Spring Harbor Symp. Quant. Biol. **26**, 413 (1971)
[400] Ely, K. R., R. L. Girling, M. Schiffer, D. E. Cunningham u. A. B. Edmunson, Preprint 1973 pers. Mitteilung
[401] Schiffer, M., R. L. Girling, K. R. Ely u. A. B. Edmunson, Preprint 1973
[402] Fischer, H., E. Rüde, u. D. Sellin, Naturwissenschaften **57**, 507 (1970)
[403] Strehler, B., G. Hirsch, D. Gusseck, R. Johnson u. M. Bick, J. theor. Biol. **33**, 429 (1971)

[404] Hartman, P. A., u. R. Ziprin, J. theor. Biol. **33**, 539 (1971)
[405] Culliton, B. J., Science **177**, 44 (1972)
[406] Cohen, S. S., Science **172**, 1212 (1971)
[407] Todaro, G. J., u. R. J. Huebner, Proc. Nat. Acad. Sci. US **69**, 1009 (1972)
[408] Green, M., Proc. Nat. Acad. Sci. US **69**, 1036 (1972)
[409] Zubrod, C. G., Proc. Nat. Acad. Sci. US **69**, 1042 (1972)
[410] Bandlow, G., Umschau Wiss. Techn. **73**, 28 (1973)
[411] Eckhart, W., Annu. Rev. Biochem. **41**, 503 (1972)
[412] Chandra, P., u. D. Gericke, Naturwissenschaften **59**, 205 (1972)
[413] Korolkovas, A., Rev. Farm. Bioquim. Univ. S. Paulo **9**, 5 (1971)
[414] Chandra, P., A. D. Marco, F. Zunino, A. M. Casazza, D. Gericke, F. Giuliani, C. Soranzo, R. Thorbeck, A. Götz, F. Arcamone u. M. Ghione, Naturwiss. **59**, 448 (1972)
[415] Gresser, I., C. Maury u. D. B. Routy-Boyé, Nature **239**, 167 (1972)
[416] Schlom, S., S. Spiegelman u. D. Moore, Nature **231**, 97 (1971)
[417] Schlom, J., u. S. Spiegelman, Science **174**, 840 (1971)
[418] Axel, R., J. Schlom u. S. Spiegelman, Nature **235**, 32 (1972)
[419] Schlom, J., S. Spiegelman u. D. H. Moore, J. Nat. Cancer Inst. **48**, 1197 (1972)
[420] Gericke, D., Chem. Ztg. **96**, 441 (1972)
[421] Werner, G. H., J. Mond. Pharm. **3**, 15 (1972)
[422] Nature New Biol. edit. **235**, 1 (1972)
[423] Lee, S. Y., J. Mendecki u. G. Brawerman, Proc. Nat. Acad. Sci. US **68**, 1331 (1971)
[424] Stevens, R. H., u. A. R. Williamson, Nature **239**, 143 (1972)
[425] Lai, M. M. C., u. P. H. Duesberg, Nature **235**, 283 (1972)
[426] Braun, W., M. Ishizuka, Y. Yajima, D. Webb u. R. Winchurch, in Biological Effects of Polynucleotides (R. Beers and W. Braun eds.), Springer, New York. 1971
[427] Tennant, R. W., F. T. Kenney u. F. W. Tuominen, Nature New Biol. **238**, 51 (1972)
[428] Aloni, Y., Nature New Biol. **243**, 2 (1972)
[429] Abrell, J. W., R. G. Smith, M. S. Robert u. R. C. Gallo, Science **177**, 1111 (1972)
[430] Molloy, G. R., W. L. Thomas u. J. E. Darnell, Proc. Nat. Acad. Sci. US **69**, 3684 (1972)
[431] Pitha, P. M., L. W. Marshall, u. W. A. Carter, J. gen. Virol. **15**, 89 (1972)
[432] Niblack, J. F., u. M. B. Mc Creary, Nature New Biol. **233**, 52 (1971)
[433] Wang, A. C., u. N. R. Kallenbach, J. Mol. Biol. **62**, 591, 608 (1971)
[434] Clercq, De E., F. Eckstein u. T. C. Merigan, Science **165**, 1137 (1969)
[435] Calvin, M., Angew. Chem. **86**, 111 (1974)
[436] Hoffmann, S., W. Witkowski, in ACS-Symp. Series Polymerization in Mesophases and Mesomorphic Order in Polymers (A. Blumstein, ed.), Chicago 1978, und vorausgegangene Mitteilungen
[437] Drischel, M., Das neuronale Gedächtnis in Informatik (J.-H. Scharf ed.), Nova Acta Leopoldina **37**, 325 (1972)
[438] Drischel, M., Biol. Rdsch. **10**, 137 (1972)
[439] Sanides, F., u. D. Sanides, Z. Anat. Entw. Ges. **136**, 272 (1972)
[440] Ehrenfeucht, A., u. J. Mycielski, Proc. Nat. Acad. Sci. US **70**, 1478 (1973)
[441] Mikhaltsev, I. E., J. theor. Biol. **37**, 587 (1972)
[442] Jürgens, U., Umschau Wiss. Techn. **71**, 799 (1971)
[443] Schurz, J., Naturwiss. Rdsch. **25**, 45 (1972)
[444] Steinbuch, Naturwissenschaften **58**, 210 (1971)
[445] Oster, G., A. Perelson u. A. Katchalsky, Nature **234**, 393 (1971)
[446] Scheiman, I., Ideen d. exakt. Wiss. **1971**, 423
[447] Kompanbyez, A., Ideen d. exakt. Wiss. **1972**, 431
[448] Simon, K. H., Naturwiss. Rdsch. **26**, 208 (1973)
[449] Schnabl, H., Naturwiss. Rdsch. **25**, 343 (1972)

[450] ECCLES, J. C., Naturwissenschaften **60**, 167 (1973)
[451] AXELROD, J., Endeavour **24**, 144 (1970)
[452] HOFMANN, A., J. MOND. Pharm. **3**, 187 (1970)
[453] DOMAGK, G. F., u. H. P. ZIPPEL, Naturwissenschaften **57**, 152 (1970)
[454] NEIDLEIN, R., Chemie i. u. Zeit **1970**, 153
[455] KOSOWER, E. M., Proc. Nat. Acad. Sci. US **69**, 3292 (1972)
[456] LEHR, E., M. WENZEL u. G. WERNER, Naturwissenschaften **57**, 521 (1970)
[457] DEUTSCH, J. A., Science **174**, 788 (1971)
[458] SEILER, N., L. DEMISCH u. H. SCHNEIDER, Angew. Chem. **83**, 53 (1971)
[459] KATZ, B., Angew. Chem. **83**, 818 (1971)
[460] EULER, v. U. S., Angew. Chem. **83**, 822 (1971)
[461] AXELROD, J., Angew. Chem. **83**, 827 (1971)
[462] NÉEL, L., Angew. Chem. **83**, 838 (1971)
[463] HUBBARD, J. I., Mechanism of Transmitter Release, Proc. Biophys. Mol. Biol. **21**, 33 (1970)
[464] HALL, Z. W., Annu. Rev. Biochem. **41**, 925 (1972)
[465] NAUMANN, W., Biol. Rdsch. **10**, 369 (1972)
[466] WAEHNELDT, T. V., u. V. NEUHOFF, Naturwissenschaften **59**, 232 (1972)
[467] HAAS, H., u. L. HÖSLI, Naturwiss. Rdsch. **26**, 237 (1973)
[468] GILLESPIE, C. J., J. theor. Biol. **40**, 409 (1973)
[469] UNGAR, G., Umschau Wiss. Techn. **71**, 588 (1971)
[470] UNGAR, G., Methods in Pharmacology Appleton-Century-Crafts, New York 1971, Vol. 1
[471] UNGAR, G., D. M., DESIDERIO u. W. PARR, Nature **238**, 198 (1972), vgl. dazu Nature edit. ibid: **238**, 202 (1972)
[472] STEWART, W. W., Nature **238**, 202 (1972)
[473] UNGAR, G., Naturwissenschaften **59**, 85 (1972)
[474] ALI, A., J. H. R. FAESEL, D. SARANTAKIS, D. STEVENSON u. B. WEINSTEIN, Experientia **27**, 1138 (1971)
[475] MALIN, D. H., u. N. H. GUTTMAN, Science **178**, 1219 (1972)
[476] BRYANT, R. C., N. N. SANTOS, u. W. L. BYRNE, Science **177**, 635 (1972)
[477] GUTTMAN, H. N., G. MATWYSHYN u. G. H. WARRINER, Nature New Biol. **235**, 26 (1972)
[478] UNGAR, G., Naturwiss. **60**, 307 (1973)
[479] MCLACHLAN, A. D., Annu. Rev. Phys. Chem. **23**, 165 (1972)
[480] PAULING, L., Nature **248**, 769 (1974)
[481] HOPPE, W., Naturwissenschaften **61**, 239, 534 (1974)
[482] LYNEN, F., Umschau Wiss. Techn. **74**, 10 (1974)
[483] ACHER, R., Angew. Chem. **86**, 209 (1974)
[484] TATE, W. P., u. C. TH. CASKEY, Mol. & Cell. Biochem. **5**, 115 (1974)
[485] LILJAS, A., M. G. ROSSMANN, Annu. Rev. Biochem. **43**, 475 (1974)
[486] SINGER, S. J., Structure and Function of Biological Membranes, Academic Press, New York 1971, 145
[487] PTITSYN, O. B., stud. biophys. **40**, 159 (1973)
[488] BLAUER, G., Structure and bonding **18**, 70 (1974)
[489] JENSEN, L. H., Annu. Rev. Biophys. Bioeng. **3**, 81 (1974)
[490] NAGANO, K., J. Mol. Biol. **84**, 337 (1974)
[491] NELBOECK, M., u. D. JAWOREK, Chimia **29**, 109 (1975)
[492] RAMASARMA, T., u. M. VIJAYAN, FEBS-Letters **41**, 307 (1974)
[493] WEBER, G., Ann New York Acad. Sci. **227**, 486 (1974)
[494] ROSENBERG, B., KEMENY, G. L., G. SMITH, I. D. SKURNICK u. BANDURSKI, M. J., Mechanism of Ageing and Development, **2**, 275 (1973), Elsevier, Holland
[495] WÜTHRICH, K., Pure. Appl. Chem. **37**, 235 (1974)
[496] URRY, D. W., L. W. MITCHELL u. T. OHNISHI, Proc. Nat. Acad. Sci. US **71**, 3265 (1974)

[497] Bada, J. L., u. R. A. Schroeder, Naturwissenschaften **62**, 71 (1975)
[498] Rosenberg, B., u. E. Postow, Experimental Methods in Biophysical Chemistry, **7**, 315
[499] Karlson, P., Naturwissenschaften **61**, 355 (1974)
[500] Wu, T. T., W. M. Fitch u. E. Margoliash, Annu. Rev. Biochem. **43**, 539 (1974)
[501] Schwarz, G., u. A. Seelig-Löffler, Biochim. Biophys. Acta **379**, 125 (1975)
[502] Burgess, A. W., P. K. Ponnuswany u. H.-A. Scheraga, Israel J. Chem. **12**, 239 (1974)
[503] Dayhoff, M. O., W. C. Barker u. P. J. McLaughlin, Origins of Life **5**, 311 (1974)
[504] Willoughly, T. V., C. N. Morimoto, R. A. Sparks u. E. F. Meyer, J. Appl. Cryst. **7**, 430 (1974)
[505] Hermans, J., u. J. E. McQueen, Acta Cryst. **A30**, 730 (1974)
[506] Wetlaufer, D. B., u. S. Ristow, Annu. Rev. Biochem. **42**, 135 (1973)
[507] Levitt, M., u. A. Warshel, Nature **253**, 694 (1975)
[508] Nishikawa, K., u. T. Ooi, J. theor. Biol. **43**, 351 (1974)
[509] Phillips, D. C., British Biochemistry — Past and Present (T. W. Goodwin ed.), Academic Press, New York/London 1970
[510] Schulz, G. E., M. Elzinga, F. Marx u. R. H. Schirmer, Nature **250**, 120 (1974)
[511] Schulz, G. E., C. D. Barry, J. Friedman, P. Y. Chou, G. D. Fasman, A. V. Finkelstein, V. I. Lim, O. B. Ptitsyn, E. A. Kabat, T. T. Wu, M. Levitt, B. Bobson u. K. Nagano, Nature **250**, 140 (1974)
[512] Schulz, G. E., u. R. H. Schirmer, Nature **250**, 152 (1974)
[513] Kabat, E. A., T. T. Wu, Proc. Nat. Acad. Sci. US **71**, 4217 (1974)
[514] Ooi, T., u. K. Nishikawa, Conformation of Biological Molecules and Polymers (E. D. Bergmann u. B. Pullman, eds.), Academic Press, New York 1973
[515] Dayhoff, M. O., P. J. McLaughlin u. W. C. Barker, Naturwissenschaften **62**, 154 (1975)
[516] Lotz, B., J. Mol. Biol. **87**, 169, 181 (1974)
[517] Traub, W., Israel J. Chem. **12**, 435 (1974)
[518] Carlisle, Ch. H., R. A. Palmer, S. K. Mazumdar, B. A. Gorinsky u. D. G. R. Yeates, J. Mol. Biol. **85**, 1 (1974)
[519] Formanek, H., S. Formanek u. H. Wawra, Eur. J. Biochem. **46**, 279 (1974)
[520] Urry, D. W., M. M. Long, T. Ohnishi u. M. Jacobs, Biochem. Biophys. Res. Commun. **61**, 1427 (1974)
[521] Goodman, M., G. W. Moore u. G. Matsuada, Nature **253**, 603 (1975)
[522] Arnoue, A., u. M. F. Perutz, Nature **249**, 34 (1974)
[523] Nicholls, P., Biochim. Biophys. Acta **346**, 261 (1974)
[524] Kemeny, G., Proc. Nat. Acad. Sci. US **71**, 3669 (1974)
[525] Cox, G. B., u. F. Gibson, Biochim. Biophys. Acta **346**, 1 (1974)
[526] Jensen, L. H., Annu. Rev. Biochem. **43**, 461 (1974)
[527] Christensen, J. J., D. J. Etough u. R. M. Izatt, Chem. Rev. **74**, 351 (1974)
[528] Ovchinnikov, Yu. A., u. V. T. Ivanov, Tetrahedron **30**, 1871 (1974)
[529] Neupert-Laves, K., u. M. Dobler, Helv. chim. Acta **58**, 432 (1975)
[530] Maigret, B., u. B. Pullman, Theoret. chim. Acta **37**, 17 (1975)
[531] Benz, R., G. Stark, K. Janko u. P. Läuger, J. Membr. Biol. **14**, 339 (1974)
[532] Asher, I. M., K. J. Rothschild u. H. E. Stanley, J. Mol. Biol. **80**, 205 (1974)
[533] Karle, I. L., J. Karle, Th. Wieland, W. Burgermeister, H. Faulstich u. B. Witkop, Proc. Acad. Nat. Sci. US **70**, 1836 (1973)
[534] Karle, I. L., J. Amer. Chem. Soc. **96**, 4000 (1974)
[535] Wieland, Th., Ch. Birr, W. Burgermeister, P. Trietsch u. G. Rohr, Liebigs Ann. Chem. **1974**, 24
[536] Patel, D., Biochemistry **12**, 667 (1973)
[537] Tonelli, A. E., Biochemistry **12**, 689 (1973)

[538] Reynolds, J. A., D. B. Gilbert u. Ch. Tanford, Proc. Nat. Acad. Sci. US **71**, 2925 (1974)
[539] Lumry, R., Mechanism of Energy Transduction in Biological Systems, New York Acad. Sci. **1974**, 46, 227, 471
[540] Lumry, R., Enzymology in medicine (P. Blume u. E. Frier eds.), Academic Press, New York 1974
[541] Lumry, R., J. Food Sci. **38**, 744 (1973)
[542] Lumry, R., u. S. Rajender, Biopolymers **9**, 1125 (1970)
[543] Rosenberg, B., B. B. Bhownik, H. C. Harder u. E. Postow, J. Chem. Phys. **49**, 4108 (1968)
[544] Rosenberg, B.. G. Kemeny, R. C. Switzer u. T. C. Hamilton, Nature 232, 471 (1971)
[545] Kemeny, G., u. B. Rosenberg, Nature **243**, 400 (1973)
[546] Selegny, E. (ed.), Polyelectrolytes, Reidel Publ. Co., Dordrecht-Holland 1974
[547] Katchalsky, A., Pure Appl. Chem. **26**, 327 (1971)
[548] Wright, H. T., J. Mol. Biol. **79**, 1, 13 (1973)
[549] Stroud, R. M., L. M. Kay u. R. E. Dickerson, J. Mol. Biol. **83**, 185 (1974)
[550] Krieger, M., L. M. Kay u. R. M. Stroud, J. Mol. Biol. **83**, 209 (1974)
[551] Huber, R., D. Kukla, W. Bode, P. Schwager, K. Bartels, J. Deisenhofer u. W. Steigemann, J. Mol. Biol. **89**, 73 (1974)
[552] Blow, D. M., J. Janin u. R. M. Sweet, Nature **249**, 54 (1974)
[553] DeHaen, C., H. Neurath u. D. C. Teller, J. Mol. Biol. **92**, 225 (1975)
[554] Lipscomb, W. N., Tetrahedron **30**, 1725 (1974)
[555] Lin, K.-T., u. H. F. Deutsch, J. Biol. Chem. **249**, 2329 (1974)
[556] Kannan, K. K., B. Notstrand, K. Fridborg, S. Lövgren, A. Ohlsson u. M. Petef, Proc. Nat. Acad. Sci. US **72**, 51 (1975)
[557] Johnson, G. B., Science **184**, 28 (1974)
[558] Levitzki, A., u. H. Tenenbaum, Israel J. Chem. **12**, 327 (1974)
[559] Rossmann, M. G., u. A. Liljas, J. Mol. Biol. **85**, 177 (1974)
[560] Rossmann, M. G., D. Moras u. K. W. Olsen, Nature **250**, 184 (1974)
[561] Taylor, S. S., S. S. Oxley, W. S. Allison u. N. O. Kaplan, Proc. Nat. Acad. Sci. US **70**, 1790 (1973)
[562] Buehner, M., G. C. Ford, D. Moras, K. W. Olson u. M. G. Rossmann, Proc. Nat. Acad. Sci. US **70**, 3052 (1973)
[563] Buehner, M., G. C. Ford, D. Moras, K. W. Olsen u. M. F. Rossmann, J. Mol. Biol. **90**, 25 (1974)
[564] Buehner, M., G. C. Ford, D. Moras, K. W. Olsen u. M. G. Rossmann, J. Mol. Biol. **82**, 563 (1974)
[565] Watenpaugh, K. D., L. C. Sieker u. L. H. Jensen, Proc. Nat. Acad. Sci. US **70**, 3857 (1973)
[566] Blake, C. C. F., u. P. R. Evans, J. Mol. Biol. **84**, 585 (1974)
[567] Fletterick, R. J., D. J. Bates u. Th. A. Steitz, Proc. Nat. Acad. Sci. US **72**, 38 (1975)
[568] Campbell, J. W., H. C. Watson u. G. I. Hodgson, Nature **250**, 301 (1974)
[569] Bisswanger, M., Eur. J. Biochem. **48**, 377 (1974)
[570] Hoppe, J. Gassmann, N. Hunsmann, H. J. Schramm u. M. Sturm, Hoppe-Seylers Z. physiol. Chem. **355**, 1483 (1974)
[571] Barbieri, M., J. theor. Biol. **47**, 269 (1974)
[572] Holmes, K. C., G. J. Stubbs, E. Mandelkow u. U. Gallwitz, Nature **254**, 192 (1975)
[573] Finch, J. T., P. F. C. Gilbert, A. Klug u. R. Leberman, J. Mol. Biol. **86**, 183 (1974)
[574] Gilbert, P. F. C., u. A. Klug, J. Mol. Biol. **86**, 193 (1974)
[575] Leberman, R., J. T. Finch, P. F. C. Gilbert, J. With u. A. Klug, J. Mol. Biol. **86**, 179 (1974)
[576] Lipmann, F., Gene Expression and its Regulation (F. T. Kenney et al. eds.), Plenum Publ. Co., New York 1974

[577] GRÄSSLEIN, D., u. G. BETTENDORF, Umschau Wiss. Techn. **74**, 680 (1974)
[578] KARLSON, P., Naturwissenschaften **62**, 126 (1975)
[579] URRY, D. W., Res. & Developm. **25**, 85 (1974)
[580] PASTAN, I. H., Current Topics in Biochem., Academic Press, New York 1972
[581] AMER, M. S., u. W. E. KREIGHBAUM, J. Pharm. Sci. **64**, 1 (1975)
[582] LOSERT, W., Umschau Wiss. Techn. **75**, 197 (1975)
[583] BEKEMEIER, H., A. J. GIESSLER, R. HIRSCHELMANN u. E. VOGEL, medicamentum **16**, 162 (1975)
[584] BARTMANN, W., Angew. Chem. **87**, 143 (1975)
[585] EDMONDS, J. W., u. W. L. DUAX, J. Amer. Chem. Soc. **97**, 413 (1975)
[586] SIMON, K., Naturwiss. Rdsch. **27**, 314 (1974)
[587] LEDER, P., T. HONJO, S. PACKMAN, D. SWAN, M. NAU u. B. NORMAN, Proc. Nat. Acad. Sci. US **71**, 5109 (1974)
[588] JÄGER, L., Wiss. Fortschr. **25**, 260 (1975)
[589] SELA, M., FEBS-Letters **40**, S85 (1974)
[590] POLJAK, R. J., L. M. AMZEL, H. P. AVERY, B. L. CHEN, R. P. PHIZACKERLEY u. F. SAUL, Proc. Nat. Acad. Sci. US **70**, 3305 (1973)
[591] POLJAK, R. J., L. M. AMZEL, B. L. CHEN, R. P. PHIZACKERLEY u. F. SAUL, Proc. Acad. Sci. US **71**, 3440 (1974)
[592] PILZ, I., O. KRATKY u. F. KARUSH, Eur. J. Biochem. **41**, 91 (1974)
[593] AMZEL, L. M., R. J. POLJAK, F. SAUL, J. M. VARGA u. F. F. RICHARDS, Proc. Nat. Acad. Sci. US **71**, 1427 (1974)
[594] SEGAL, D. M., E. A. PADLAN, G. H. COHEN, S. RUDIKOFF, M. POTTER u. D. R. DAVIES, Proc. Nat. Acad. Sci. US **71**, 4298 (1974)
[595] EPP, O., P. COLMAN, H. FEHLHAMMER, W. BODE, M. SCHIFFER u. R. HUBER, Eur. J. Biochem. **45**, 513 (1974)
[596] PADLAN, E. A., u. D. R. DAVIES, Proc. Nat. Acad. Sci. US **72**, 819 (1975)
[597] DECLERCQ, E., Topics in Current Chemistry **52**, 174 (1974)
[598] FINTER, N. B. (ed.), Interferon and Interferon Inducers North-Holland Publ. Co., Amsterdam 1974
[599] RICHTER, K., Biol. Rdsch. **12**, 326 (1974)
[600] Chronobiologie (J.-H. SCHARF ed.). Nova Acta Leopoldina im Druck
[601] HESS, B., u. A. BOITEUX, Biological and Biochemical Oscillations, Academic Press, New York 1973
[602] IVANOV, V. T., Hauptjahrestagung Chemische Gesellschaft der DDR, 1974

SACHREGISTER